高职高专"十二五"规划教材

冶金制图

主　编　牛海云　朱喜霞
副主编　李海波　史学红　秦凤婷

北　京
冶 金 工 业 出 版 社
2012

内 容 提 要

本书是依据教育部高职高专材料类专业教学指导委员会制定的《冶金技术和材料工程技术（轧钢）专业规范》编写的，突出了学习目标和工作任务，详述了专业知识和任务解析，贯彻了“以强化应用、培养识图和绘图技能为教学重点”的原则。全书共分9个情境，内容包括：识读图纸并绘制简单平面图形，识读并绘制简单立体投影图、组合体视图和轴测图，识读零件图、装配图和冶金生产工艺流程图，以及 AutoCAD 二维绘图和三维绘图。

本书可作为高职高专院校冶金技术和材料工程技术（轧钢）类相关专业的通用教材，也可供其他高等职业技术学院、高等工程专科学校以及成人高等院校非机械类专业师生参考。

图书在版编目(CIP)数据

冶金制图/牛海云,朱喜霞主编.—北京:冶金工业出版社，2012.8

高职高专“十二五”规划教材

ISBN 978-7-5024-5980-2

Ⅰ.①冶… Ⅱ.①牛… ②朱… Ⅲ.①冶金工业—机械制图—高等职业教育—教材 Ⅳ.①TF302

中国版本图书馆 CIP 数据核字(2012)第 188866 号

出 版 人 曹胜利
地　　址 北京北河沿大街嵩祝院北巷 39 号，邮编 100009
电　　话 (010)64027926 电子信箱 yjcbs@cnmip.com.cn
责任编辑 张耀辉 宋 良 美术编辑 李 新 版式设计 葛新霞
责任校对 石 静 责任印制 张祺鑫
ISBN 978-7-5024-5980-2
三河市双峰印刷装订有限公司印刷；冶金工业出版社出版发行；各地新华书店经销
2012 年 8 月第 1 版，2012 年 8 月第 1 次印刷
787mm×1092mm 1/16；17 印张；411 千字；264 页
32.00 元

冶金工业出版社投稿电话：(010)64027932 投稿信箱：tougao@cnmip.com.cn
冶金工业出版社发行部 电话：(010)64044283 传真：(010)64027893
冶金书店 地址：北京东四西大街 46 号(100010) 电话：(010)65289081(兼传真)
(本书如有印装质量问题，本社发行部负责退换)

前言

本书是根据新形势下高等职业教育的发展要求，在认真总结和充分吸收当前高职院校基于工作过程的课程改革经验，采取任务驱动的教育理念，针对高职高专冶金技术和材料工程技术（轧钢）等专业编写的制图类教材。

本书具有以下特色：

（1）打破旧的知识体系，以工作任务的完成为目的，重新构建知识体系，合理编排学习情境与学习单元的内容。学习情境的编排以由浅入深、循序渐进为原则，每个学习单元的设置都围绕一个或多个具体的工作任务构思。

（2）以基本理论够用为度，删除学而不用的知识，如线面相交、面面相交、线面垂直、面面垂直、换面法、复杂的相贯线作图等。同时和冶金生产设备及工艺挂钩，专门编写识读冶金生产工艺流程图的学习情境，使学生在制图学习中培养专业情感。

（3）AutoCAD 绘图部分以绘制具体的图例为中心讲解操作步骤，边讲边画，直观易懂。AutoCAD 三维绘图的任务选取也以冶金设备中常用的轴和齿轮为对象，更具专业特色。

（4）重视实践能力和职业技能的训练。在教材编写过程中特别注意贯彻基础理论而不强调完整性和系统性，以应用为目的，以识图为主线，以制图为辅助，以必需、够用为度的教学原则，为学生今后的学习和发展打下基础。

书中，学习情境 1 由济源职业技术学院秦凤婷编写；学习情境 2 由济源职业技术学院雷勇编写；学习情境 3 由山西工程职业技术学院史学红编写；学习情境 4 由济源职业技术学院宋玉安编写；学习情境 5 的单元 5.2 由济源职业技术学院郭江编写；学习情境 5 的单元 5.1、单元 5.3 和单元 5.4 由首钢技术研究院李海波编写；学习情境 6 由济源职业技术学院牛海云编写；学习情境 7 和附录由河南济源钢铁（集团）有限公司晁霞编写；学习情境 8 的单元 8.1～单元 8.5 由包头钢铁职业技术学院王晓丽编写；学习情境 8 的单元 8.6～单元 8.9 由河北工业职业技术学院高云飞编写；学习情境 9 由济源职业技术学院朱喜霞编写。

本书由济源职业技术学院牛海云、朱喜霞任主编，首钢技术研究院李海波、山西工程职业技术学院史学红和济源职业技术学院秦凤婷任副主编，内蒙古机电职业技术学院刘敏丽教授担任本书主审。在编写过程中，参阅了机械制图、工程制图、化工制图、AutoCAD2012 等相关文献，在此向有关作者致谢。

由于编者水平有限，书中不足之处，敬请读者指正。

编 者

2012 年 6 月

目录

绪　　论

A　本课程与冶金专业课的关系

冶金专业的学生在专业课的学习及毕业设计工作中将会遇到各种各样的图样（见图1～图4)，有的是设备示意图，有的是零件图，有的是装配图，有的是工艺流程图，只有看懂这些图样，才能更好地理解生产工艺，甚至会设计生产工艺和设备。

B　本课程的研究对象

本课程的研究对象主要是冶金机械图样。冶金机械图样是冶金生产中最常用的技术文件，是按一定的投影方法及有关规定和要求绘制的图样，它包括零件图、装配图及工艺流程图。

冶金制图是研究如何认识和看懂冶金机器或零部件的形状、尺寸以及制造和检验该机件时所需要的技术要求，同时能看懂冶金生产工艺流程图，并能用计算机进行图样表达的一门科学。无论是机器的设计、制造、维修，还是生产工艺设计，都必须依赖机械图样才能进行。机械图样已成为人们表达机械设计意图和交流技术思想的工具。因此，机械工程图样又称为机械工程技术界的语言，它既是人类语言的补充，也是人类的智慧和语言在更高发展阶段上的具体体现。

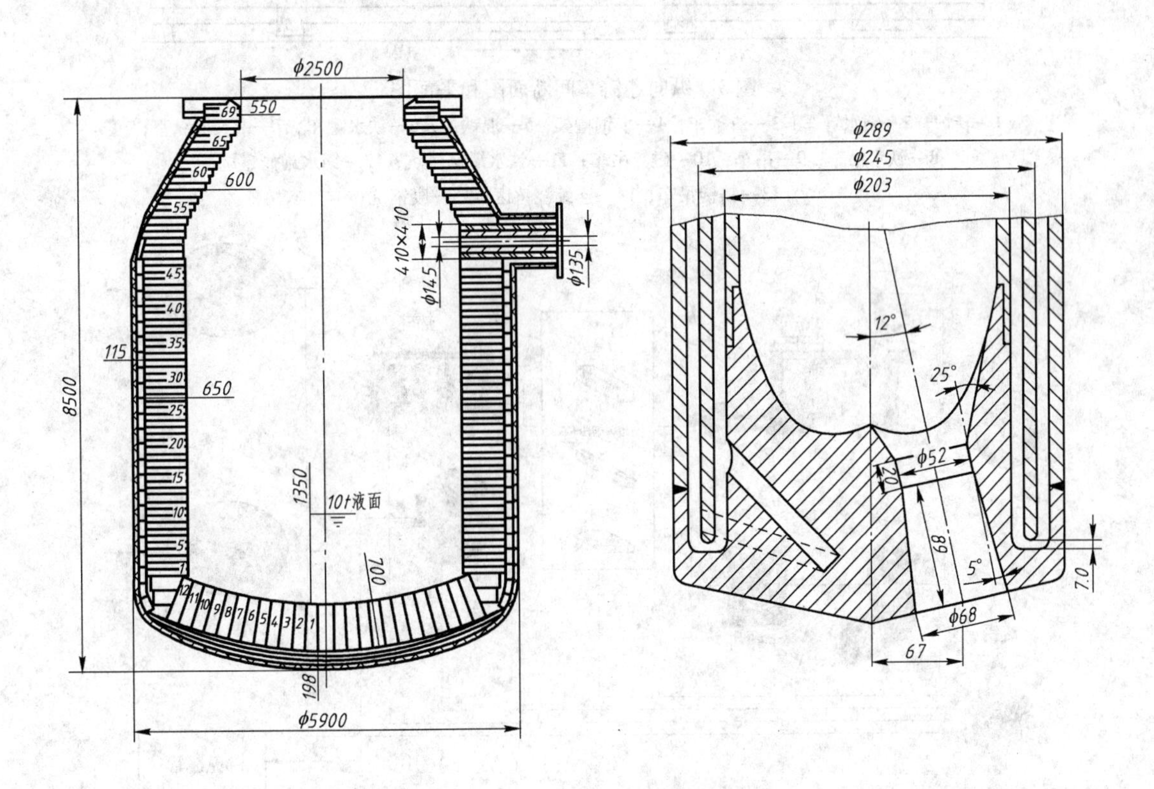

图1　120t 转炉炉型图　　　　图2　200t 氧枪枪身与喷头装配图

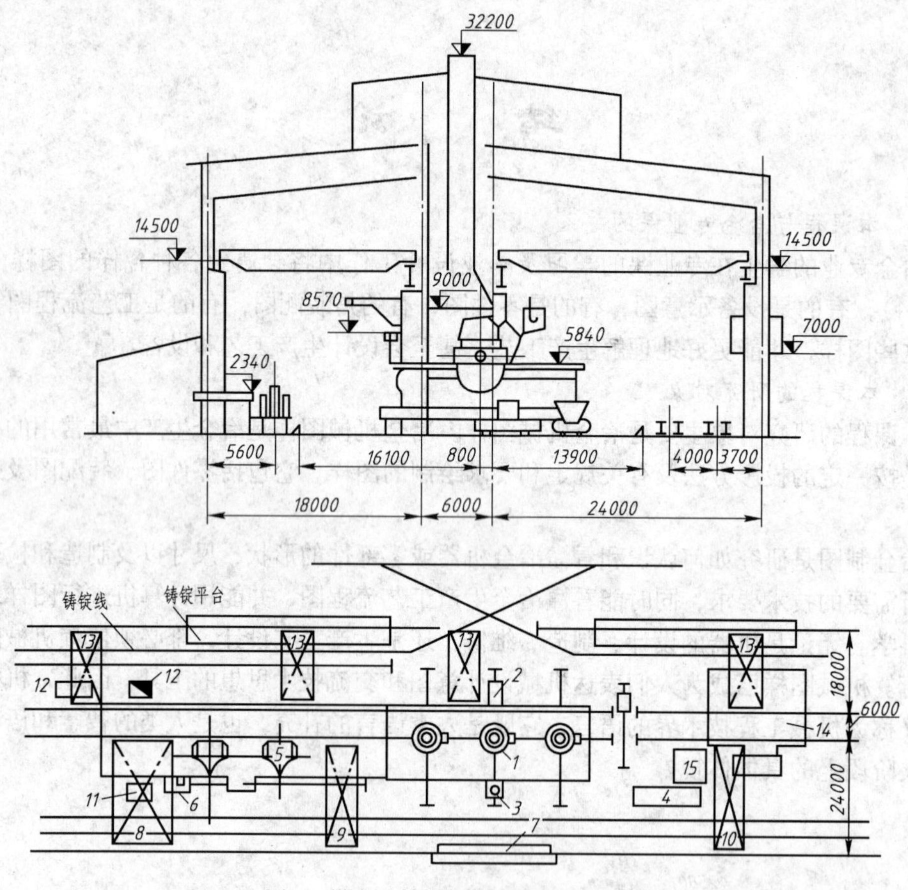

图3　纵向连铸车间断面图和平面图

1—转炉；2—钢水罐车；3—渣罐车；4—废钢槽架；5—混铁炉；6—铁水罐车；7—中央操纵室；8—铁水吊车；9—吊车；10—磁盘吊车；11—铁水罐修罐坑；12—钢水罐修罐坑；13—铸锭吊车；14—连续浇铸区；15—废钢坑

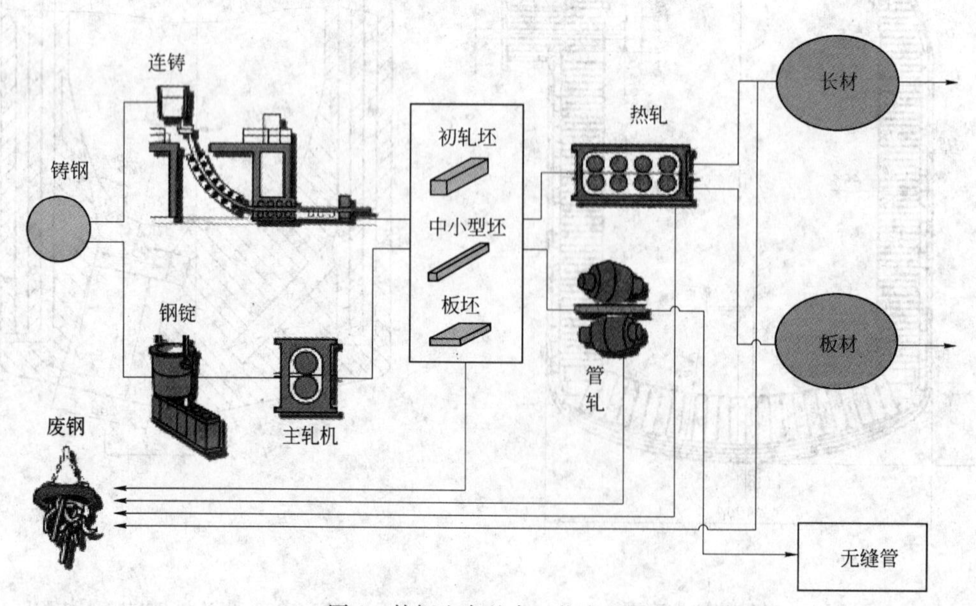

图4　轧钢生产基本工艺流程图

C　本课程的目的与任务

（1）掌握正投影法的基本原理和作图方法；

（2）识读中等复杂程度的零件图和装配图；

（3）正确使用常用的绘图工具，并掌握一定的绘图技能和技巧；

（4）会用 AutoCAD 软件绘制中等复杂程度的零件图和装配图；

（5）培养和发展学生的空间想象能力；

（6）养成认真负责的工作态度和一丝不苟的工作作风。

D　本课程的学习方法

本课程是一门实践性较强的课程，需通过看图和画图的实践才能掌握，因此，在学习时应注意以下几点：

（1）认真听课和复习，牢固掌握正投影法的基本原理和作图方法。注重由物画图，由图想物，掌握图与物之间的关系及规律，逐步提高自己的空间想象能力。

（2）重视实践，树立理论联系实际的学风。及时完成规定的练习和作业，是学好本课程的重要环节。在完成作业的过程中，掌握绘图仪器和工具的正确使用，不断提高绘图技巧，遵守国家标准的有关规定，养成良好的作图习惯。

（3）充分认识图样在生产中的重要性，任何差错都会给生产造成损失。因而在读图和画图的训练中，注意培养耐心细致的工作作风和严肃认真的工作态度。

学习情景1 识读图纸并绘制简单平面图形

学习目标

(1) 了解机械制图的基本知识，熟知技术制图和机械制图国家标准的一般规定；
(2) 掌握手工绘制平面图形的方法与步骤；
(3) 学会正确使用绘图工具。

单元1.1 识读简单图纸

【工作任务】

看懂轧辊零件图（见图1-1-1）的图纸幅面、格式、标题栏、比例等。

【知识学习】

1.1.1 图纸幅面与格式

1.1.1.1 图纸幅面

为了使图纸幅面统一，便于装订和保管以及符合缩微复制原件的要求，绘制图样时，应按以下规定选用图纸幅面：

(1) 优先采用表1-1-1中规定的基本幅面，其尺寸关系如表1-1-1所示。

表1-1-1 基本幅面尺寸 (mm)

幅面代号		A0	A1	A2	A3	A4
尺寸 $B \times L$		841×1189	594×841	420×594	297×420	210×297
边框	a	25				
	c	10			5	
	e	20		10		

(2) 必要时，也允许选用加长幅面。但加长后幅面的尺寸必须是基本幅面短边的整数倍，如图1-1-2所示。

1.1.1.2 图纸格式

图框用粗实线绘制，分为不留装订边的图框和留装订边的图框两种，但同一产品的图

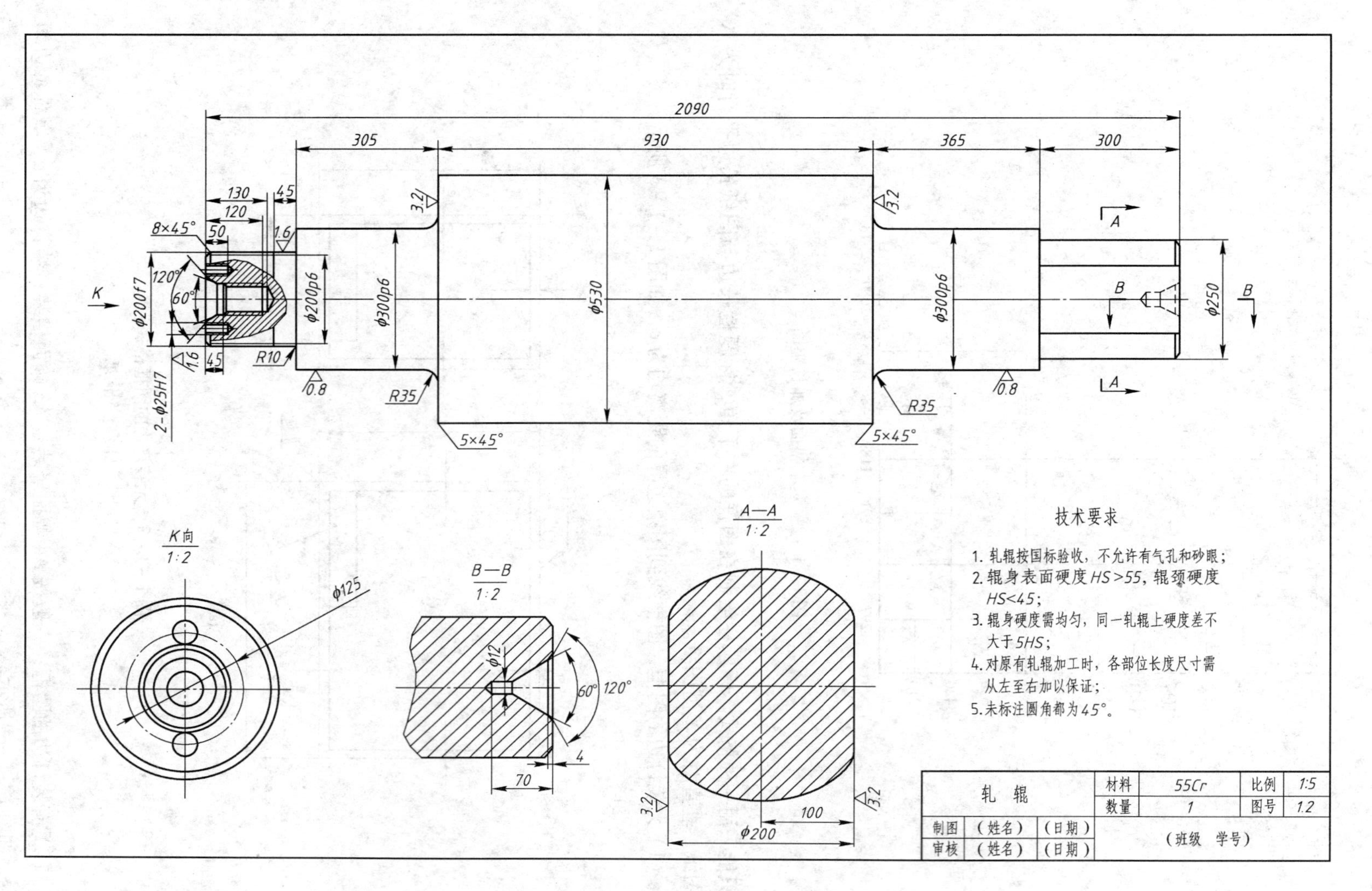
2090
305
930
365
300
130
120
45
50
8×45°
1.6
120°
60°
φ200f7
2-φ25H7
φ200p6
φ300p6
φ530
φ250
R10
R35
0.8
3.2
5×45°
K
A
B
技术要求
1. 轧辊按国标验收，不允许有气孔和砂眼；
2. 辊身表面硬度HS>55，辊颈硬度HS<45；
3. 辊身硬度需均匀，同一轧辊上硬度差不大于5HS；
4. 对原有轧辊加工时，各部位长度尺寸需从左至右加以保证；
5. 未标注圆角都为45°。
K向 1:2
φ125
B—B 1:2
φ12
4
70
A—A 1:2
100
φ200
轧　辊
材料 55Cr
比例 1:5
数量 1
图号 1.2
制图（姓名）（日期）
审核（姓名）（日期）
（班级　学号）

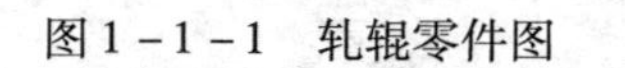
图 1-1-1　轧辊零件图

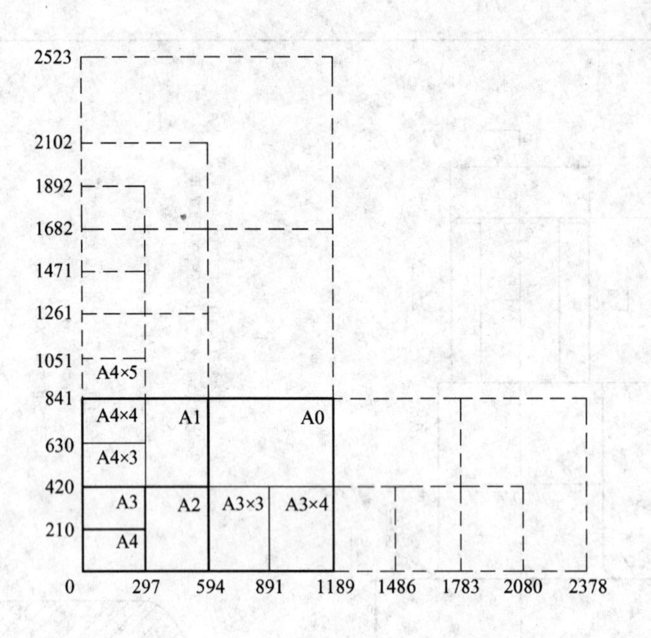

图1-1-2 基本幅面及加长幅面

样只能采用一种格式。标题栏绘制在图框的右下角，标题栏长边与图纸长边平行时为X型图纸，垂直时为Y型图纸。

（1）无装订边的图框，图框线到图幅边界的距离均为e，如图1-1-3所示。

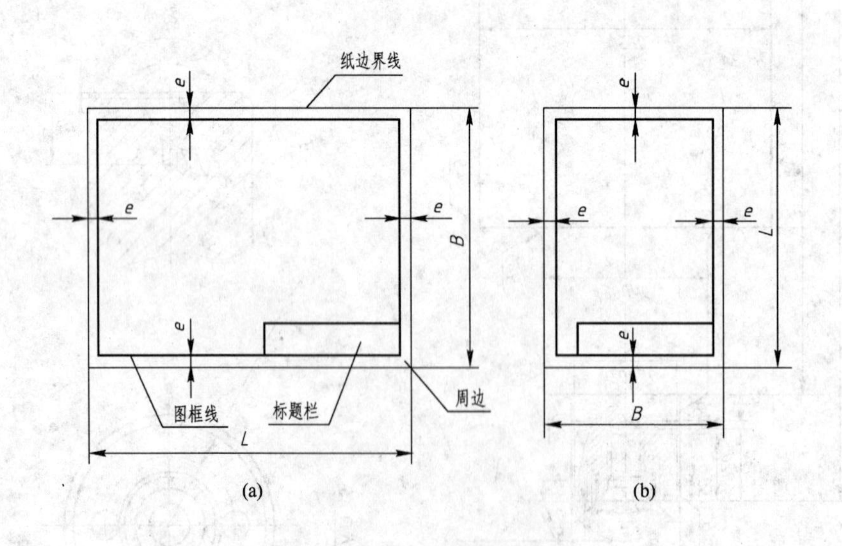

图1-1-3 无装订边的图框格式

（a）X型图纸；（b）Y型图纸

（2）有装订边的图框，一般按A4幅面竖装或A3幅面横装，装订边为a，其他各边均为c，如图1-1-4所示。

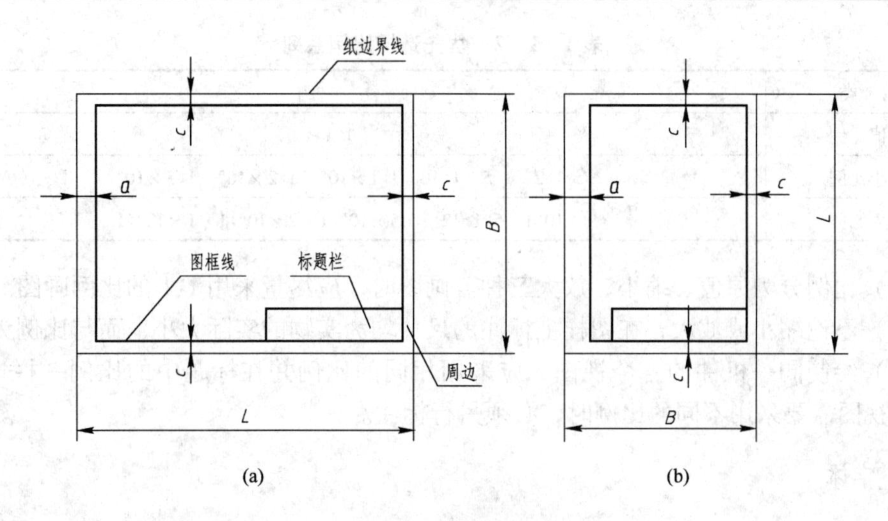

图1－1－4　有装订边的图框
(a) X型图纸；(b) Y型图纸

1.1.1.3　标题栏

所有的图样都应有标题栏，标题栏一般画在图纸的右下角，标题栏中的文字方向就是看图的方向，如图1－1－3、图1－1－4所示，若看图方向与标题栏的文字方向不一致，应标出方向符号。标题栏的格式和尺寸在国家标准GB 10609.1—89中有明确的规定。学生在制图作业中建议采用图1－1－5所示的格式。

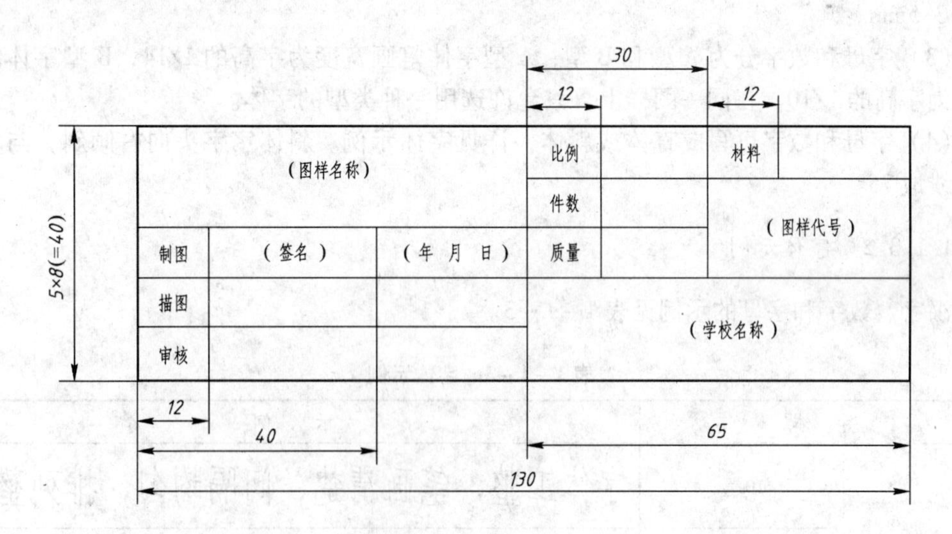

图1－1－5　标题栏

1.1.2　比例

图中图形与其实物相应要素的线性尺寸之比称为比例。在绘制图形时应当根据机件的大小及复杂程度选用绘图的比例，一般应从表1－1－2规定的系列中选用适当的比例。

表1-1-2　优先选择比例系列

种　类	比　例
原值比例	1:1
缩小比例	1:2　1:5　1:10　$1:1\times10^n$　$1:2\times10^n$　$1:5\times10^n$
放大比例	10:1　5:1　2:1　$5\times10^n:1$　$2\times10^n:1$　$1\times10^n:1$

(1) 比例分为原值、缩小、放大三种。画图时，应尽量采用1:1的比例画图。

(2) 不论缩小或放大，在图样上标注的尺寸均为实物的实际大小，而与比例无关。

(3) 绘制同一机件的各个视图，应采用相同的比例并在标题中的比例一栏内标注，当某个视图需要采用不同的比例时，必须另行标注。

1.1.3　字体

在工程图样中，除了用图形表达机件的形状外，还要用汉字、数字、字母进行尺寸标注及注释说明。

1.1.3.1　基本要求

(1) 在图样中书写的汉字、数字和字母，必须做到："字体工整，笔画清楚，间隔均匀，排列整齐"；汉字应书写成长仿宋字，并采用国家正式公布推行的简化字。

(2) 字体的高度（h）即为字体的号数，其公称尺寸系列为1.8mm、2.5mm、3.5mm、5mm、7mm、10mm、14mm、20mm八种。字体的宽度为$h/\sqrt{2}$，汉字的高度不能小于3.5mm。

(3) 字母和数字分为A型和B型，A型字体笔画宽度为字高的1/14，B型字体笔画宽度为字高的1/10。在同一图样上，只允许选用一种类型的字体。

(4) 字母和数字可写成直体或斜体，详见字体示例。斜体字字头向右倾斜，与水平基准线成75°。

1.1.3.2　字体示例

汉字、数字和字母的示例见表1-1-3。

表1-1-3　字体示例

字　体		示　例
长仿宋体汉字	10号	字体工整、笔画清楚、间隔均匀、排列整齐
	7号	横平竖直、注意起落、结构均匀、填满方格
	5号	技术制图石油化工机械电子汽车航空船舶土木建筑矿山设备工艺
	3.5号	螺纹齿轮辊子接线指导驾驶舱位引水通风化纤

续表1－1－3

字体		示例
拉丁字母	大写斜体	*ABCDEFGHIJKLMNOPQRSTUVWXYZ*
	小写斜体	*abcdefghijklmnopqrstuvwxyz*
阿拉伯数字	斜　体	*0 1 2 3 4 5 6 7 8 9*
	正　体	0 1 2 3 4 5 6 7 8 9
罗马数字	斜　体	*Ⅰ Ⅱ Ⅲ Ⅳ Ⅴ Ⅵ Ⅶ Ⅷ Ⅸ Ⅹ*
	正　体	Ⅰ Ⅱ Ⅲ Ⅳ Ⅴ Ⅵ Ⅶ Ⅷ Ⅸ Ⅹ

1.1.4　图线

1.1.4.1　图线的线型及应用举例

国家标准《技术制图》（GB/T 1745—1998）中规定了15种基本线型，常用的线型、线宽及一般应用情况如表1－1－4所示，应用举例如图1－1－6所示。

表1－1－4　图线

代码	线性		名称	图线宽度	在图上的一般应用
01	实线		粗实线	d	（1）可见轮廓线； （2）相贯线
			细实线	约 $d/2$	（1）过渡线； （2）尺寸线及尺寸界线； （3）剖面线； （4）重合端面的轮廓线； （5）螺纹牙底线及齿轮齿根线； （6）引出线
			波浪线	约 $d/2$	（1）断裂处的边界线； （2）视图和剖视图的分界线
			双折线	约 $d/2$	断裂处的边界线
02			虚线	约 $d/2$	（1）不可见轮廓线； （2）不可见过渡线
04			细点划线	约 $d/2$	（1）轴线； （2）对称中心线； （3）齿轮的分度圆和分度线
			粗点划线	d	限定范围表示线
12			双点划线	约 $d/2$	（1）相邻辅助零件的轮廓线； （2）极限位置的轮廓线； （3）假想投影轮廓线； （4）中断线

1.1.4.2　图线的宽度

机械图样中采用粗线和细线两种线宽，其宽度比例为 2∶1。图线的宽度（d）应按图样的类型和尺寸大小，在下列数系中选取：0.13mm，0.18mm，0.25mm，0.35mm，0.5mm，0.7mm，1mm，1.4mm，2mm。

1.1.4.3　图线的画法

（1）虚线与虚线相交，或虚线与实线相交时，应以线段相交，不得留有空隙。

（2）虚线为粗实线的延长线时，不得以线段相接，应留有空隙，以表示两种图线的分界。图线接头处的画法，如图 1-1-7（a）所示。

（3）点划线应以长划相交。画圆时，中心线应超出圆周约 5mm 。

（4）较小的圆形其中心线可用细实线代替，中心线超出圆周约 3mm。如图 1-1-7（b）所示。

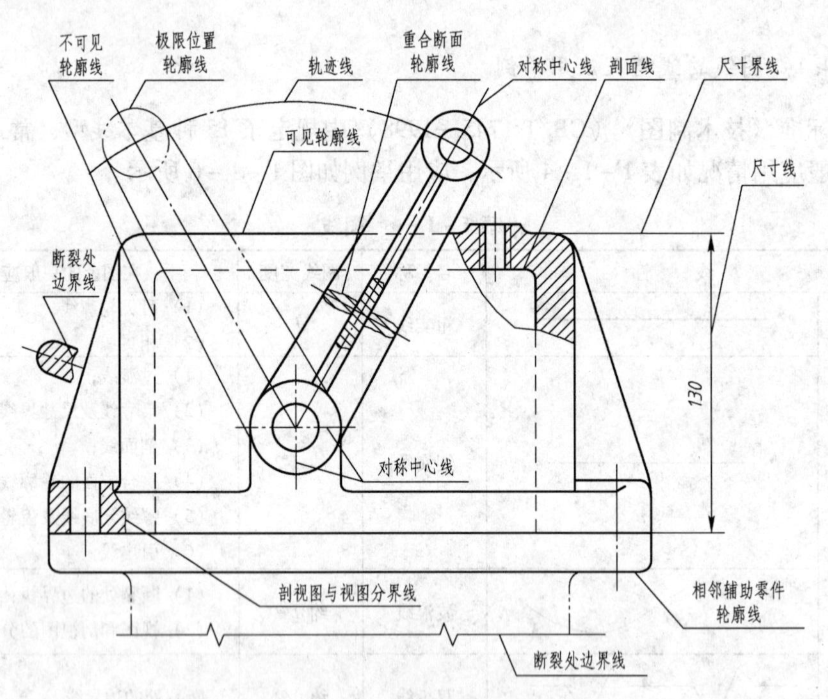

图 1-1-6　各种图线应用举例

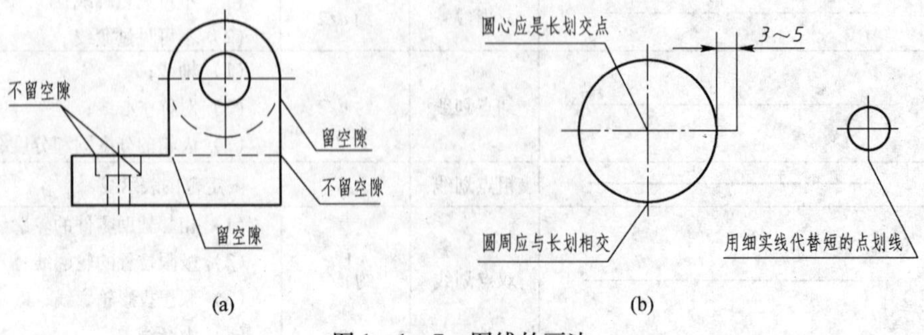

图 1-1-7　图线的画法

1.1.5　尺寸

工程图样中的图形表达了机件的结构形状，而其大小则通过标注的尺寸来确定。在标注尺寸时，必须严格遵守国家标准（GB/T 4458.4—2003、GB/T 16675.2—1996）有关规定，做到正确、齐全、清晰、合理。

1.1.5.1　标注尺寸的基本规则

（1）机件的真实大小应以图样上所注的尺寸数值为依据，与图形的大小及绘图的准确度无关。

（2）图样中的尺寸以mm（毫米）为单位时，不需标注计量单位的代号或名称，如采用其他单位，则应注明相应的单位符号。

（3）图样中所标注的尺寸，为该图样所示机件的最后完工尺寸，否则应另附说明。

（4）机件的每一尺寸，在图样上一般只标注一次，并应标注在反映该结构最清晰的图形上。

1.1.5.2　尺寸的组成

一个完整的尺寸应具有包括尺寸数字、尺寸线、尺寸界线和表示尺寸线终端的箭头或斜线，如图1-1-8所示。

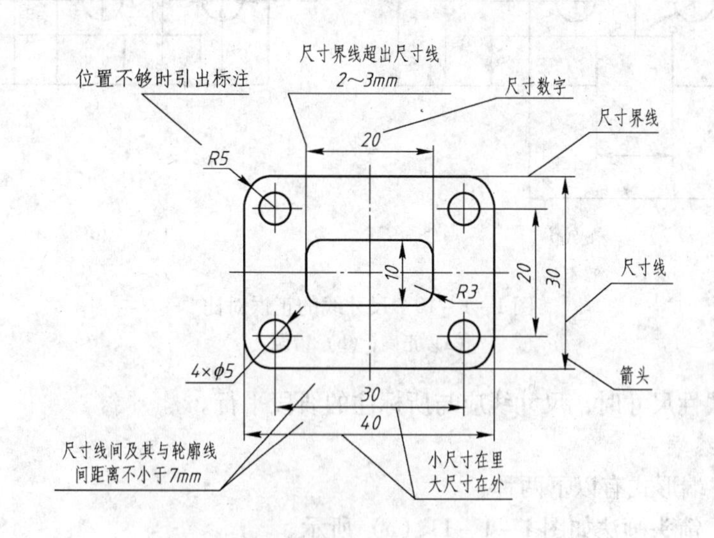

图1-1-8　尺寸的基本要素及标注示例

A　尺寸界线

（1）尺寸界线用细实线绘制，并应由图形的轮廓线、轴线或对称中心线处引出，也可以利用轮廓线、轴线或对称中心线作尺寸界线，如图1-1-9（a）所示。

（2）尺寸界线一般应与尺寸线垂直，必要时才允许倾斜，如图1-1-9（b）所示。

（3）在光滑过渡处标注尺寸时，应用细实线将轮廓线延长，从它们的交点处引出尺寸界线如图1-1-9（b）所示。

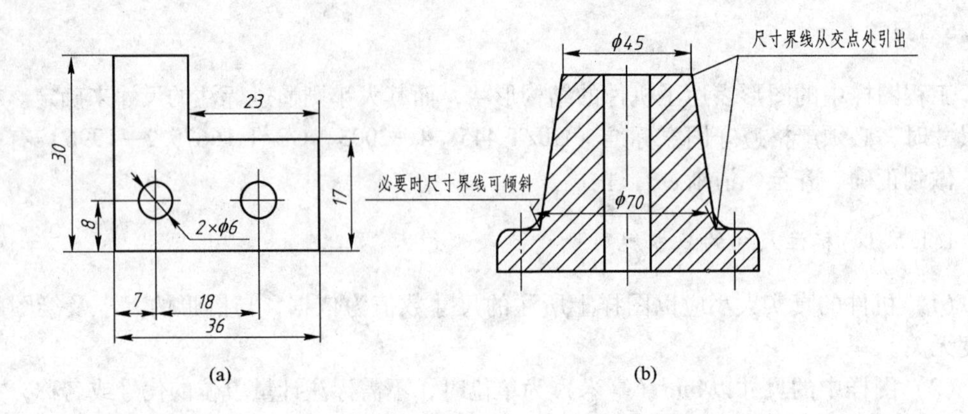

(a)　　(b)

图1－1－9　尺寸界线

B　尺寸线

(1) 尺寸线必须用细实线单独画出，不能用其他任何图线代替，也不能与其他图线重合或画在其延长线上，如图1－1－10所示。

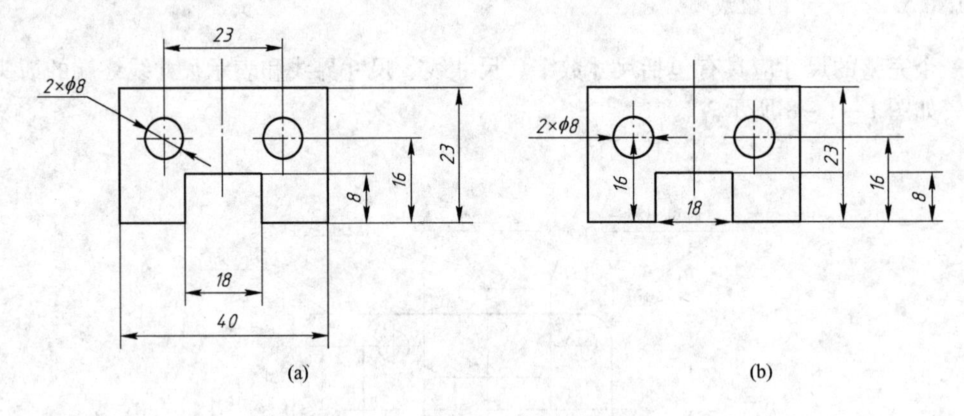

(a)　　(b)

图1－1－10　尺寸线的正误对比

(a) 正确；(b) 错误

(2) 标注线性尺寸时，尺寸线应与所标注的线段平行。

C　尺寸线终端

尺寸线的终端形式有以下两种：

(1) 箭头。箭头画法如图1－1－11 (a) 所示。

(2) 斜线。斜线用细实线绘制，其画法如图1－1－11 (b) 所示。当采用斜线时，尺寸线与尺寸界线应相互垂直。

机械图样中一般采用于箭头作为尺寸线的终端。

D　尺寸数字

(1) 尺寸数字表示所标注机件尺寸的实际大小，与图形的大小无关。尺寸数字采用阿拉伯数字。

(2) 尺寸数字一般应写在尺寸线的上方，也允许注写在尺寸线的中断处；当空间不够时可引出标注。

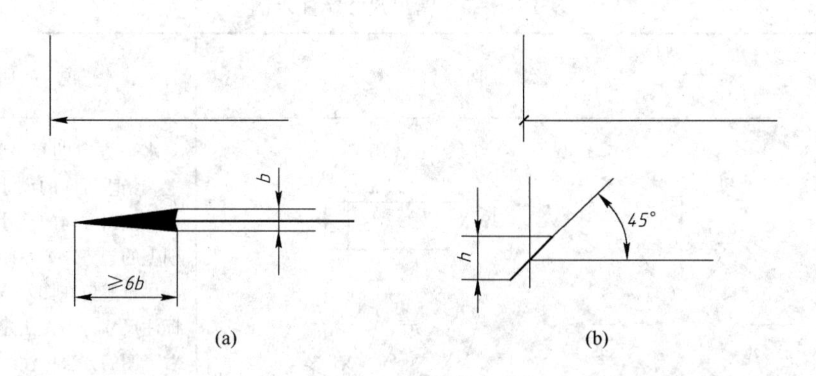

图 1-1-11　尺寸线终端
(a) 箭头；(b) 斜线
b—粗实线的宽度；h—字高

(3) 尺寸数字不能被任何图线通过，不可避免时，必须将该图线断开，如图 1-1-12 所示。

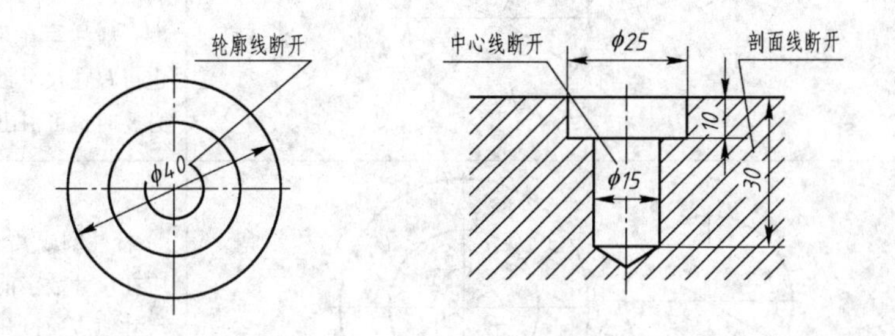

图 1-1-12　尺寸数字

E　标注尺寸的符号

标注尺寸时，应尽可能使用符号和缩写词来代替汉字。常用的符号和缩写词见表 1-1-5。

表 1-1-5　标注尺寸的符号

名　称	直径	半径	球直径	球半径	厚度	正方形	45°倒角
符号或缩写词	ϕ	R	$S\phi$	SR	t	□	C
名　称	深度	沉孔或锪平	埋头孔	均布	弧长	斜度	锥度
符号或缩写词	↧	⌴	⌵	EQS	⌒	∠	▷

1.1.5.3　常见尺寸的标注方法示例

常见尺寸的标注方法如表 1-1-6 所示。

表1－1－6　常见尺寸标注示例

标注内容	示　例	说　明
线性尺寸的数字方向	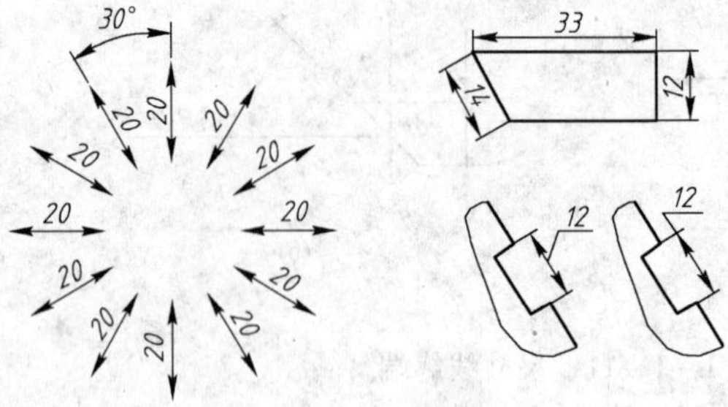	水平方向的尺寸数字字头向上，铅垂方向的尺寸数字字头向左，倾斜方向的尺寸数字字头有朝上的趋势，如左图。 尽量避免在图示30°的范围内标注尺寸，当无法避免时，可按右下图的方法标注。 对于非水平方向的尺寸，在不致引起误解时，其数字可水平地注写在尺寸线的中断处
角度	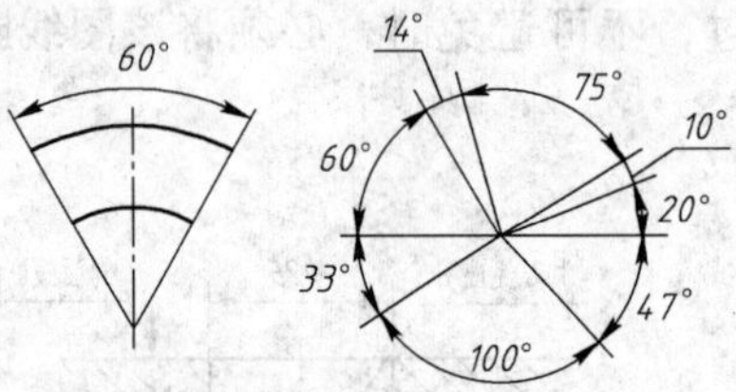	标注角度的尺寸界线应沿径向引出，尺寸线画成圆弧，圆心是该角的顶点。尺寸数字一律水平书写。 一般注写在尺寸线的中断处，也可写在尺寸线的上方或外侧，必要时也可引出标注
圆	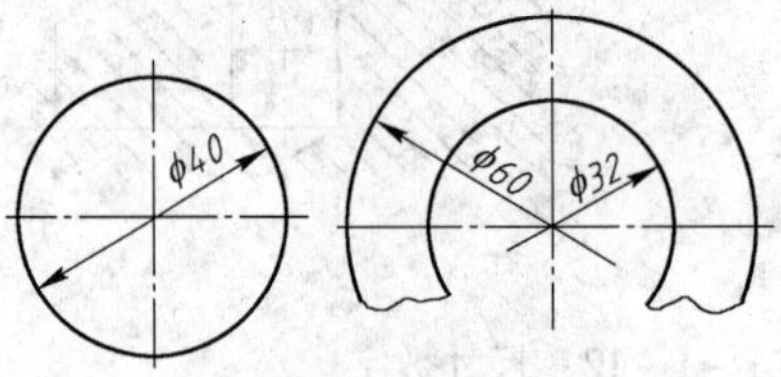	标注圆或大于半圆的圆弧时，应在尺寸数字前加注符号“ϕ”，尺寸线应通过圆心，终端为箭头
圆弧	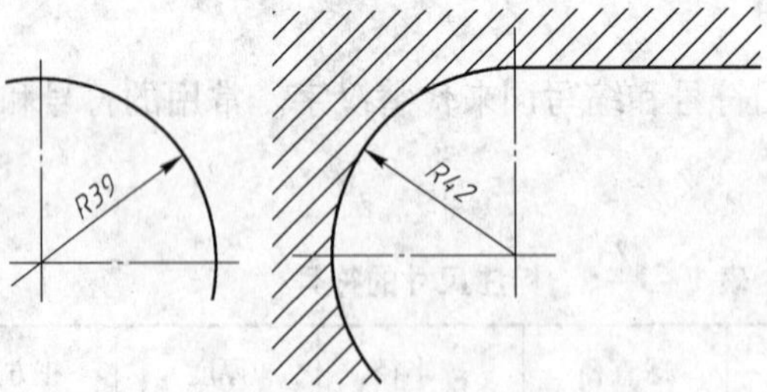	标注小于或等于半圆的圆弧时，尺寸线应从圆心出发引向圆弧，只画一个箭头，并在尺寸数字前加注半径符号“*R*”
大圆弧	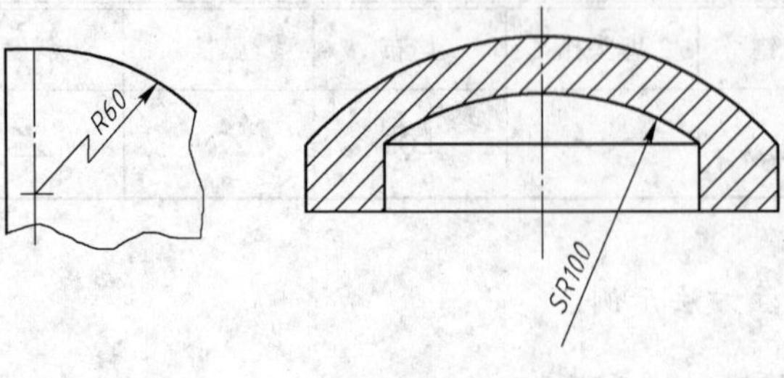	当圆弧的半径过大或在图纸范围内无法标出圆心位置时，可按左图形式标注。 当不需要标出圆心位置时，则可按右图形式标注

续表 1-1-6

标注内容	示　例	说　明
小尺寸	5　3　2　4　6　3 2 3　2　6 ϕ8　ϕ8　ϕ8　ϕ5　ϕ5　ϕ5　ϕ5 R5　R5　R5　R5　R5	图形较小，在尺寸界线之间没有足够位置画箭头或注写尺寸数字时，可按图示方式进行标注
球面	Sϕ40　SR32	标注球面直径或半径尺寸时，应在尺寸数字前加注符号“*Sϕ*”或“*SR*”

【任务解析】

轧辊零件图所使用的图纸幅面、图框格式、比例、标题栏、字体、线型等要求如下：

（1）图纸幅面为 A2 图纸，大小为 594mm × 420mm。

（2）图框格式为留装订边的图框格式。

（3）绘图比例为 1∶5。

（4）标题栏在图纸的右下角。从标题栏中可以看出零件的名称、材料、比例等相关信息。

（5）图上使用的汉字、字母及数字等，其字体、字高、字宽等都应符合国标规定。

（6）图上使用的线型有粗实线、细实线、波浪线、细点画线、虚线等多种线型。

单元 1.2　正确使用绘图工具

【工作任务】

认识绘图工具并学会使用。

【知识学习】

1.2.1　图板、丁字尺

图板用作画图时的垫板，一般有 0 号（900mm × 1200mm）、1 号（600mm × 900mm）和 2 号（400mm × 600mm）三种规格，使用时应注意保持板面光滑。其左侧边是工作边，称为导边，必须平直，如图 1－2－1 所示。

丁字尺是画水平线的长尺，由尺头和尺身构成，尺头和尺身相互垂直，尺身沿长度方向带有刻度（或带有斜面）的侧边为丁字尺的工作边。丁字尺与绘图板配合使用，可绘制一系列平行线。使用时，左手握尺头，使尺头的内侧紧靠图板的左侧边，右手执笔，沿丁字尺的工作边自左至右画线。画线时，笔杆应稍向外倾斜，笔尖应贴靠尺边，如图 1－2－1 所示。

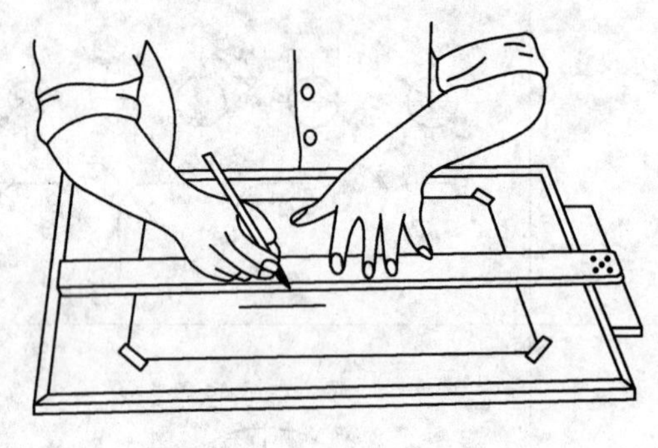

图 1－2－1　图板和丁字尺

1.2.2　三角板

三角板除了直接用来画直线外，也可配合丁字尺画铅垂线和其他倾斜线，如图 1－2－2 所示。

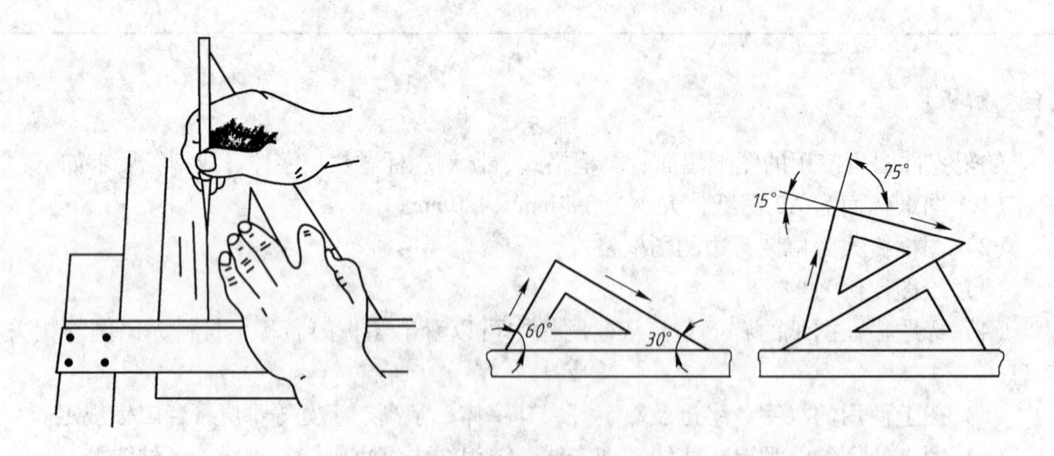

图 1－2－2　丁字尺和三角板配合使用绘制铅垂线及 15°倍数的倾斜线

1.2.3　圆规、分规

圆规主要用于画圆或圆弧。圆规的一条腿上装铅芯，另一条腿上装有钢针，画图时应使用带台阶的针尖，并预先调整针脚，使针尖略长于铅芯。画圆时应使圆规向前进方向稍微倾斜，画较大圆时，应调整圆规两脚与纸面垂直，必要时可使用加长杆，如图 1－2－3 所示。

分规是用来等分和量取线段的，如图 1－2－4 所示。分规两腿均装钢针。分规的针尖在并拢后，应能对齐，否则应调整。

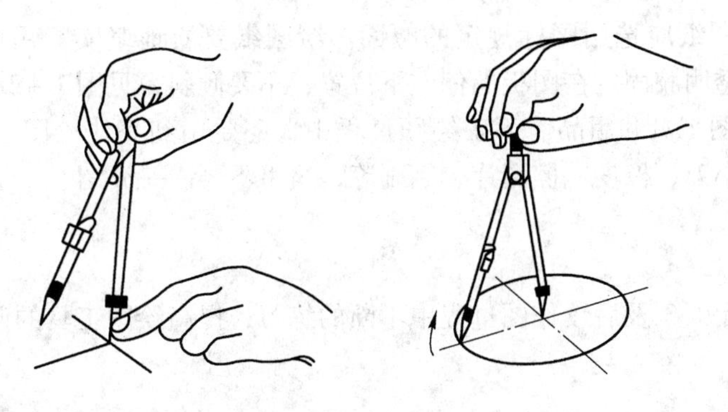

图1－2－3　圆规的使用

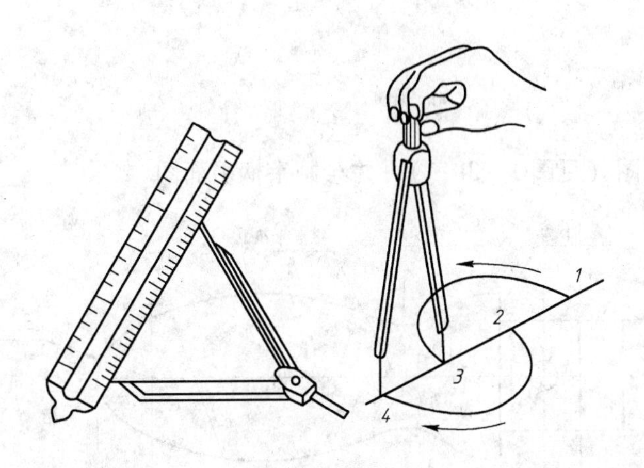

图1－2－4　分规的使用

1.2.4　其他绘图工具

（1）铅笔。铅笔的铅芯软硬用字母“B”和“H”表示，“B”前的数字越大，表示铅芯越软；“H”前的数字越大，表示铅芯越硬。HB铅笔软硬适中。画图时常选用2H，H，HB，B的绘图铅笔，H及2H铅笔画底稿，HB铅笔写字、画箭头以及加黑细实线，粗实线可用B铅笔加粗。

一般将H及HB铅笔削成锥状，将B削成楔状，如图1－2－5所示。

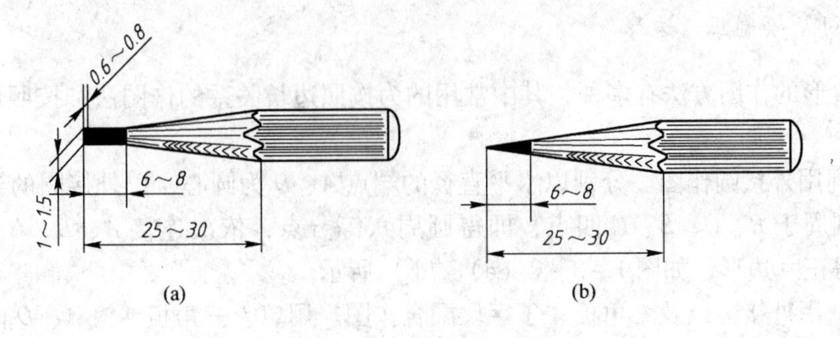

图1－2－5　铅笔的磨削

（a）画粗线的笔；（b）画细线的笔

（2）图纸。图纸应选用国标规定的幅面。绘图纸要质地坚实，用橡皮擦不易起毛。图纸用丁字尺和透明胶固定在图板的偏左下位置，不要倾斜，见图1－2－1。

（3）其他绘图工具和用品。手工绘图过程中，还要用到其他绘图工具和物品，如比例尺、曲线板、小刀、橡皮、擦图片、毛刷等，这里不再一一介绍。

【任务解析】

请读者在单元1.3及后续作图过程中不断的练习，提高绘图工具的使用技能。

单元1.3 绘制简单平面图形

【工作任务】

识读手柄平面图（见图1－3－1），并绘制手柄平面图

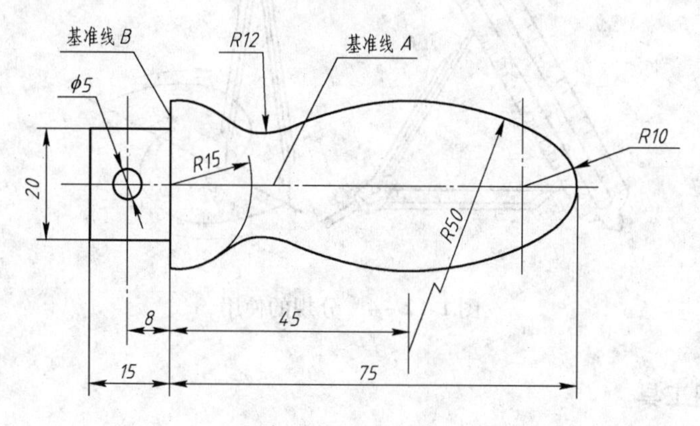

图1－3－1 手柄平面图

【知识学习】

1.3.1 几何作图

1.3.1.1 绘制正六边形

正六边形的作图方法有多种，其中常用的为按照边长关系的作图法和按照角度关系的作图法。

（1）利用外接圆作图。分别以水平直径的端点 A、D 为圆心，以外接圆的半径为半径画弧，交圆周于 B、C、E、F 四点，即得圆周六等分点，依次连接 A、B、C、D、E、F 各点，即得正六边形，如图1－3－2（a）、（b）所示。

（2）利用外接圆以及三角板、丁字尺配合作图。用30°三角板，过 A、D 两点分别作与水平线成60°角的直线 AB、AF，DC、DE，交圆周于 B、C、E、F 四点，以丁字尺连接 BC、FE 即得正六边形，如图1－3－2（c）所示。

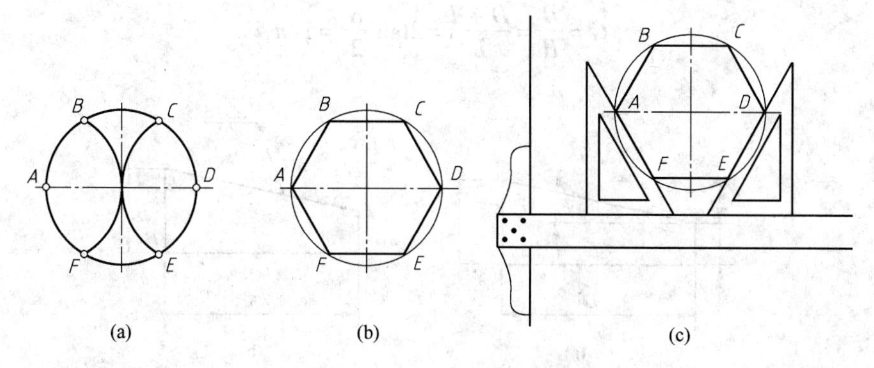

图 1-3-2 正六边形的画法

1.3.1.2 绘制椭圆

椭圆是常见的非圆曲线，画椭圆时常用几段圆弧连接而成的闭合曲线来代替理论上的椭圆，这样作图简便，形状也与椭圆大致相似。如果已知椭圆的长、短轴 AB、CD，则用“四心圆法”作近似椭圆的方法与步骤如下：

（1）连 AC，以 O 为圆心，OA 为半径画弧交 OC 延长线于 E，再以 C 为圆心，CE 为半径画弧交 AC 于 F。

（2）作 AF 线段的垂直平分线分别交长、短轴于 O_1、O_2，并作 O_1、O_2 的对称点 O_3、O_4，即求出四段圆弧的圆心。

（3）分别以 O_1、O_2、O_3、O_4 为圆心，以 O_1A、O_2C、O_3B、O_4D 为半径作弧，切于 K、N、N_1、K_1，即得近似椭圆，如图 1-3-3 所示。

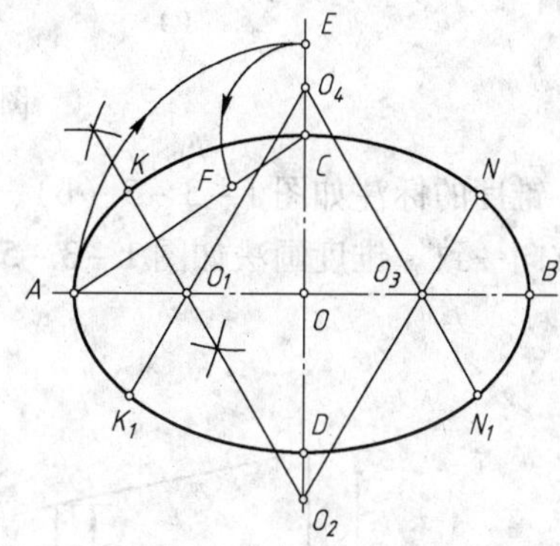

图 1-3-3 椭圆的近似画法

1.3.1.3 斜度画法

斜度是指一直线（或平面）相对于另一直线（或平面）的倾斜程度，斜度的大小通常以二者夹角的正切值来表示，如图 1-3-4 所示。斜度用符号“S”表示：

$$S = \frac{H-h}{L} = \tan\beta$$

工程上用直角三角形对边与邻边的比值来表示，并把比例前项固定化为 1 而写成 $1:n$ 的形式，斜度的标注如图 1-3-4（b）、（c）所示。标注斜度符号时，其斜边的斜向应与斜度的方向一致。

若已知直线段 AC 的斜度为 1:6，则其作图方法如图 1-3-4（d）、（e）所示。

1.3.1.4 锥度画法

锥度是指正圆锥的底圆直径 D 与锥高 H 之比，而圆台锥度则是两个底圆直径之差与圆台高度之比，如图 1-3-5所示。锥度用符号“C”表示：

$$C=\frac{D}{H}=\frac{D-d}{L}=2\tan\frac{\alpha}{2}=1:n$$

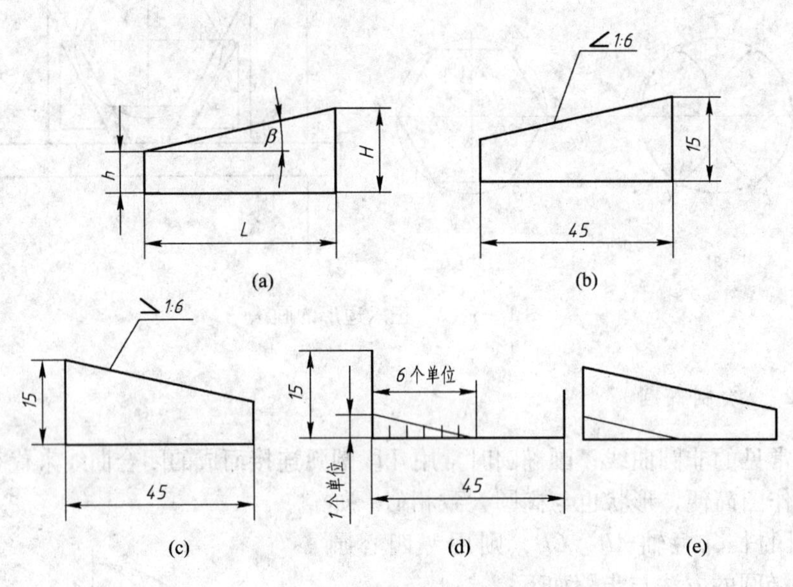

图 1－3－4　斜度的画法

锥度的标注如图 1－3－5（b）、（c）所示。标注锥度符号时，其尖端应与圆锥的锥顶方向一致。锥度画法如图 1－3－5（d）、（e）所示。

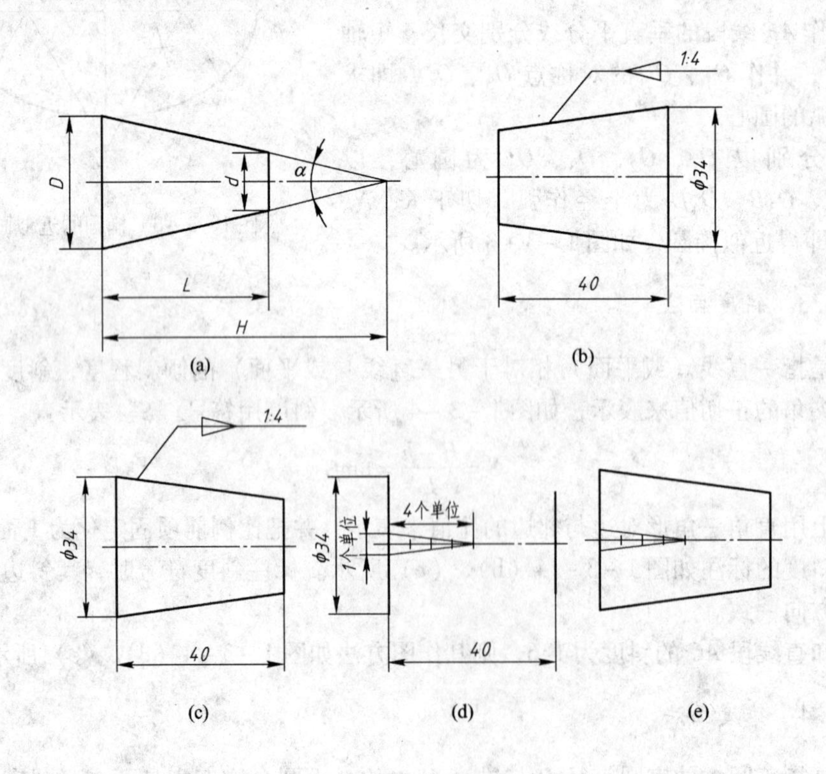

图 1－3－5　锥度的画法

1.3.1.5　圆弧连接

绘图时，经常需要用一个已知半径的圆弧来光滑连接（即相切）两个已知的直线或圆弧，这种作图方法称为圆弧连接。该圆弧称为连接圆弧，两个切点即为连接点。为了保证光滑的连接，作图时必须准确地作出连接圆弧的圆心和切点。

圆弧连接在物体视图中经常见到，如图 1－3－1 所示的手柄就是用圆弧连接圆弧、圆弧连接直线。

A　圆弧连接的作图原理

圆弧与圆弧的光滑连接，关键在于正确找出连接圆弧的圆心 O 以及切点 K 的位置。圆弧连接包括圆弧与直线连接（相切）、圆弧与圆弧连接（外切和内切），如图 1－3－6 所示。

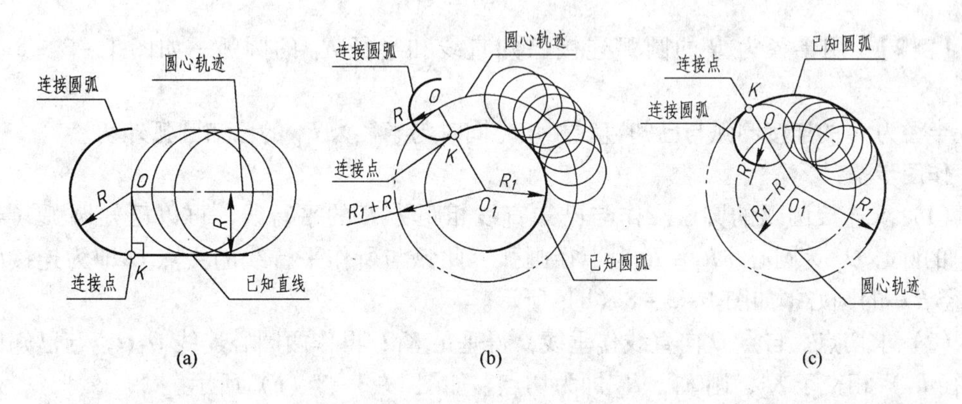

图 1－3－6　圆弧连接基本作图

（1）圆弧与直线连接（相切）。连接圆弧圆心的轨迹是与直线距离为 R 的平行线；由圆心 O 向直线作垂线，垂足 K 即为切点，如图 1－3－6（a）所示。

（2）圆弧与圆弧连接（外切）。连接圆弧圆心的轨迹为一与已知圆弧同心的圆，该圆的半径为两圆弧半径之和（R_1+R）；两圆心连线 O_1O 与已知圆弧的交点 K 即为切点，如图 1－3－6（b）所示。

（3）圆弧与圆弧连接（内切）。连接圆弧圆心的轨迹为一与已知圆弧同心的圆，该圆的半径为两圆弧半径之差（R_1-R）；两圆心连线 O_1O 与已知圆弧的交点 K 即为切点，如图 1－3－6（c）所示。

B　圆弧连接作图举例

实际作图时，根据具体要求，作出的两条轨迹线的交点就是连接圆弧的圆心，然后确定切点，完成圆弧连接。

【例 1】　用半径为 R 的圆弧连接两条已知直线，如图 1－3－7（a）所示。

作图步骤：

（1）求连接圆弧的圆心。分别作与已知直线 AB、BC 相距为 R 的平行线，其交点为 O，即为连接圆弧（半径 R）的圆心，如图 1－3－7（b）所示。

（2）求切点。自点 O 分别向直线 AB 及 BC 作垂线，得垂足 K_1 和 K_2，即为切点，如图 1－3－7（c）所示。

(3) 画连接圆弧。以 O 为圆心，R 为半径，自 K_1 至 K_2 画圆弧，即完成作图，如图 1-3-7 (d) 所示。

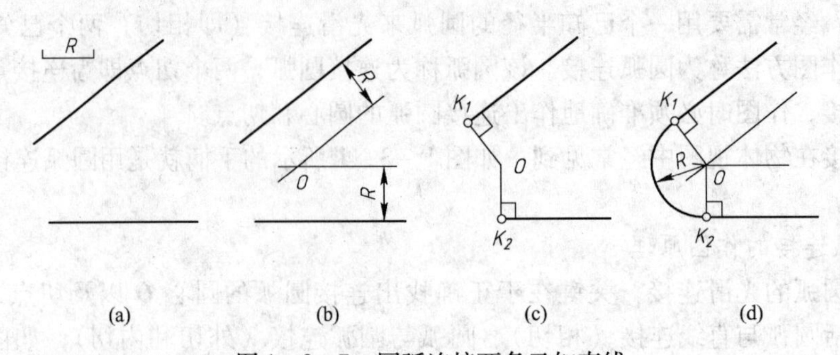

图 1-3-7　圆弧连接两条已知直线

(a) 已知条件；(b) 求连接圆弧的圆心；(c) 求切点；(d) 画连接圆弧

【例2】 用半径为 R 的圆弧连接已知直线和半径 R_1 的圆弧，如图 1-3-8 (a) 所示。

半径为 R 的连接圆弧与已知直线相切，同时与半径为 R_1 的已知圆弧外切。

作图步骤：

(1) 求连接圆弧的圆心。作与已知直线相距为 R 的平行线，再以已知圆弧（半径 R_1）的圆心 O_1 为圆心，R_1+R 为半径画弧，此弧与所作平行线的交点 O 即为连接圆弧（半径 R）的圆心，如图 1-3-8 (b) 所示。

(2) 求切点。自点 O 向直线作垂线，得垂足 K_1；再作两圆心连线 O_1O，与已知圆弧（半径 R_1）相交于 K_2，则 K_1、K_2 即为切点，如图 1-3-8 (c) 所示。

(3) 画连接圆弧。以 O 为圆心，R 为半径，自 K_1 至 K_2 画圆弧，即完成作图，如图 1-3-8 (d) 所示。

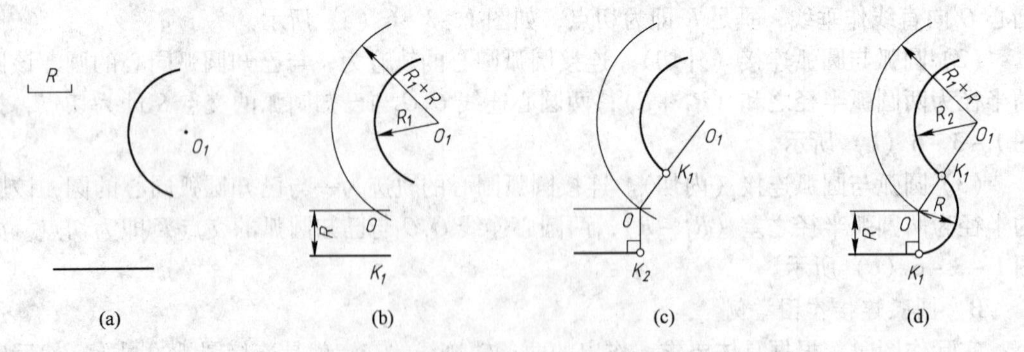

图 1-3-8　圆弧连接已知直线和圆弧

(a) 已知条件；(b) 求连接圆弧的圆心；(c) 求切点；(d) 画连接圆弧

【例3】 用半径为 R 的圆弧外切连接半径分别为 R_1 和 R_2 的两已知圆弧，如图 1-3-9 (a) 所示。

半径为 R 的连接圆弧同时与半径为 R_1 和半径为 R_2 的两已知圆弧外切。

作图步骤：

(1) 求连接圆弧的圆心。以 O_1 为圆心，$R+R_1$ 为半径画弧，再以 O_2 为圆心，$R+R_2$

为半径画弧，两圆弧交点 O 即为连接圆弧的圆心，如图1-3-9（b）所示。

（2）求切点。作两圆心连线 O_1O、O_2O，分别与两已知圆弧相交于 K_1、K_2，则 K_1、K_2 即为切点，如图1-3-9（c）所示。

（3）画连接圆弧。以 O 为圆心，R 为半径，自 K_1 至 K_2 画圆弧，即完成作图，如图1-3-9（d）所示。

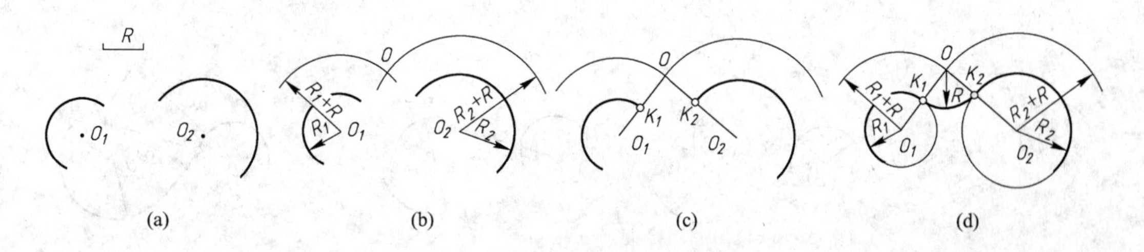

图1-3-9 圆弧外切连接两已知圆弧

（a）已知条件；（b）求连接圆弧的圆心；（c）求切点；（d）画连接圆弧

【例4】 用半径为 R 的圆弧内切连接半径分别为 R_1 和 R_2 的两已知圆弧，如图1-3-10（a）所示。

半径为 R 的连接圆弧同时与半径为 R_1 和半径为 R_2 的两已知圆弧内切。

作图步骤：

（1）求连接圆弧的圆心。以 O_1 为圆心，$R-R_1$ 为半径画弧，再以 O_2 为圆心，$R-R_2$ 为半径画弧，两圆弧交点 O 即为连接圆弧的圆心，如图1-3-10（b）所示。

（2）求切点。作两圆心连线 O_1O、O_2O 的延长线，分别与两已知圆弧相交于 K_1、K_2，则 K_1、K_2 即为切点，如图1-3-10（c）所示。

（3）画连接圆弧。以 O 为圆心，R 为半径，自 K_1 至 K_2 画圆弧，即完成作图，如图1-3-10（d）所示。

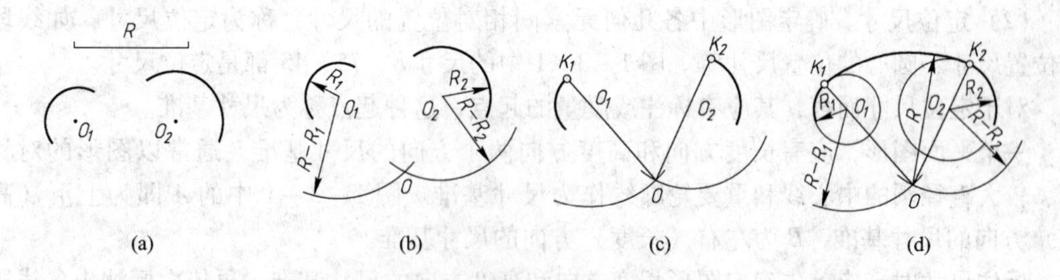

图1-3-10 圆弧内切连接两已知圆弧

（a）已知条件；（b）求连接圆弧的圆心；（c）求切点；（d）画连接圆弧

【例5】 用半径为 R 的圆弧内外切连接半径分别为 R_1 和 R_2 的两已知圆弧，如图1-3-11（a）所示。

半径为 R 的连接圆弧与半径为 R_1 的已知圆弧内切，同时与半径为 R_2 的已知圆弧外切。

作图步骤：

（1）求连接圆弧的圆心。以 O_1 为圆心，$R+R_1$ 为半径画弧，再以 O_2 为圆心，$R-R_2$

为半径画弧，两圆弧交点 O 即为连接圆弧的圆心，如图 1－3－11（b）所示。

（2）求切点。作两圆心连线 O_1O、O_2O 的延长线，分别与两已知圆弧相交于 K_1、K_2，则 K_1、K_2 即为切点，如图 1－3－11（c）所示。

（3）画连接圆弧。以 O 为圆心，R 为半径，自 K_1 至 K_2 画圆弧，即完成作图，如图 1－3－11（d）所示。

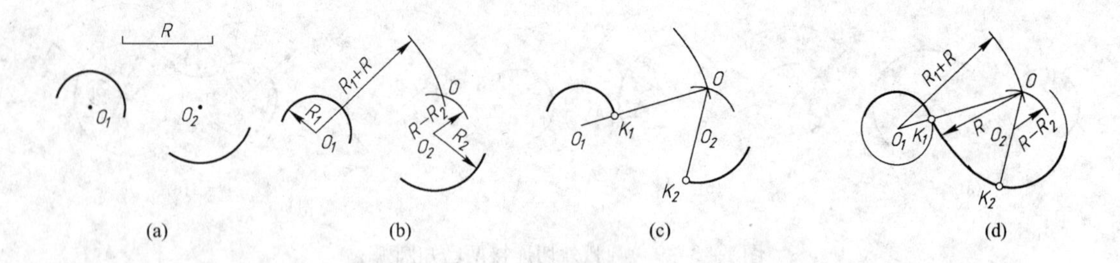

图 1－3－11　圆弧内外切连接两已知圆弧

（a）已知条件；（b）求连接圆弧的圆心；（c）求切点；（d）画连接圆弧

1.3.2　平面图形的分析

平面图形由许多线段连接而成，这些线段的形状、大小、相对位置和连接关系靠给定的尺寸来确定。画图时，只有通过分析尺寸和线段之间的关系，才能明确该平面图形从何处着手以及按什么顺序作图。

平面图形中的尺寸，按其作用可分为两类：

（1）定形尺寸。确定平面图形中各几何元素形状大小的尺寸，称为定形尺寸，如线段的长度、圆的直径、圆弧的半径及角度大小等。图 1－3－1 中的尺寸标注 $\phi5$、20、$R10$、$R15$、$R12$、15 等都是定形尺寸。

（2）定位尺寸。确定图形中各几何元素间相对位置的尺寸，称为定位尺寸，如线段的位置尺寸、圆心的位置尺寸等。图 1－3－1 中的尺寸 8、75、45 都是定位尺寸。

对于定位尺寸而言，其应有标注或度量的起点，这种起点称为尺寸基准。

一个平面图形，应有长度方向和高度方向两个方向的尺寸基准，通常以图形的对称线、较大直径圆的中心线和重要轮廓线作为尺寸基准。图 1－3－1 中的 A 即为上下（高度）方向的尺寸基准，B 为左右（长度）方向的尺寸基准。

标注尺寸时，应首先确定图形长度方向和高度方向的尺寸基准，再依次标注出各线段的定位尺寸和定形尺寸。

根据平面图形中给出的各线段的定形尺寸和定位尺寸是否齐全，可以将线段分为已知线段、中间线段和连接线段三种。

（1）已知线段。定形尺寸和定位尺寸齐全，可以直接画出的线段称为已知线段。如图 1－3－1 中的 $R15$ 和 $R10$ 两个圆弧。

（2）中间线段。有定形尺寸但定位尺寸不全，需要根据一个连接关系才能画出的线段称为中间线段。如图 1－3－1 中的圆弧 $R50$。

（3）连接线段。仅有定形尺寸没有定位尺寸，需要根据两个连接关系才能画出的线段称为连接线段。如图 1－3－1 中的圆弧 $R12$。

作图时，已知线段可以直接画出；中间线段可以根据其尺寸和一端与已知线段光滑连接的关系画出；连接线段必须在与其连接的两条线段都画出后才能绘制。因此，平面图形中线段的画图顺序是：已知线段—中间线段—连接线段。

1.3.3　平面图形的作图步骤

平面图形的一般作图步骤为：

（1）画基准线、定位线；

（2）画出各已知线段；

（3）画出各中间线段；

（4）画出各连接线段；

（5）检查，描深。

图 1－3－12 所示即为图 1－3－1 手柄的作图步骤。

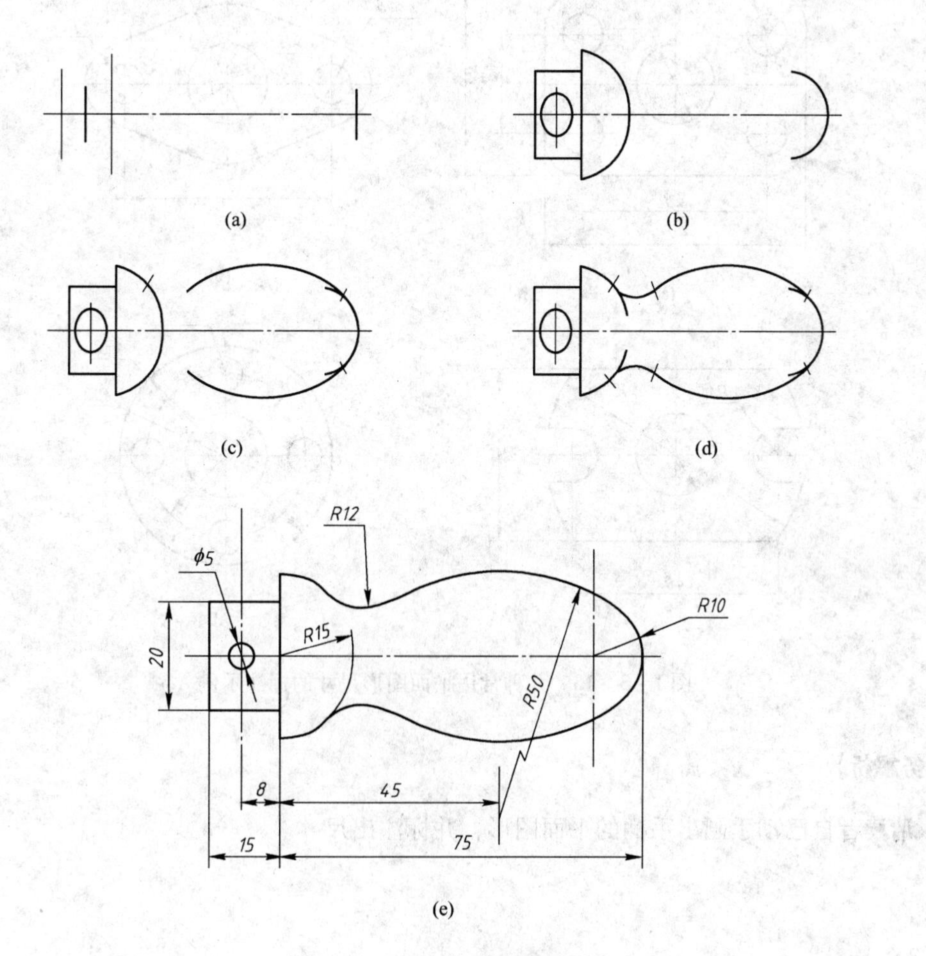

图 1－3－12　手柄的作图步骤

（a）画基准线、定位线；（b）画已知线段；（c）画中间线段；
（d）画连接线段；（e）检查，描深

1.3.4　平面图形的尺寸标注

平面图形画完后，需按照正确、完整、清晰的要求标注尺寸。即标注尺寸要符合国标规定，尺寸不出现重复或遗漏，尺寸要安排有序，注写清楚。

标注平面图形尺寸（见图 1－3－12）的一般步骤为：

（1）分析平面尺寸各部分的构成，确定尺寸基准。

（2）标注全部定形尺寸。

（3）标注必要的定位尺寸。已知线段的两个定位尺寸都要注出；中间线段只需注出一个定位尺寸；连接线段的两个定位尺寸都不必注出，否则便会出现多余尺寸。

（4）检查、调整、补遗删多。

图 1－3－13 列出了几种常用平面图形尺寸的标注示例。

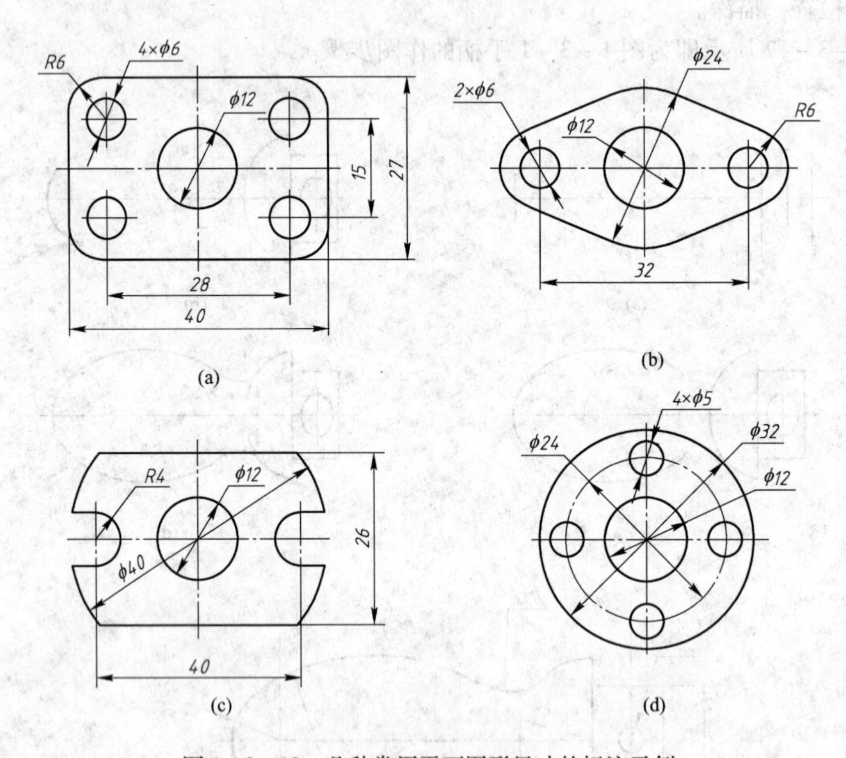

图 1－3－13　几种常用平面图形尺寸的标注示例

【任务解析】

请读者自己动手画出手柄的平面图形，并标注出尺寸。

学习情境2　识读并绘制简单立体投影图

学习目标

(1) 学习投影法的基本知识，熟知三视图的形成及投影规律；

(2) 学习点、直线、平面的投影规律；

(3) 学会识读并绘制简单立体投影图，并会表面取点。

单元2.1　学习正投影法与三视图

【工作任务】

用正投影法绘制如图2-1-1所示物体的三视图。

【知识学习】

2.1.1　投影法的基本知识

2.1.1.1　投影法概念

我们生活的空间里，一切物体都有长度、宽度和高度，要想在一张平面图纸上准确而全面地表达出物体的形状和大小，可用投影来实现。物体在灯光或日光等光线的照射下，就会在地面或墙壁等特定的平面上产生物体的影子，影子在某些方面反映出物体的形状特征。人类经过科学总结影子与物体的几何关系，逐步形成了投影法。

所谓投影法，就是一组投影线通过物体向选定的平面投射，并在该平面上得到图形的方法。根据投影法所得到的图形称为投影图，简称投影。在投影法中，选定平面P称为投影面，所有射线的起源点称为投影中心，发自投影中心且通过被表示物体上各点的直线称为投射线。如图2-1-1所示。

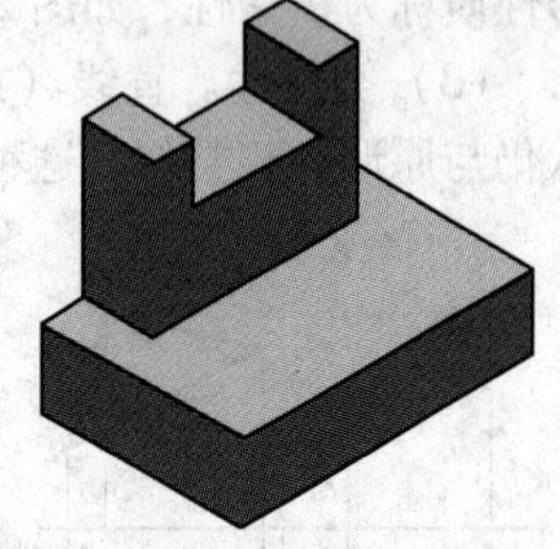

图2-1-1　某物体实形

投影法可分为中心投影法和平行投影法两种。

A　中心投影法

如图2-1-2（a）所示，投射线汇交于一点的投影法称为中心投影法。采用中心投影

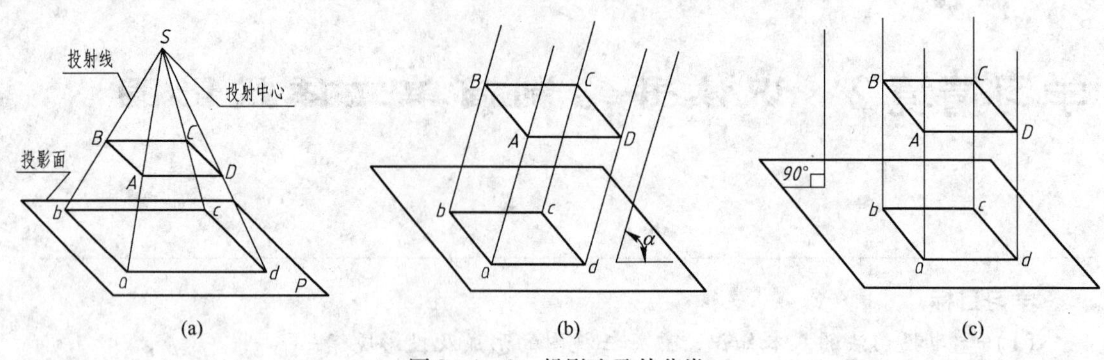

(a) (b) (c)

图 2－1－2 投影法及其分类

（a）中心投影法；（b）斜投影法；（c）正投影法

法绘制的图样，具有较强的立体感，在建筑或产品的外形设计中常使用。但如果改变物体和光源之间的距离，物体投影的大小也随之发生变化。因此，它不能反映物体的真实形状和大小，一般不在工程图中使用。

B 平行投影法

如图 2－1－2（b）、（c）所示，投影线都互相平行的投影方法，称为平行投影法。在平行投影法中，按投影线是否垂直于投影面，又可分为斜投影法和正投影法。

（1）斜投影法。投影线倾斜于投影面，如图 2－1－2（b）所示。

（2）正投影法。投影线垂直于投影面，如图 2－1－2（c）所示。

由于正投影法的投射线互相平行且垂直于投影面，因此，当空间平面图形平行于投影面时，其投影将反映该平面图形的真实形状和大小，即使改变它与投影面之间的距离，投影形状和大小也不会改变。因此，绘制机械图样时，主要采用正投影法，简称投影。

2.1.1.2 正投影的投影特性

（1）真实性。直线（或平面）平行于投影面，其投影反映实长（或实形），这种投影性质称为真实性，如图 2－1－3（a）所示。

（2）积聚性。直线（或平面）垂直于投影面，其投影积聚成点（或直线）。这种投影性质称为积聚性，如图 2－1－3（b）所示。

（3）类似性。直线（或平面）与投影面倾斜，其投影变短（或变小），但投影的形状仍与原形状相类似，这种投影性质称为类似性，如图 2－1－3（c）所示。

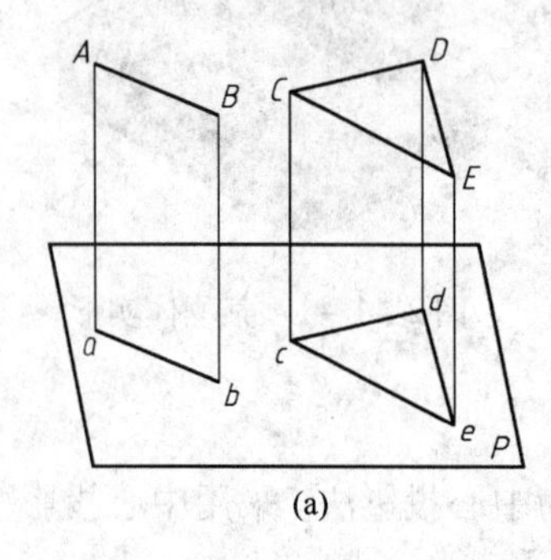

(a)

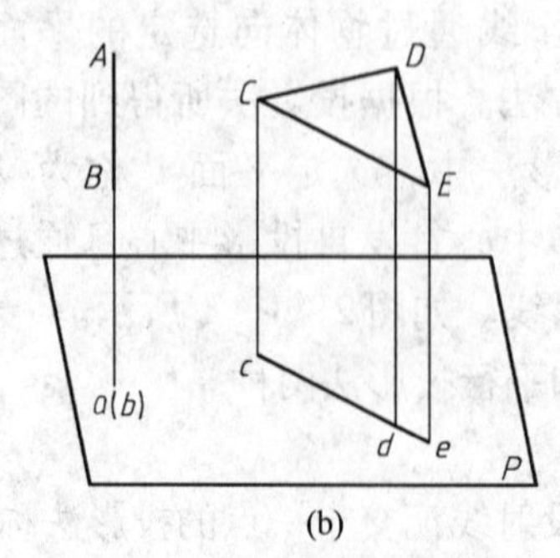

(b)

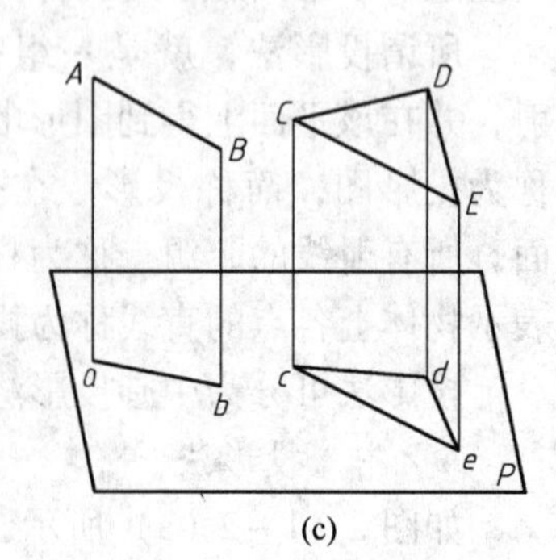

(c)

图 2－1－3 正投影的投影特性

（a）真实性；（b）积聚性；（c）类似性

2.1.2　三视图的形成及投影规律

2.1.2.1　视图的概念

一般工程图样大都是采用正投影法绘制的正投影图。用正投影法绘制出的物体图形称为视图。

2.1.2.2　三视图的形成

（1）三面投影体系。三面投影体系由三个互相垂直的投影面所组成，如图 2－1－4（a）所示。三个投影面分为正立投影面，用 *V* 表示；水平投影面，用 *H* 表示；侧立投影面，用 *W* 表示。三个投影面之间的交线称为投影轴，分别用 *OX*、*OY*、*OZ* 表示。

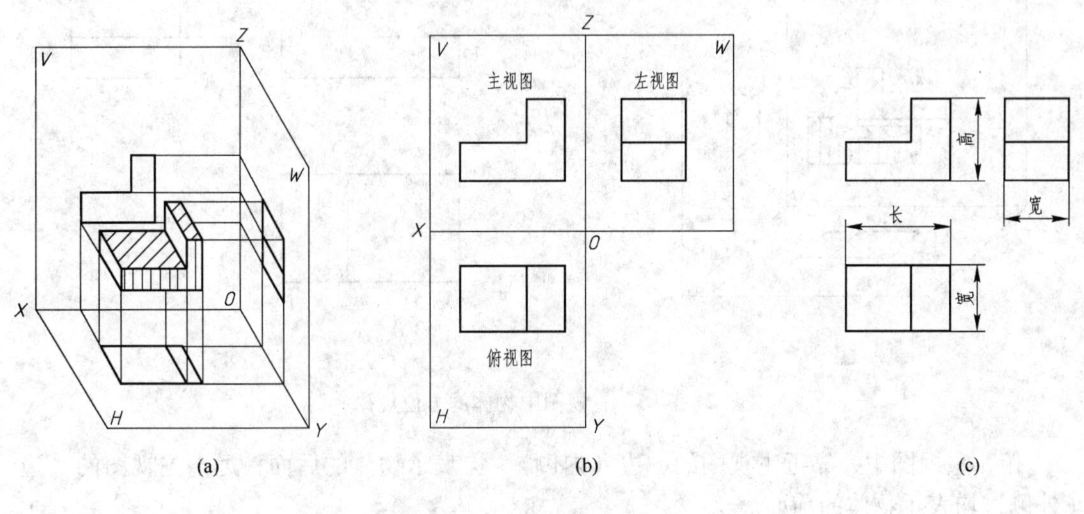

图 2－1－4　三视图的形成

（2）三视图的形成。把物体放在三面投影体系中，将物体向三个投影面进行正投影，得到物体的三面投影，分别为：正面投影，也就是从前向后投射所得到的图形，称为主视图；水平投影，也就是从上向下投射所得到的图形，称为俯视图；侧面投影，也就是从左向右投射所得到的图形，称为左视图；统称三视图，如图 2－1－4（a）所示。

（3）三视图的展开。为了画图方便，规定 *V* 面不动，*H* 面绕 *X* 轴向下旋转 90°，*W* 面绕 *Z* 轴向右旋转 90°，展开后与 *V* 面成为一个平面。三视图的配置关系：以主视图为基准，俯视图在主视图的正下方，左视图在主视图的正右方。如图 2－1－4（b）所示。也可将投影面和投影轴略去，即图 2－1－4（c）所示。

2.1.2.3　三视图的投影规律

A　视图反映物体大小的投影规律

如图 2－1－4（c）所示，主视图反映物体的高度和长度，俯视图反映物体的长度和宽度，左视图反映物体的高度和宽度。由此可以归纳出三视图之间的“三等”投影规律：

主视图和俯视图之间——长对正；

主视图和左视图之间——高平齐；

俯视图和左视图之间——宽相等。

应当指出，在绘制和识读物体的三视图时，无论是整个物体，还是物体的局部，其三面投影必须符合“长对正、高平齐、宽相等”的“三等”投影规律。

B 视图反映物体方位的投影规律

物体在三投影面体系内的位置确定后，它的前后、左右和上下的位置关系也就在三视图上明确地反映出来，并且每个视图反映物体的空间四个范围。如图2-1-5所示，即：

主视图——反映物体的上、下和左、右；

俯视图——反映物体的前、后和左、右；

左视图——反映物体的上、下和前、后。

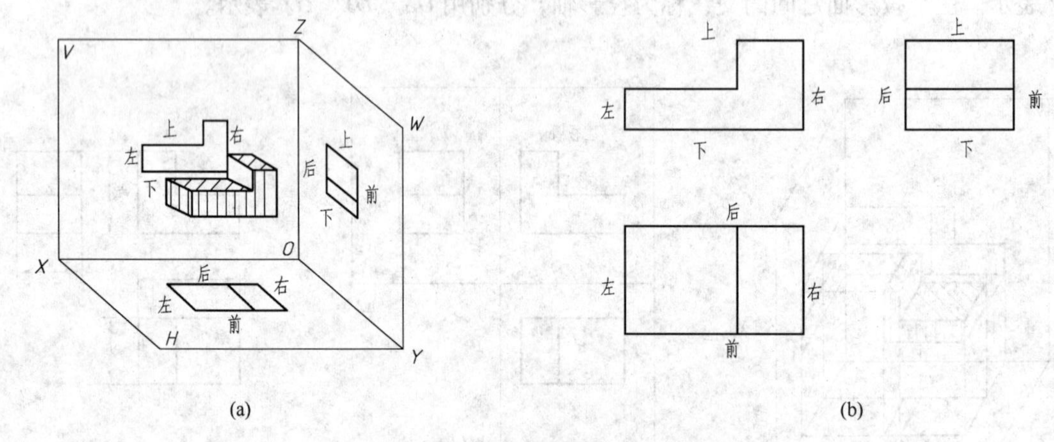

图2-1-5 三视图中物体的方位规律

俯、左视图中，靠近主视图的一边（内侧），均表示物体的后面；远离主视图的一边（外侧）均表示物体的前面。

2.1.3 画物体三视图的方法

首先，选择反映物体形状特征最明显的方向作为主视图的投射方向。将物体在三投影面体系中放正，使物体的主要表面尽可能与投影面平行。然后，保持物体不动，按正投影法分别向各投影面投射。画三视图时，应先画反映物体形状特征的视图，然后再按投影规律画出其他视图。

【任务解析】

图2-1-1所示物体为一长方形底板上放一凹字形竖板，绘制其三视图的步骤如下：

(1) 在图2-1-6 (a) 中量取底板的长和高，画出底板的主视图，按主、俯视图长对正的投影关系，量取底板的宽度画出俯视图，按主、左视图高平齐，俯、左视图宽相等的投影关系，画出底板的左视图，如图2-1-6 (b) 所示。

(2) 画出凹字形竖板未开方槽时的长方形竖板的三视图，如图2-1-6 (c) 所示。

(3) 量取方槽的长和高，画出反映方槽形状特征的主视图，按主、俯视图长对正，主、左视图高平齐的投影关系，画出方槽的俯视图和左视图，如图2-1-6 (d) 所示。

（4）检查无误后，擦去多余图线。描深，可见部分画成粗实线，不可见部分画成虚线，完成物体的三视图。应特别注意俯、左视图宽相等的对应关系。

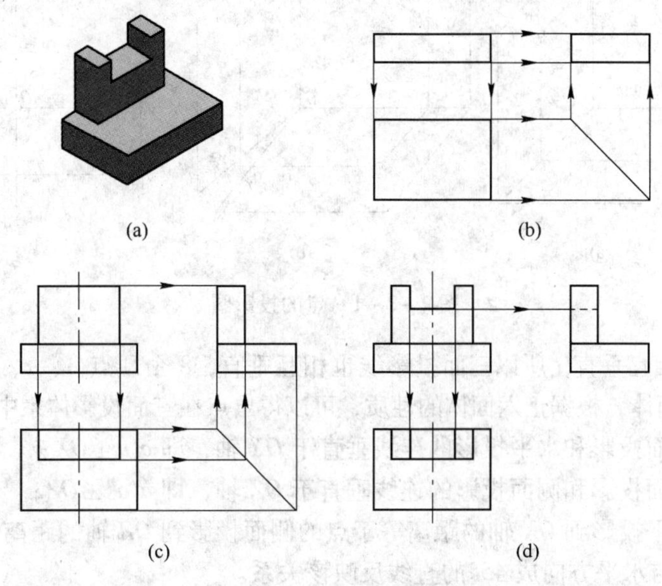

图2－1－6　物体的三视图

单元2.2　学习点的投影

【工作任务】

（1）已知一个点的两面投影，作出其第三面投影；

（2）根据两点的投影，判断两点的空间位置关系。

【知识学习】

2.2.1　点在三面投影体系中的投影

如图2－2－1（a）所示，设在三面投影体系中有一空间点A，将其分别向H、V、W面投影，即得点的三面投影。其中，V面上的投影称为正面投影，记为a'，H面上的投影称为水平投影，记为a，W面上的投影称为侧面投影，记为a''。

空间点及其投影的标记规定为：空间点用大写英文字母表示，如A，B，C，…；水平投影用相应的小写字母表示，如a，b，c，…；正面投影用相应的小写字母加一撇表示，如a'，b'，c'，…；侧面投影用相应的小写字母加两撇表示，如a''，b''，c''，…，如图2－2－1（a）所示。

如图2－2－1（b）所示，将投影面按指定方向展开后，点的三个投影在同一平面内，得到了点的三面投影图，如图2－2－1（c）所示。应注意的是：投影面展开后，同一条OY轴旋转后出现了两个位置。

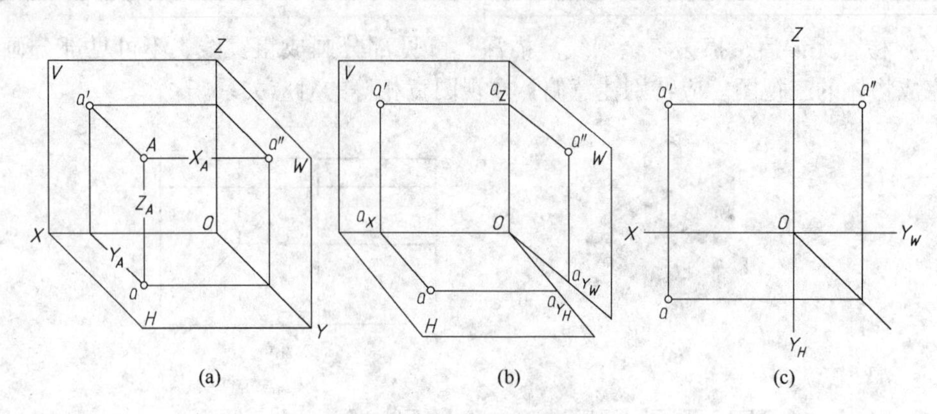

(a)　(b)　(c)

图 2－2－1　点的投影图

由于投影面相互垂直，所以三面投影线也相互垂直，8 个顶点 A、a、a_Y、a'、a''、a_X、O、a_Z 构成正六面体，根据正六面体的性质，可以得出点在三面投影体系中的投影规律：

（1）点的正面投影和水平投影的连线垂直于 OX 轴，即 $a'a \perp OX$；

（2）点的正面投影和侧面投影的连线垂直于 OZ 轴，即 $a'a'' \perp OZ$；

（3）点的水平投影到 OX 轴的距离等于点的侧面投影到 OZ 轴的距离，即 $aa_X = a''a_Y$。可以用过原点且与水平方向成 45°的直线反映该关系。

2.2.2　点的三面投影与直角坐标

如果把三面投影体系看作一个直角坐标系，把投影面 H、V、W 作为坐标面，投影轴 X、Y、Z 作为坐标轴，则点 A 的直角坐标（X、Y、Z）便是 A 点分别到 W、V、H 面的距离。点的每一个投影由其中的两个坐标所决定：V 面投影 a' 由 X_A 和 Z_A 确定，H 面投影 a 由 X_A 和 Y_A 确定，W 面投影 a'' 由 Y_A 和 Z_A 确定。点的任意两投影包含了点的三个坐标，因此根据点的三个坐标值，以及点的投影规律，就能作出该点的三面投影图，也可以由点的两面投影补画出点的第三面投影。

2.2.3　两点的相对位置

2.2.3.1　相对位置判断

空间两点的相对位置，是指两点之间的上下、左右、前后的关系。两点的相对位置可从两点的同面投影中反映出来，如图 2－2－2 所示，也可以由两个点的坐标差来确定。

例如判断 A（20，15，10）和 B（15，20，30）两点的相对位置过程如下：

两点的左右位置由 X 坐标差确定，X 坐标值大的在左，故点 A 在点 B 的左方；

两点的前后位置由 Y 坐标差确定，Y 坐标值大的在前，故点 A 在点 B 的后方；

两点的上下位置由 Z 坐标差确定，Z 坐标值大的在上，故点 A 在点 B 的下方。

总的来说，即点 A 在点 B 的左、后、下方。或者说，点 B 在点 A 的右、前、上方。注意：描述两点的相对位置关系应以其中一点为基准，是相对而言的。

2.2.3.2　重影点

在图 2－2－3 所示的 A、B 两点的投影中，a 和 b 重合，这说明 A、B 两点的 X、Y 坐

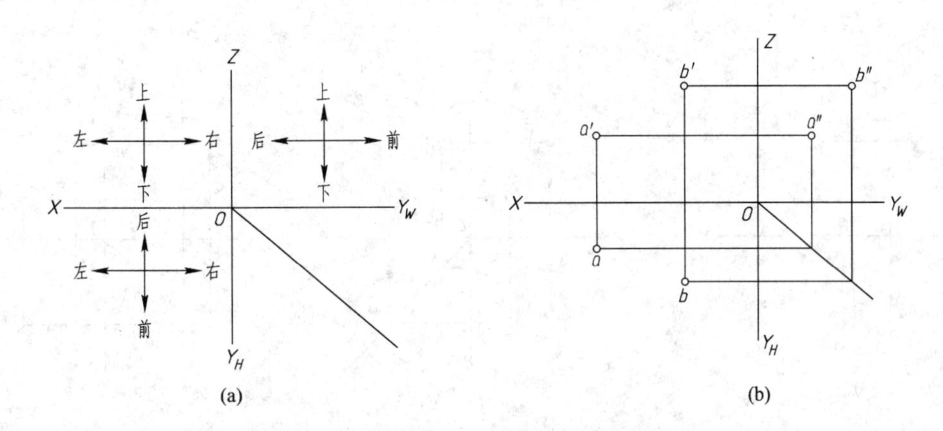

图2-2-2　空间两点的相对位置由三面投影确定

标相同，即A、B两点处于对水平面的同一条投射线上。

可见，共处于同一条投射线上的两点，必在相应的投影面上具有重合的投影，这样的两点称为对该投影面的重影点。

重影点的可见性需根据这两点不重影的投影的坐标大小来判别。

例如图2-2-3中，a和b重合，但正面投影不重合，且a'在上，b'在下，即$Z_A > Z_B$。所以对H面来说，A可见，B不可见。在投影图中，对不可见的点的投影，需加圆括号表示。如图2-2-3中，对点B的H面投影，加圆括号表示为（b）。A、B的相对位置可描述为A在B的正上方，或B在A的正下方。

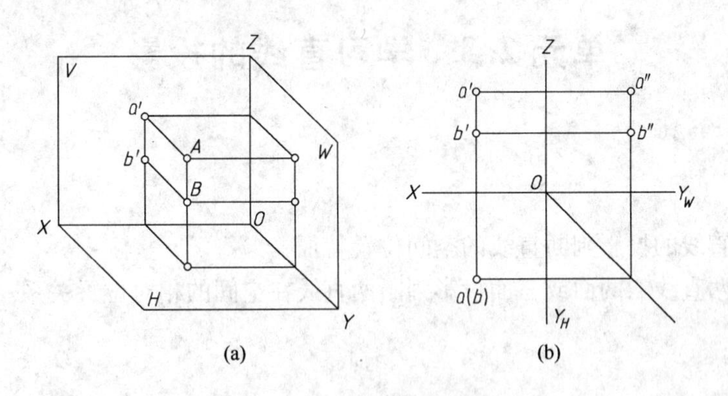

图2-2-3　重影点的投影

【任务解析】

如图2-2-4（a）所示，已知点A和B的两面投影，分别求其第三面投影，求出点A的坐标，并判断A、B两点的空间位置关系。

作图步骤如下：

（1）过原点O作与水平方向成45°的直线。

（2）根据点的投影特性，可分别作出a和b''。

过a''作平行于Z轴的直线与45°线相交，再过交点作平行于X轴的直线；过a'作平行于Z轴的直线与平行于X轴的直线相交于a，a即为所求。

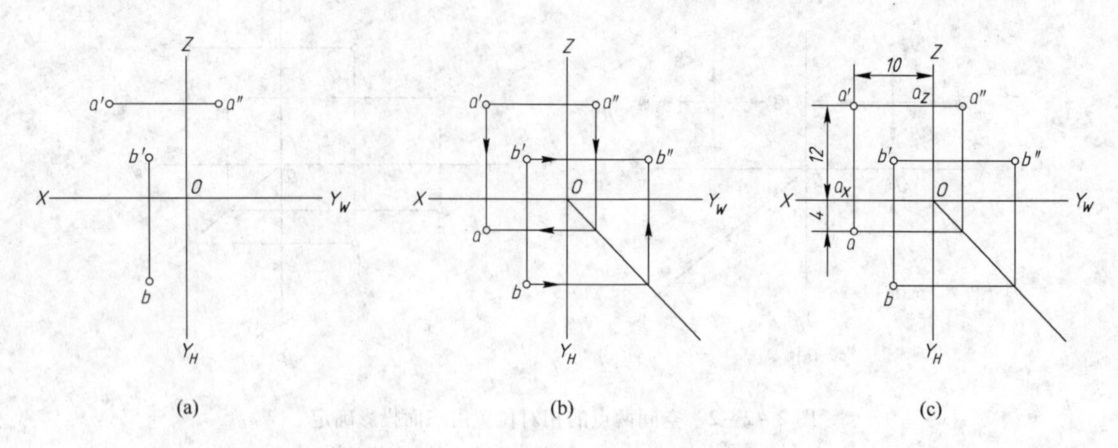

图 2－2－4　由点的两面投影求第三面投影

过 b 作平行于 X 轴的直线与 45°线相交，再过交点作平行于 Z 轴的直线；过 b' 作平行于 X 轴的直线与平行于 Z 轴的直线相交于 b''，b''即为所求，如图 2－2－4（b）所示。

（3）分别量取 $a'a_Z$、aa_X、$a'a_X$ 的长度为 10、4、12，可得出点 A 的坐标（10，4，12），如图 2－2－4（c）所示。

（4）由图 2－2－4（b）中 A 和 B 两点的三面投影关系，可以看出点 A 在点 B 的左、后、上方。

单元 2.3　学习直线的投影

【工作任务】

（1）根据直线的投影判断直线的空间位置特征；

（2）根据两直线的两面或三面投影判断两直线在空间的相对位置关系。

【知识学习】

2.3.1　直线的投影特性

直线的投影一般仍为直线，如图 2－3－1 所示。

因两点可以唯一确定一条直线，故在绘制直线的投影图时，只要做出直线上任意两点的投影，然后连接这两点的同面投影，即得直线的三面投影图。

根据直线在三面投影体系中对三个投影面所处的位置不同，可将直线分为一般位置直线和特殊位置直线。其中特殊位置直线包括投影面平行线和投影面垂直线。

2.3.1.1　投影面平行线

投影面平行线是指平行于一个投影面，且倾斜于另两个投影面的直线。它可分为三

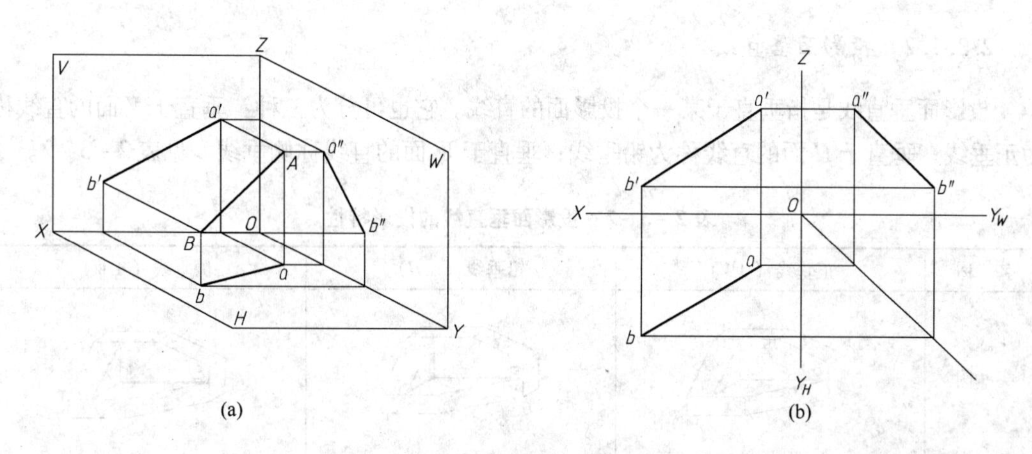

图2－3－1　直线的投影

种：平行于 V 面且与另两个投影面倾斜的直线称为正平线；平行于 H 面且与另两个投影面倾斜的直线称为水平线；平行于 W 面且与另两个投影面倾斜的直线称为侧平线。见表2－3－1。

表2－3－1　投影面平行线的投影特性

名　称	正平线（$//V$、$\angle H$、$\angle W$）	水平线（$//H$、$\angle V$、$\angle W$）	侧平线（$//W$、$\angle V$、$\angle H$）
实　例			
立体图			
投影图			
投影特性	（1）正面投影 $a'b'$ 反映实长； （2）正面投影 $a'b'$ 与 OX 轴和 OZ 轴的夹角 α、γ 分别为 AB 对 H 面和 W 面的倾角； （3）水平投影 $ab // OX$，侧面投影 $a''b'' // OZ$，且都小于实长	（1）水平投影 ef 反映实长； （2）水平投影 ef 与 OX 轴和 OY_H 轴的夹角 β、γ 分别为 EF 对 V 面和 W 面的倾角； （3）正面投影 $e'f' // OX$，侧面投影 $e''f'' // OY_W$	（1）侧面投影 $i''j''$ 反映实长； （2）侧面投影 $i''j''$ 与 OZ 轴和 OY_W 轴的夹角 β、α 分别为 IJ 对 V 面和 H 面的倾角； （3）正面投影 $i'j' // OZ$，水平投影 $ij // OY_H$ 且都小于实长

2.3.1.2 投影面垂直线

投影面垂直线是指垂直于某一个投影面的直线。它也可分为三种：垂直于 V 面的直线称为正垂线；垂直于 H 面的直线称为铅垂线；垂直于 W 面的直线称侧垂线。见表 2-3-2。

表 2-3-2 投影面垂直线的投影特性

名 称	正垂线（$\perp V$）	铅垂线（$\perp H$）	侧垂线（$\perp W$）
实 例	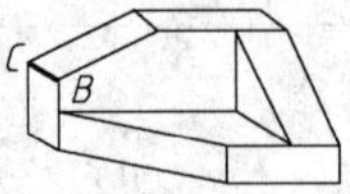	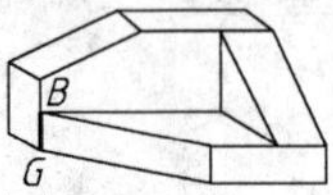	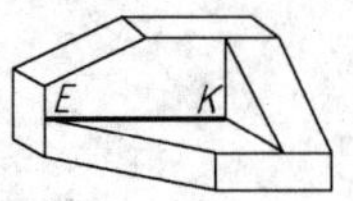
立体图	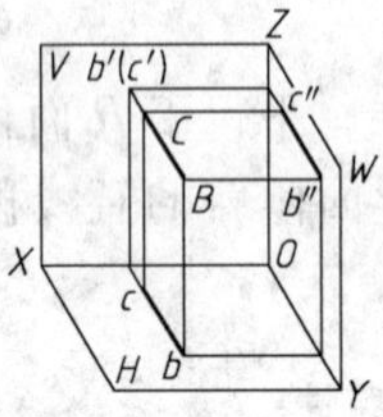	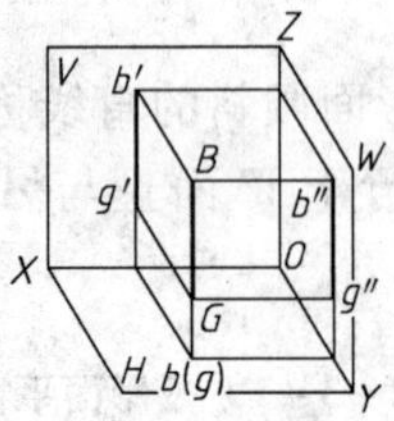	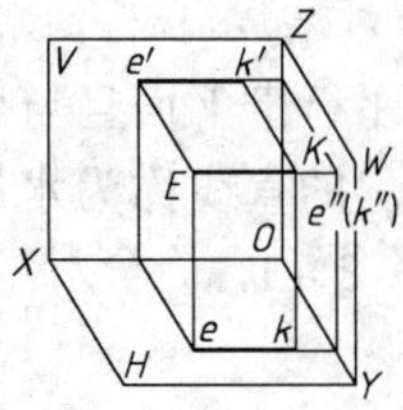
投影图	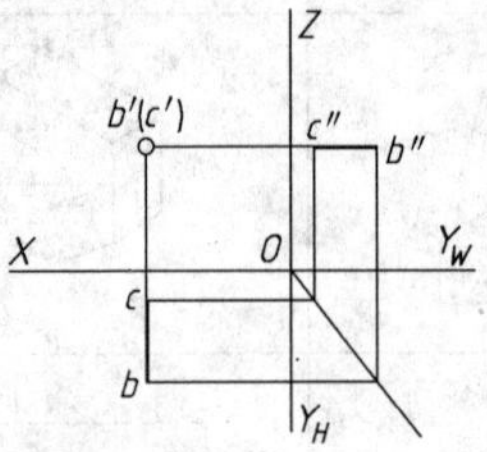	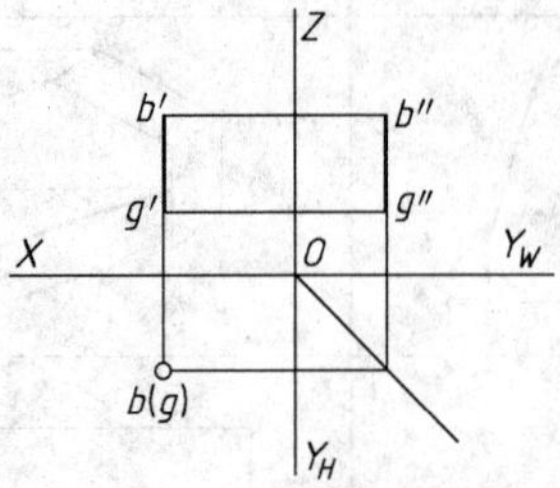	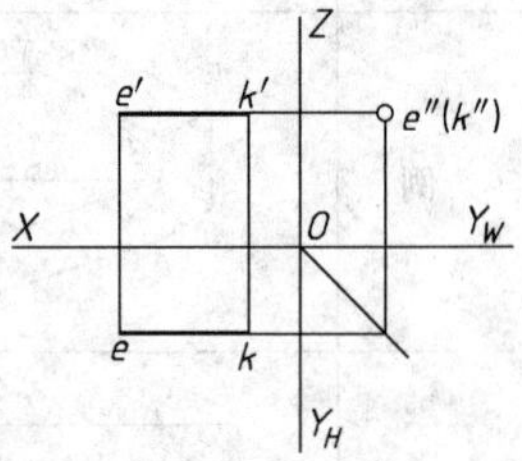
投影特性	（1）正面投影 $b'(c')$ 积聚成一点； （2）水平投影 bc、侧面投影 $b''c''$ 都反映实长，且 $bc \perp OX$，$b''c'' \perp OZ$	（1）水平投影 $b(g)$ 积聚成一点； （2）正面投影 $b'g'$、侧面投影 $b''g''$ 都反映实长，且 $b'g' \perp OX$，$b''g'' \perp OY_W$	（1）侧面投影 $e''k''$ 积聚成一点； （2）正面投影 $e'k'$、侧面投影 ek 都反映实长，且 $e'k' \perp OZ$，$ek \perp OY_H$

2.3.1.3 一般位置直线的投影

对三个投影面都倾斜的直线，称为一般位置直线，如图 2-3-2 所示。其投影特性为：三面投影都倾斜于投影轴；投影长度均小于线段的实长。

2.3.2 直线上的点

（1）若点在直线上，则该点的各投影必在该直线的同面投影上。反之，若点的各投影分别在直线的各同面投影上，则该点必在此直线上。

一般情况由点和直线的两面投影即可判断点是否在直线上。如图 2-3-3 所示，k 在 ab 上，k' 在 $a'b'$ 上，则点 K 必在直线 AB 上。

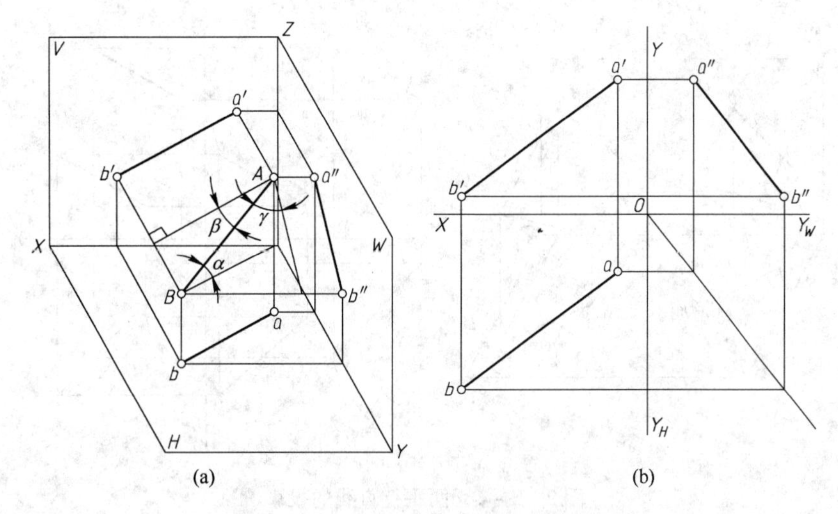

图2－3－2　一般位置直线的投影特性

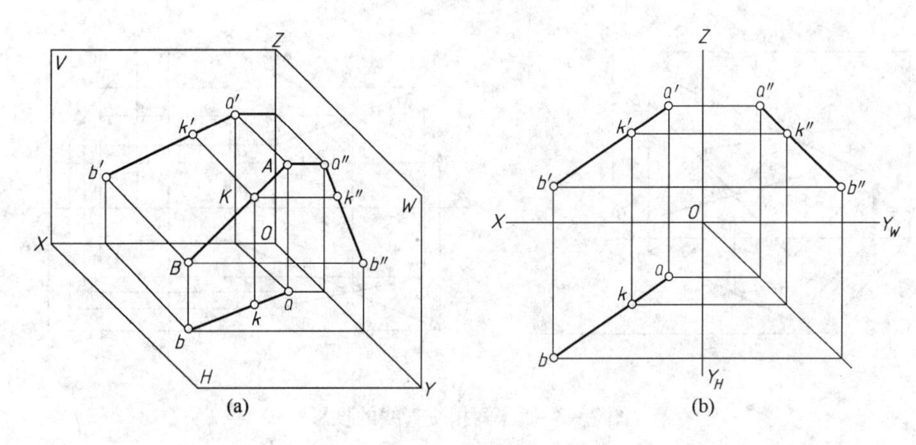

图2－3－3　直线上点的投影

（2）直线上的点分割线段长度之比等于其投影割线段投影长度之比。如图2－3－3所示，如点K把线段AB分为$AK:KB=1:2$，则$AK:KB=ak:kb=a'k':k'b'=1:2$。

2.3.3　两直线的相对位置

空间两直线的相对位置有三种情况：平行、相交和交叉。

2.3.3.1　两直线平行

两直线平行，其同面投影必定平行；反之，若两直线同面投影互相平行，则此两直线必然相互平行，所以可利用此投影特性来判断两直线是否平行，如图2－3－4所示。

2.3.3.2　两直线相交

当空间两直线相交时，它们在各投影面上的同面投影也必然相交，且其交点符合点的投影规律，如图2－3－5所示。反之，若两直线的各个同面投影都相交，且交点的投影符合点的投影规律，则此两直线在空间必相交。

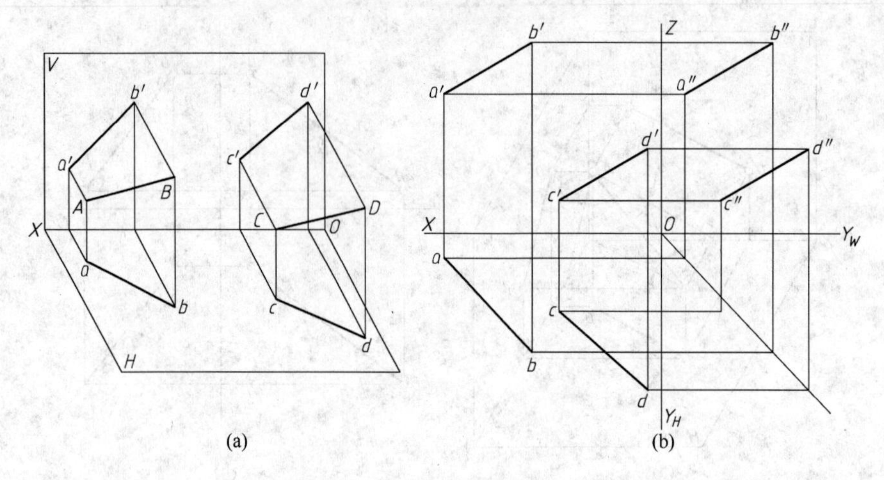

图 2 - 3 - 4　两平行直线的投影

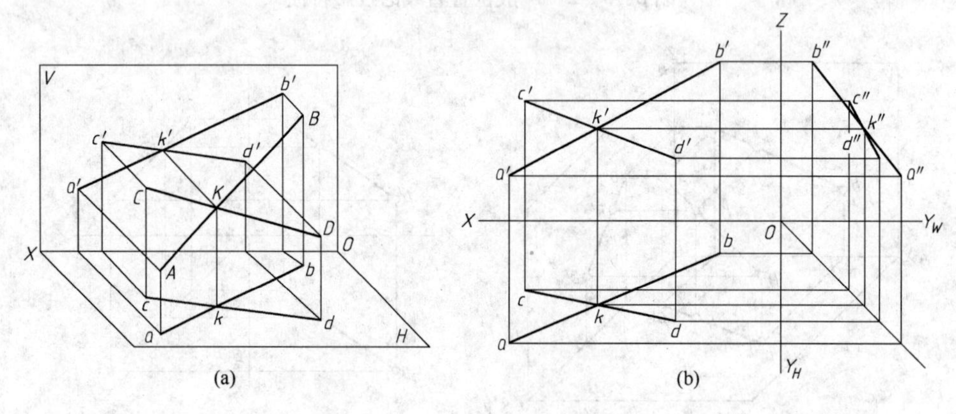

图 2 - 3 - 5　两相交直线的投影

2.3.3.3　两直线交叉

空间两直线既不平行也不相交，即为两直线交叉。两交叉直线，其同面投影的交点不符合点的投影规律，因此它不是两直线上的共有点，而是两直线上的两个重影点，如图 2 - 3 - 6所示。

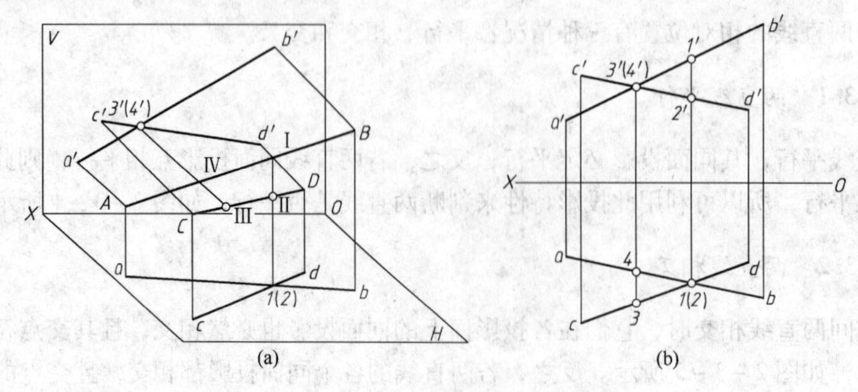

图 2 - 3 - 6　两交叉直线的投影

单元2.4 学习平面的投影

【工作任务】

（1）根据平面的投影判断平面的空间位置特征；
（2）判断一点或一直线是否在指定的平面内。

【知识学习】

2.4.1 平面的表示方法

2.4.1.1 几何元素表示法

平面可由下列任意一组几何元素来确定：
（1）不在同一直线上的三点，如图2－4－1（a）所示；
（2）一直线和直线外的一点，如图2－4－1（b）所示；
（3）两相交直线，如图2－4－1（c）所示；
（4）两平行直线，如图2－4－1（d）所示；
（5）任意平面图形，如图2－4－1（e）所示。
以上五种情况可以互相转化，其中最常用的表示法是用平面图形表示平面。

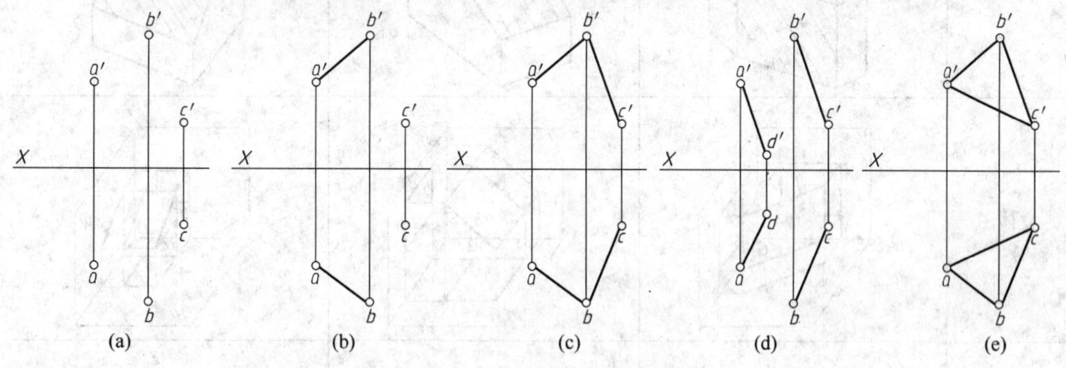

图2－4－1 平面的几何元素表示法

2.4.1.2 迹线表示法

平面与投影面的交线称为平面的迹线。通常把用迹线表示的平面称为迹线平面。平面 P 与投影面 V、H、W 的迹线分别用 P_V、P_H、P_W 表示，如图2－4－2所示。

2.4.2 各种位置平面的投影特性

空间平面在三面投影体系中，对投影面的位置有三类：投影面垂直面、投影面平行面、投影面倾斜面。前两类统称为特殊位置平面，后者称为一般位置平面。

平面与水平投影面、正立投影面、侧立投影面的夹角，分别称为该平面对 H、V、W 的倾角，分别用 α、β、γ 表示。

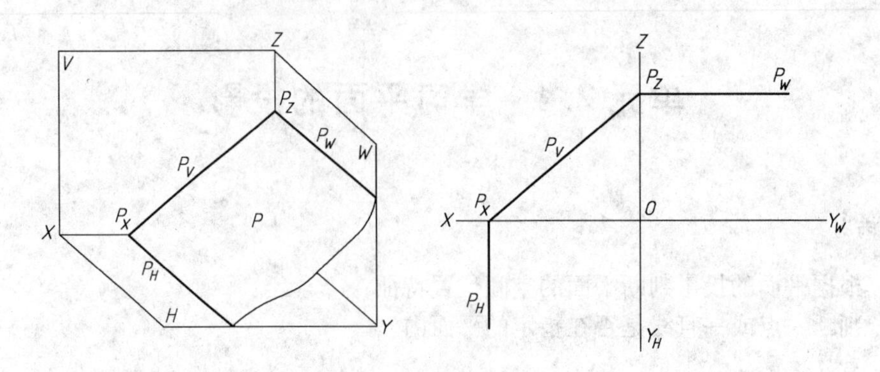

图2-4-2　平面的迹线表示法

2.4.2.1　投影面垂直面

垂直于某一投影面且倾斜于另两个投影面的平面，称为投影面垂直面。垂直于 H 面且倾斜于另两个投影面的平面，称为铅垂面；垂直于 V 面且倾斜于另两个投影面的平面，称为正垂面；垂直于 W 面且倾斜于另两个投影面的平面，称为侧垂面。投影特性见表2-4-1。

表2-4-1　投影面垂直面的投影特性

名　称	铅垂面（$\perp H$、$\angle V$、$\angle W$）	正垂面（$\perp V$、$\angle H$、$\angle W$）	侧垂面（$\perp W$、$\angle V$、$\angle H$）
实　例			
立体图			
投影图			
投影特性	（1）水平投影积聚成线段，β、γ 分别反映平面对 V、W 面的倾角； （2）正面投影、侧面投影均为类似性	（1）正面投影积聚成线段，α、γ 分别反映平面对 H、W 面的倾角； （2）水平投影、侧面投影均为类似性	（1）侧面投影积聚成线段，α、β 分别反映平面对 H、V 面的倾角； （2）正面投影、水平投影均为类似性

2.4.2.2　投影面平行面

平行于某一投影面的平面，称为投影面平行面。

平行于 *H* 面的平面称为水平面，平行于 *V* 面的平面称为正平面，平行于 *W* 面的平面称为侧平面。投影特性见表 2－4－2。

表 2－4－2　投影面平行面的投影特性

名　称	正平面（//*V*）	水平面（//*H*）	侧平面（//*W*）
实　例	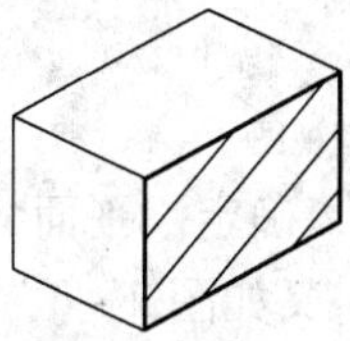	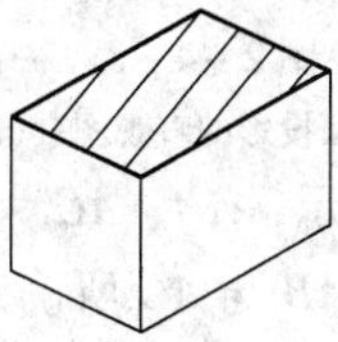	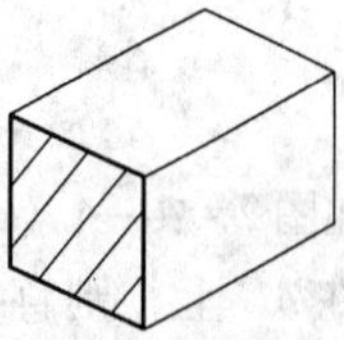
立体图	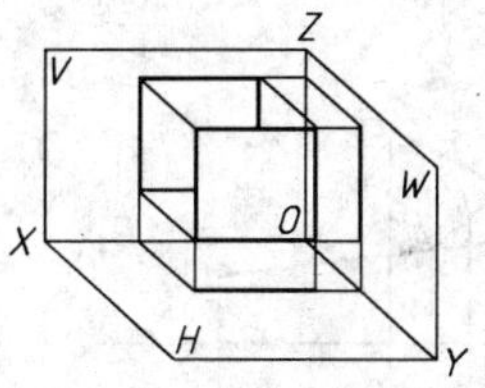	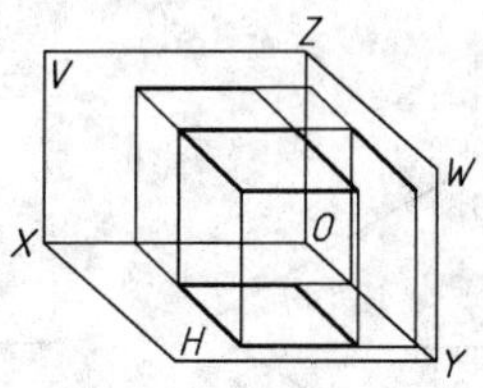	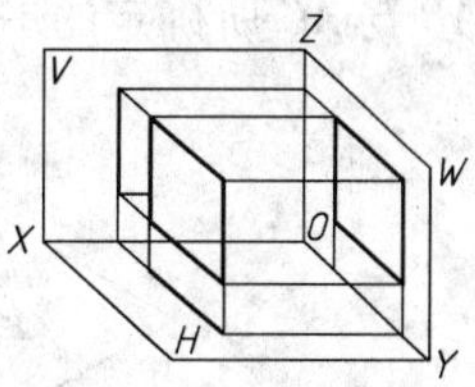
投影图	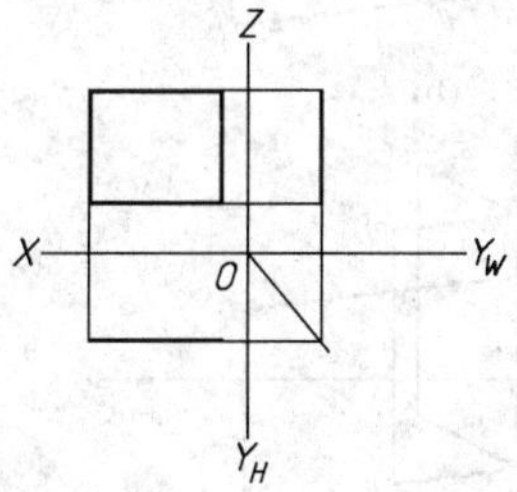	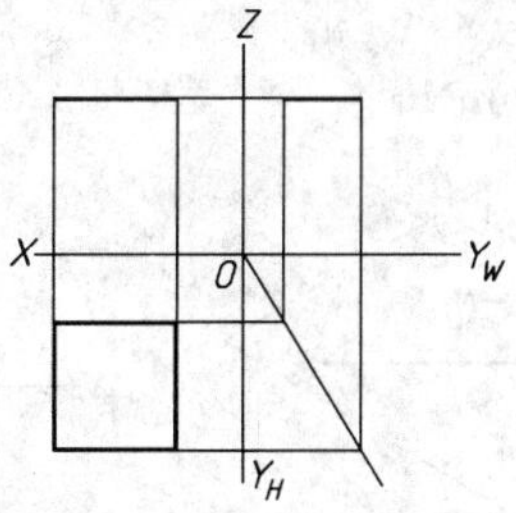	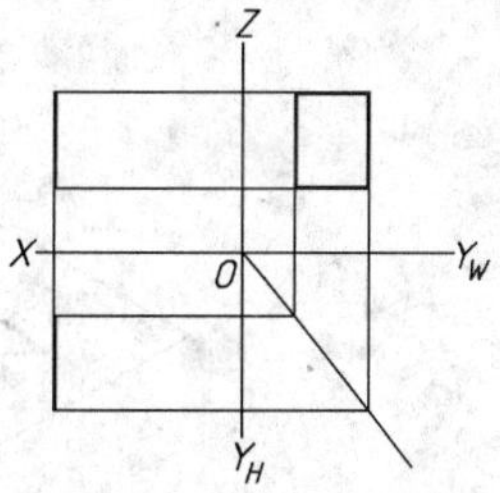
投影特性	（1）正面投影反映实形； （2）水平投影、侧面投影都积聚成线段，且分别平行于 *OX*、*OZ* 轴	（1）水平投影反映实形； （2）正面投影、侧面投影都积聚成线段，且分别平行于 *OX*、*OY* 轴	（1）侧面投影反映实形； （2）正面投影、水平投影都积聚成线段，且分别平行于 *OZ*、*OY* 轴

2.4.2.3　一般位置平面

与三个投影面均倾斜的平面称为一般位置平面。一般位置平面的三个投影均为空间图形的类似图形，如图 2－4－3 所示。

2.4.3　平面上的点和直线

（1）平面上的直线。

直线在平面内的条件是：若直线通过平面内的两点，或通过平面内的一点且平行于平面内的一直线，则此直线必在该平面内。

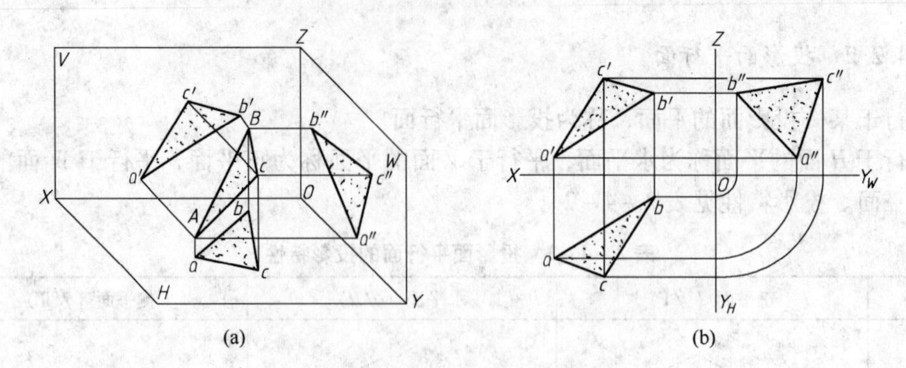

图 2-4-3　一般位置平面

（a）平面投影的直观图；（b）平面投影的三视图

如图 2-4-4（a）、（b）所示，*AB*、*AC* 为两相交直线，确定一平面，点 *M* 在 *AB* 上，点 *N* 在 *AC* 上，则直线 *MN* 必在 *AB* 与 *AC* 所确定的平面上。又如图 2-4-4（c）、（d）所示，*AB*、*AC* 为两相交直线，确定一平面，在 *AC* 上取一点 *N*，过 *N* 作 *NM*∥*AB*，则 *MN* 必在 *AB* 与 *AC* 所确定的平面上。

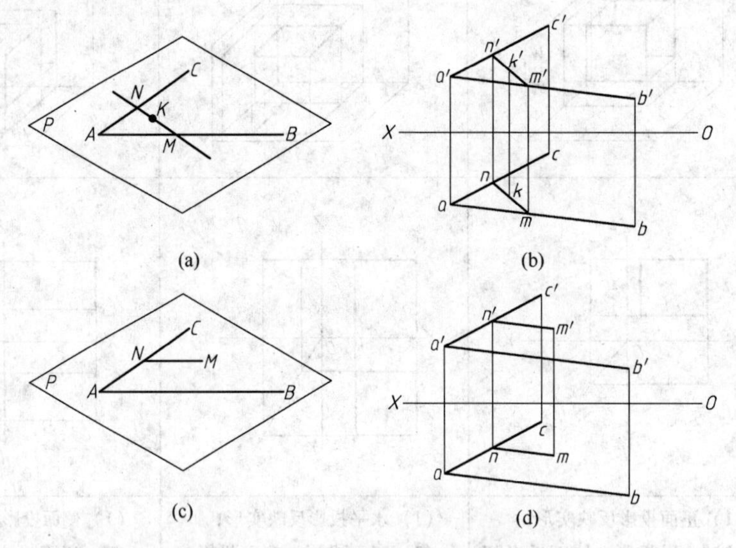

图 2-4-4　平面上的点和直线

（a），（c）直观图；（b），（d）投影图

（2）平面上的点。

若点在平面内的某一直线上，则此点必在该平面内。如在图 2-4-4（a）、（b）中，点 *K* 在直线 *MN* 上，则点 *K*、*M*、*N* 均在 *AB* 与 *BC* 所确定的平面上。

单元 2.5　识读并绘制平面立体的投影

【工作任务 1】

识读图 2-5-1 的棱柱投影图，并绘制一个棱柱投影图。

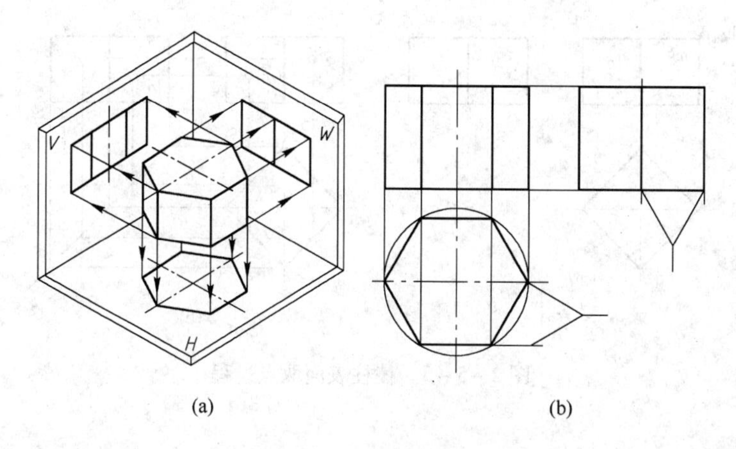

(a)　(b)

图2-5-1　棱柱投影图

【任务解析1】

(1) 识读棱柱投影的过程。图2-5-1所示为一正六棱柱体的轴测图及投影图。正六棱柱由顶面、底面和六个侧棱面围成，底面为水平面，在水平投影面上的投影为实形（正六边形），在正面和侧面的投影积聚为一条直线；六个侧棱面中有四个为铅垂面，其余两个为正平面，六条棱线为铅垂线，所以六个侧棱面的水平投影积聚成六条直线，与顶面的正六边形重合；其正面、侧面的投影为四边形，见图2-5-1（b）。

- **棱柱的投影特征**：在与棱线垂直的投影面上的投影为一多边形，反映棱柱的形状特征，在另外两个投影面上的投影为矩形线框。

(2) 绘制投影的过程。绘制棱柱的投影时，一般先画对称中心线、对称线，再画底面的反映实形的投影和积聚的另两个投影，然后画侧棱的投影，并判别其可见性，最后描深。正六棱柱体投影的绘制步骤如图2-5-2所示。

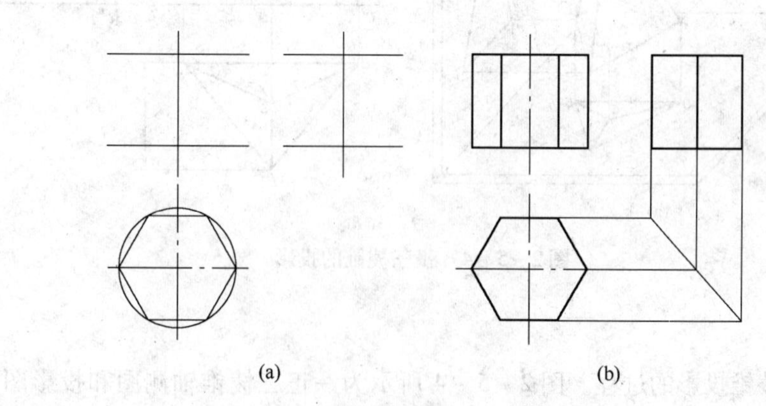
(a)　(b)

图2-5-2　正六棱柱体的绘图步骤

【工作任务2】

在棱柱表面上取点。如图2-5-3（a）所示，正四棱柱上有点 M 和 N，已知其正面投影 m'（不加括号为可见）、n'（加括号为不可见），求它们的另外两个投影。

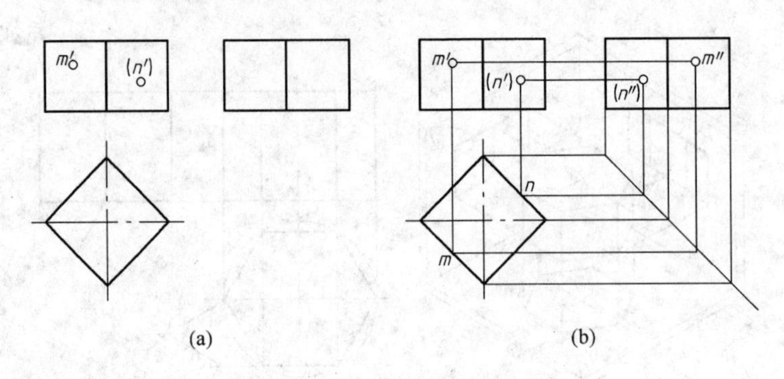

图 2-5-3　棱柱表面取点过程

【任务解析 2】

在棱柱表面上给定一点的某一个投影，要求出该点的另外两个投影时，首先必须确定该点所在的平面，并分析该平面的投影特性。若该平面为特殊位置平面，则利用平面的积聚性和点在平面上的投影特点即可求得该点的另外两个投影。如图 2-5-3（b）所示。

【工作任务 3】

识读图 2-5-4 正三棱锥的投影图，并绘制一个棱锥投影图。

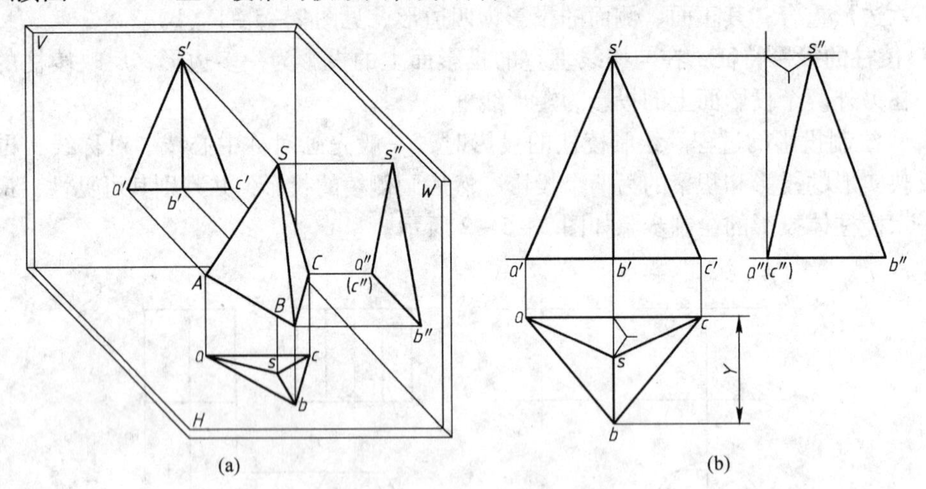

图 2-5-4　正三棱锥的投影

【任务解析 3】

（1）识读棱锥投影的过程。图 2-5-4 所示为一正三棱锥轴测图和投影图。正三棱锥由底面（△*ABC*）和三个侧锥面（△*SAB*、△*SBC*、△*SAC*）围成。

正三棱锥的底面△*ABC* 为水平面，其水平投影△*abc* 反映实形，正面投影和侧面投影积聚成一条直线；三个侧棱面中的左右两个侧棱面（△*SAB*、△*SBC*）为一般位置平面，其三面投影均不反映实形，且侧面投影重合为△*s″a″*(*c″*)*b″*；后侧棱面△*SAC* 为侧垂面，其侧面投影积聚成斜直线 *s″a″*(*c″*)，正面投影△*s′a′c′*和水平投影△*sac* 均为类似性的投影，且正面投影△*s′a′c′*与△*s′a′b′*、△*s′b′c′*重合。

● **棱锥的投影特征**：在与棱锥底面平行的投影面上的投影为多边形，反映棱锥的形状特征，其余两个投影为一个或几个多边形的线框。

（2）绘制投影的过程。绘制棱锥的投影时，一般是先画底面的投影，由反映实形的投影开始，再画积聚成线段的投影；接着由棱锥顶点相对位置，确定锥顶点的三个投影；连接锥顶点与底面上的各个端点并判别其可见性；最后描深。三棱锥投影的绘制步骤如图2－5－5所示。

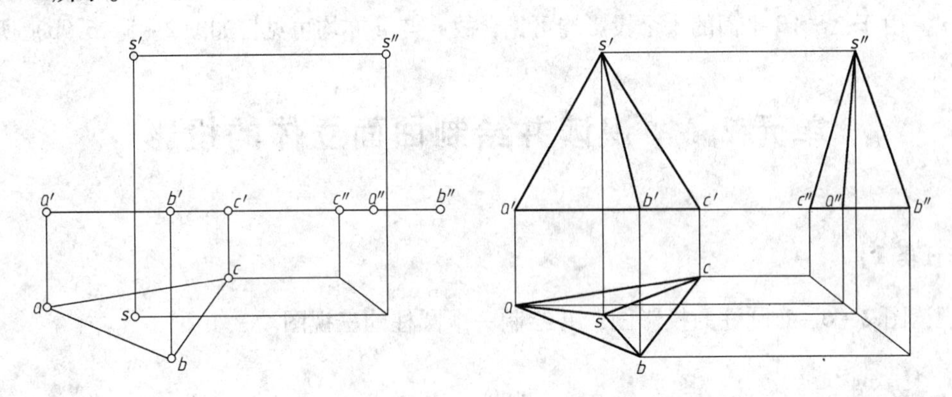

图2－5－5　三棱锥的绘图步骤

【工作任务4】

在棱锥表面上取点。如图2－5－6（a）所示，已知三棱锥表面有点 M 和 N，已知点 M 的水平面投影 m 和点 N 的正面投影 n'，求它们的其他两个投影。

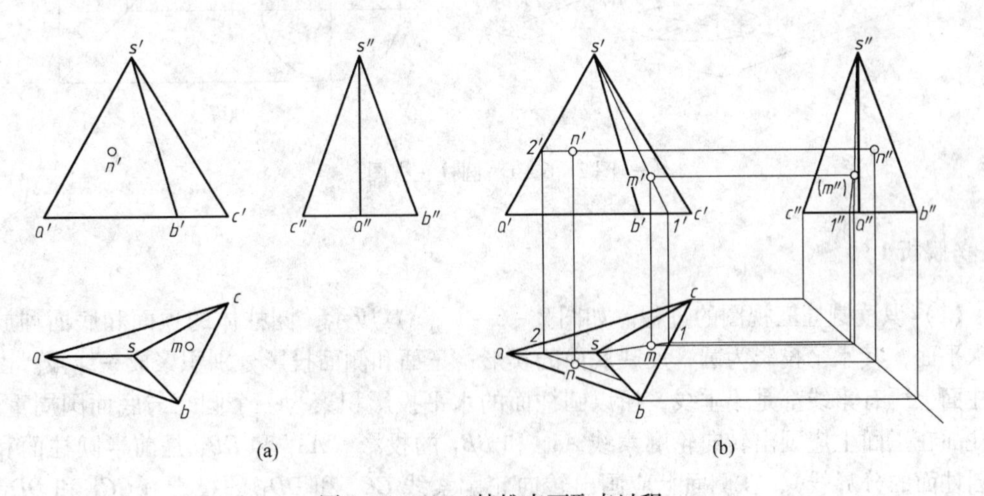

图2－5－6　三棱锥表面取点过程

【任务解析4】

在棱锥表面上给定一点的某一个投影，要求出该点的另外两个投影时，首先必须确定该点所在的平面，分析该平面的投影特性。若该平面为一般位置平面，需采用辅助直线法求出点的投影。

首先判断出点 M 在棱面△SBC 上，点 N 位于△SAB 平面上。△SBC 和△SAB 都是一般位置平面，需用辅助直线法求出点的另外两个投影。过点 M 及锥顶点 S 作一条辅助直线 SM，与底边 BC 交于点 1，作出直线 $S1$ 的三面投影。根据点在直线上的投影性质，可求出点 M 的其他两个投影，△SBC 的正面投影可见，故 m' 可见；△SBC 的侧面投影不可见，故 m'' 不可见。过点 N 作辅助线 $2N$ 平行于 AB，即过其正面投影 n' 作直线 $2'n'$ 平行于 $a'b'$，与 $s'a'$ 相交于 $2'$，作出水平投影 2，过 2 作直线平行于 ab，水平投影 n 即在该直线上，再求出侧面投影 n''。由于△SAB 平面的 3 个投影均可见，故 n'' 与 n 亦均可见，如图 2 -5 -6（b）所示。

单元 2.6　识读并绘制曲面立体的投影

【工作任务 1】

识读图 2 -6 -1 圆柱的投影图，并绘制一个圆柱的三视图。

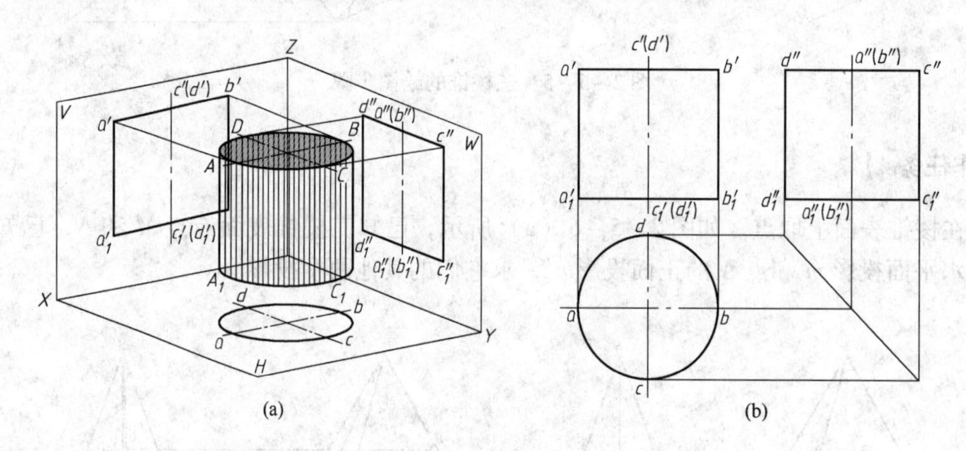

图 2 -6 -1　圆柱三视图

【任务解析 1】

（1）识读圆柱三视图的过程。如图 2 -6 -1（a）所示，圆柱体的顶面和底面均放置为水平面，其水平投影为圆，反映底面的实形；正面和侧面投影分别积聚成一线段。由于圆柱面上所有素线都是铅垂线，所以圆柱面的水平投影积聚为一个圆，与底面圆周重合。圆柱面在正面上应画出转向轮廓素线 AA_1 和 BB_1 的投影（AA_1 和 BB_1 是前半圆柱面和后半圆柱面的分界线），在侧面上应画出转向轮廓素线 CC_1 和 DD_1 的投影（CC_1 和 DD_1 是左半圆柱面和右半圆柱面的分界线）。应该注意，因圆柱面是光滑曲面，转向轮廓素线 AA_1 和 BB_1 的侧面投影及 CC_1 和 DD_1 的正面投影，均不必画出。同时，应在投影图中用点划线画出圆柱体轴线的投影和圆的中心线。在水平投影上，顶面可见，底面不可见；在正面投影上，前半圆柱面可见，后半圆柱面不可见；在侧面投影上，左半圆柱面可见，右半圆柱面不可见。

- **圆柱体的三视图特点**：一个视图为圆，另外两个视图为全等的矩形。

（2）绘制圆柱三视图的过程。如图2－6－2所示，一般先画对称中心线、轴线，再画投影具有积聚性的圆，然后根据投影规律画出另两个投影为矩形的视图，最后描深。

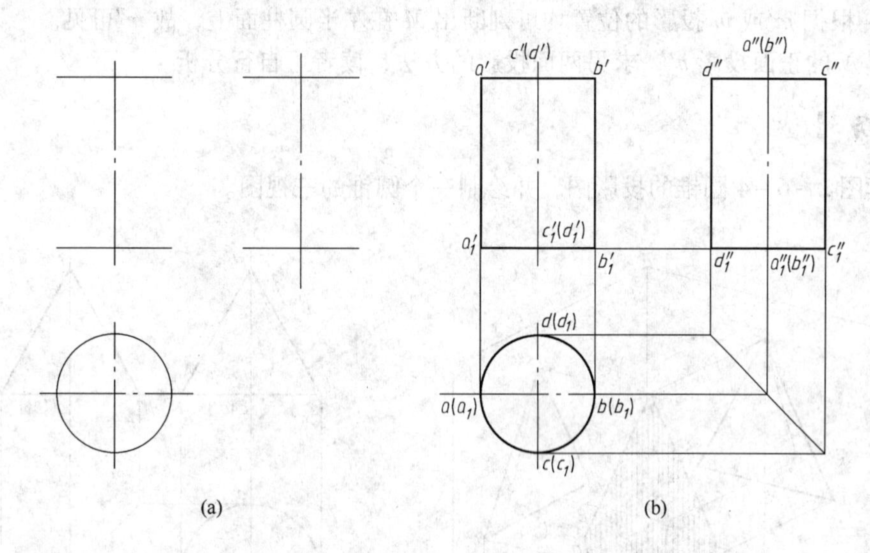

图2－6－2　圆柱三视图的绘图步骤

【工作任务2】

圆柱表面取点。如图2－6－3（a）所示，已知圆柱表面上点M的正面投影m'，求其他两面投影。

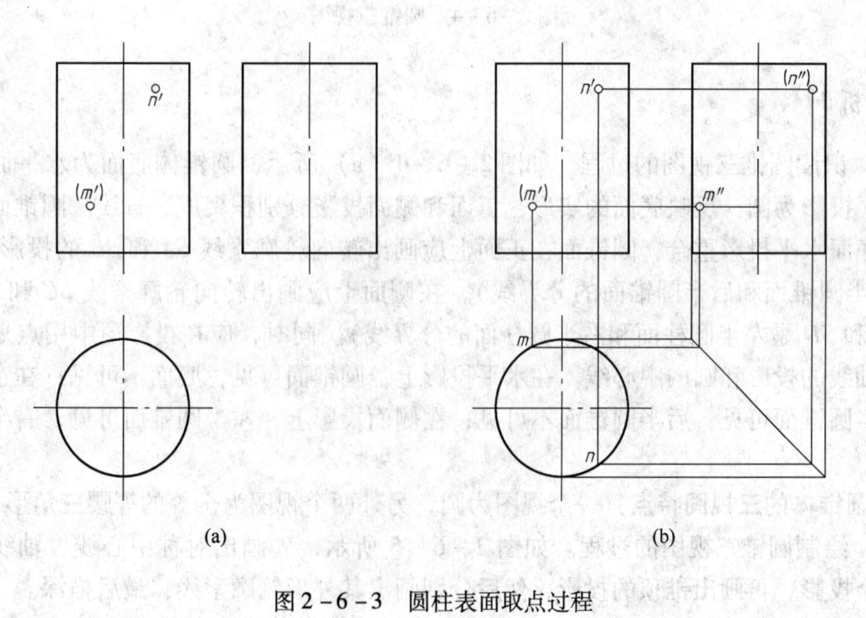

图2－6－3　圆柱表面取点过程

【任务解析2】

如图2－6－3（b）所示，圆柱表面上点的投影，可利用圆柱投影的积聚性来求得。

因为 m'不可见，所以点 M 必在后半圆柱面上，根据圆柱表面的水平投影具有积聚性的特性，点 M 的水平投影应在圆柱面水平投影的后半圆周上，据此可求出 m，再根据 m'、m 求出 m''；根据 m'或 m 投影的位置均可判断出 M 在左半圆柱面上，故 m''可见。

由点 N 的正面投影 n'，求另两面投影的方法，读者可自行分析。

【工作任务3】

识读图 2-6-4 圆锥的投影图，并绘制一个圆锥的三视图。

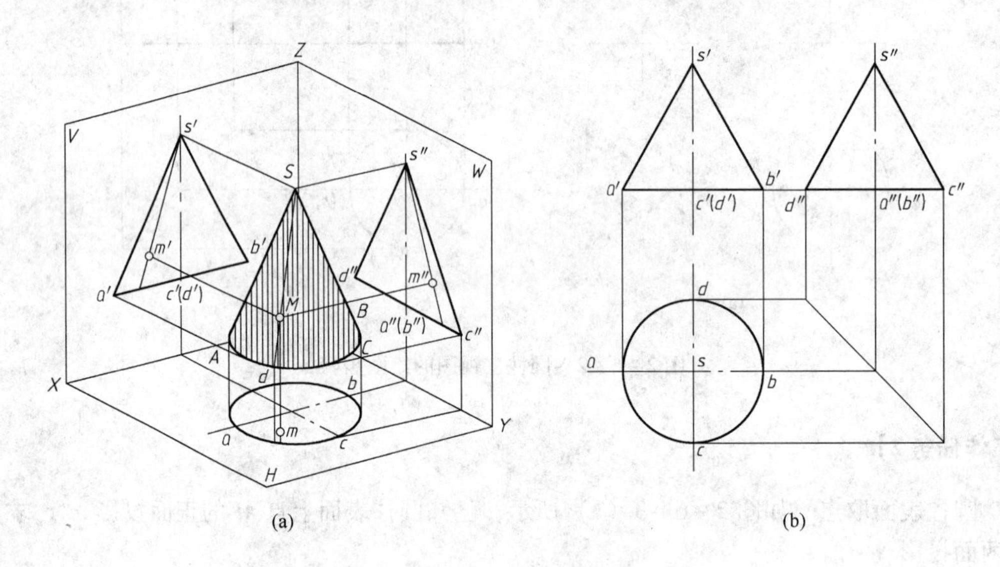

图 2-6-4　圆锥三视图

【任务解析3】

（1）识读圆锥三视图的过程。如图 2-6-4（a）所示，圆锥体底面为水平面，所以它的水平投影为圆，反映底面的实形，正面和侧面投影分别积聚成一直线。圆锥面水平投影的与底面水平投影重合，圆锥面在正面上应画出转向轮廓素线 SA 和 SB 的投影（SA 和 SB 是前半圆锥面和后半圆锥面的分界线），在侧面上应画出转向轮廓素线 SC 和 SD 的投影（SC 和 SD 是左半圆柱面和右半圆柱面的分界线）。同时，应在投影图中用点划线画出圆锥体轴线的投影和圆的中心线。在水平投影上，圆锥面可见，底面不可见；在正面投影上，前半圆锥面可见，后半圆锥面不可见；在侧面投影上，左半圆锥面可见，右半圆锥面不可见。

- **圆锥体的三视图特点**：一个视图为圆，另外两个视图为全等的等腰三角形。

（2）绘制圆锥三视图的过程。如图 2-6-5 所示，先画出对称中心线、轴线及底面圆的各个投影，再画出锥顶的投影，然后分别画出其外形轮廓素线，最后描深。

【工作任务4】

圆锥表面取点。如图 2-6-6（a）所示，已知圆锥表面上点 M 的水平面投影 m，求点 M 其他两投影 m'、m''。

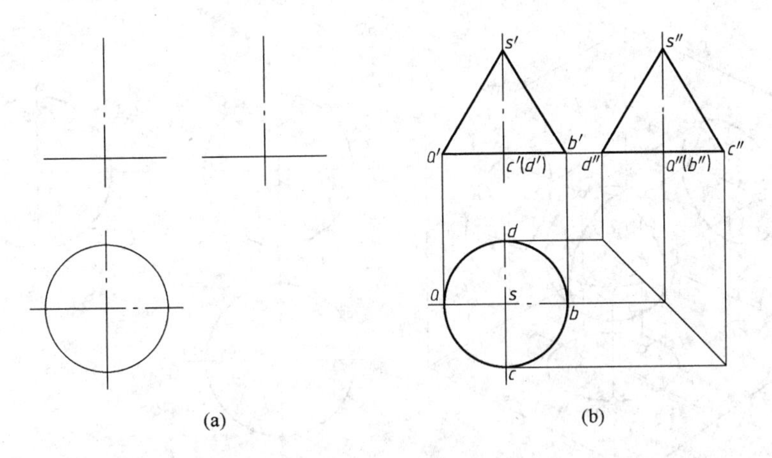

图2－6－5　圆锥三视图的绘图步骤

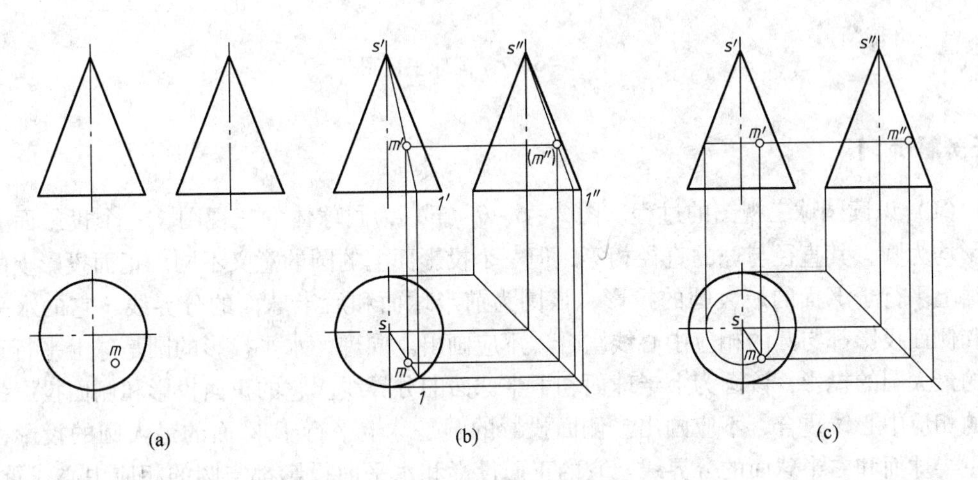

图2－6－6　圆锥表面取点过程

【任务解析4】

由图2－6－6（a）可以看出 *m* 可见，所以点 *M* 必在圆锥回转面上。具体作图可采用下列两种方法：

（1）辅助素线法。如图2－6－6（b）所示，过锥顶 *S* 和点 *M* 作一辅助线 *SM*，*I* 为圆锥底面上的点。由已知条件先确定水平投影 *s1*，求出它的正面投影 *s′1′* 和侧面投影 *s″1″*，再根据点在直线上的投影性质，由 m′求出 m 和 m″。

（2）辅助圆法。如图2－6－6（*c*）所示，过点 M 作一平行于圆锥底面的辅助圆，该圆的水平投影为半径等于 sm 的圆，正面和侧面投影为垂直于轴线的直线，该直线的长度为辅助圆的直径，m′和 m″必在此直线上，据此即可求出 m′和 m″。

根据 m 的位置及其可见性，可判断出 M 点在前半圆锥的右面，故 m′可见，m″不可见。

【工作任务5】

识读图2－6－7 圆球的投影图，并绘制一个圆球的三视图。

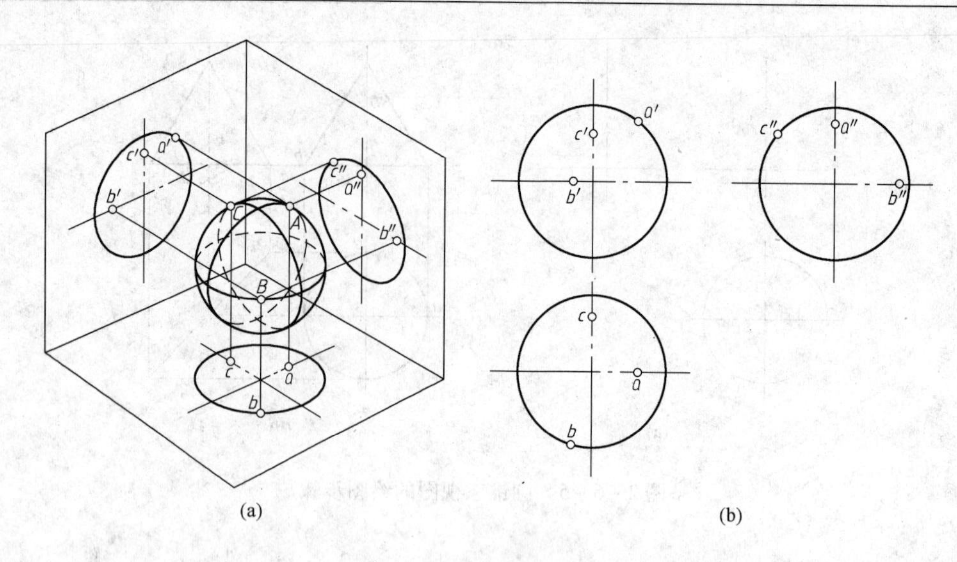

(a)　　(b)

图 2－6－7　圆球三视图

【任务解析 5】

（1）识读圆球三视图的过程。图 2－6－7（b）为圆球体的三视图，三个投影面上的投影均为圆，其直径与球的直径相等，但三个投影面上的圆的意义不同。正面投影上的圆是球上平行于 V 面的最大圆的投影，该圆为前半球面和后半球面的分界线，它的水平投影和侧面投影都与圆的相应中心线重合，不应画出。同理，水平投影的圆是球上平行于 H 面的最大圆的投影，该圆为上半球面和下半球面的分界线。它的正面投影和侧面投影都与圆的相应中心线重合，不应画出。侧面投影的圆是球上平行于 W 面的最大圆的投影，它是左半球面和右半球面的分界线。它的正面投影和水平面投影都与圆的相应中心线重合，不应画出。在正面投影上，前半球的表面可见，后半球的表面不可见；在侧面投影上，左半球的表面可见，右半球的表面不可见；在水平投影上，上半球的表面可见，下半球的表面不可见。

- **圆球体的三视图特点**：三个视图都为圆。

（2）绘制圆球三视图的过程。如图 2－6－8 所示，先画对称中心线，再画出圆球体的轮廓素线并描深。

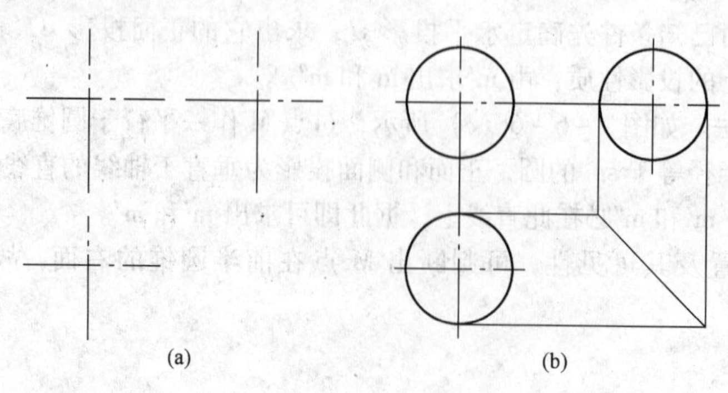

(a)　　(b)

图 2－6－8　圆球三视图的绘图步骤

【工作任务6】

圆球表面取点。如图2-6-9（a）所示，已知球面上点 M 的水平投影 m，且为可见的，求其另外两个投影。

【任务解析6】

球面的投影没有积聚性，且球面上也不存在直线，所以必须采用辅助圆法求其表面上点的投影。如图2-6-9（b）所示，过点 M 在球面上作水平辅助圆，它的水平投影是以 om 为半径的圆，正面投影和侧面投影均为直线，位于上半球面上。由此可求出 m' 和 m''。

从水平投影 m 可以看出，点 M 位于前半球的右上部，所以 m' 可见，m'' 不可见。

过 m 也可以作正平和侧平辅助圆，请读者自行分析。

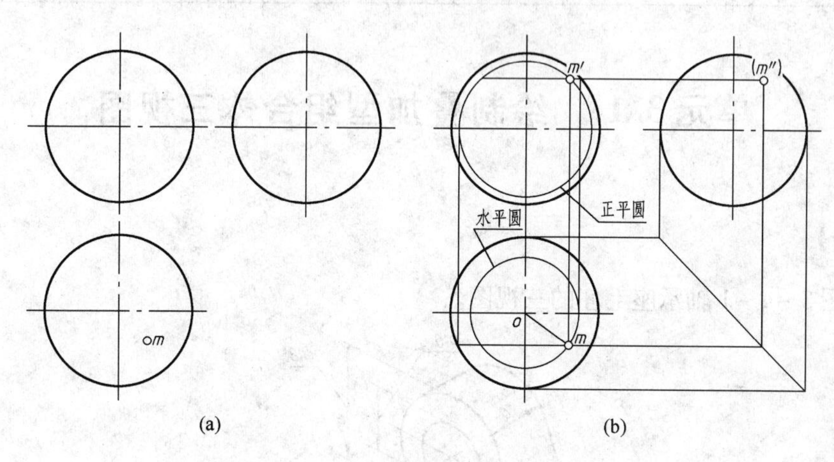

图2-6-9　圆球表面取点过程

学习情境3　绘制与识读组合体视图

学习目标

(1) 掌握绘制组合体视图的方法；
(2) 学习截交线和相贯线的形成与画法；
(3) 掌握识读组合体视图的方法；
(4) 掌握组合体尺寸标注的方法。

单元3.1　绘制叠加型组合体三视图

【工作任务】

绘制图3-1-1轴承座毛坯的三视图。

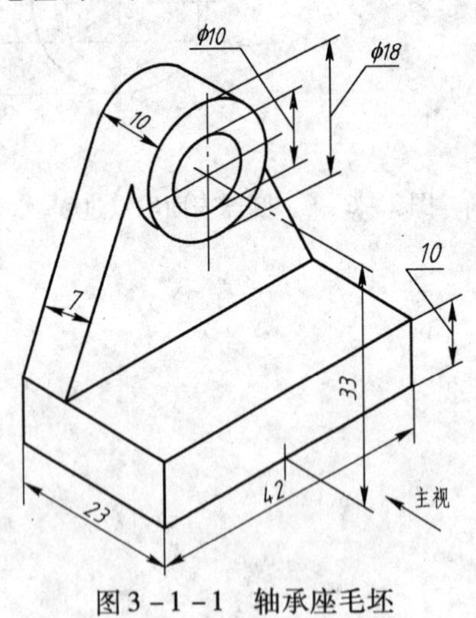

图3-1-1　轴承座毛坯

【知识学习】

3.1.1　组合体的组成方式

3.1.1.1　组合体的概念

从几何角度看，任何复杂的形体，都可以看成是由一些基本的形体按照一定的连接方式组合而成的。这些基本形体包括棱柱、棱锥、圆柱、圆锥、球体等。由基本形体组成的复杂形体称为组合体。

3.1.1.2　组合体的组成方式

组合体的组成方式有切割和叠加两种形式。常见的组合体则是这两种方式的综合。如图3－1－2所示。按照形体特征，组合体可分为叠加类、切割类、综合类三大类。

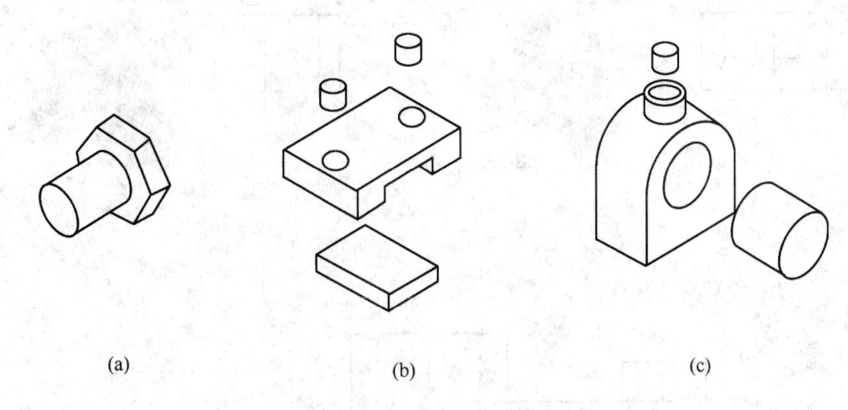

图3－1－2　组合体的组成方式
(a) 叠加类组合体；(b) 切割类组合体；(c) 综合类组合体

叠加类组合体是指由几个基本几何体叠加而成的组合体。图3－1－2（a）所示组合体是由六棱柱和圆柱叠加而成的。

切割类组合体是指在一个基本几何体上切去某些形体而形成的组合体。图3－1－2（b）所示组合体是由一长方体被切割两个圆柱及一长方体而成的。

综合类组合体是指既有叠加，又有切割的组合体。如图3－1－2（c）所示。

3.1.1.3　形体表面间的连接关系

无论以何种方式构成组合体，其基本形体的相邻表面都存在一定的相互关系。其形式一般可分为平行、相切、相交等情况。

（1）平行。所谓平行是指两基本形体表面间同方向的相互关系。它又可以分为两种情况：当两基本形体的表面不平齐时，必须画出它们的分界线，如图3－1－3（a）所示；而如果两基本体的表面平齐时，两表面为共面，因而视图上两基本体之间无分界线，如图3－1－3（b）所示。

（2）相切。当两基本形体的表面相切时，两表面在相切处光滑过渡，不应画出切线，如图3－1－3（c）所示。

（3）相交。当两基本形体的表面相交时，相交处会产生不同形式的交线，在视图中应画出这些交线的投影，如图3－1－3（c）所示。

3.1.1.4　形体分析法

将组合体看成是由一些基本几何体通过叠加、切割或综合了叠加和切割的方式组合而成，这样的分析方法称为形体分析法。形体分析法是解决组合体问题的基本方法。

形体分析法的具体分析过程分为以下三步：

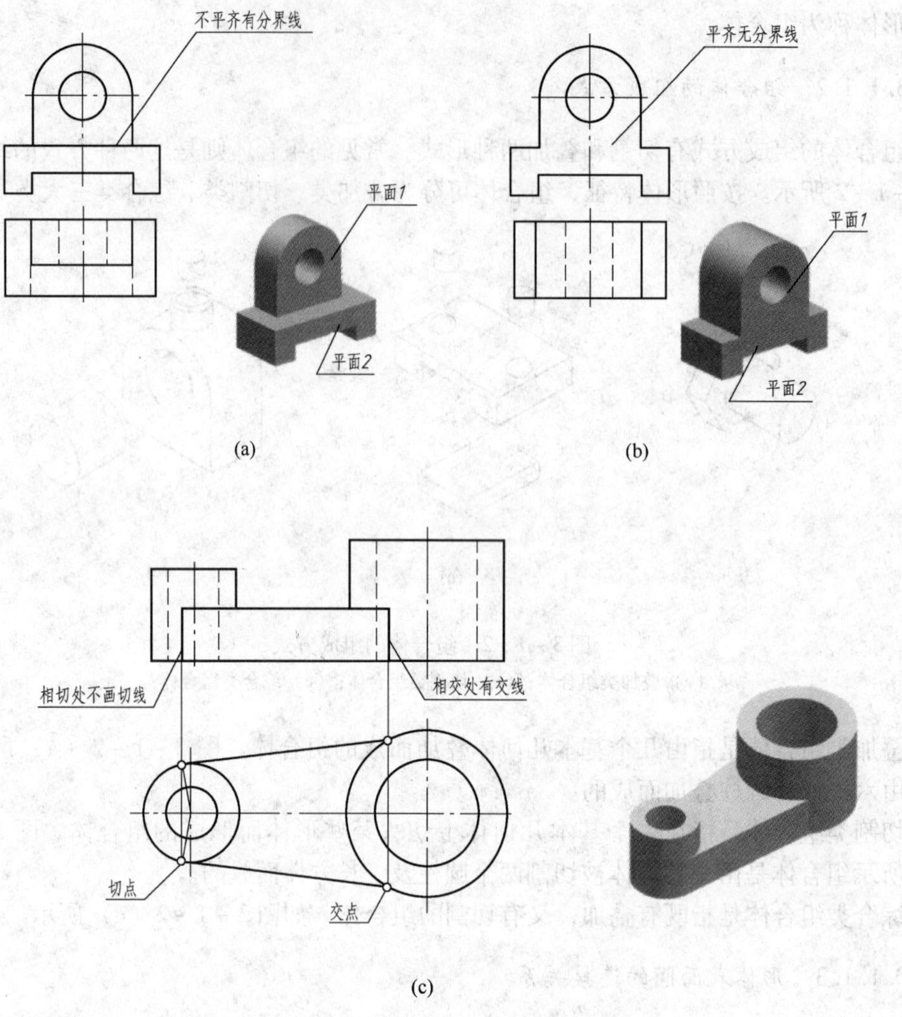

图3－1－3　组合体相邻表面相互关系

（a）表面不平齐；（b）表面平齐；（c）表面相切及相交

（1）将组合体分解成几个基本的几何体；

（2）确定各基本体的形状及相对位置；

（3）分析各基本体表面之间的连接关系。

图3－1－4（a）所示的轴承座，就可看成是由两个尺寸不同的四棱柱、一个半圆柱和两个三棱柱叠加（见图3－1－4（b）），再切去四个小圆柱和一个大圆柱（见图3－1－4（c））而形成的。我们在画组合体视图时，都可采用这种“化繁为简”、“先分后合”的形体分析法。

3.1.2　组合体的绘制步骤

组合体的一般绘制步骤为：

（1）形体分析。形体分析的目的是弄清组合体的形状结构及表面连接关系。

（2）选择主视图及其他视图。主视图是表达形体的各个视图中最重要的视图。因此

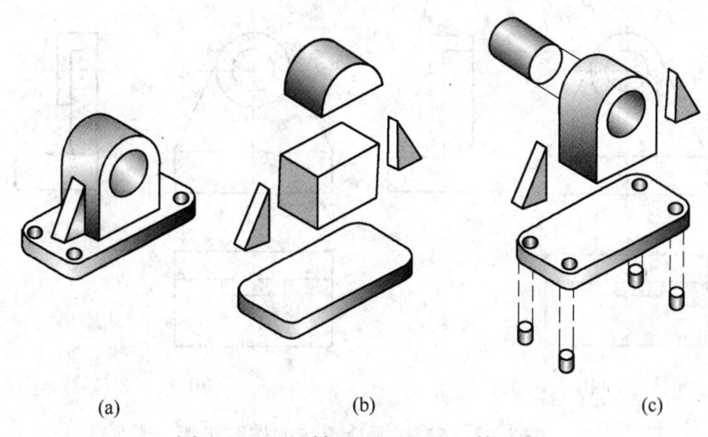

图3-1-4　轴承座毛坯的形体分析

在选择主视图时，应以最能表达组合体形状特征的投影作为主视图，同时还应考虑到其他视图（俯视图、左视图）的作图方便。组合体视图数量的确定，应以能够充分表达各形体间的真实形状和相对位置为原则。

（3）选比例，定图幅。

（4）画底稿。

（5）检查，描深。

【任务解析】

按照组合体的绘制步骤进行边分析边作图。

（1）形体分析。图3-1-1所示的轴承座毛坯由底板、支承板、圆筒等组成。支承板的两侧面与圆筒外表面相切。

（2）选择主视图。以圆筒投影为圆的视图作为主视图，这样能更好地反映三个基本形体的形状和连接关系。如图3-1-1所示的轴承座，箭头所指方向为主视方向。主视图选定之后，左视图更进一步表达了底板、支承板和圆筒的前后位置关系；俯视图则侧重表达底板的形状。因此，该形体采用三个视图来表达。

（3）选比例，定图幅。根据组合体的复杂程度和大小选择绘图比例，选定图纸幅面。

（4）画底稿。先画各视图的基准线、定位线，然后按组成情况逐一绘制各形体，注意同一形体绘制的先后顺序。图3-1-1轴承座的作图步骤如图3-1-5所示。

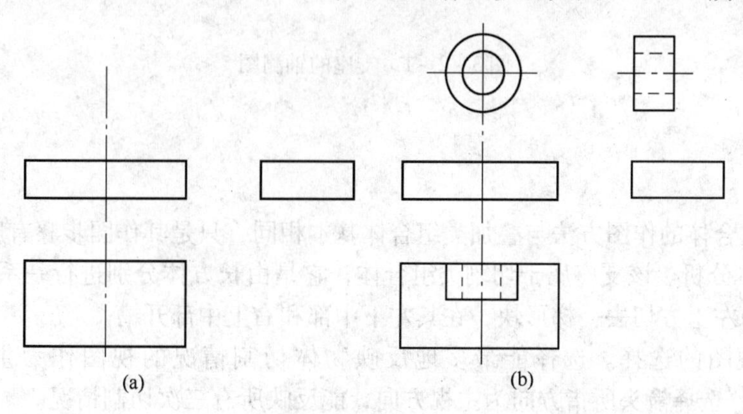

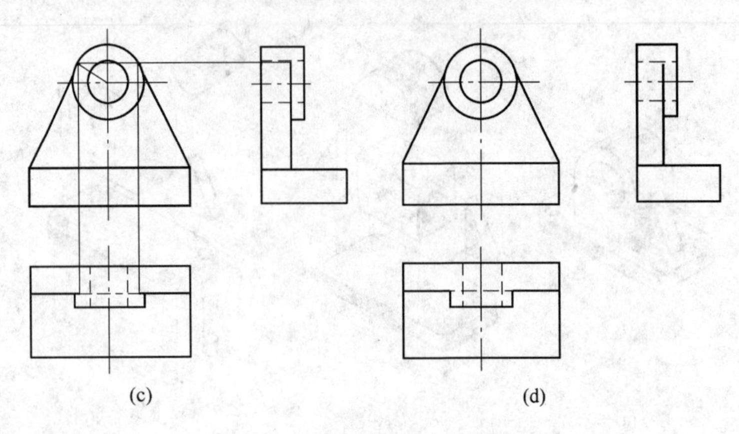

图 3 - 1 - 5　轴承座毛坯的作图步骤

1）画出底板的三视图，如图 3 - 1 - 5（a）所示；
2）画出圆柱体的三视图，如图 3 - 1 - 5（b）所示；
3）画出支承板的三视图，如图 3 - 1 - 5（c）所示；
4）擦去多余图线，按规定描深各种图线，如图 3 - 1 - 5（d）所示。
（5）检查，描深。

单元 3.2　绘制切割类组合体三视图

【工作任务】

绘制图 3 - 2 - 1 所示支座的三视图。

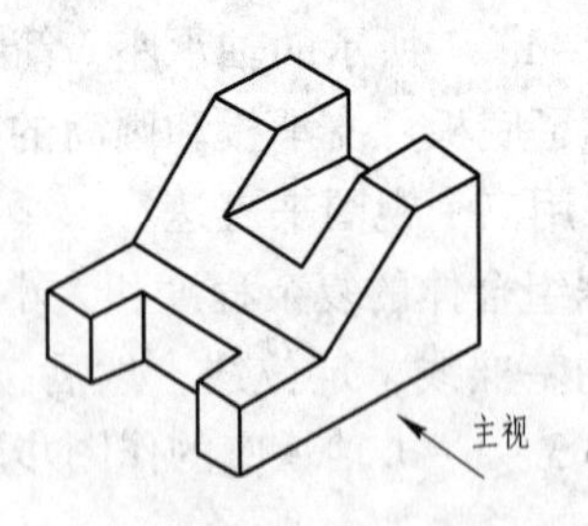

图 3 - 2 - 1　支座的轴测图

【任务解析】

切割类组合体的作图方法与叠加类组合体基本相同，只是其作图步骤有所不同。

（1）形体分析。该支座属于切割类组合体，它是由长方体分别进行一系列切割而成。即在长方体的左上方切去一梯形块，在其左下中部和右上中部开槽。

（2）主视图的选择。选择能最多地反映物体切割情况的视图作为主视图。如图 3 - 2 - 1所示，选择箭头所指方向为主视方向，能反映所有三次切割情况。

（3）作图步骤。如图 3－2－2 所示。

1）画切割前四棱柱的三视图，如图 3－2－2（a）所示；

2）画切去一四棱柱后的三视图，如图 3－2－2（b）所示；

3）画左侧切槽后的三视图，如图 3－2－2（c）所示；

4）画右上方切槽后的三视图，检查，描深。如图 3－2－2（d）所示。

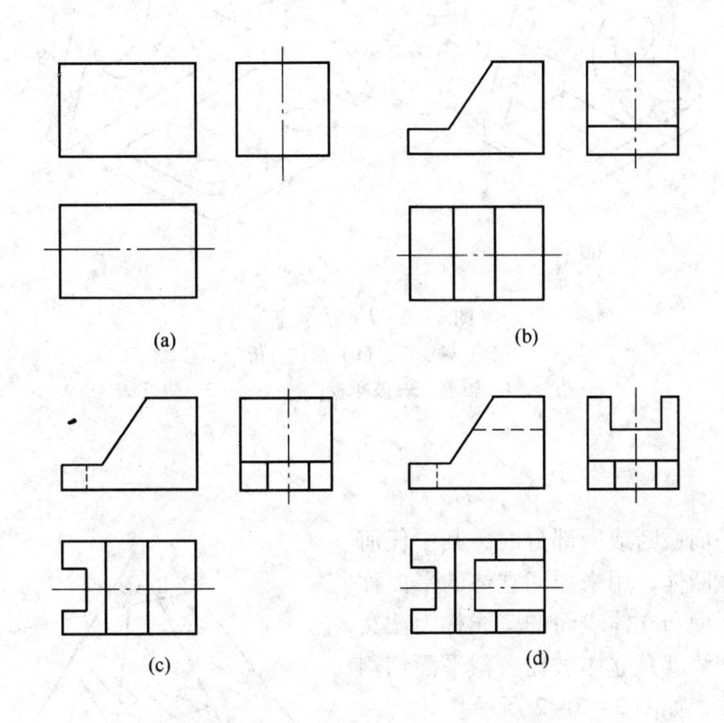

图 3－2－2　切割类组合体的作图步骤

单元 3.3　绘制综合类组合体三视图

【工作任务】

绘制图 3－3－1（a）所示轴承座的三视图。

【知识学习】

截交线与相贯线的概念：大多数机器零件都是由一些基本体经过叠加或切割等方式组合而成，因此，在零件的表面上就会有交线存在。这些交线可分为两类：一类是平面与立体表面相交产生的交线，称为截交线；另一类是两回转立体表面相交产生的交线，称为相贯线。

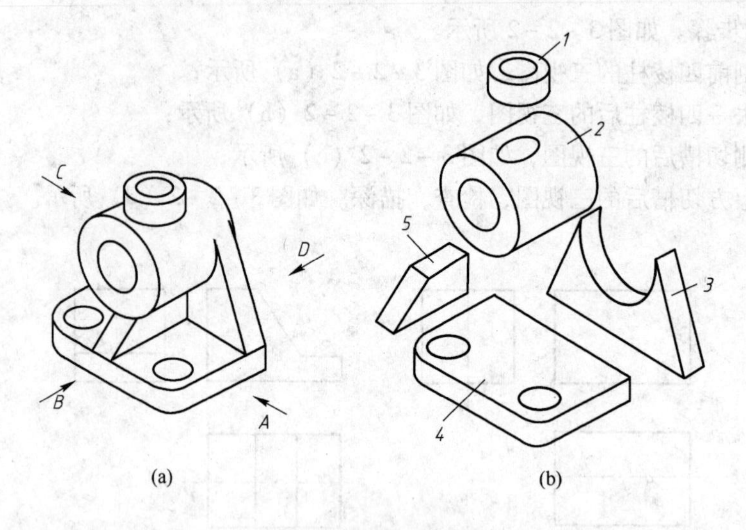

图 3－3－1　轴承座

（a）轴测图；（b）形体分析

1—凸台；2—轴承；3—支承板；4—底板；5—肋板

3.3.1　截交线

当立体被平面截断成两部分时，其中任何一部分均称为截断体，用来截切立体的平面称为截平面，截平面与立体表面的交线称为截交线。因此，截交线就是立体被任一截平面切割后所产生的交线，如图 3－3－2 所示。

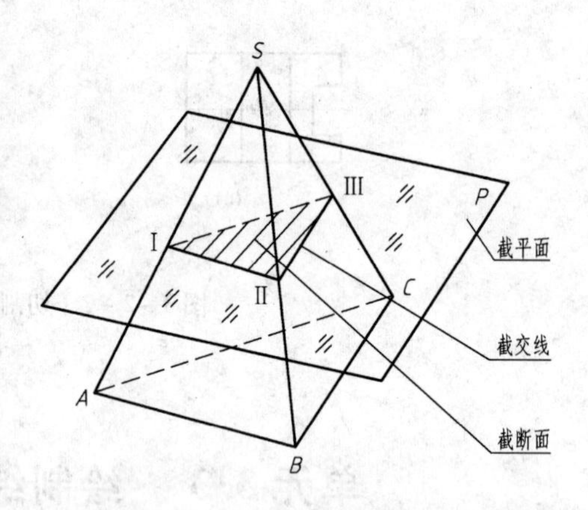

图 3－3－2　截交线的基本概念

（1）截交线的性质。截交线的形状与立体表面形状及截平面的位置有关，但任何截交线都具有下列两个基本性质：

1）截交线是截平面与立体表面的共有线；

2）截交线一定是闭合的平面图形（平面折线、平面曲线或两者的组合）。

由以上性质可以看出，求画截交线的实质就是要求出截平面与立体表面的一系列共有点，然后依次连接各点即可。

（2）求共有点的方法。

1）积聚性法；

2）辅助线法；

3）辅助平面法。

（3）求画截交线的作图步骤。

1）找出属于截交线上一系列的特殊点；

2）求出若干一般点；

3）判别可见性；

4）顺次连接各点（成折线或曲线）。

- **平面立体截交线举例**

【例1】　求用正垂面斜切四棱锥的截交线。

分析：由图3－3－3（a）可知，截平面P为正垂面，P面与四棱锥的四个侧面相交有四条交线（即与四条侧棱相交有四个交点）。所以截平面截切形成的截交线围成一个四边形，该四边形也为正垂面。因此，只要求出截交线上四个顶点在各投影面上的投影，然后依次连接各点的同面投影，即得截交线的另外两个投影。

如图3－3－3（b）所示，作图步骤如下：

1）因截平面的正面投影具有积聚性，所以可直接求出截交线各顶点的正面投影（1′）、2′、（3′）、4′。

2）根据直线上点的投影特性及点的可见性，求出各顶点的水平投影1、2、3、4和侧面投影1″、2″、3″、4″。

3）依次连接各顶点的同面投影，即得截交线的水平投影和侧面投影。

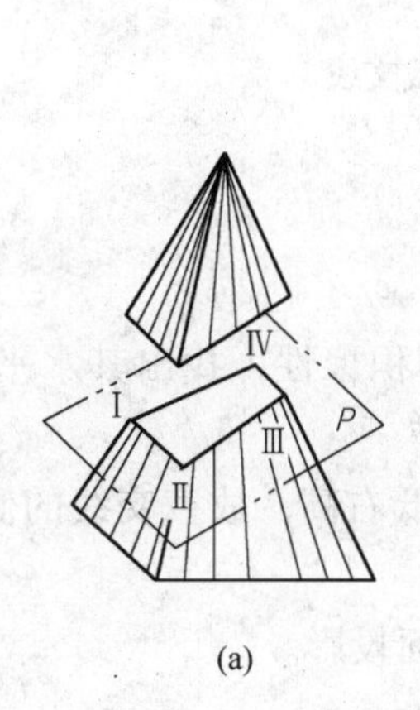

(a)

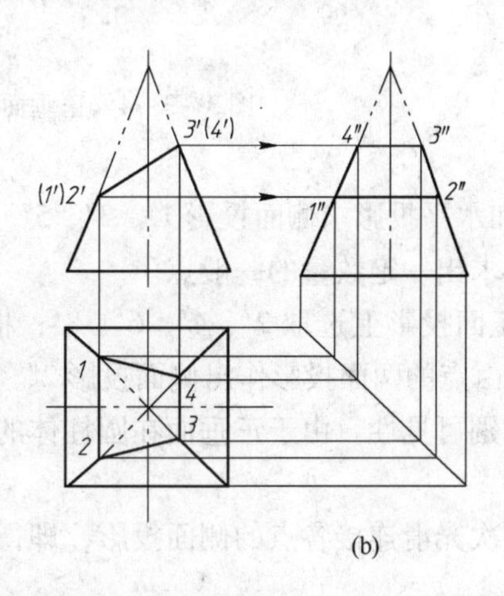

(b)

图3－3－3　正垂面斜切四棱锥的截交线

- **回转体截交线举例**

【例2】　求用正垂面截切圆柱体的截交线。

分析：如图3－3－4所示，截平面倾斜于圆柱轴线，截交线的立体形状为椭圆。由于截平面是正垂面，因此截交线的正面投影积聚成线段。截交线上的点又在圆柱面上，其水平投影与圆柱面的积聚性投影重合，因而已知截交线的两面投影，根据表面上点的投影特性，即可求出截交线的侧面投影——椭圆。

作图方法如图3－3－4（b）所示，步骤为：

1）先取截交线上的特殊点（如点Ⅰ、Ⅲ、Ⅴ、Ⅶ）。

先在V面上取出截交线上特殊点Ⅰ、Ⅲ、Ⅴ、Ⅶ的正面投影1′、3′、5′、7′，它们是圆柱体转向轮廓素线上的极限位置点。其中，Ⅰ点是截交线上的最低点，也是最左点；Ⅲ点、Ⅶ点分别是截交线上的最前点与最后点；Ⅴ点是最高点，也是最右点。同时它们也是椭圆长、短轴的四个端点。

根据圆柱面的投影有积聚性的特点，可求出它们的水平投影1、3、5、7，最后根据

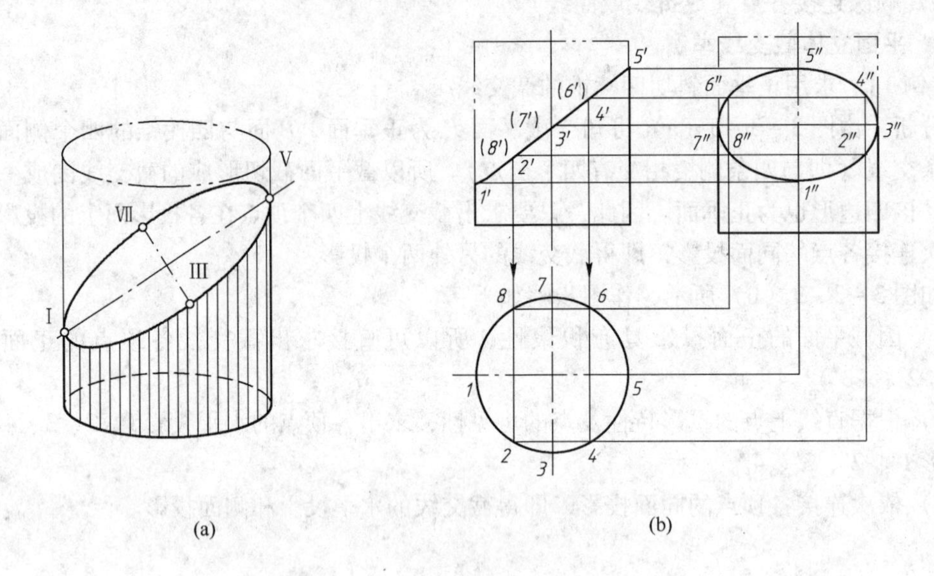

图3－3－4　正垂面截切圆柱体的截交线

正面投影和水平投影求侧面投影1″、3″、5″、7″。

2）再求出一定数量的一般点。

先在正面投影上选取2′、4′、6′、8′，根据圆柱面的积聚性，找出其水平面投影2、4、6、8，由点的两面投影作出侧面投影2″、4″、6″、8″。

3）判别可见性。由于正垂面在圆柱体的上方，且左低右高，故截交线的侧面投影为可见。

4）依次光滑连接各点的侧面投影，即得截交线的侧面投影。

3.3.2　相贯线

两回转基本体相交形成的组合体称为相贯体，其表面产生的交线称为相贯线。

（1）相贯线的主要性质。

1）表面性。相贯线位于两基本体的表面上。

2）封闭性。相贯线一般是封闭的空间曲线（通常由直线和曲线组成）。

3）共有性。相贯线是两基本表面的共有线。相贯线作图实质是找出相贯的两基本体表面的若干共有点的投影。

（2）求相贯线常用的三种方法。

1）表面取点法；

2）近似画法；

3）简化画法。

（3）求相贯线的作图过程。

1）先找特殊点确定投影范围；

2）再找一般点确定交线拐弯情况；

3）判断可见性；

4）光滑连线。

【例3】 表面取点法求两圆柱正交的相贯线（见图3－3－5）。

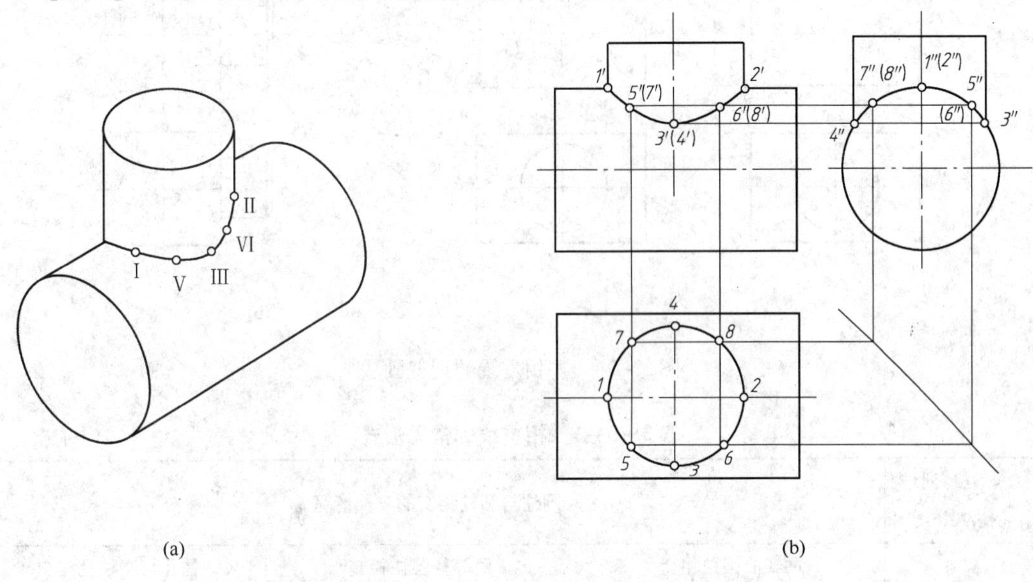

图3－3－5　两圆柱正交的相贯线

分析：表面取点法是当相交的两曲面立体中有一个圆柱面，其轴线垂直于投影面时，则该圆柱面的投影为一个圆，且具有积聚性，即相贯线上的点在该投影面上的投影也一定积聚在该圆上，其他投影可根据表面上取点的方法作出。

如图3－3－5所示，两圆柱的轴线垂直相交，相贯线是封闭的空间曲线，且前后对称、左右对称。相贯线的水平投影与直立圆柱体柱面水平投影的圆重合，其侧面投影与水平圆柱体柱面侧面投影的一段圆弧重合。因此，需要求作的是相贯线的正面投影，故可用表面取点法作图。

1）求特殊点（Ⅰ、Ⅱ、Ⅲ、Ⅳ）点Ⅰ、点Ⅱ是铅垂圆柱上的最左、最右素线与水平圆柱的最上素线的交点，是相贯线上的最左、最右点，同时也是最高点，1′和2′可根据1、1″和2、2″求得；Ⅲ点、Ⅳ点是铅垂圆柱的最前、最后素线与水平圆柱的交点，它们是最前点和最后点，也是最低点。由3″、4″可直接对应求出3、4及3′、4′。

2）求一般点。在铅垂圆柱的水平投影圆周上取5、6、7、8四点，作出其侧面投影5″、(6″)、7″、(8″)，再求出正面投影5′、6′、(7′)、(8′)。

3）判别可见性。

4）依次光滑连接1′、5′、6′、2′各点，即得相贯线的正面投影。

（4）相贯线的近似画法和简化画法。在绘制机件图样过程中，当两圆柱正交且直径相差较大，但对交线形状的准确度要求不高时，允许采用近似画法，即用大圆柱的半径作圆弧来代替相贯线，或用直线代替非圆曲线，如图3－3－6（a）、（b）所示。

（5）相贯线的常见形式。将生产中常见的一些相贯线的形式及画法列于表3－3－1中，便于了解。

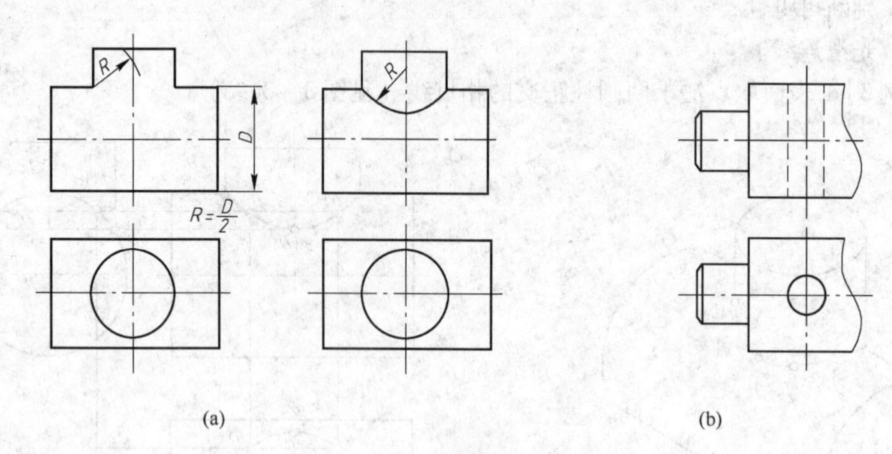

图 3-3-6　相贯线的近似画法

表 3-3-1　相贯线的常见形式

相交形式 / 图形情况	圆柱与圆柱相交的三种情况		
	两实心圆柱相交	两等径圆柱相交	圆柱孔与圆柱孔相交
立体图			
投影图	e′　e″　e		A—A　e′　e″　A　e　A

续表3-3-1

相交形式 / 图形情况	共轴回转体的相贯线（其相贯线为圆）		
立体图			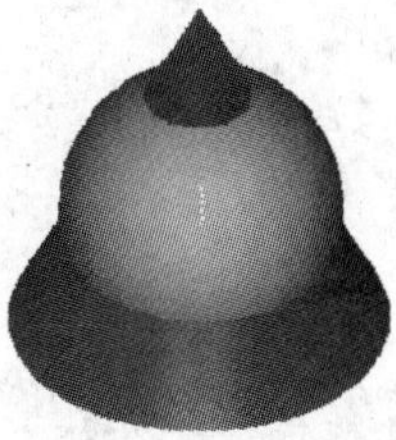
投影图	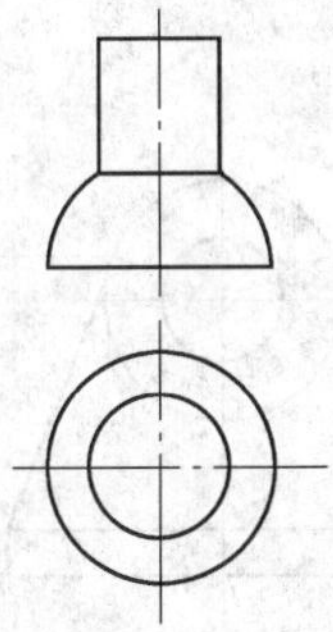	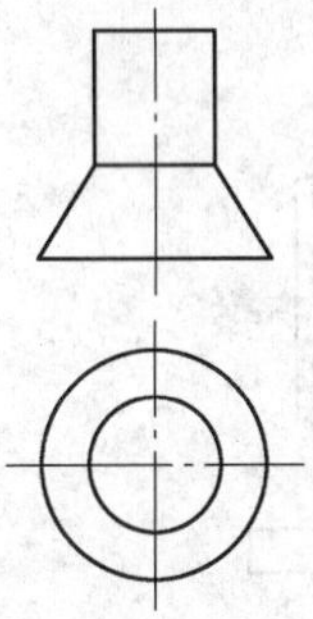	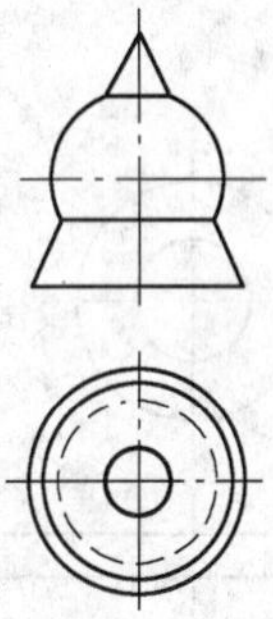

【任务解析】

（1）形体分析。图3-3-1中轴承座由凸台、轴承、支承板、底板及肋板五部分组成。凸台与轴承是两个垂直相交的空心圆柱体，在外表面和内表面上都有相贯线。支承板、肋板和底板分别是不同形状的平板。支承板的左、右侧面都与轴承的外圆柱面相切。肋板的左、右侧面与轴承的外圆柱面相交，底板的顶面与支承板、肋板的底面相互重合。

（2）视图的选择。将组合体的主要表面或主要轴线放置在与投影面平行或垂直的位置，并以最能反映该组合体各部分形状和位置特征的一个视图作为主视图，同时还应考虑到：1）使其他两个视图上的虚线尽量少一些；2）尽量使画出的三视图长大于宽。后两点不能兼顾时，以前面所讲主视图的选择原则为准。沿 B 向观察，所得视图满足上述要求，可以作为主视图。主视图方向确定后，其他视图的方向则随之确定。

（3）选择图纸幅面和比例。根据组合体的复杂程度和尺寸大小，应选择国家标准规定的图幅和比例。在选择时，应充分考虑到视图、尺寸、技术要求及标题栏的大小和位置等。

（4）布置视图，画作图基准线，画底稿。根据组合体的总体尺寸，通过简单计算，将各视图均匀地布置在图框内。各视图位置确定后，用细点划线或细实线画出作图基准线。作图基准线一般为底面、对称面、重要端面、重要轴线等。如图3-3-7（a）所示。

依次画出每个简单形体的三视图。如图3-3-7（b）～（f）所示。画底稿时应注意：

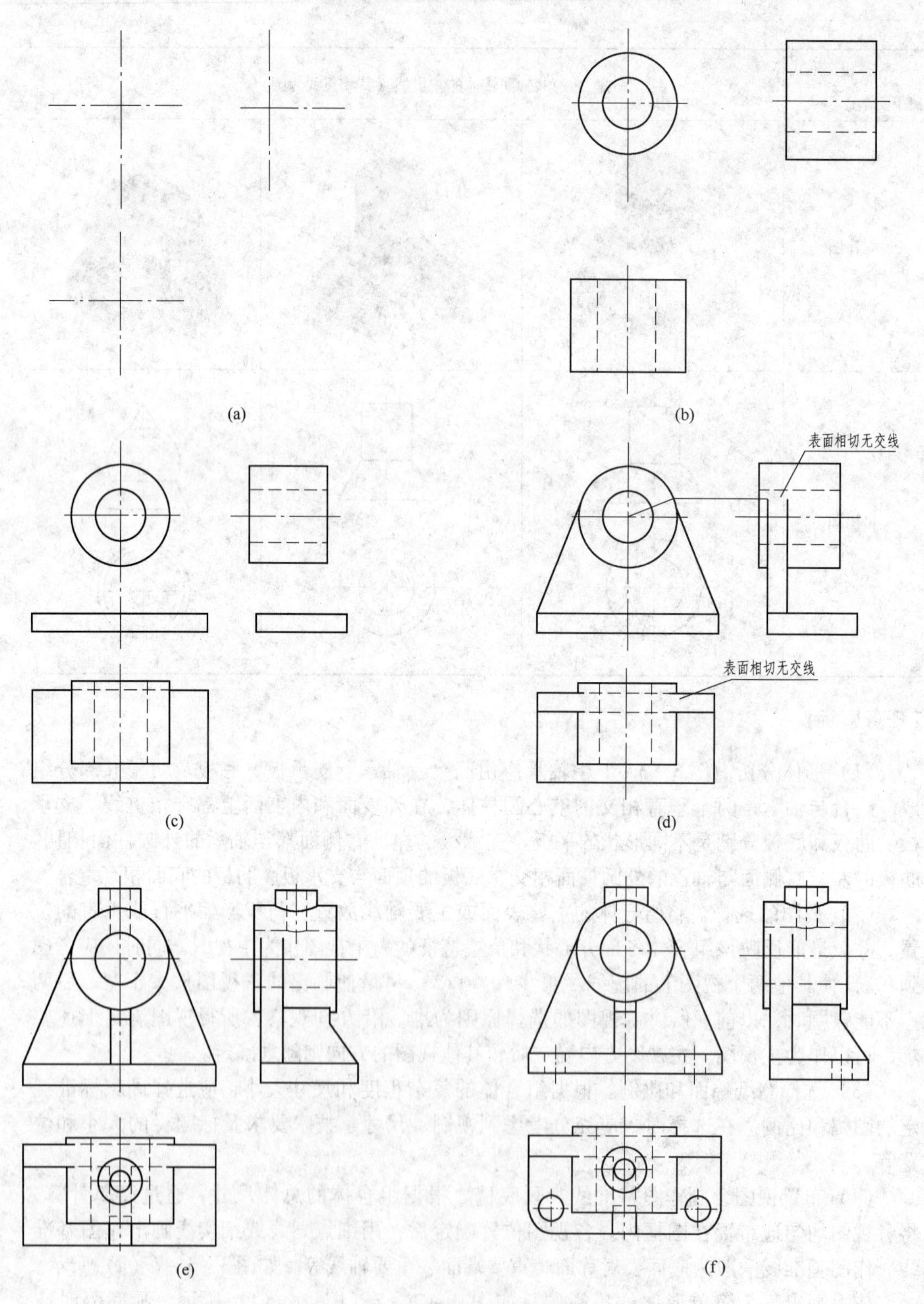

图 3－3－7　轴承座三视图的画图步骤

(a) 布置视图并画出作图基准线；(b) 画出轴承的三视图；(c) 画出底板的三视图；(d) 画出支承板的三视图；(e) 画出凸台与肋板的三视图；(f) 画出底板上的圆角和圆柱孔的三视图，检查，描深

1）在画各基本形体的视图时，应先画主要形体，后画次要形体；先画可见的部分，后画不可见的部分。如图中先画底板和轴承，后画支承板和肋板。

2）画每一个基本形体时，一般应该三个视图对应着一起画。先画反映实形或有特征的视图，再按投影关系画其他视图（如图中轴承先画主视图，凸台先画俯视图，支承板先画主视图等）。尤其要注意必须按投影关系正确地画出平行、相切和相交处的投影。

（5）检查，描深。检查底稿，改正错误，然后再描深。如图3－3－7（f）所示。

单元3.4　组合体尺寸标注

【工作任务】

对图3－4－1轴承座的三视图进行尺寸标注。

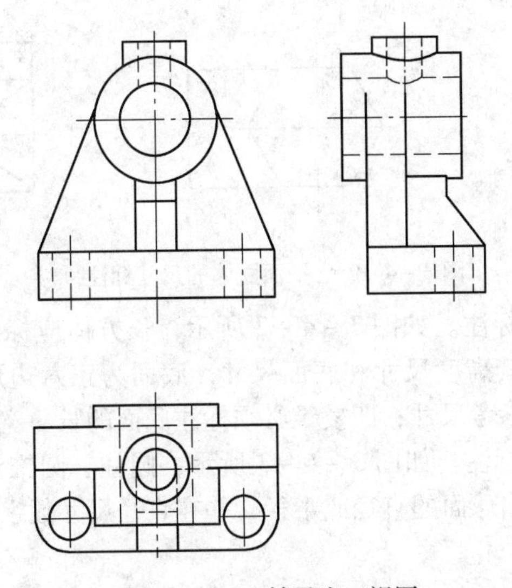

图3－4－1　轴承座三视图

【知识学习】

3.4.1　组合体尺寸标注的基本要求

组合体的视图表达了机件的形状，而机件的大小则要由视图上所标注的尺寸来确定。组合体尺寸标注要求做到：

1）正确。尺寸标注要符合国家标准的基本规定。

2）完整。尺寸标注要齐全，但不能多余。

3）清晰。尺寸布置要整齐、合理，便于看图。

3.4.2　组合体尺寸类型

为了将尺寸标注完整，在组合体的视图上，一般需标注下列几类尺寸：

1）定形尺寸。确定组合体中各基本体在长、宽、高三个方向上大小的尺寸。

2）定位尺寸。确定组合体中各基本体相对位置的尺寸。

3）总体尺寸。表示组合体外形大小的总长、总宽、总高等尺寸。

3.4.3　基本形体的尺寸标注

要掌握组合体的尺寸标注，必须先了解基本形体的尺寸标注方法。常见基本形体的尺寸标注法，如图 3 - 4 - 2 所示。在标注基本形体的尺寸时，要注意标注出长、宽、高三个方向的尺寸。

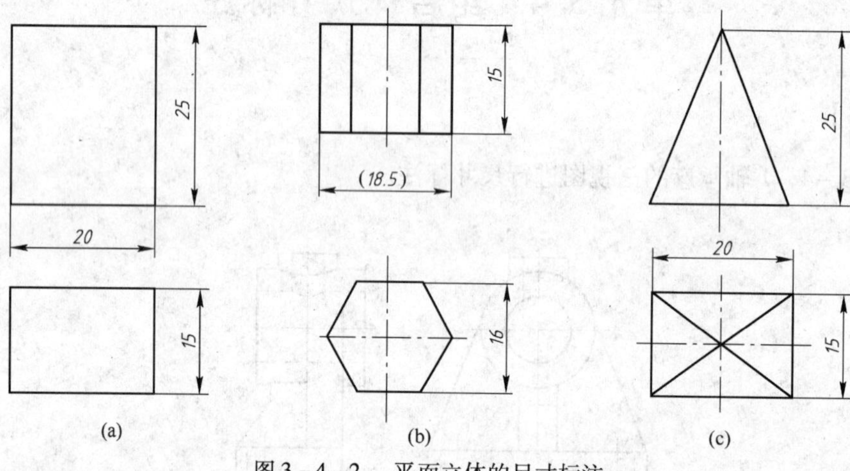

图 3 - 4 - 2　平面立体的尺寸标注

（1）平面立体的尺寸标注。如图 3 - 4 - 2 所示，长方体应标出其长、宽、高 3 个方向的尺寸；六棱柱应标出其高度尺寸和底面尺寸，底面为正六边形时一般标注其对边尺寸，并标注对角尺寸作为参考尺寸；四棱锥必须标注底面的长、宽尺寸和高度尺寸。

（2）曲面立体的尺寸标注。如图 3 - 4 - 3 所示，圆柱、圆锥台等须标出底圆直径尺寸和高度尺寸；球只需标出球面的直径或半径，并在直径尺寸数字前加注“*Sϕ*”，在半径尺寸数字前加注“*SR*”。

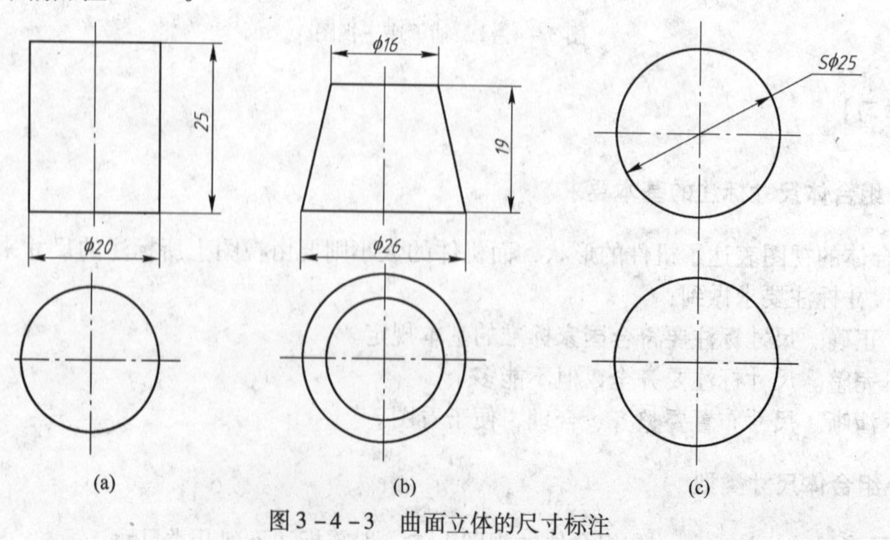

图 3 - 4 - 3　曲面立体的尺寸标注

3.4.4　切割体和相贯体的尺寸标注

基本形体上的切口、开槽或穿孔等，一般只标注截切平面的定位尺寸和开槽或穿孔的定形尺寸，而不标注截交线的尺寸。如图 3－4－4 所示，图中打“×”号的尺寸是错误的。

两基本形体相贯时，应标注两立体的定形尺寸和表示相对位置的定位尺寸，而不应标注相贯线的尺寸。如图 3－4－5 所示。

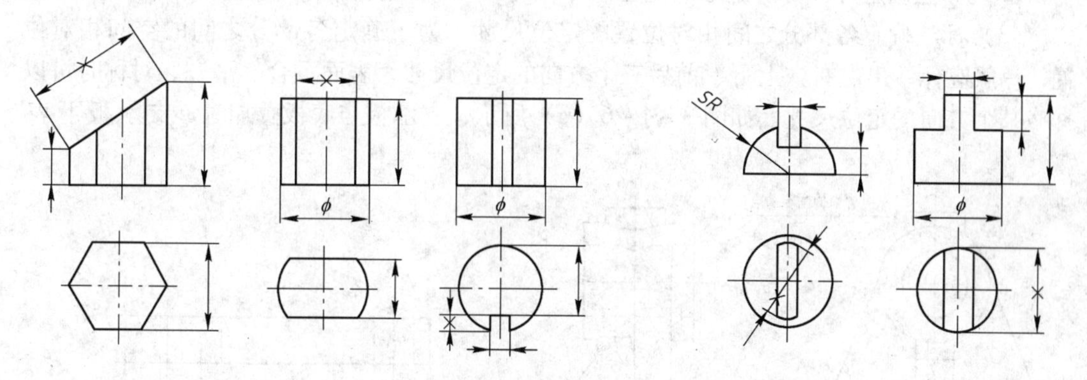

图 3－4－4　切割体的尺寸标注

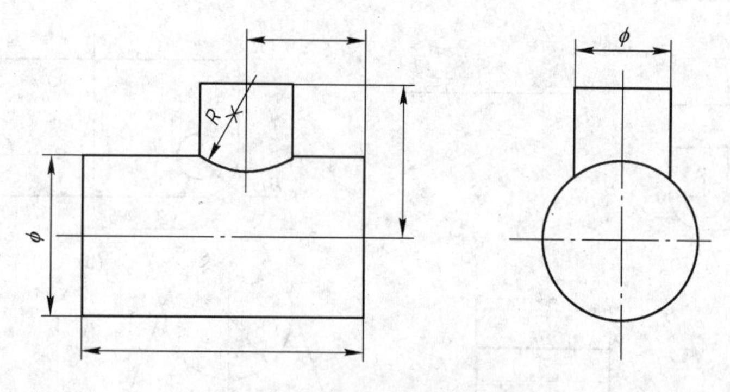

图 3－4－5　相贯体的尺寸标注

3.4.5　组合体尺寸标注步骤

组合体尺寸标注的一般步骤为：

（1）进行形体分析，选择尺寸基准。

（2）逐个标注各个形体的定形、定位尺寸。

（3）标注确定各个形体之间相对位置的定位尺寸。

（4）标注总体尺寸。

（5）检查、修改、调整尺寸。

【任务解析】

（1）进行形体分析，选择尺寸基准。根据形体分析法，图 3－4－1 中轴承座由底板、支承板、圆筒、肋板及凸台五部分组成。

标注尺寸之前，首先要考虑尺寸基准的问题。所谓尺寸基准，就是标注尺寸时所选择的起点，即确定尺寸位置的几何因素——点、线、面。基准一般可选组合体的对称平面、底面、重要端面以及回转体轴线等。图 3－4－6（a）中，选左右对称面作为长度方向的基准；选底板和支承板的后表面作为宽度方向的基准；选底板的底面作为高度方向的基准。

（2）标注确定各部分的定形、定位尺寸，如图 3－4－6(b) ~ (f)所示。

（3）标注确定各部分之间相对位置的定位尺寸。为了确定各部分之间的空间相对位置，一般应标注出左右、上下、前后三个方向的定位尺寸，表面重合、平齐、对称时可以省略某个方向的定位尺寸。如图 3－4－6（g）所示，支承板与底板叠加时，支承板下表

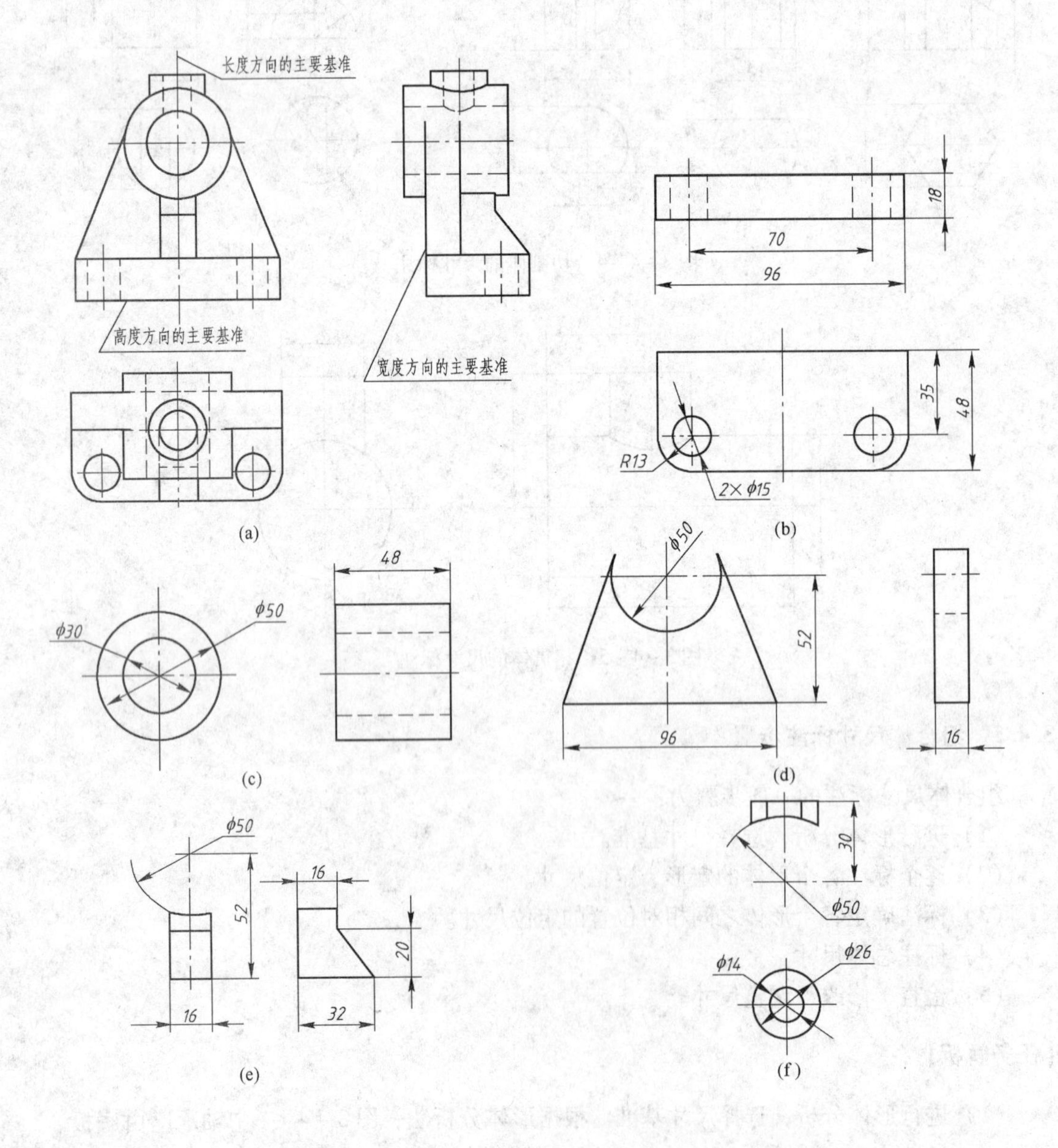

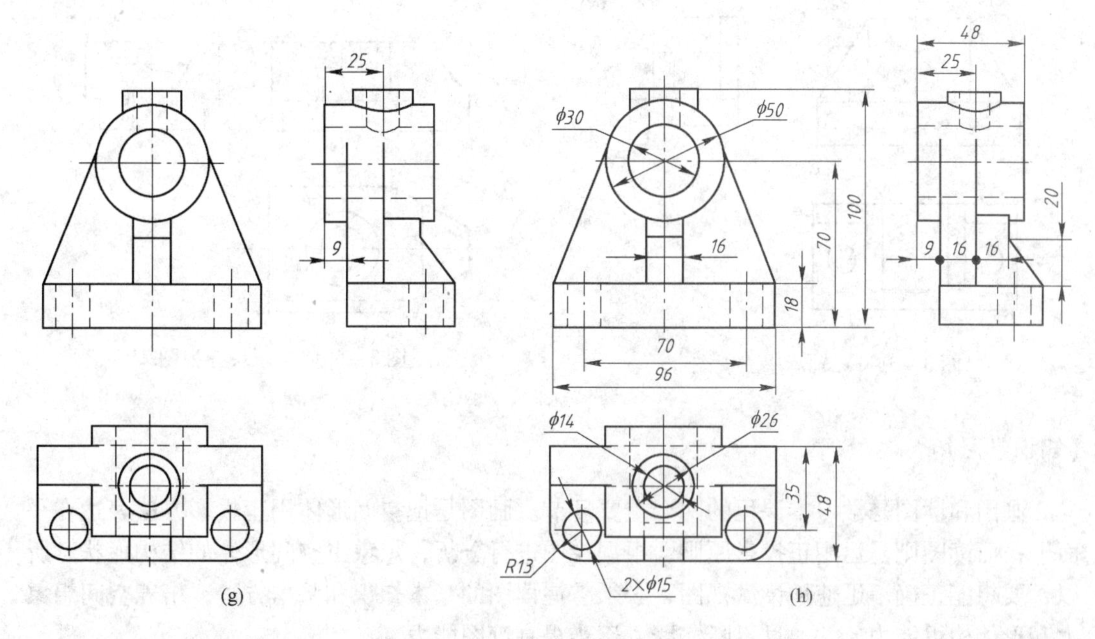

图3-4-6　组合体尺寸标注

(a) 确定尺寸基准；(b) 标注底板部分的尺寸；(c) 标注圆筒部分的尺寸；(d) 标注支承板部分的尺寸；(e) 标注肋板部分的尺寸；(f) 标注凸台部分的尺寸；(g) 标注各部分之间的定位尺寸；(h) 调整尺寸，完成标注

面与底板上表面重合，则上下方向不需要标注定位尺寸；后表面平齐，则前后方向不需要标注定位尺寸；左右对称，则左右方向也不需要标注定位尺寸。同理，在其他部分中，圆筒与支承板叠加时前后需要标注定位尺寸9，凸台与圆筒叠加时前后需要标注定位尺寸25，其他方向则不需要标注定位尺寸。

(4) 标注总体尺寸。

(5) 检查、修改、调整尺寸。按上述步骤进行后，尺寸虽然已经标注完整，但考虑到总体尺寸后，为了避免重复，还应作适当的调整。图3-4-6 (h) 中，尺寸100为总体尺寸。标注上这个尺寸后会与凸台部分的尺寸30、支承板部分的尺寸52、底板部分的尺寸18重复，因此应将尺寸30省略。另外，考虑到基准，同时也将尺寸52调整成70。

单元3.5　识读组合体三视图

【工作任务1】

识读轴承座三视图。如图3-5-1所示，根据轴承座的三视图想象轴承座的空间结构形状。

【工作任务2】

识读压块三视图。如图3-5-2所示，根据压块的三视图想象压块的空间结构形状。

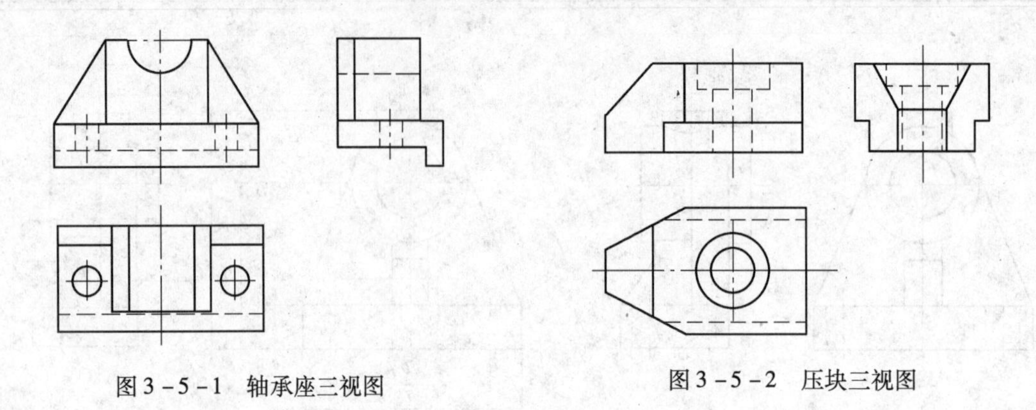

图3-5-1　轴承座三视图　　图3-5-2　压块三视图

【知识学习】

画图和读图是学习本课程的两个重要环节。画图是把空间形体用正投影方法表达在平面上；而读图则是运用正投影原则，根据视图进行分析，想象出空间形体的结构形状。所以，要想能正确、迅速地读懂视图，必须掌握读图的基本知识和基本方法，培养空间想象力和形体构思能力，并通过不断实践，逐步提高读图能力。

3.5.1　读图的基本要领

读图时，除必须熟练掌握各种位置直线、平面以及基本体的投影特性外，还需要领会以下几点：

（1）需把几个视图联系起来看。物体的一个视图不能完全确定物体的形状，如图3-5-3所示的九组视图中，它们的主视图或俯视图是相同的，但实际上前五种和后四种分别是不同形状的物体。

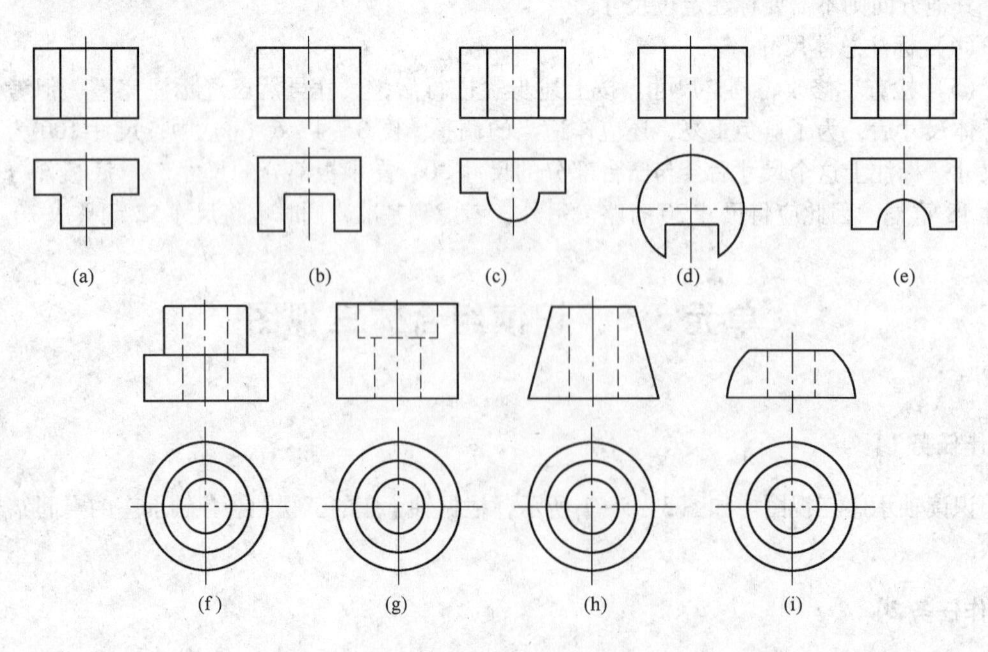

图3-5-3　相同视图对应的不同形状物体

图3－5－4所示的三组视图，它们的主、俯视图都相同，但也表示了三种不同形状的物体。由此可见，读图时，一般要将几个视图联系起来阅读、分析和想象，才能弄清物体的形状。

图3－5－4　几个视图同时分析确定物体的形状

（2）抓住特征视图。所谓特征视图，就是把物体的形状特征及相对位置反映得最充分的那个视图。例如图3－5－4中的左视图。找到这个视图，再配合其他视图，就能较快地认清物体了。

但是，由于组合体的组成方式不同，物体的形状特征及相对位置并非总是集中在一个视图上，有时是分散于各个视图上。例如图3－5－5中的支架就是由四个形体叠加构成的。主视图反映物体A、B的特征，俯视图反映物体D的特征。所以在读图时，要抓住反映特征较多的视图。

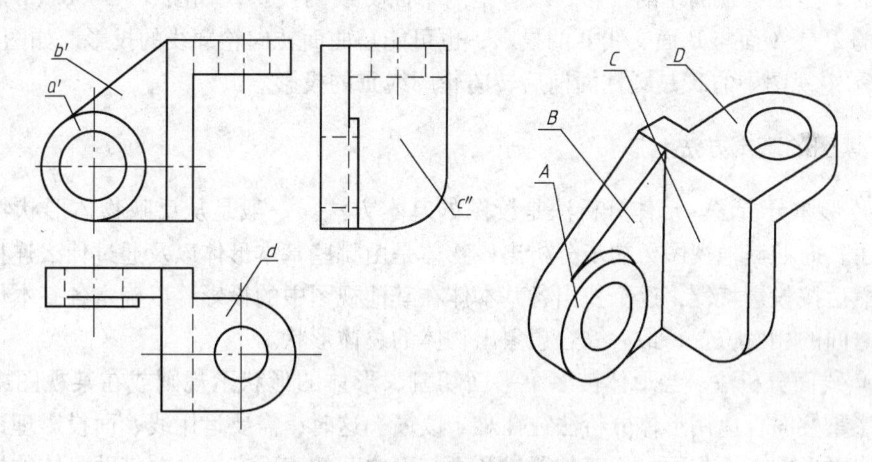

图3－5－5　特征视图分析

（3）善于分析视图中的线框和图线的含义。弄清视图中线框和图线的含义，是看图的基础。下面以图3－5－6为例说明。

1）视图中的每个封闭线框，通常表示物体上一个表面（平面或曲面）的投影。如图3－5－6（a）所示主视图中有四个封闭线框，对照俯视图可知，线框a'、b'、c'分别是六棱柱前（后）三个棱面的投影；线框d'则是前（后）圆柱面的投影。

2）相邻两线框或大线框中有小线框，则表示物体不同位置的两个表面。可能是两表面相交，如图3－5－6（a）中的A、B、C面依次相交；也可能是同向错位（如上下、前后、左右），如图3－5－6（a）所示俯视图中大线框六边形中的小线框图，就是六棱柱顶

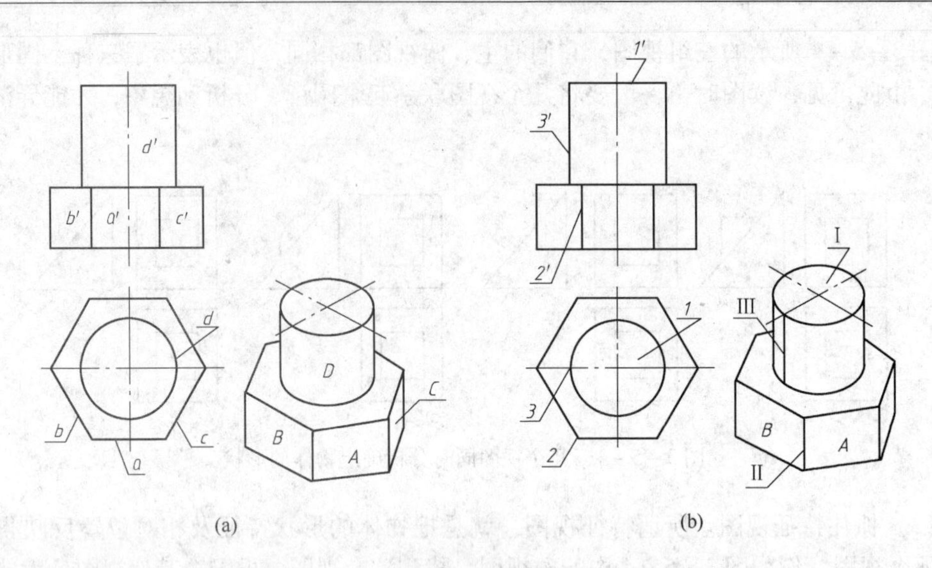

图 3－5－6　视图中线框和图线的含义

面（在下）与圆柱顶面（在上）的投影。

视图中的线框还可表示孔的投影或两相切表面的投影。如图 3－5－5 所示。

3）视图中的每条图线，可能是立体表面有积聚性的投影，如图 3－5－6（b）所示主视图中的 1′是圆柱顶面Ⅰ的投影；或者是两平面交线的投影，如图 3－5－6（b）所示主视图中的 2′是 A 面与 B 面交线Ⅱ的投影；也可能是曲面转向轮廓线的投影，如图 3－5－6（b）所示主视图中的 3′是圆柱面前后转向轮廓线Ⅲ的投影。

3.5.2　读图的基本方法

（1）形体分析法。形体分析法是读图的基本方法。一般是从反映物体形状特征的主视图着手，对照其他视图，初步分析出该物体是由哪些基本形体以及通过什么连接关系形成的。然后按投影特性，逐个找出各基本体在其他视图中的投影，以确定各基本体的形状和它们之间的相对位置，最后综合想象出物体的总体形状。

（2）线面分析法。当形体被多个平面切割、形体的形状不规则或在某视图中形体结构的投影重叠时，应用形体分析法往往难于读懂。这时，需要运用线、面投影理论来分析物体的表面形状、面与面的相对位置以及面与面之间的表面交线，并借助立体的概念来想象物体的形状。这种方法称为线面分析法。

读组合体的视图常常是两种方法并用，以形体分析法为主，线面分析法为辅。

【任务解析】

任务 1 解析：如图 3－5－7 所示，利用形体分析法识读轴承座三视图。

（1）从视图中分离出表示各基本形体的线框。将主视图分为四个线框。其中线框 3 为左右两个完全相同的三角形，因此可归纳为三个线框。每个线框各代表一个基本形体。如图 3－5－7（a）所示。

（2）分别找出各线框对应的其他投影，并结合各自的特征视图，逐一想象它们的形

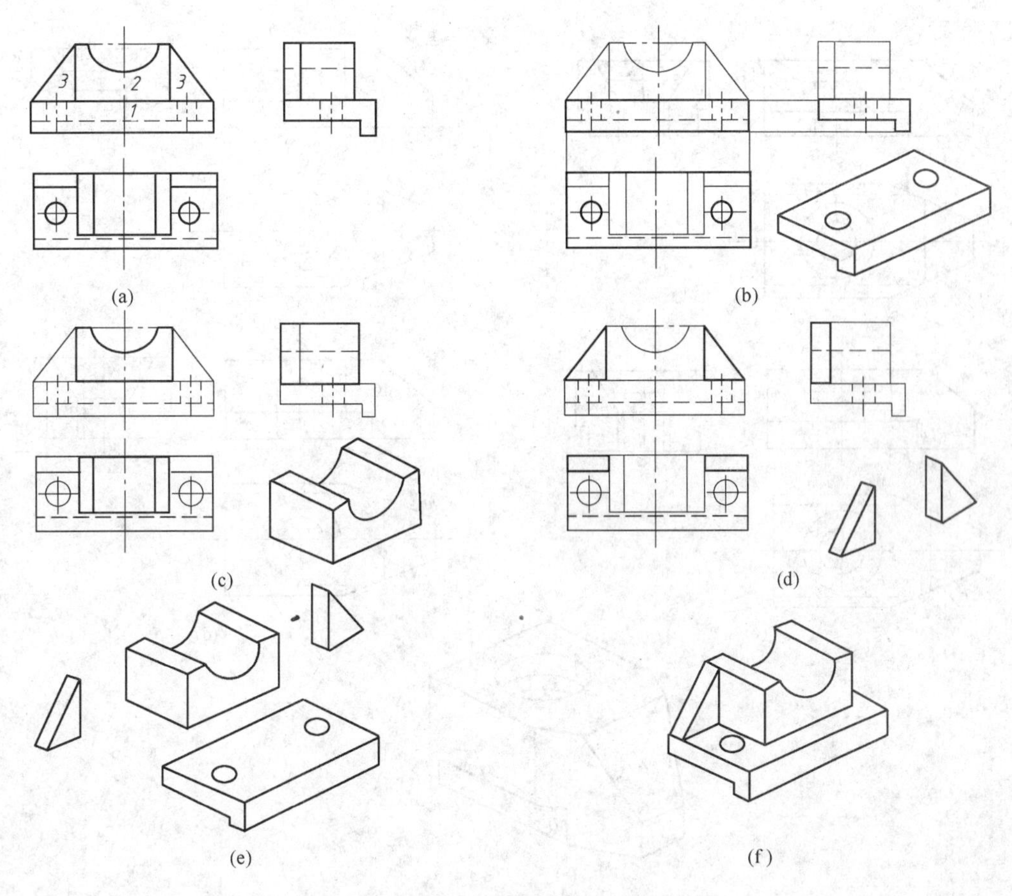

图3-5-7　形体分析法识读轴承座三视图

状。如图3-5-7（b）所示，线框1的主、俯两视图是矩形，左视图是L形，可以想象出该形体是一块直角弯板，板上钻了两个圆孔。如图3-5-7（c）所示，线框2的俯视图是一中间带有两条直线的矩形，其左视图是一个矩形，矩形的中间有一条虚线，可以想象出它的形状是在一个长方体的中部挖了一个半圆槽。如图3-5-7（d）所示，线框3的俯、左两视图都是矩形，因此它们是两块三角形板，对称地分布在轴承座的左右两侧。

（3）根据各部分的形状和它们的相对位置，综合想象出其整体形状，如图3-5-7（e）、（f）所示。

任务2解析：如图3-5-8所示，利用线面分析法识读压块三视图。

（1）确定物体的整体形状。根据图3-5-8（a）可知，压块三视图的外形均是有缺角和缺口的矩形，可初步认定该物体是由长方体切割而成且中间有一个阶梯圆柱孔。

（2）确定切割面的位置和面的形状。由图3-5-8（b）可知，在俯视图中有梯形线框 a，而在主视图中可找出与它对应的斜线 a'，由此可见 A 面是垂直于 V 面的梯形平面。长方体的左上角是由 A 面切割而成，平面 A 对 W 面和 H 面都处于倾斜位置，所以它们的侧面投影 a''和水平投影 a 是类似图形，不反映 A 面的真实形状。

由图3-5-8（c）可知，在主视图中有七边形线框 b'，而在俯视图中可找出与它对应的斜线 b，由此可见 B 面是铅垂面。长方体的左端就是由 A 面和 B 面两个平面切割而成

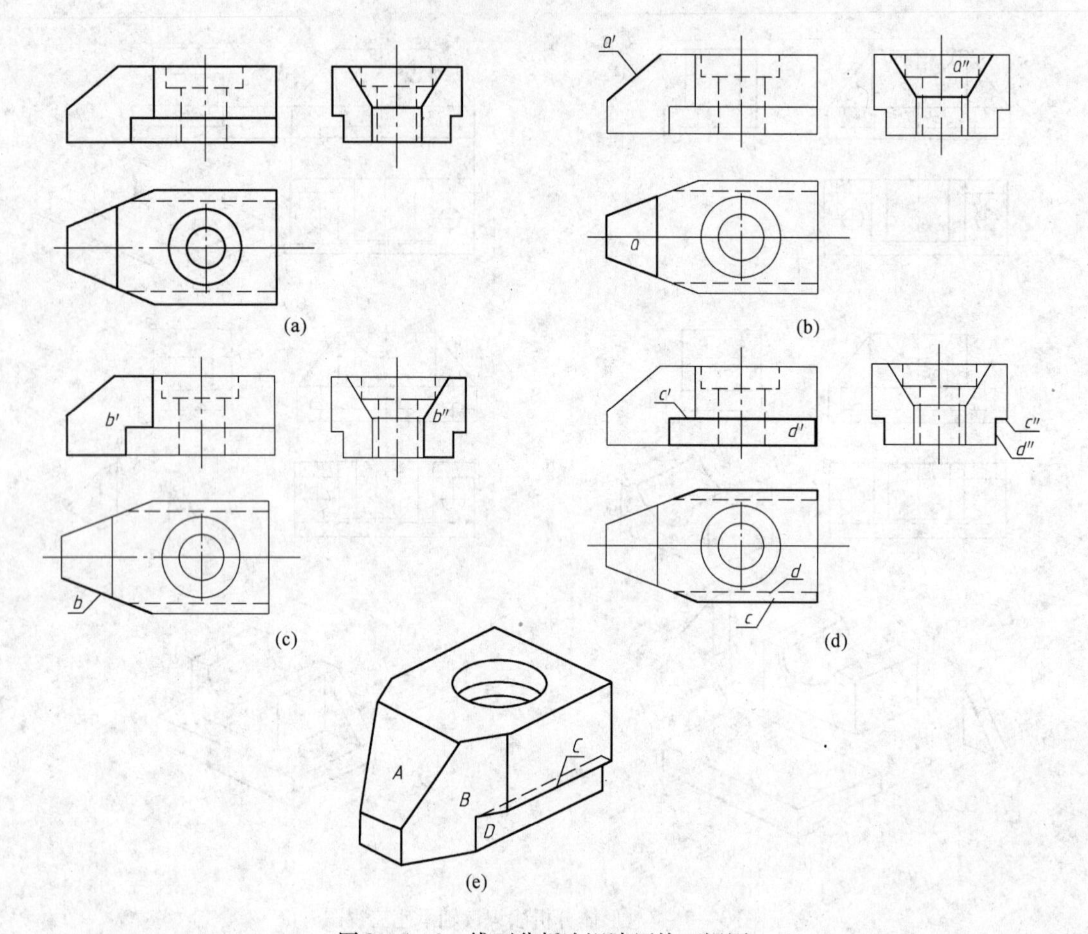

图 3－5－8　线面分析法识读压块三视图

的。平面 B 对 V 面和 W 面都处于倾斜位置，因而侧面投影 b'' 也是类似的七边形线框。

由图 3－5－8（d）可知，从主视图上的长方形线框 d' 入手，可找到 D 面的三个投影；由俯视图的四边形线框 C 入手，可找到 C 面的三个投影。从投影图中可知，D 面为正平面，C 面为水平面。长方体的前后两边就是由这样两个平面切割而成的。

（3）综合想象其整体形状。搞清楚各截切面的空间位置和形状后，根据基本形体形状、各截切面与基本形体的相对位置，并进一步分析视图中图线、线框的含义，可以综合想象出整体形状。如图 3－5－8（e）所示。

学习情境 4　绘制轴测图

学习目标

（1）掌握绘制正等轴测图的方法；

（2）掌握绘制斜二等轴测图的方法。

单元 4.1　绘制正等轴测图

【工作任务】

根据图 4－1－1 三视图绘制正等轴测图。

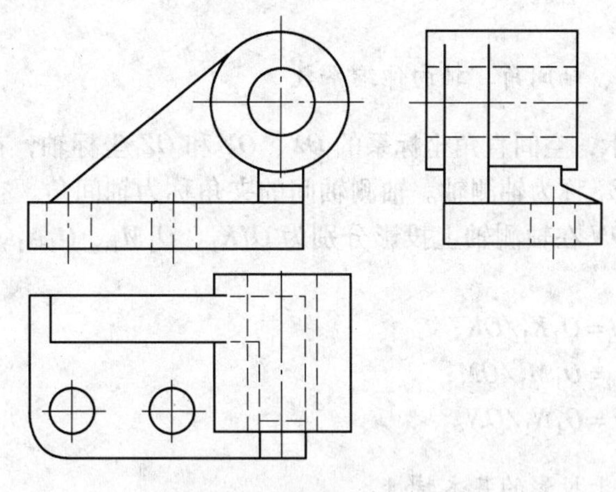

图 4－1－1　组合体三视图

【知识学习】

4.1.1　轴测图基本知识

4.1.1.1　轴测图的形成

所谓轴测图就是将物体连同其直角坐标系，沿不平行于任一坐标平面的方向，用平行投影法将其投射在单一投影面（轴测投影面）上所得到的图形。投影所在的面称为轴测投影面。按照投射方向与轴测投影面的夹角的不同，轴测图有正轴测图和斜轴测图之分：

按投射方向与轴测投影面垂直的方法画出来的是正轴测图，如图 4－1－2（a）所示；按投射方向与轴测投影面倾斜的方法画出来的是斜轴测图，如图 4－1－2（b）所示。

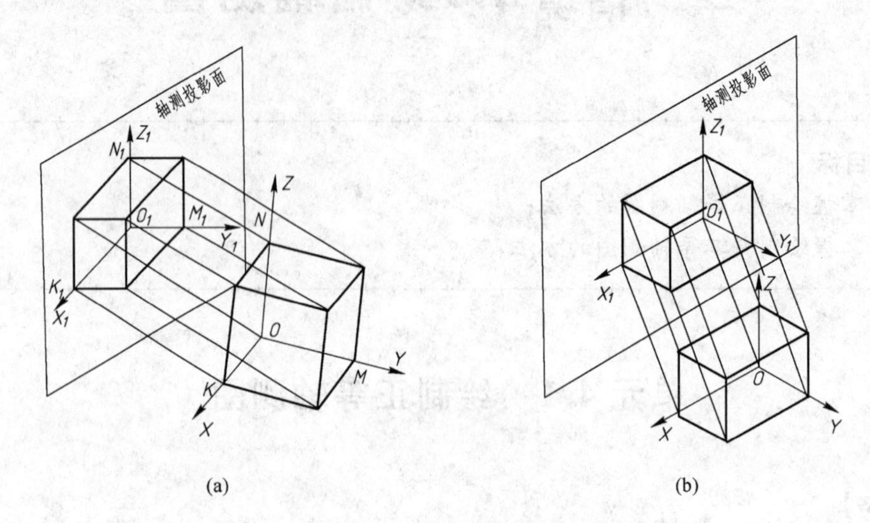

图 4－1－2　轴测图的形成

（a）正等轴测图的形成；（b）斜二轴测图的形成

4.1.1.2　轴测轴、轴间角、轴向伸缩系数

如图 4－1－2 所示，空间直角坐标系的 OX、OY 和 OZ 坐标轴，在轴测投影面上的投影 O_1X_1、O_1Y_1 和 O_1Z_1 称为轴测轴。轴测轴间的夹角称为轴间角。空间直角坐标轴上的单位长度 OK、OM、ON 在轴测轴上投影分别为 O_1K_1、O_1M_1、O_1N_1，各轴的轴向伸缩系数为 p、q、r，则：

X 轴向伸缩系数 $p = O_1K_1/OK$；

Y 轴向伸缩系数 $q = O_1M_1/OM$；

Z 轴向伸缩系数 $r = O_1N_1/ON$。

4.1.1.3　轴测图上投影的基本特性

因轴测图是根据平行投影法画出的平面图形，所以它具有平行投影的一般性质：

（1）平行性。空间平行的线段，投影在轴测投影面上仍相互平行且长度比不变；空间平行于坐标轴的线段，投影在轴测投影面上仍平行于坐标轴。

（2）沿轴性。空间与坐标轴平行的线段，画轴测图时可沿轴测轴或与轴测轴平行的方向直接度量，所谓“轴测”就是沿轴向测量的含义。

4.1.1.4　轴测图的分类

如前所述，按照投射方向不同，轴测图分为正轴测图和斜轴测图两类，每类按轴向伸缩系数不同又分为正（斜）等轴测图（$p=q=r$）、正（斜）二等轴测图（$p=q\neq r$）和正（斜）三等轴测图（$p\neq q\neq r$）。工程上常用的是正等轴测图和斜二等轴测图。

4.1.2　正等轴测图的画法

4.1.2.1　正等轴测图的形成

使直角坐标系的三根坐标轴对轴测投影面的倾角相等，并用正投影法将物体向轴测投影面投射所得到的图形叫正等轴测图，如图4-1-3所示。

画轴测图时，必须知道轴间角和轴向伸缩系数。在正等轴测图中，由于直角坐标系的三根轴对轴测投影面的倾角相等，因此，轴间角都是120°；各轴向的伸缩系数相等，都是0.82。根据这些系数，就可以度量平行于各轴向的尺寸。画正等轴测图时，为了避免计算，一般用1代替0.82，称为简化系数，并分别以p、q、r表示。为使图形稳定，一般取O_1Z_1为竖线。如图4-1-4所示。为使图形清晰，轴测图通常不画虚线。

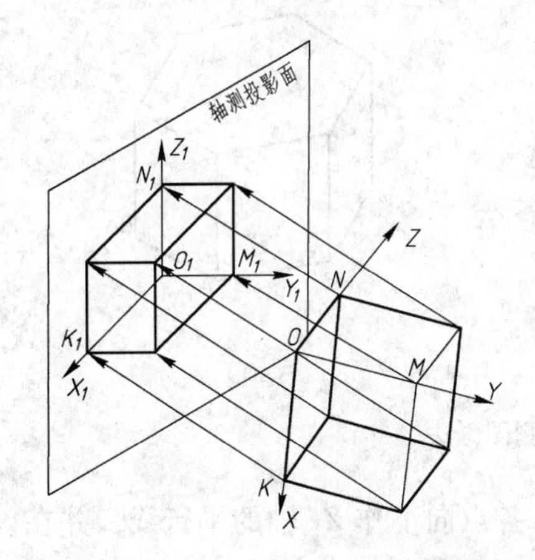

图4-1-3　正等轴测图的形成

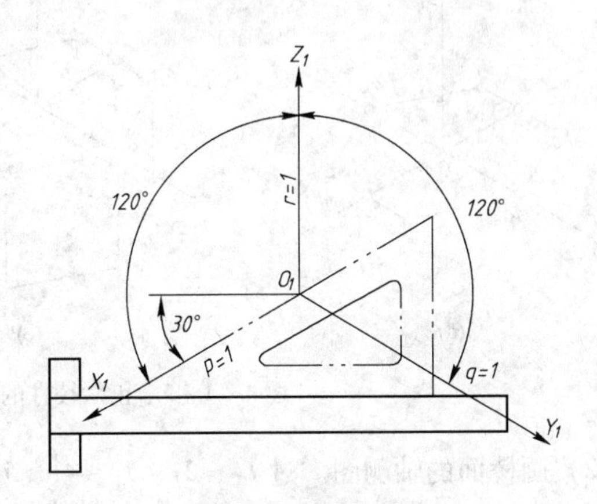

图4-1-4　正等轴测图的轴间角和轴向伸缩系数

4.1.2.2　平面立体正等轴测图的画法

平面立体正等轴测图常用的基本作图方法是坐标法。作图时，先选定合适的坐标轴并画出坐标轴，再按立体表面上各顶点或线段端点的坐标，画出其轴测投影，然后分别连线完成轴测图。

【例1】 已知正六棱柱的主、俯视图，如图4-1-5（a）所示，求作其正等轴测图。

（1）分析物体的形状，确定坐标原点和作图顺序。由于正六棱柱的前后、左右对称，故把坐标原点定在顶面六边形的中心。如图4-1-5（a）所示。由于正六棱柱的顶面和底面均为平行于水平面的六边形，在轴测图中，顶面可见，底面不可见。为减少作图线，应从顶面开始画。

（2）画轴测轴，如图4-1-5（b）所示。

（3）用坐标定点法作图，步骤为：

1）画出六棱柱顶面的轴测图。以O_1为中点，在X_1轴上取$1_14_1=14$，在Y_1轴上取$A_1B_1=ab$，如图4-1-5（c）所示。过A_1、B_1点作O_1X_1轴的平行线，且分别以A_1、B_1为中点，在所作的平行线上取$2_13_1=23$，$5_16_1=56$，如图4-1-5（d）所示。再用直线顺次连接1_1、2_1、3_1、4_1、5_1和6_1点，得顶面的轴测图。如图4-1-5（e）所示。

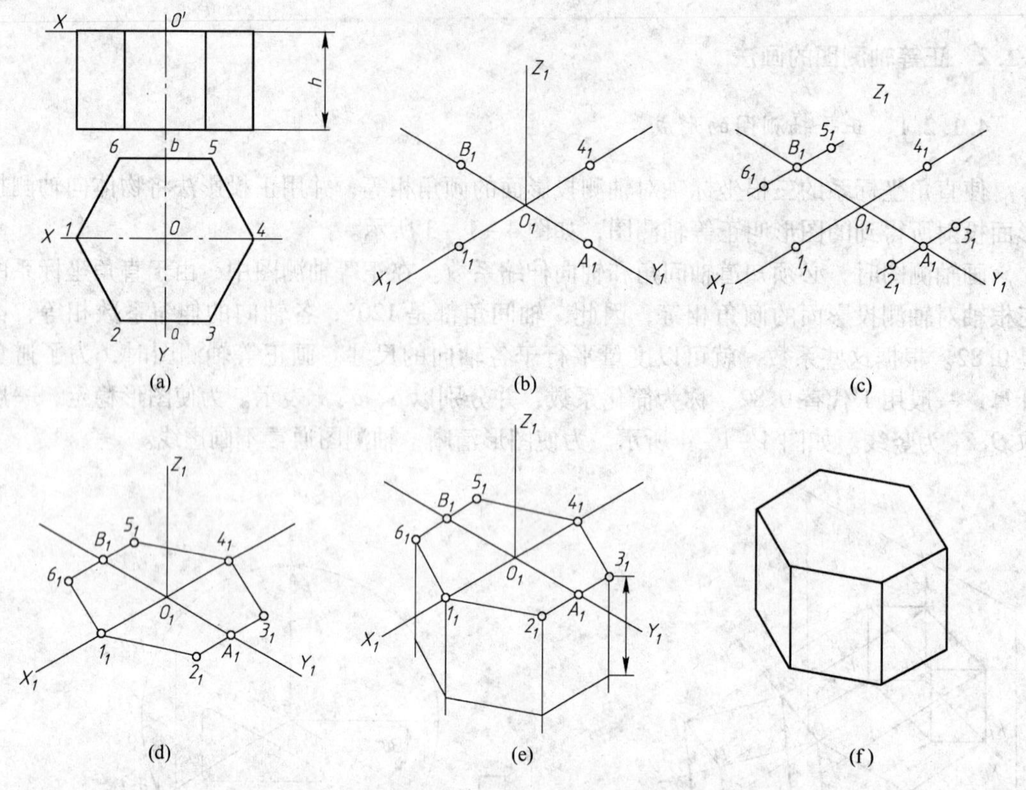

图 4-1-5　正六棱柱的正等轴测图画法

2）画棱面的轴测图。过 1_1、2_1、3_1、4_1、5_1 和 6_1 各点向下作 Z_1 轴的平行线，并在各平行线上按尺寸 h 取点，再依次连线。如图 4-1-5（e）所示。

3）完成全图。擦去多余图线并描深，如图 4-1-5（f）所示。

4.1.2.3　回转体正等轴测图的画法

A　平行于投影面的圆的正等轴测图的画法

由于正等轴测图的三个坐标轴都与轴测投影面倾斜，所以平行于基本投影面的圆的正等轴测图均为椭圆。如图 4-1-6 所示。椭圆的正等轴测图一般采用四心圆弧法作图。

图 4-1-6　平行于投影面的圆的正等轴测图

如图 4-1-7（a）所示，半径为 R 的水平圆的正等轴测图的画法如下：

（1）定出直角坐标的原点及坐标轴。画圆的外切正方形 *1234*，与圆相切于 a、b、c、d 四点。如图 4-1-7（b）所示。

（2）画出轴测轴，并在 X_1、Y_1 轴上截取 $O_1A_1=O_1C_1=O_1B_1=0_1D_1=R$，得 A_1、B_1、C_1、D_1 四点，如图 4-1-7（c）所示。

（3）过A_1、C_1和B_1、D_1点分别作Y_1、X_1轴的平行线，得菱形$1_1 2_1 3_1 4_1$，如图4-1-7（d）所示。

（4）连接A_1、3_1和C_1、1_1，分别与$2_1 4_1$交于O_2和O_3，如图4-1-7（e）所示。

（5）分别以1_1、3_1为圆心，1_1C_1、3_1A_1为半径画圆弧$\overset{\frown}{C_1D_1}$、$\overset{\frown}{A_1B_1}$，再分别以O_2、O_3为圆心，O_2A_1、O_3C_1为半径，画圆弧A_1D_1、B_1C_1。由这四段圆弧光滑连接而成的图形，即为所求的近似椭圆。如图4-1-7（f）所示。

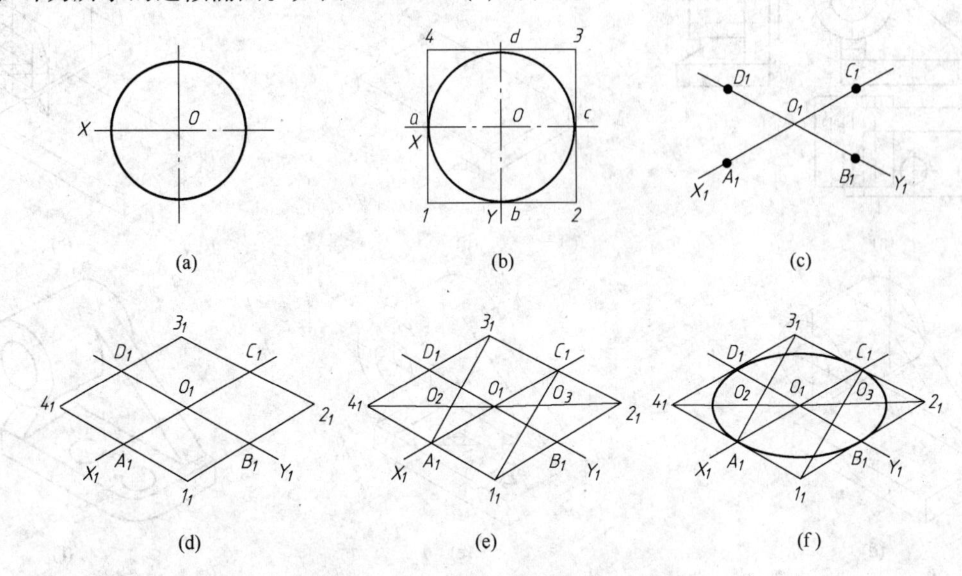

图4-1-7　圆的正等轴测图的近似画法

B　作圆柱体的正等轴测图

（1）定原点和坐标轴，如图4-1-8（a）所示。

（2）画两端面圆的正等轴测图（用移心法画底面），如图4-1-8（b）所示。

（3）作两椭圆的公切线，擦去多余线条，描深，完成全图，如图4-1-8（c）、（d）所示。

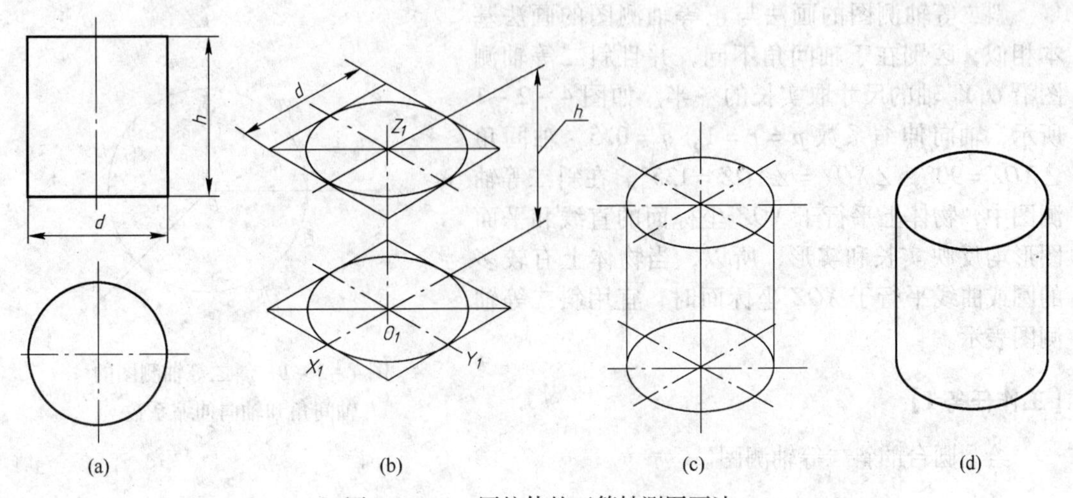

图4-1-8　圆柱体的正等轴测图画法

【任务解析】

分析图 4 - 1 - 1 三视图可知，该立体是叠加型组合体，由底板、圆柱筒、支承板、肋板四部分组成。作图时按照逐个形体叠加的顺序画图。作图步骤如图 4 - 1 - 9（b）~（f）所示。

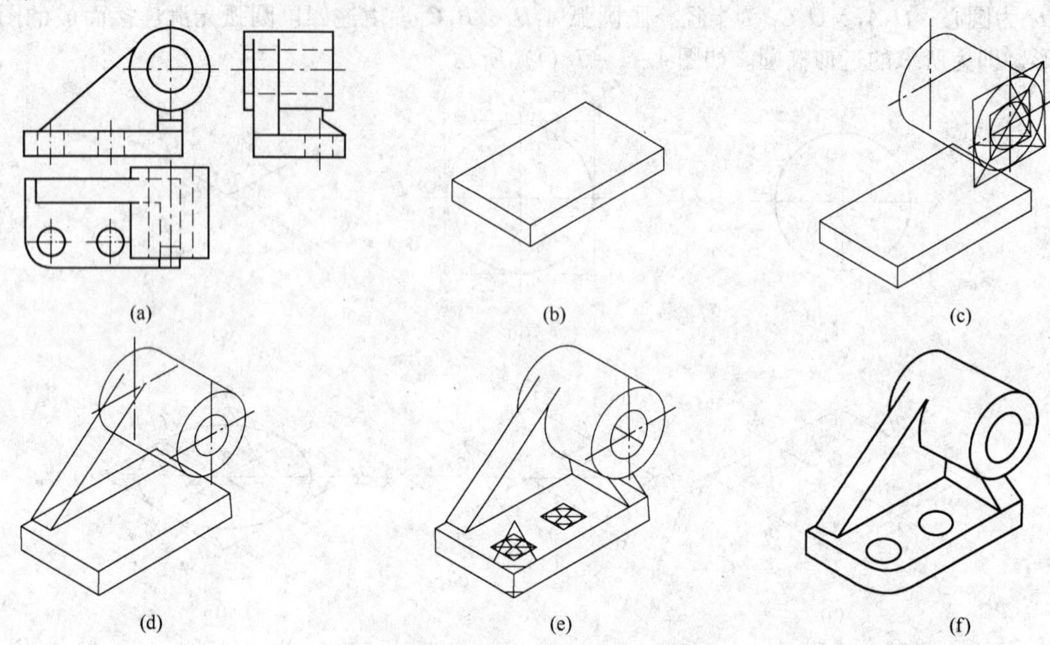

图 4 - 1 - 9　组合体的正等轴测图画法

（a）视图；（b）画底板；（c）画圆柱筒；（d）画支承板；（e）画肋板及底板上的圆孔和圆角；（f）整理、描深，完成全图

单元 4.2　绘制斜二等轴测图

斜二等轴测图的画法与正等轴测图的画法基本相似，区别在于轴间角不同，并且斜二等轴测图沿 O_1Y_1 轴的尺寸取实长的一半。如图 4 - 2 - 1 所示，轴向伸缩系数 $p = r = 1$，$q = 0.5$，轴间角 $\angle XOZ = 90°$，$\angle XOY = \angle YOZ = 135°$。在斜二等轴测图中，物体上平行于 XOZ 坐标面的直线和平面图形均反映实长和实形，所以，当物体上有较多的圆或曲线平行于 XOZ 坐标面时，宜用斜二等轴测图表示。

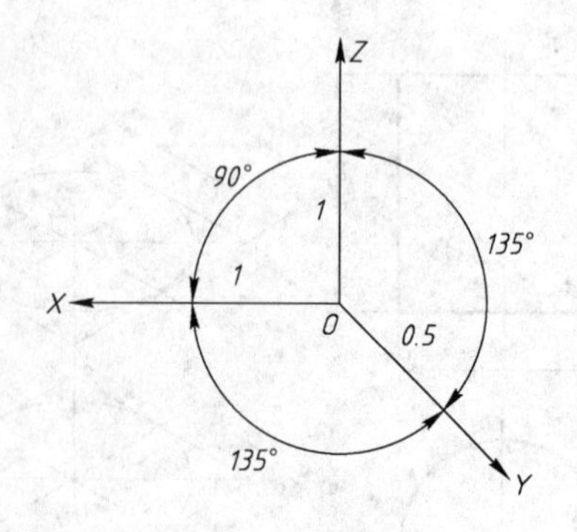

图 4 - 2 - 1　斜二等轴测图的轴间角和轴向伸缩系数

【工作任务 1】

绘制圆台的斜二等轴测图。

【任务解析】

如图4－2－2（a）所示为带孔的圆台。其斜二等轴测图作图方法与步骤如下：

（1）画出轴测轴 O_1X_1、O_1Y_1、O_1Z_1，在 O_1Y_1 轴上量取 $L/2$，定出前端面的圆心 A，如图4－2－2（b）所示。

（2）作出前、后端面的轴测投影，如图4－2－2（c）所示。

（3）作出两端面圆的公切线及前孔口和后孔口的可见部分。

（4）擦去多余的图线并描深，即得到圆台的斜二等轴测图，如图4－2－2（d）所示。

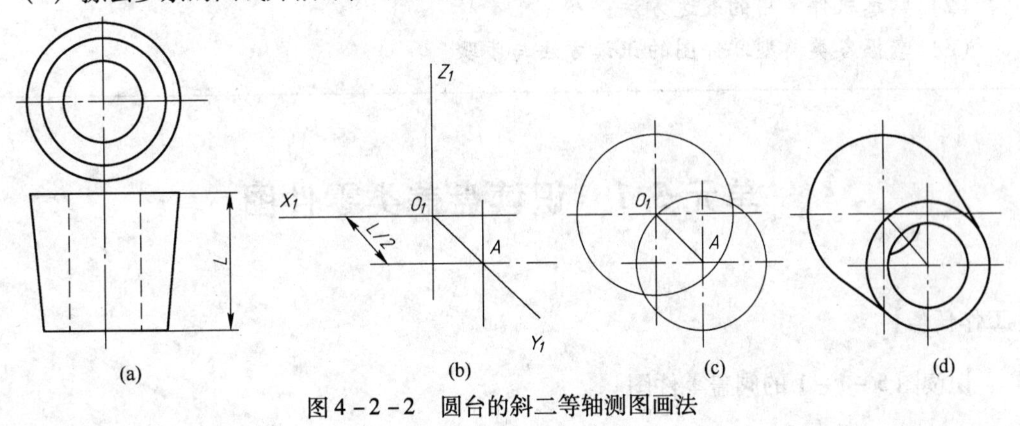

图4－2－2　圆台的斜二等轴测图画法

【工作任务2】

绘制图4－2－3（a）所示组合体的斜二等轴测图。

【任务解析】

绘制结果如图4－2－3（b）所示。

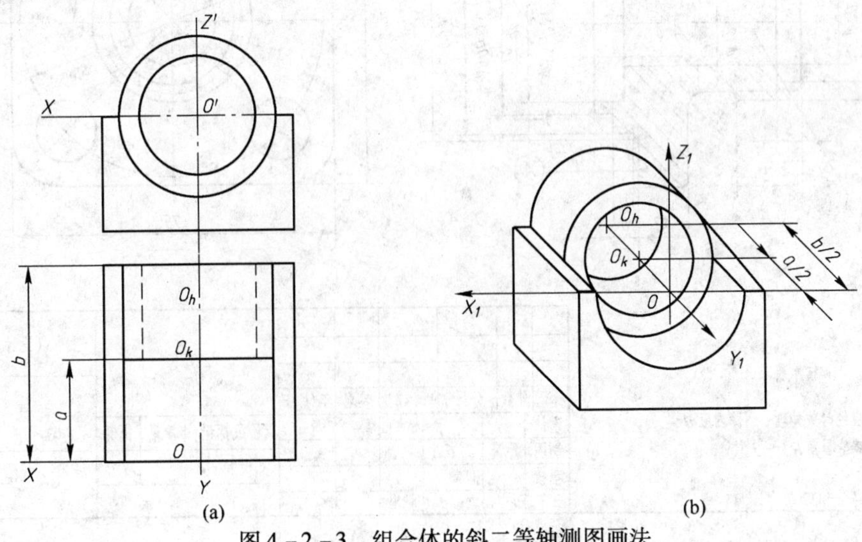

图4－2－3　组合体的斜二等轴测图画法

（a）视图；（b）斜二等轴测图

学习情境5　识读零件图

学习目标

(1) 了解零件图的作用及内容;
(2) 熟悉机件常用的表达方法;
(3) 掌握各类典型零件图的识读方法与步骤。

单元5.1　识读盘盖类零件图

【工作任务】

识读图5-1-1的阀盖零件图。

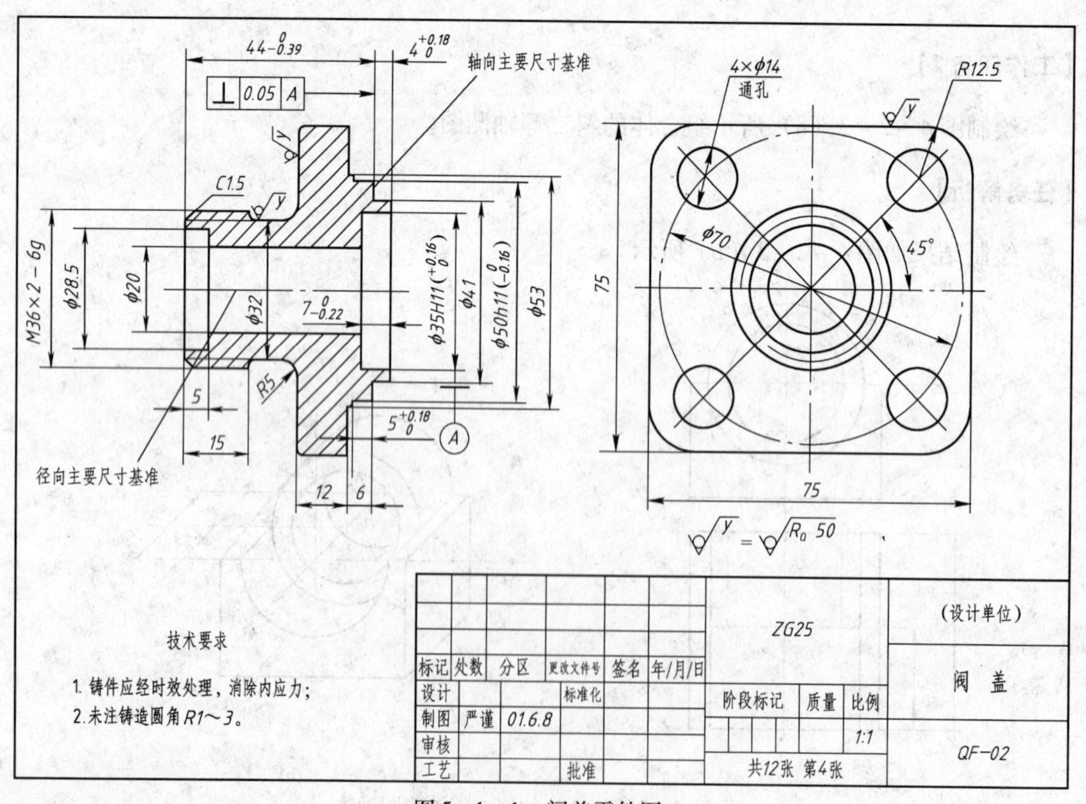

图5-1-1　阀盖零件图

【知识学习】

5.1.1　零件图的基本知识

5.1.1.1　零件图的作用

组成机器或部件的最基本的构件，称为零件。根据零件在机器或部件上的作用，一般可将零件分为三种类型：

（1）标准件。紧固件（螺栓、螺母、垫圈和螺钉等）、滚动轴承和油杯等。

（2）常用件。齿轮、蜗轮、蜗杆和弹簧等。

（3）一般零件。轴套类、盘盖类、叉架类和箱体类。

表示零件结构、大小及技术要求的图样称为零件图。零件图是指导生产机器零件的重要技术文件，它反映了设计者的意图，表达了对零件的结构、表面的质量要求和制造工艺的合理性要求等，是制造和检验零件的依据，也是进行技术交流的重要资料。

5.1.1.2　零件图的内容

根据零件图所起的作用，一张完整的零件图应包括以下四方面的内容：

（1）一组图形。用一组图形，综合运用机件的各种表达方法，完整、清晰地表达零件的结构和形状。

（2）尺寸标注。运用尺寸标注，表达零件各部分的大小和各部分之间的相对位置关系，提供制造零件和检验零件所需的全部尺寸。

（3）技术要求。用规定的代（符）号、数字、字母或文字表示或说明零件在加工、检验过程中应达到的质量要求，如表面粗糙度、尺寸公差、形位公差、材料、热处理等要求。另外，不便用代（符）号标注在图中的技术要求，可用文字注写在标题栏的上方或左方。

（4）标题栏。标题栏位于图纸的右下角，填写零件名称、材料、比例、图号、单位名称以及设计、审核、批准等有关人员的签字。每张图纸都应有标题栏。标题栏的方向一般为看图的方向。

5.1.1.3　识读零件图的方法和步骤

（1）看标题栏。从标题栏概括了解零件名称、材料、比例等。

（2）分析视图，想象零件结构形状。弄清视图名称，了解视图间的投影关系，分析剖视图的剖切面、剖切位置和表达目的。在分析视图的基础上，进行投影分析，想象零件的结构形状。看图时，仍采用前述组合体的看图方法，对零件进行形体分析、线面分析。

（3）分析尺寸。分析尺寸时，首先分清主要尺寸和次要尺寸，并找出各方向的主要尺寸基准，然后从基准出发，明确零件各部分的定形和定位尺寸。

（4）分析技术要求。零件图上的技术要求主要有表面粗糙度、极限与配合、形位公差及文字说明的加工、制造、检验等要求。这些要求是制订加工工艺、组织生产的重要依据，要深入分析理解。

（5）归纳综合。通过上述几个步骤，对零件的作用、形状结构和大小、加工检验要求有较清楚的了解后，最后作进一步归纳、综合，即可得出零件的整体形象，达到看图的目的。

5.1.2　机件常用的表达方法

5.1.2.1　基本视图

基本视图是物体向基本投影面投射所得的视图。表示一个机件可有六个基本投射方向，以正六面体的六个面作为绘制图样时的基本投影面，如图 5－1－2（a）所示，这样可获得六个基本视图：

主视图——由前向后投射所得视图；
左视图——由左向右投射所得视图；
右视图——由右向左投射所得视图；
仰视图——由下向上投射所得视图；
俯视图——由上向下投射所得视图；
后视图——由后向前投射所得视图。

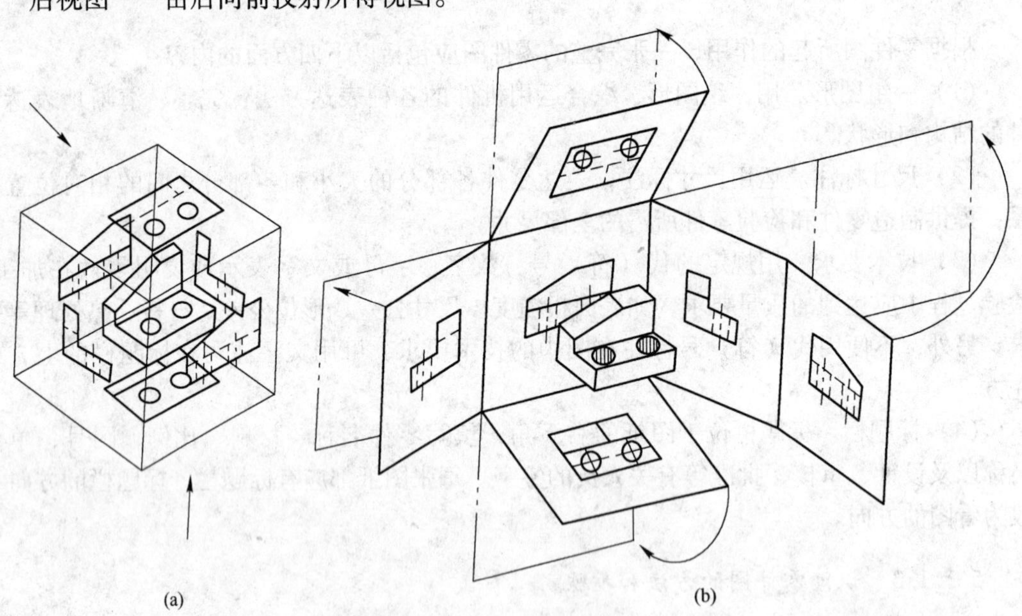

图 5－1－2　六个基本视图

六个基本投影面展开的方法如图 5－1－2（b）所示。

六个基本视图的配置及投影规律如图 5－1－3 所示。六个基本视图之间仍符合“长对正，高平齐，宽相等”的“三等”投影规律。即：主、俯、仰、后四个视图等长；主、左、右、后四个视图等高；俯、仰、左、右四个视图等宽。在同一张图纸内按图 5－1－3 配置视图时，可不标注视图的名称。

5.1.2.2　向视图

向视图是可自由配置的基本视图。在实际绘图过程中，有时难以将六个基本视图按图

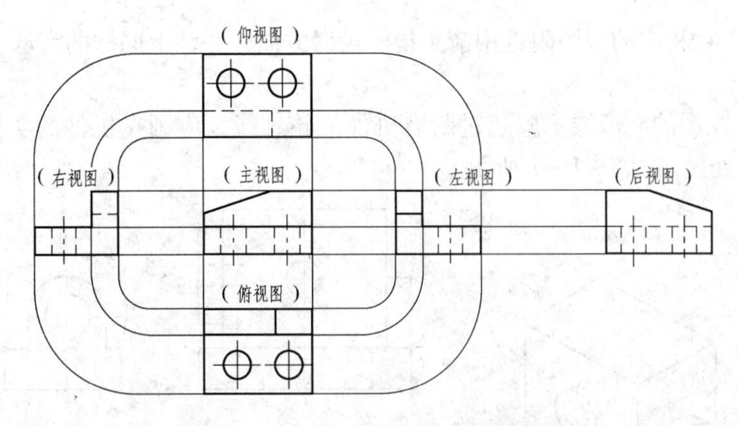

图5-1-3　六个基本视图的配置及投影规律

5-1-3的形式配置，此时可采用向视图表达。为便于读图，应在向视图的上方标注“×”（“×”为大写拉丁字母，应水平向书写），在相应视图的附近用箭头指明投射方向，并标明相同的字母，如图5-1-4所示。

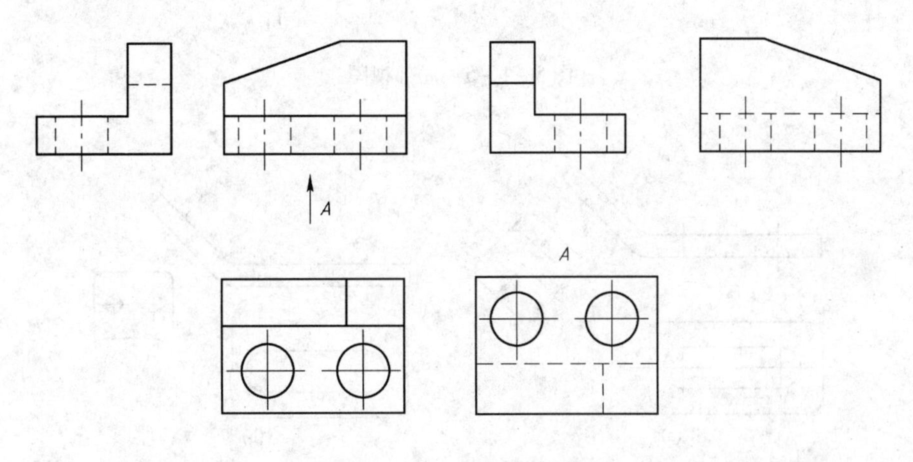

图5-1-4　向视图及其标注

5.1.2.3　局部视图

在采用一定数量的基本视图后，物体上仍有部分结构形状尚未表达清楚，又没必要画出完整的基本视图时，可采用局部视图来表达。局部视图是将物体的某一部分向基本投影面投射所得的视图，如图5-1-5（b）中的视图A和视图B所示。

画局部视图时应注意以下几点：

（1）局部视图的断裂边界应以波浪线或双折线来表示，如图5-1-5（b）的视图A。当表达的局部结构外形轮廓呈完整的封闭图形时，波浪线可省略不画，如图5-1-5（b）的视图B。

（2）局部视图按基本视图的配置形式配置时，可不必标注。如图5-1-6中的俯视图。局部视图也可按向视图的配置形式自由配置并加标注，一般在局部视图上方标出视图的名称“×”，在相应的视图附近用箭头指明投射方向，并注上同样的字母。如图 5 - 1 - 5 的视图 B。

（3）局部视图的波浪线不应超过断裂机件的轮廓线，应画在机件的实体上，不可画在机件的中空处。如图 5 - 1 - 7 所示。

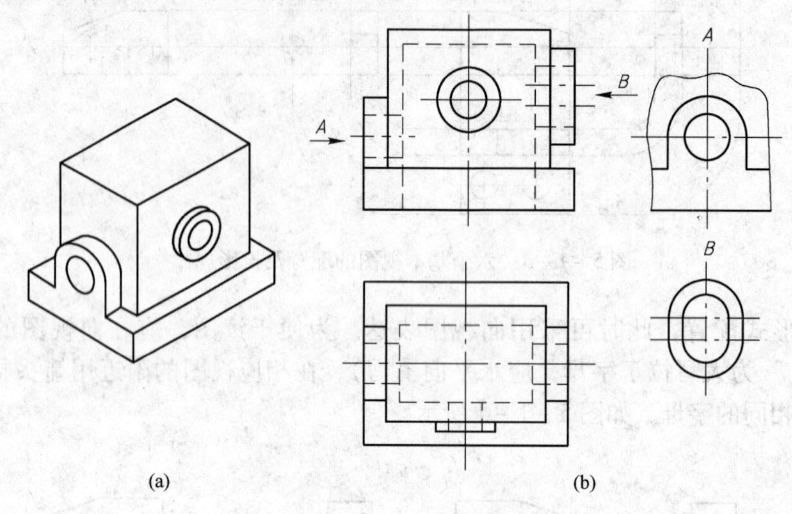

图 5 - 1 - 5　局部视图

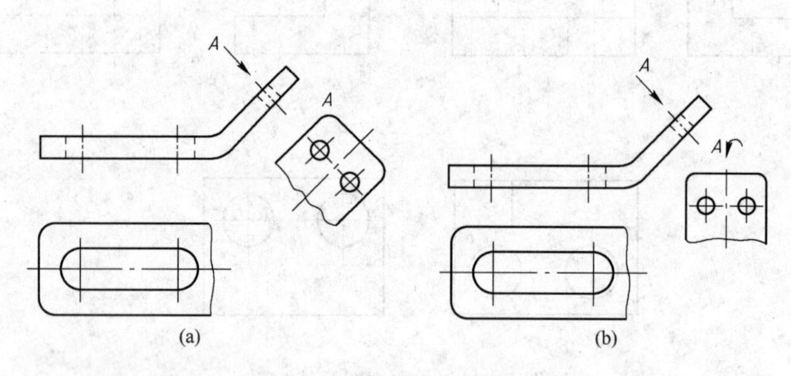

图 5 - 1 - 6　局部视图与斜视图

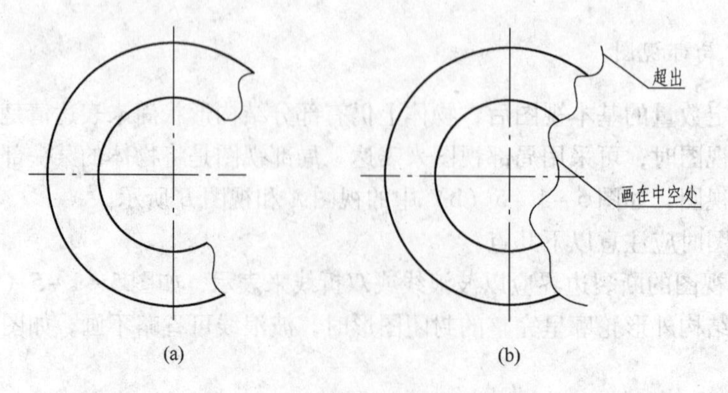

图 5 - 1 - 7　波浪线的正误画法

（a）正确；（b）错误

5.1.2.4　斜视图

当机件上某部分倾斜结构不平行于任何基本投影面时，如图5-1-8所示，在基本视图中不能反映该部分的实形，而且标注该倾斜结构的尺寸也不方便，为此，可设置一个平行于倾斜结构且垂直于一个基本投影面的辅助投影面（如图5-1-8所示正垂面P），作为新的投影面，然后将该倾斜部分向新投影面投射，就得到反映该部分实形的视图，即斜视图。

当机件倾斜部分投射后，必须按基本投影面展开的方法，将辅助投影面旋转到与其所垂直的基本投影面重合，以便将斜视图与其他基本视图画在同一张图纸上，如图5-1-9中A视图所示。

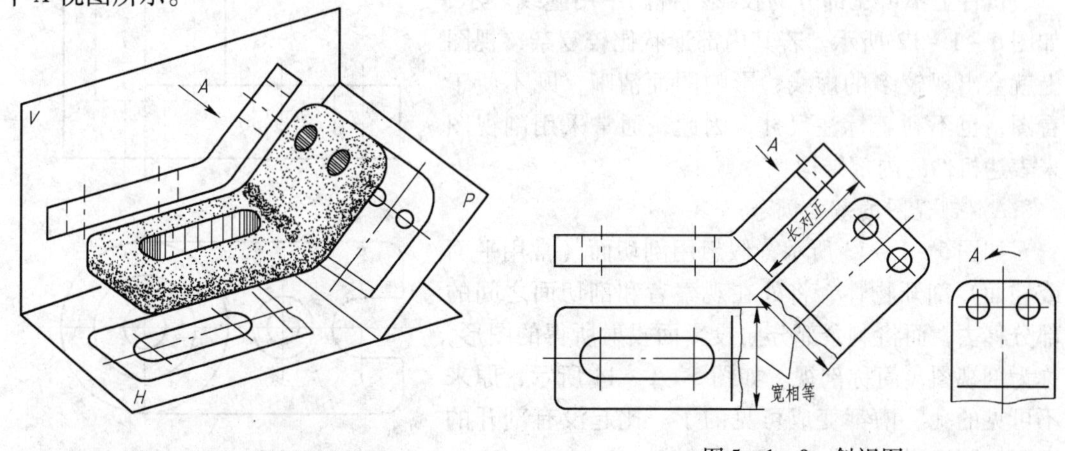

图5-1-8　斜视图的形成　　　图5-1-9　斜视图

斜视图主要用来表达机件上倾斜部分的实形，故其余部分不必全画出，断裂边界用波浪线表示，如图5-1-9中A视图。若斜视图外形轮廓成封闭状态，且所表示的机件的倾斜结构是完整的，可省略表示断裂边界的波浪线，如图5-1-10所示的A视图。

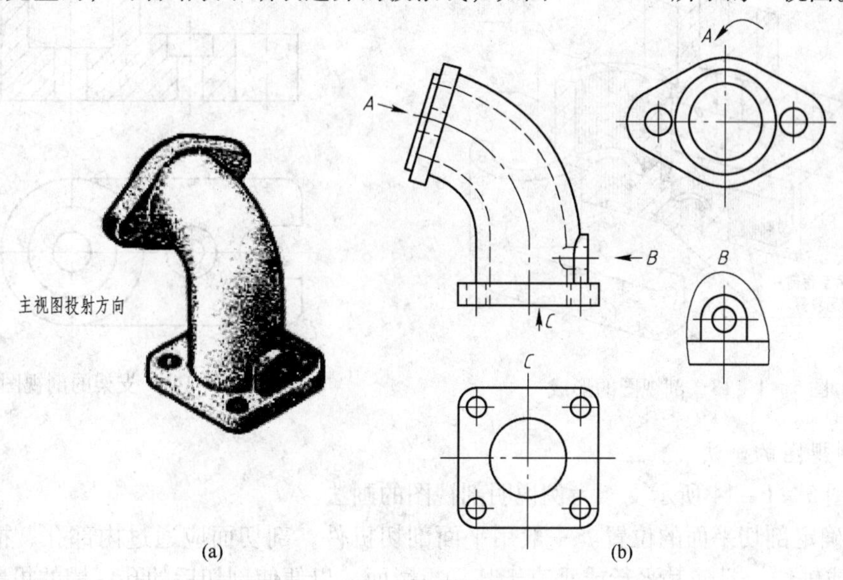

图5-1-10　弯管

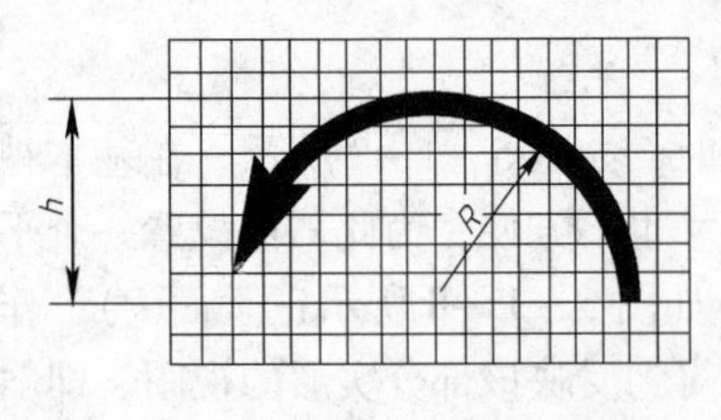

图5-1-11　旋转符号的尺寸和比例

斜视图通常按向视图的配置形式配置并标注，必要时允许将斜视图旋转配置。表示该视图名称的大写拉丁字母应靠近旋转符号的箭头，也允许将旋转角度标注在字母之后（如图5-1-10中A视图）或者省略。角度值是实际旋转角大小，一般以不超过90°为宜；箭头方向是旋转的实际方向。旋转符号的尺寸和比例如图5-1-11所示。

5.1.2.5　剖视图

机件上不可见部分的投影，视图中用虚线表示，如图5-1-12所示。若其内部形状比较复杂，视图上就会出现较多的虚线，影响图面清晰，既不便于看图，也不利于标注尺寸，因此，通常采用剖视图来表达机件的内部结构。

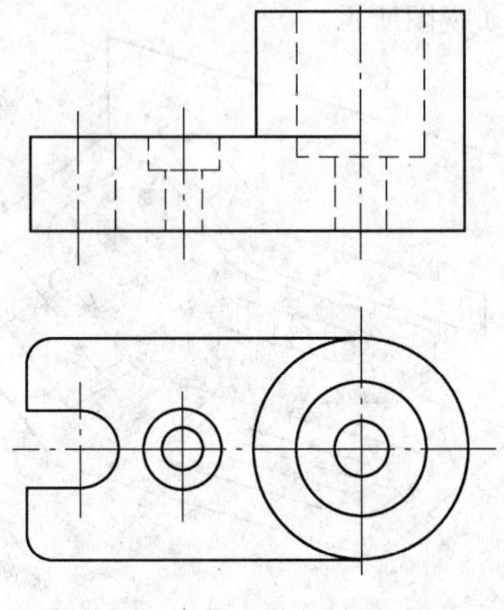
图5-1-12　支架的视图

A　剖视图的基本概念

如图5-1-13所示，假想用剖切面（常用平面或柱面）剖开物体，将处在观察者和剖切面之间的部分移去，而将剩余部分向投影面投射所得的图形，称为剖视图，简称剖视。如图5-1-14所示，原来不可见的孔、槽都变成可见的了。比起没有剖开的视图，剖视图层次分明，清晰易懂。

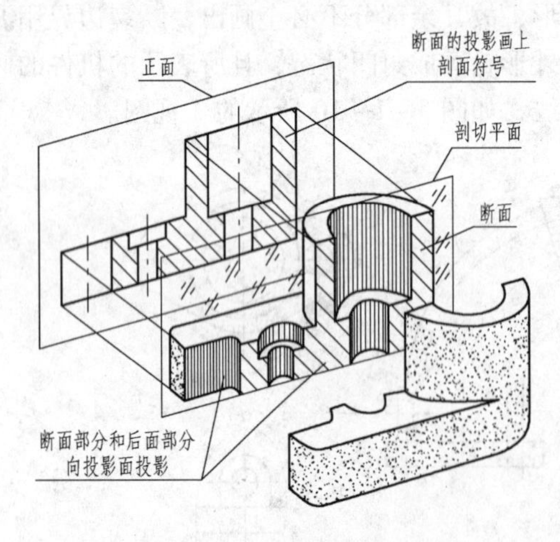

图5-1-13　剖视图的形成

图5-1-14　支架的剖视图

B　剖视图的画法

现以图5-1-14所示支架为例说明剖视图的画法。

（1）确定剖切平面的位置。一般用平面剖切机件，剖切面应通过内部孔、槽等结构的对称面或轴线，且使其平行或垂直于某一投影面，以便使剖切后的孔、槽的投影反映实形。例如，图5－1－14中的剖切平面通过支架的孔和缺口的对称面而平行于正面，这样剖切后，在剖视图上就能清楚地反映出台阶孔的直径和缺口的深度。

（2）画剖开后剩余部分的投影。不仅要画出剖切平面与机件实体接触部分（断面）的投影，而且还须画出剖切平面与投影面之间可见部分的投影。

（3）剖面区域画剖面符号（剖面线）。假想用剖切面剖开物体，剖切面与物体的接触部分称为剖面区域。在绘制剖视图时，通常应在剖面区域内画出表示材料实体的剖面符号。剖面符号因机件材料的不同而不同，表5－1－1列出了常用材料的剖面符号。

表5－1－1　常用材料的剖面符号

材料类型		表示方法	材料类型	表示方法
金属材料（已有规定剖面符号除外）			木质胶合板	
线圈绕组元件			基础周围的泥土	
转子、电枢、变压器和电抗器等的叠钢片			混凝土	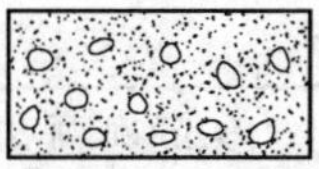
非金属材料（已有规定剖面符号除外）			钢筋混凝土	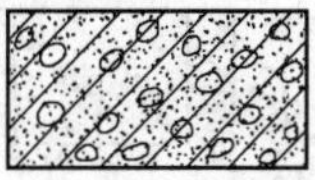
玻璃及供观察用的其他透明材料			格网（筛网、过滤网等）	
型砂、填砂、粉末冶金、砂轮、陶瓷刀片、硬质合金刀片等			固体材料	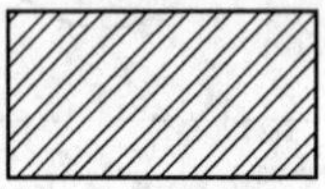
木材	纵剖面		液体材料	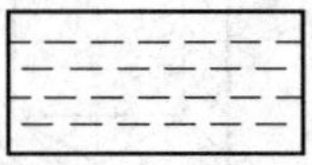
	横剖面		气体材料	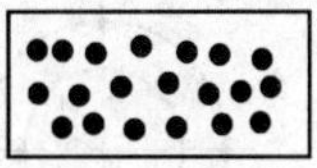

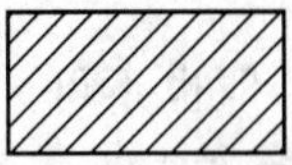

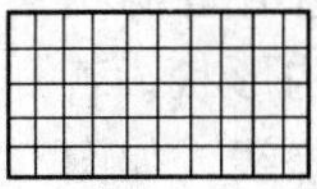

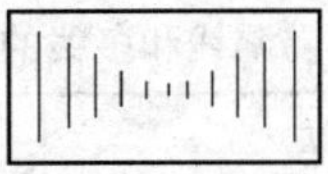

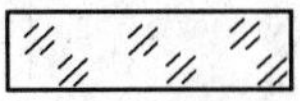

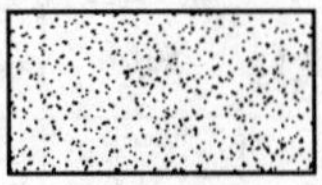

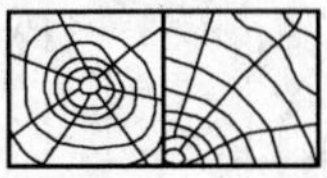

注：1. 剖面符号仅表示材料的类别，材料的代号和名称必须另行注明；

2. 叠钢片的剖面线方向应与束装中叠钢片的方向一致；

3. 液面用细实线绘制。

生产中常用金属材料的剖面符号又称剖面线。剖面线应画成间隔相等、方向相同且与水平方向成45°的相互平行的细实线（向左向右倾斜均可）。同一零件在同一图纸上的所有剖面线倾斜方向和间隔必须一致。当图形中的主要轮廓线与水平方向成45°时，该图形的剖面线应画成与水平方向成30°或60°的平行线，如图5－1－15所示，但方向应与其他图形的剖面线一致。

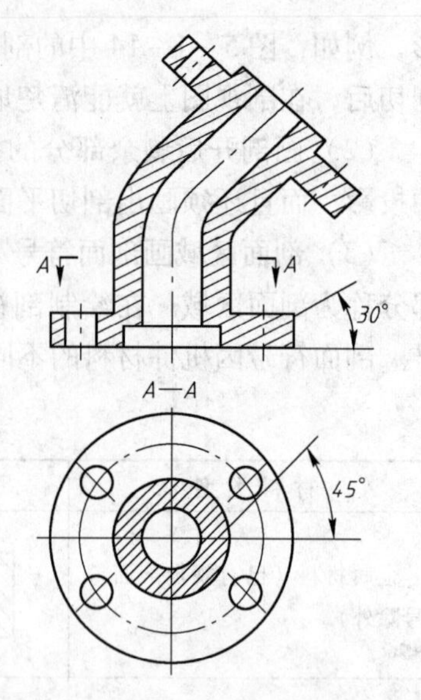

图5－1－15　特殊情况下剖面线画成30°或60°

C　画剖视图应注意的问题

（1）剖开是假想的，其实机件并没有被剖开，所以其他的视图仍按完整的机件投影画出，如图5－1－14中的俯视图。

（2）不可漏画剖切平面后面的可见轮廓线，但也不可多画。表5－1－2列出了最容易漏线和多线的几种结构。

（3）在剖视图中对已经在其他视图中表达清楚的结构，其虚线可以省略。但对尚未表达清楚的结构形状，若画少量虚线能减少视图数量，也可画出必要的虚线，如图5－1－16所示。

表5－1－2　剖视图中最容易漏线和多线的结构

正确画法	错误画法	空间投影情况
		V
		V

续表 5-1-2

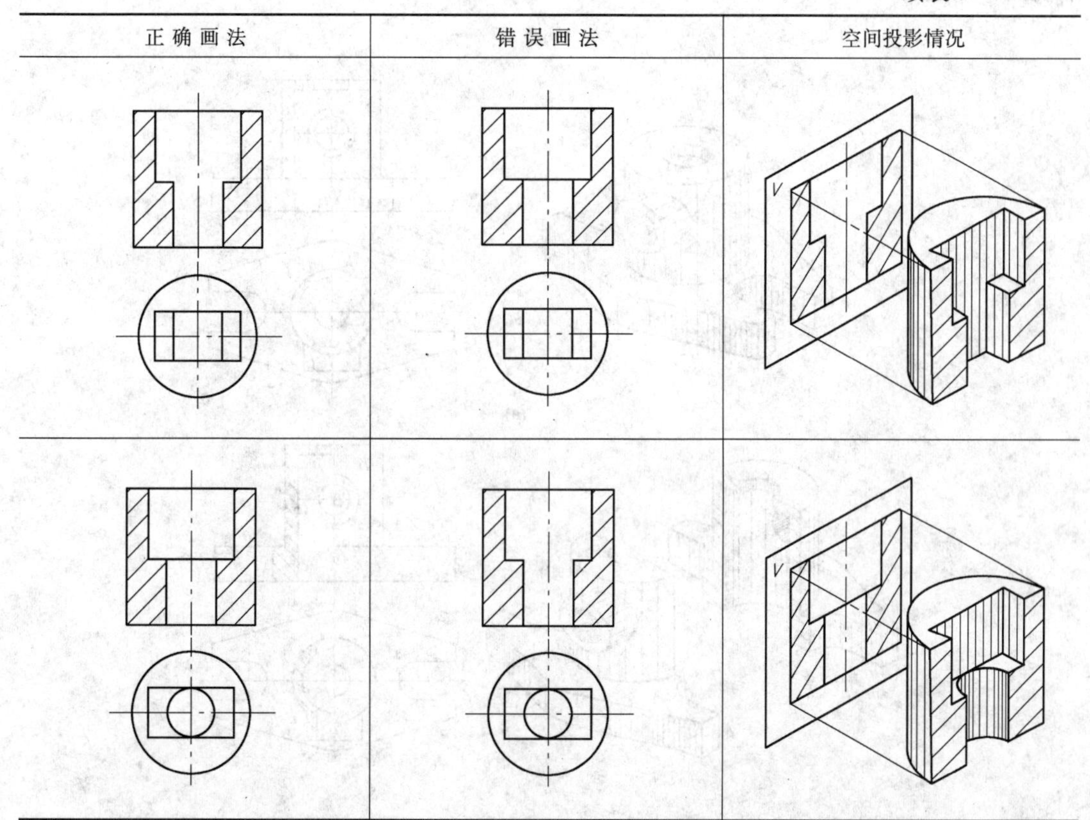

这里有几句简单的口诀可以帮助同学们更加深刻地认识剖视图："零件内部要看见，可用剖视来体现；假想剖开再投影，碰到虚线变实线；剖切平面怎样选，一般平行投影面；剖视原来是假想，画图仍当整体看。"

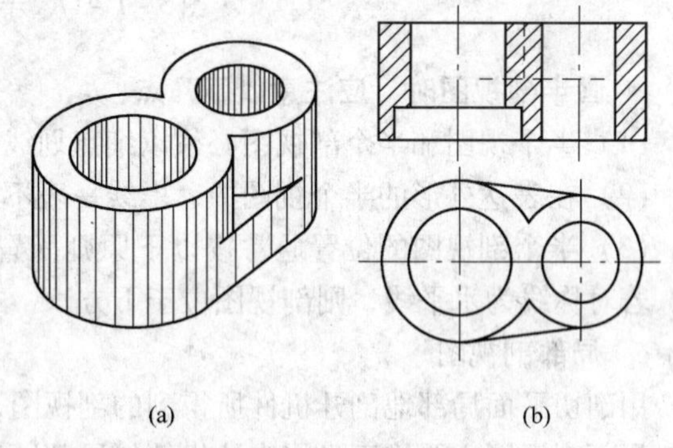

图 5-1-16　剖视图中必要的虚线

D　剖视图的种类

a　全剖视图

用剖切面将机件完全剖开所得到的剖视图，称为全剖视图。由于全剖视图是将机件完全剖开，机件的外形结构在全剖视图中很难充分表达，因此全剖主要用于外形较简单、内部结构较复杂的机件，如图 5-1-14 所示。

b　半剖视图

当机件具有对称平面，并向垂直于对称平面的投影面上投射时，允许以对称中心线为界，一半画成剖视图，另一半画成视图，这种图形称为半剖视图。

半剖视图既表达了机件的内部结构，又表达了其外形。它适用于表达内、外形状都比较复杂的对称机件。

如图 5-1-17（a）所示的机件，左右与前后均对称，因此主、俯视图都可以画成半剖视图，如图 5－1－17（b）所示。

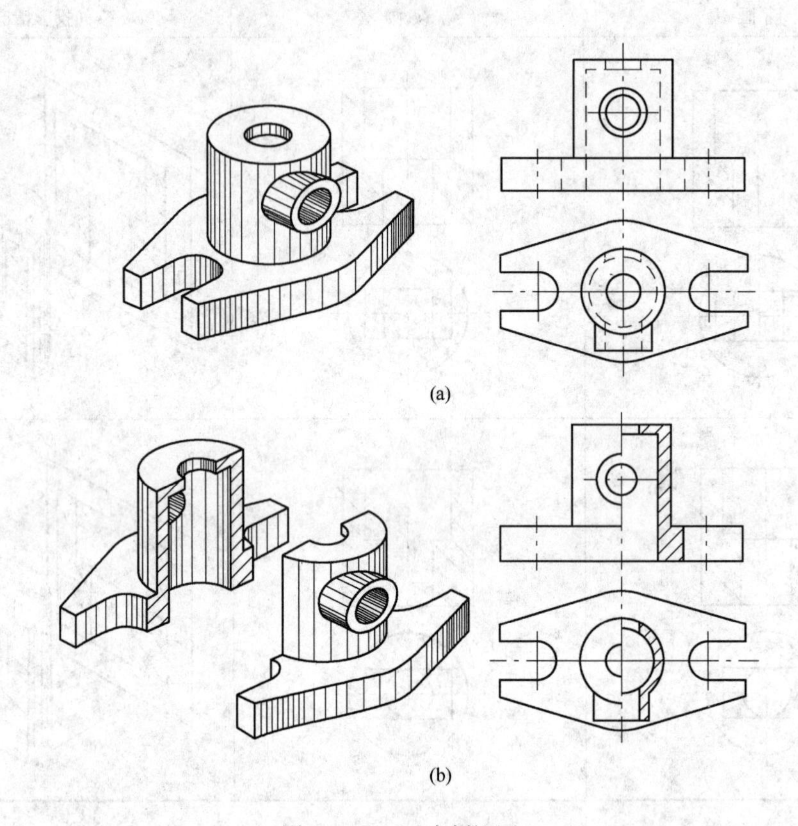

图 5－1－17　半剖视图

- **画半剖视图时，应注意以下几点：**

（1）半个视图和半个剖视图必须以细点划线分界，而不能画成粗实线。

（2）在表达外形的半个视图中，虚线一般不必画出。

（3）半个剖视图的位置通常按以下原则配置：若对称线为竖直线，则剖视图位于右侧；若对称线为水平线，则剖视图位于下方。

c　局部剖视图

用剖切平面局部地剖开机件所得到的剖视图，称为局部剖视图，如图 5－1－18 所示。

局部剖视图主要用于只需表达机件的局部结构，又不宜采用全剖视图或半剖视图的机件，如图 5－1－19 所示。

- **画局部剖视图时，应注意以下几点：**

（1）波浪线应画在机件表面的实体部分，不能画在孔槽处，也不能超出形体的外形轮廓线。

（2）波浪线不能与其他图线重合，也不应画在轮廓线的延长线上。

（3）当被剖切的局部结构为回转体时，允许将回转中心作为局部剖视图与视图的分界线，如图 5－1－20（a）所示。图 5－1－20（b）中的方孔属非回转体，故不可用中心线代替波浪线。

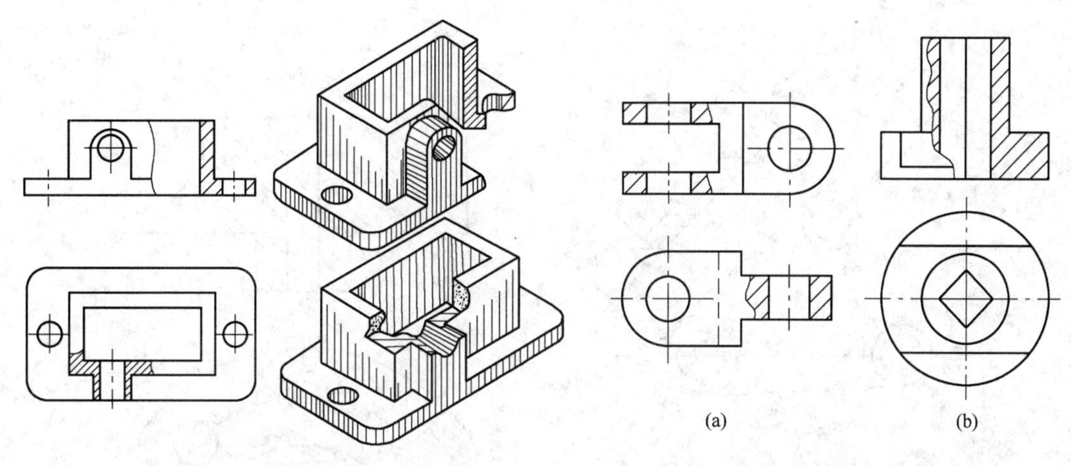

图5-1-18　局部剖视图（一）

图5-1-19　局部剖视图（二）

E　剖切面的种类

由于机件的结构形状差异很大，因此画剖视图时，应根据机件内部的结构特点，选用不同数量和位置的剖切面，使物体的内部形状得到充分表现。国家标准规定的剖切面有如下几种形式。

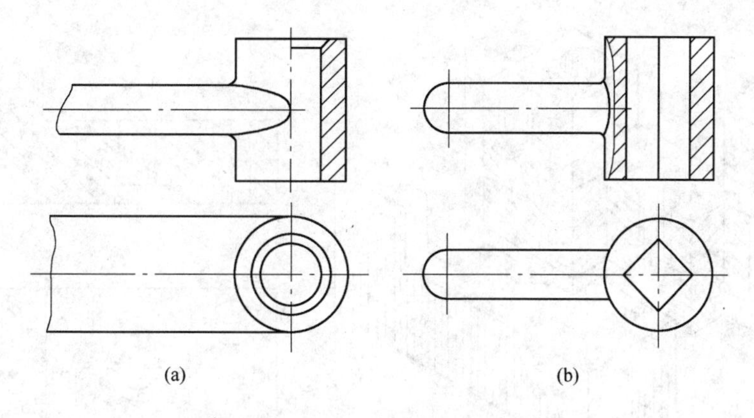

图5-1-20　局部剖视图（三）

a　单一剖切面

画剖视图时仅用一个剖切面剖开机件，这种剖切方式应用较多。单一剖切面可以是平面，也可以是柱面。单一剖切平面也有两种情况，一种是平行于基本投影面的剖切平面，另一种是不平行于任何基本投影面的剖切平面，该剖切平面与基本投影面垂直（称为斜剖）。如图5-1-21（a）中的*A—A*、*B—B*。图5-1-21（b）是采用单一柱面剖切获得的剖视图。采用柱面剖切时，剖视图应展开绘制。

剖视图可按投影关系配置在与剖切符号相对应的位置，也可将剖视图移到图纸的其他位置。在不致引起误解时，允许将图形旋转。

b　几个平行的剖切平面

当机件上具有几种不同的结构要素（如孔、槽等），而且它们的中心线排列在相互平行的平面上时，宜采用几个平行的剖切平面进行剖切。如图5-1-22所示。

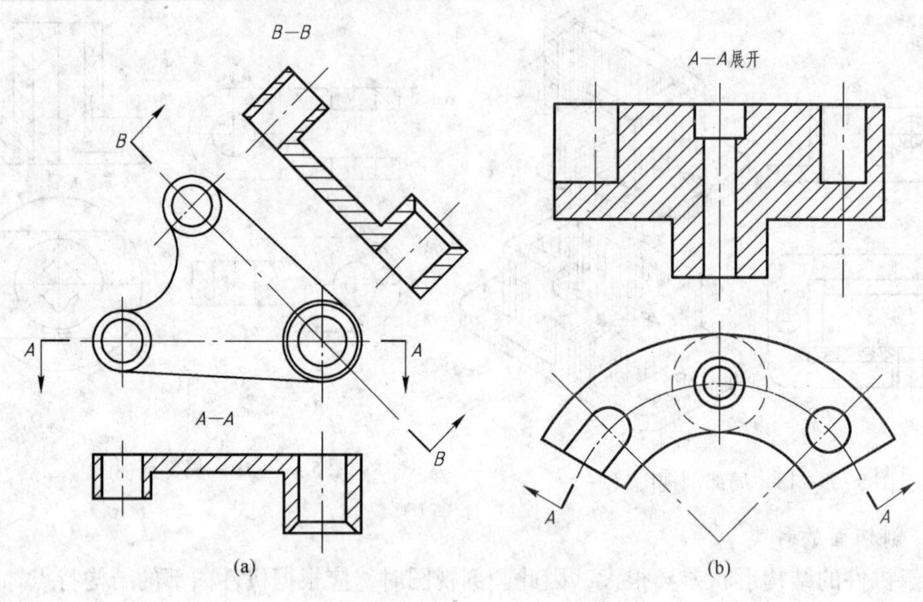

图 5 - 1 - 21　单一剖切面
（a）单一剖切平面；（b）单一剖切柱面

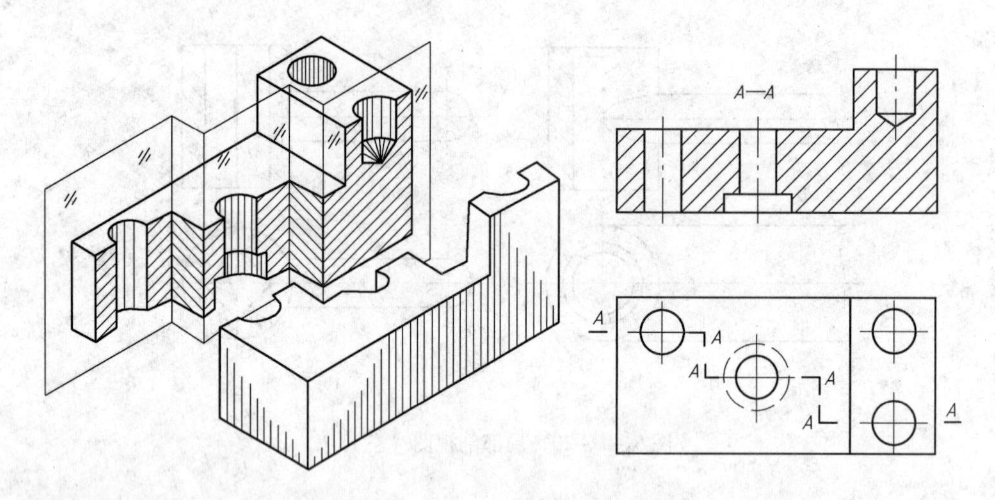

图 5 - 1 - 22　几个平行的剖切平面

● **采用几个平行的剖切平面画剖视图时，应注意以下几点：**

（1）剖视图上不应画出剖切平面转折处的投影，如图 5 - 1 - 23（a）所示。剖切符号的转折处不应与图形的轮廓线重合，如图 5 - 1 - 23（b）所示。

（2）选择剖切平面位置时，应注意在图形上不要出现不完整的结构要素，如图 5 - 1 - 23（c）所示。但是当不同的孔、槽在剖视图中具有公共的对称中心线或轴线时，不同的孔、槽可以各画一半，两者以共同的中心线为界。如图 5 - 1 - 24（a）所示。

c　几个相交的剖切平面

用几个相交的剖切面剖开机件，其交线须垂直于某一基本投影面。如图 5 - 1 - 25 所示。

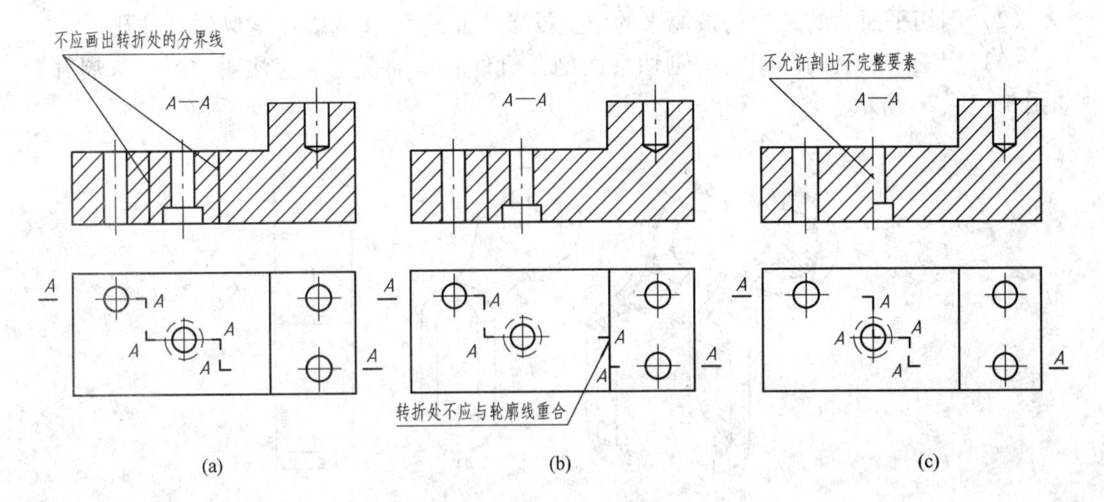

图5-1-23　几个平行的剖切平面剖切时应注意的问题

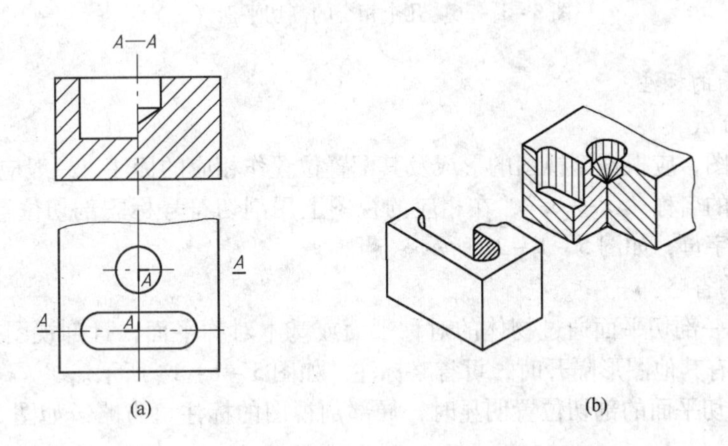

图5-1-24　具有公共对称中心线时各画一半的画法

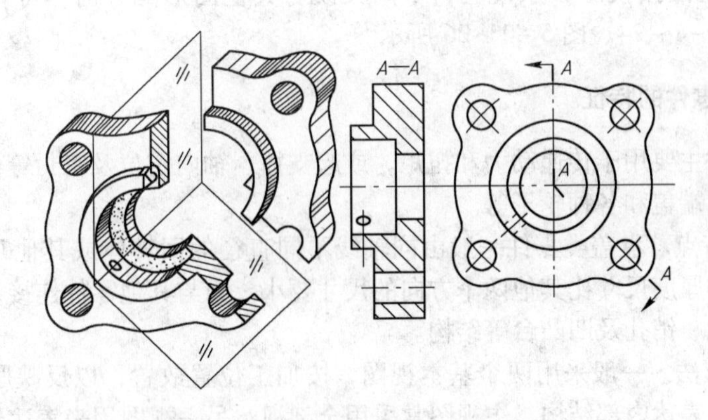

图5-1-25　几个相交的剖切平面（一）

● **采用几个相交的剖切平面画剖视图时，应注意以下几点：**

（1）剖开机件后，必须将倾斜表面旋转至与某一基本投影面平行的位置后再进行投影。如图5-1-25所示。

（2）剖切平面后的结构仍按原来的位置投影，如图5－1－25中的倾斜圆柱孔。

（3）用三个以上两两相交的剖切平面剖开机件时，剖视图上应注明“×—×展开”，如图5－1－26所示。

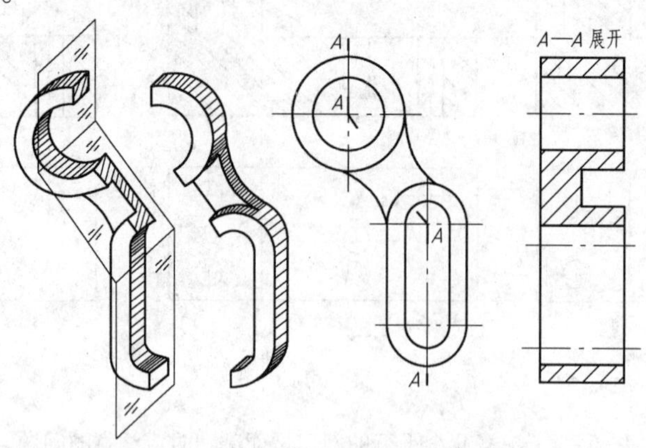

图5－1－26　几个相交的剖切平面（二）

F　剖视图的标注

a　标注方法

为便于看图，应根据剖视图的形成及其配置位置作相应的标注。一般应在剖视图的上方标注剖视图的名称“×—×”，在相应的视图上用剖切符号标志剖切位置和投影方向，并标注相同的字母，如图5－1－21所示。

b　标注的省略

（1）当单一剖切平面通过物体的对称平面或基本对称平面，且剖视图按投影关系配置，中间又没有其他图形隔开时，可省略标注，如图5－1－14所示。

（2）当剖切平面的剖切位置明显时，局部剖视图的标注可省略，如图5－1－18～图5－1－20所示。

（3）当剖视图按投影关系配置，中间又没有其他图形隔开时，可省略箭头，如图5－1－22、图5－1－24、图5－1－26所示。

5.1.3　盘盖类零件的特征

盘盖类零件主要用于传递动力和扭矩，或起支撑、轴向定位及密封等作用。盘盖类零件包括法兰盘、端盖和各种轮子等。

（1）结构特点。盘盖类零件一般由同轴线不同直径的回转体或其他几何形状的扁平盘体组成，它的厚度尺寸比其他两个方向的尺寸要小。为与其他零件连接，轮盘类零件上常有螺孔、光孔、销孔及凹凸台等结构。

（2）表达方法。一般采用两个基本视图，按加工位置放置，以反映厚度方向的一面作为主视图。为表达内部结构，主视图常采用全剖视。另一视图用来表达外形轮廓和槽孔的分布情况。个别细节常用局部剖视图、断面图或局部放大图来表示。

（3）尺寸标注。盘盖类零件的高度方向和宽度方向的主要基准是回转轴线，长度方向的主要基准应选择精度要求高的加工面。

（4）技术要求。有配合要求的内外表面及起轴向定位的端面，尺寸精度和表面粗糙度要求高，端面和回转体轴线常有垂直度或端面跳动要求。

【任务解析】

识读图5－1－1的阀盖零件图过程如下：

（1）看标题栏。该零件的名称为阀盖，所用材料为灰铸铁ZG25，比例为1∶1。

（2）分析视图，想象零件结构形状。该零件的主视图按加工位置放置，采用全剖视，表达了阀盖的主要结构。左视图用来表达带圆角的方形凸缘以及凸缘上四个通孔的形状及位置。

（3）分析尺寸。通过轴孔的轴线为径向尺寸基准，长度方向的尺寸基准选用比较重要的断面，即零件安装时的结合端面。

（4）归纳综合。综合上述各项内容，就能得出端盖的总体形态概貌，如图5－1－27所示。

图5－1－27　阀盖

单元5.2　识读轴套类零件图

【工作任务】

识读图5－2－1的轴零件图。

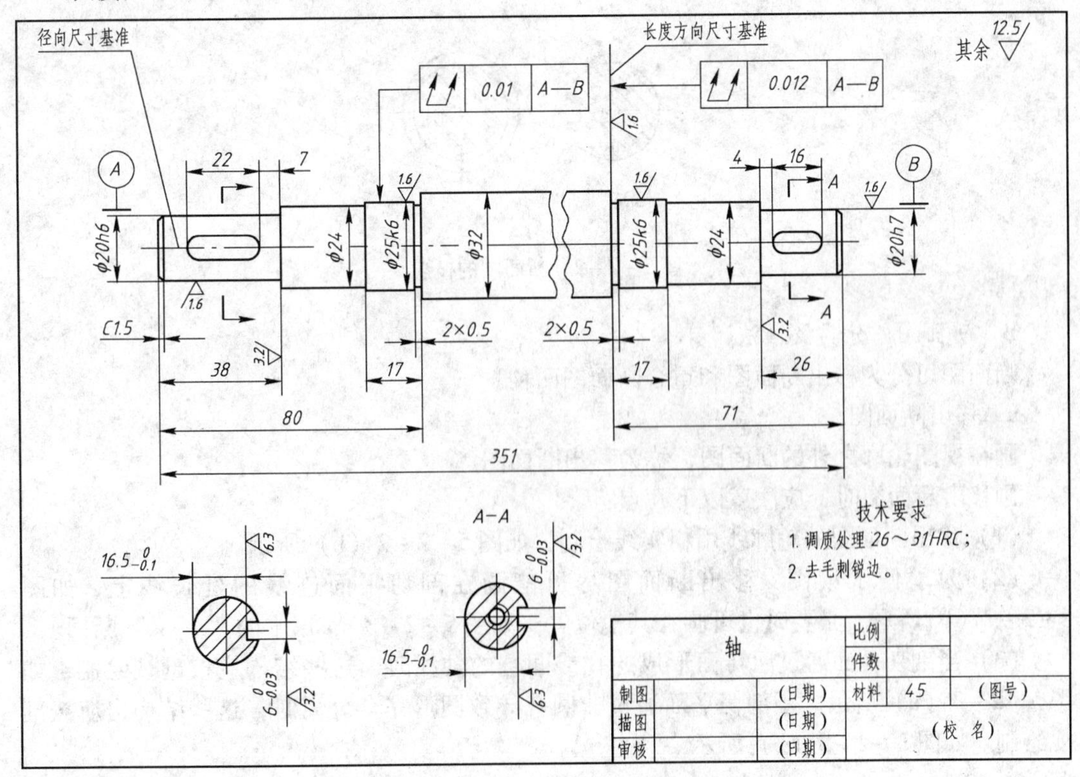

图5－2－1　轴零件图

【知识学习】

5.2.1　机件的其他表达方法

5.2.1.1　断面图

A　断面图的概念

假想用剖切面将物体的某处断开，仅画出该剖切面与物体接触部分的图形，这种图形称为断面图，简称断面。如图5－2－2所示。

画断面图时，应特别注意断面图与剖视图之间的区别。断面图只画出物体被剖切处的断面形状。而剖视图除了画出其断面形状外，还必须画出断面之后所有可见部分的投影。图5－2－2（c）表示出剖视图和断面图之间的区别。

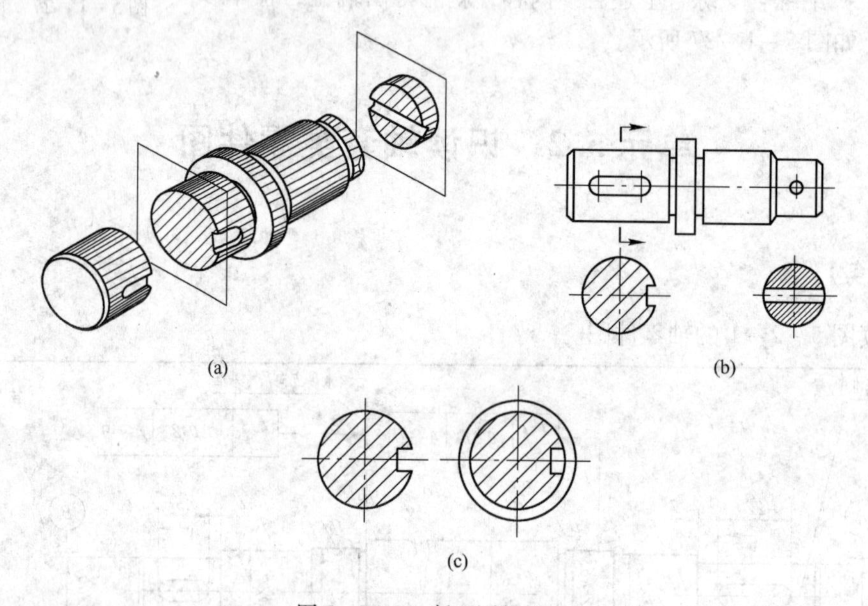

图5－2－2　断面图的概念

B　断面图的分类及画法

断面图可分为移出断面图和重合断面图两种。

a　移出断面图

画在视图轮廓之外的断面图，称为移出断面图。

画移出断面图时，应注意以下几点：

（1）移出断面图的轮廓线用粗实线绘制，如图5－2－2（b）所示。

（2）为了便于读图，移出断面图尽可能画在剖切平面迹线的延长线上，如图5－2－2（b)所示。必要时也可画在其他位置，如图5－2－3（a）中的“*A—A*”断面。

（3）当剖切平面通过回转面形成的孔或凹坑的轴线时，这些结构应按剖视绘制，如图5－2－3（a）所示。当剖切平面通过非圆孔导致图形完全分离时，这些结构也应按剖视绘制。如图5－2－3（b）所示。

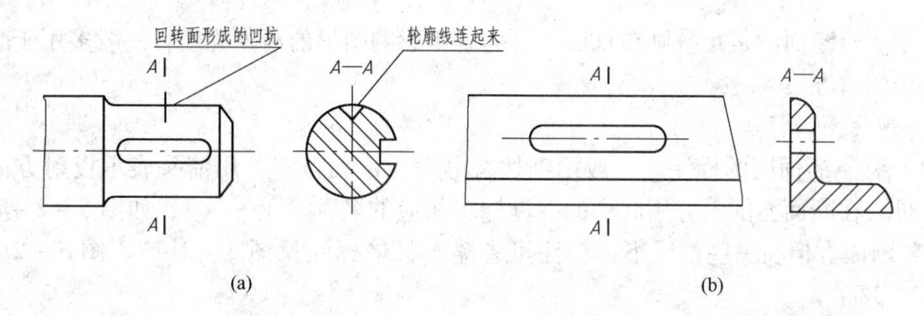

图5-2-3 移出断面图的画法

（4）剖切平面一般应垂直于被剖切部分的主要轮廓线。当遇到如图5-2-4所示的肋板结构时，可用两个相交的剖切平面分别垂直于左、右肋板进行剖切。这时所画的断面图，中间用波浪线断开。

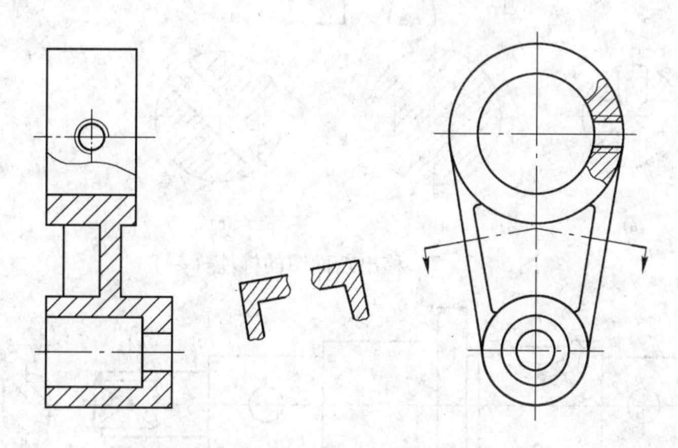

图5-2-4 两个相交且垂直于肋板的剖切平面剖切得出的断面图

b 重合断面图

画在视图轮廓线之内的断面图，称为重合断面图。

重合断面图的轮廓线用细实线绘制，当视图中的轮廓线与重合断面图的轮廓线重叠时，视图中的轮廓线仍需完整画出，不可间断，如图5-2-5所示。重合断面图若为对称图形，可省略标注，如图5-2-6所示。若图形不对称，则应注出剖切符号和投射方向。如图5-2-5所示。

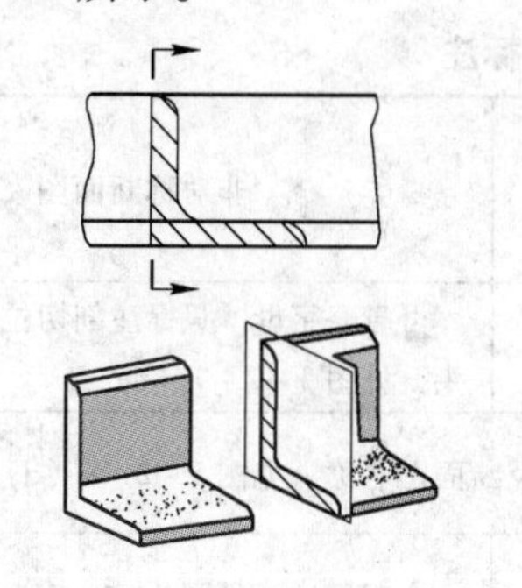

图5-2-5 重合断面（一）

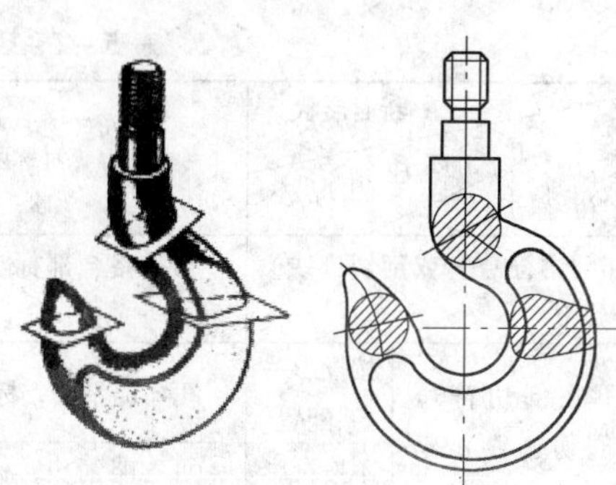

图5-2-6 重合断面（二）

由于重合断面图是重叠画在视图上，为了不影响图形的清晰程度，一般多用于断面形状较简单的情况。

C　断面图的标注

（1）移出断面图的标注。一般用剖切符号表示剖切位置，用箭头表示投射方向，并注上字母，在断面图的上方用同样的字母标出相应的名称“ ×—×”，如图 5－2－7 中的“*A—A*”断面。但在一些情况下，标注可省略，具体标注见图 5－2－7、图 5－2－8 和表 5－2－1。

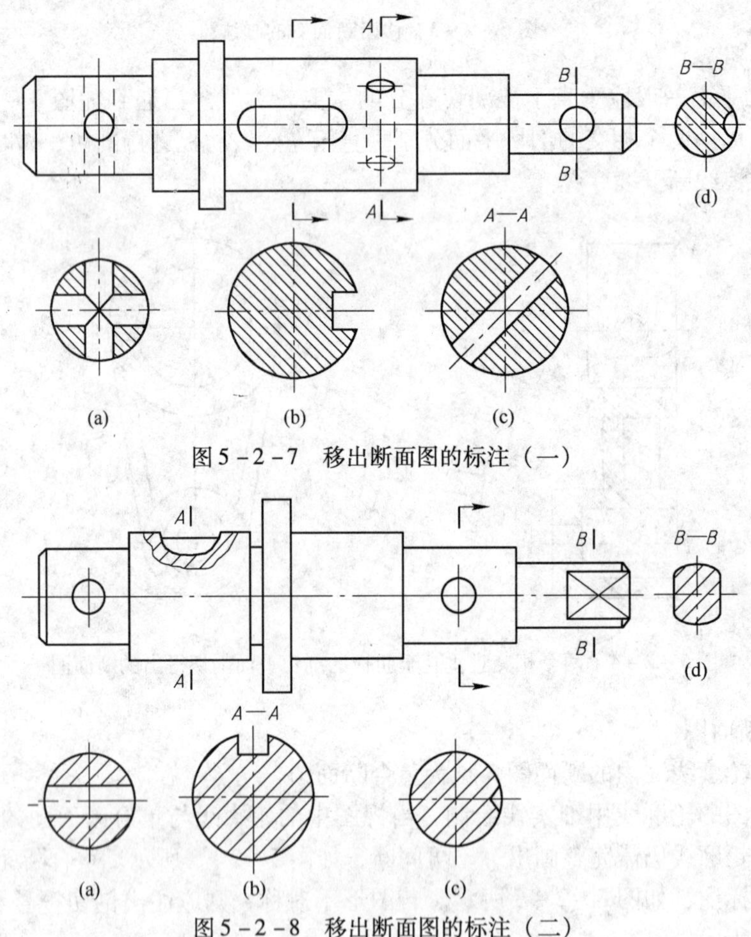

图 5－2－7　移出断面图的标注（一）

图 5－2－8　移出断面图的标注（二）

表 5－2－1　移出断面图的标注

<table>
<tr><th colspan="2">配置位置 ＼ 标注情况 ＼ 断面形状</th><th>对称断面图</th><th>非对称断面图</th></tr>
<tr><td colspan="2">在剖切符号（或剖切迹线）延长线上</td><td>可省略全部标注，见图 5－2－7（a）</td><td>可省略字母，只标注剖切位置符号及箭头，见图 5－2－7（b）</td></tr>
<tr><td rowspan="2">不在剖切符号（或剖切迹线）延长线上</td><td>按投影关系配置</td><td colspan="2">可省略箭头，标注剖切位置符号及断面图名称，见图 5－2－8（d）</td></tr>
<tr><td>不按投影关系配置</td><td>可省略箭头，标注剖切位置符号及断面图名称，见图 5－2－8（b）</td><td>全部标注，见图 5－2－7（c）</td></tr>
</table>

（2）重合断面图的标注。相对于剖切位置线对称的重合断面不必标注，如图5-2-6所示。对于非对称的重合断面图，应标注剖切位置符号及投影方向，如图5-2-5所示。

5.2.1.2　局部放大图

将机件的部分结构，用大于原图形采用的比例画出的图形，称为局部放大图，如图5-2-9所示。

局部放大图可画成视图、剖视图、断面图，它与被放大部分原来的表达方式无关。为方便看图，局部放大图应尽量配置在被放大部位的附近。

局部放大图的标注方法是：在视图中，用细实线圆将放大的部位圈出，在局部放大图的上方注写绘图比例。当需要放大的部位不止一处时，必须在视图上对这些部位用罗马数字编号，并在局部放大图的上方标出相应的罗马数字和所用比例。如图5-2-9所示。

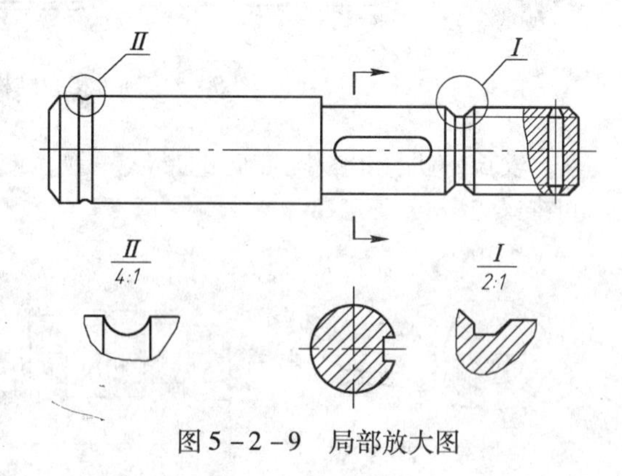

图5-2-9　局部放大图

5.2.1.3　简化画法与规定画法

（1）对于机件的肋板、轮辐及薄壁等，如按纵向剖切，这些结构都不画剖面符号，而是用粗实线将它们与相邻部分分开。但剖切平面横向剖切这些结构时，则应画出剖面符号。如图5-2-10所示。

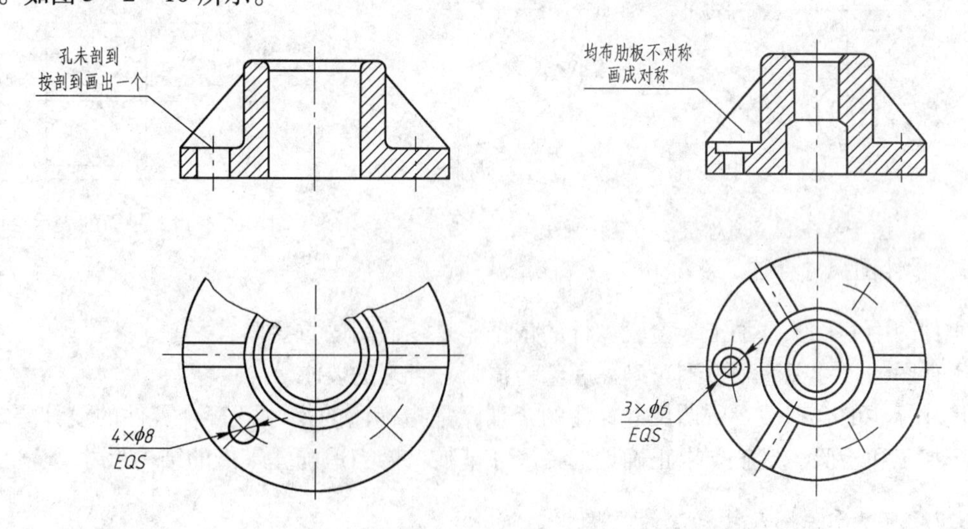

图5-2-10　肋板、轮辐结构的画法

（2）当回转体上均匀分布的肋板、轮辐、孔等结构不处于剖切平面时，可将这些结构旋转到剖切平面上画出，如图5-2-10所示。

（3）机件上相同结构，可画出几个完整的结构，其余用细实线连接，或画出它们的中心线，然后注明总数，如图5-2-11所示。

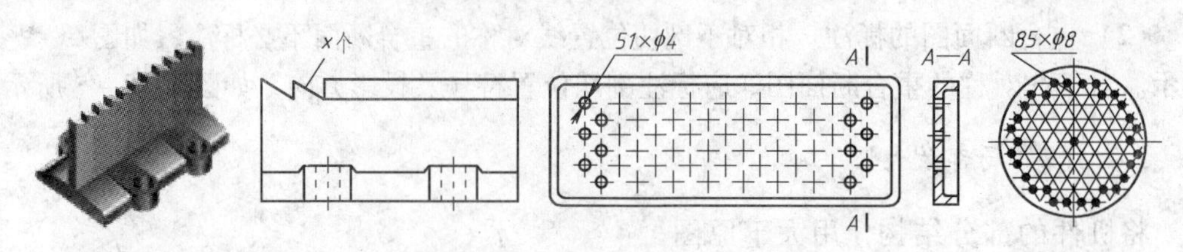

图 5-2-11　相同结构的简化画法

（4）较长的机件沿长度方向的形状一致，或按一定的规律变化时，可断开后缩短绘制，如图 5-2-12 所示。

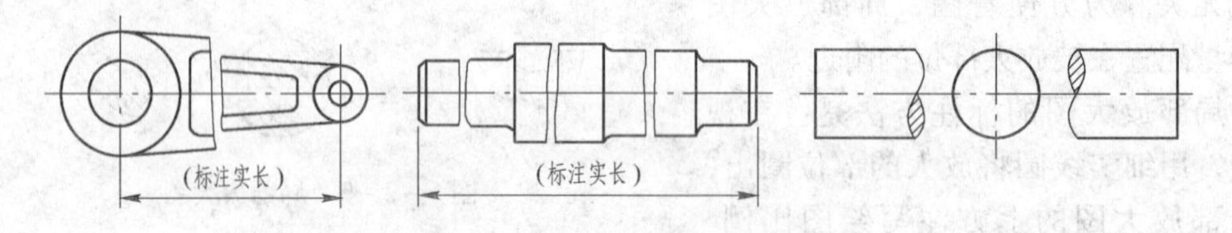

图 5-2-12　较长机件的断开画法

（5）为节省图幅，对称机件的视图可只画一半或四分之一，并在对称中心线的两端画出两条与其垂直的细实线，如图 5-2-13 所示。

（6）当回转体上的平面在图形中不能充分表达时，可用平面符号（两条相交的细实线）表示，如图 5-2-14 所示。

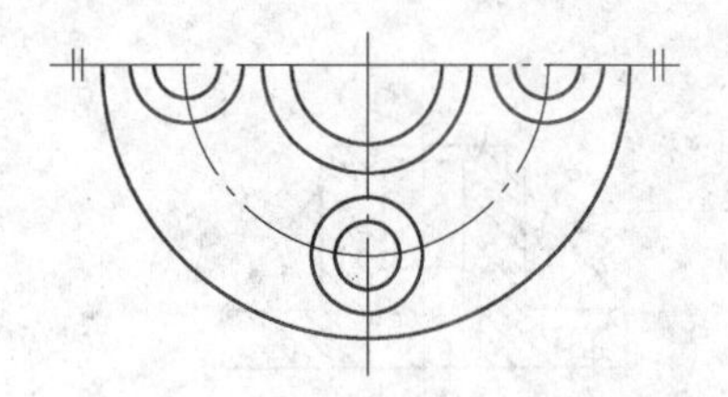

图 5-2-13　对称机件的简化画法

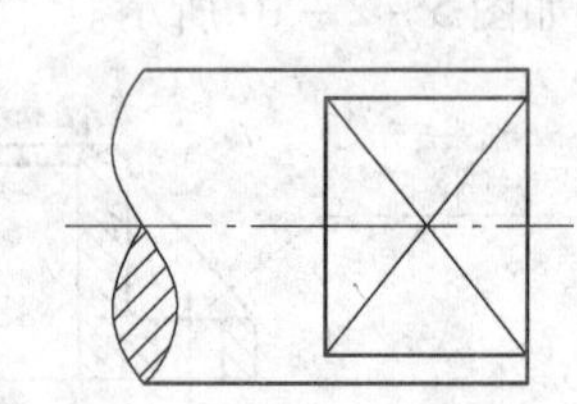

图 5-2-14　平面的表示法

5.2.2　零件图尺寸标注

零件图中的尺寸是加工、检验零件的依据，是零件图的重要内容之一。

零件图的尺寸标注须达到正确、完整、清晰、合理的要求。

尺寸标注的合理性：所谓尺寸标注的合理，是指标注的尺寸既符合零件的设计要求，又便于加工和检验。这就要求正确地选择尺寸基准，恰当地配置零件的结构尺寸。

5.2.2.1　零件图尺寸标注的步骤

（1）选择、确定基准。尺寸基准既是标注尺寸的起点，又是制图、加工、检验的起点。因此，正确地认识基准、选择基准，是我们必备的制图知识。

尺寸基准按不同的要求可分为以下几类：

1）按尺寸基准几何形式分，主要有：

①点基准。以球心、顶点等几何中心为尺寸基准，如图 5-2-15（a）所示。

②线基准。以轴、孔的回转轴线为尺寸基准，如图5-2-15（c）所示。

③面基准。以主要加工面（如底面、端面、接触的配合面等）、结构对称中心面为尺寸基准，如图5-2-15（b）、（c）所示。

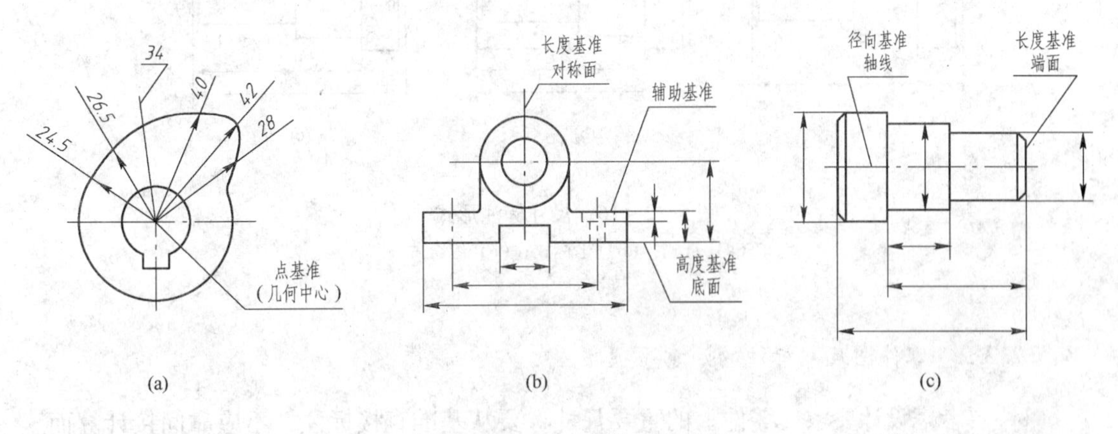

图5-2-15 点、线、面基准

2）按尺寸基准重要性分，主要有：

①主要基准。确定零件主要尺寸的基准。如图5-2-15（b）的底面，图5-2-15（c）的轴线和端面。

②辅助基准。为方便加工和测量而附加的基准。如图5-2-15（b）的辅助基准。

3）按尺寸基准性质分，主要有：

①设计基准。用以确定零件在部件或机器中位置的基准，称为设计基准。如图5-2-15（b）的高度基准、图5-2-15（c）的径向基准。

②工艺基准。在零件加工过程中，为满足加工和测量要求而确定的基准，称为工艺基准。如图5-2-15（b）的辅助基准，就是为了方便测量而增加的基准。

总之，任何一个零件总有长、宽、高三个方向的尺寸，因此，每个方向至少应该有一个基准，同一方向的基准之间一定要有尺寸联系。

（2）从基准出发，标注出零件上各个部分形体的大小尺寸及位置尺寸。尺寸标注的形式有三种（以轴类零件为例）：

1）链式。同一方向的尺寸，依次首尾相接注写，无统一基准，如图5-2-16（a）所示。

链式标注的特点是：每段轴长的尺寸精度，不受其他尺寸影响，但轴的总长受各段轴长尺寸误差的影响。

2）坐标式。同一方向的尺寸以同一基准进行标注，如图5-2-16（b）所示。

坐标式标注的特点是：每一段轴的尺寸精度，不受其他尺寸影响；相邻两段轴的尺寸分别受两个尺寸误差的影响。

3）综合式。它是链式与坐标式的综合，如图5-2-16（c）所示。

综合式标注的特点是：具有链式与坐标式标注法的优点，能灵活的适用于零件各部分结构对尺寸精度的不同要求，因此广泛地用于零件图的尺寸标注。

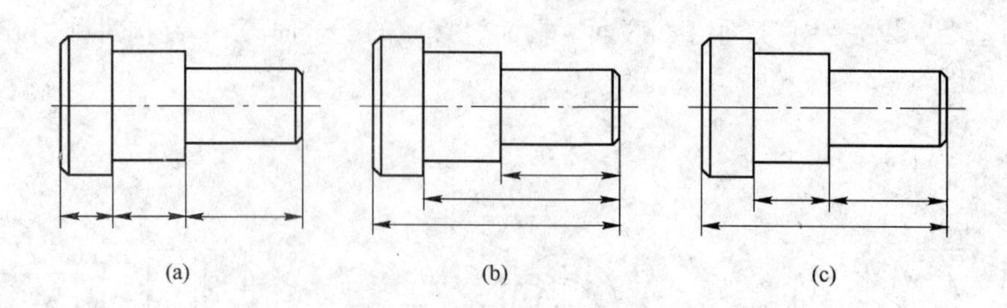

图 5 –2 –16　尺寸标注形式
（a）链式；（b）坐标式；（c）综合式

5.2.2.2　零件图尺寸标注的注意事项

（1）要考虑设计要求。零件上的重要尺寸，要从基准直接标注，不应靠间接计算而得，以保证加工时达到尺寸要求，避免由尺寸转折、换算而带来误差或差错，如图 5 –2 –17所示。

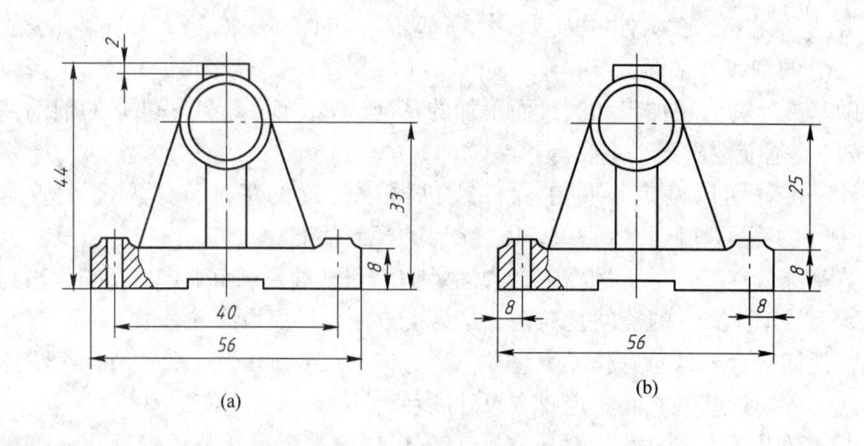

图 5 –2 –17　主要尺寸直接注出
（a）正确；（b）错误

（2）主辅基准要有联系。辅助基准和主要基准之间，要标注联系尺寸，联系尺寸的标注，如图 5 –2 –17（a）所示。

（3）不要标注成封闭尺寸链。封闭尺寸链，就是首尾相接，绕成一整圈的一组尺寸，如图 5 –2 –18（a）所示。在尺寸链中，各尺寸称为尺寸链的环。封闭尺寸链的标注法，使所有的轴向尺寸一环接一环，任何一环尺寸的精度均可以得到保证，但由于各段误差累积反映到总长上，因此总长尺寸精度难以得到保证。

为了避免封闭尺寸链，可选择一个不太重要的尺寸不予标出或作为参考尺寸，使尺寸链留有开口，称为开口环。开口环的尺寸在加工中自然形成。如图 5 –2 –18（b）所示，

取消了尺寸 C 的标注。

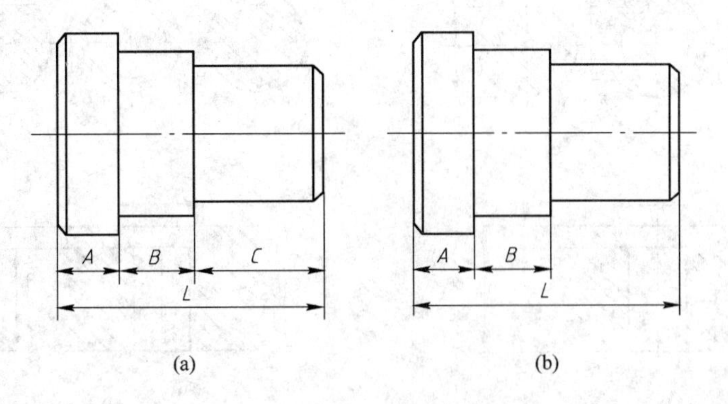

图5-2-18　封闭尺寸链

（a）错误；（b）正确

（4）要符合工艺要求。

1）按加工顺序标注尺寸。这样标注尺寸，便于看图、加工测量，可减少差错，如图5-2-19（a）所示。

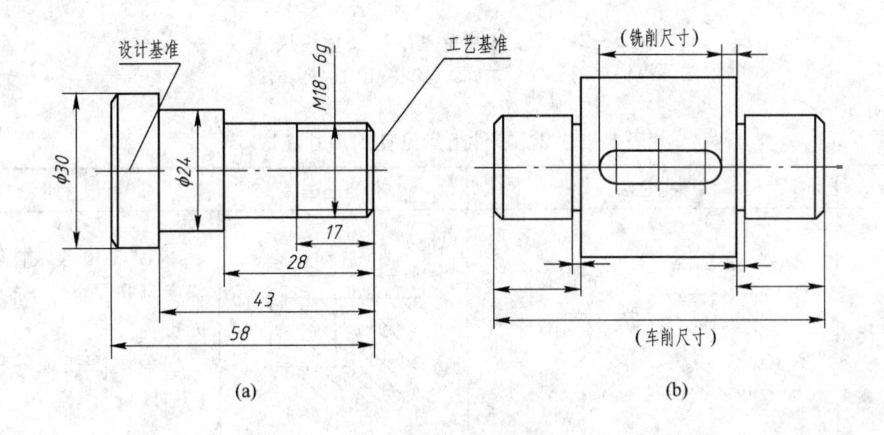

图5-2-19　尺寸标注应符合工艺要求

（a）按加工顺序标注尺寸；（b）不同工种的尺寸标注

2）考虑加工方法。为方便不同工种的工人识图，应将零件上的加工与不加工尺寸分类集中标注；同一工种的加工尺寸，要适当集中，以便加工时查找，如图5-2-19（b）所示。

3）按测量要求，从测量基准出发标注尺寸，如图5-2-20所示。

（5）零件上常见结构的尺寸注法。

零件上常见孔的尺寸注法，见表5-2-2。

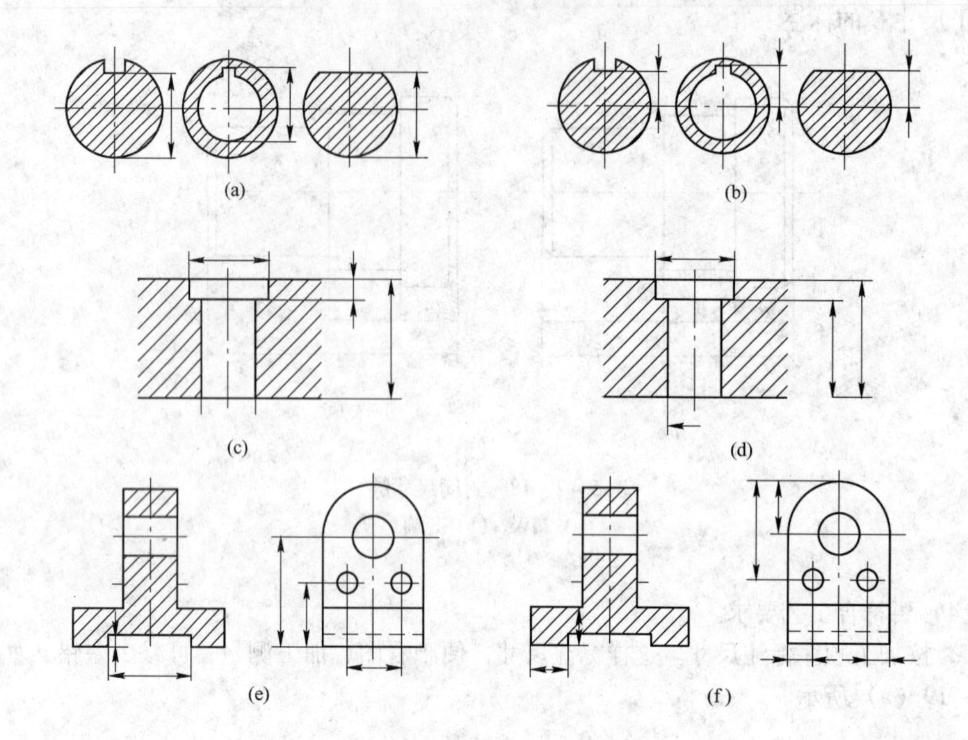

图 5－2－20　从测量基准出发标注尺寸

(a)，(c)，(e) 正确；(b)，(d)，(f) 错误

表 5－2－2　零件上常见孔的尺寸注法

类型		旁注法	普通注法	说明
光孔	一般孔	$4\times\phi5$ ↧10　$4\times\phi5$ ↧10	$4\times\phi5$　10	$4\times\phi5$ ↧ 10 表示直径为 5、深度为 10、均匀分布的 4 个光孔。 三种注法任选一种即可（下同）
	精加工孔	$4\times\phi5^{+0.012}_{0}$ ↧10　$4\times\phi5^{+0.012}_{0}$ ↧10	$4\times\phi5^{+0.012}_{0}$　10　12	钻孔深为 12，钻孔后精加工至 $\phi5^{+0.012}_{0}$，精加工深度为 10
	锥销孔	锥销孔 $\phi5$　锥销孔 $\phi5$	锥销孔 $\phi5$	$\phi5$ 为与锥销孔相配的圆锥销小头直径（公称直径）。 锥销孔通常是相邻两零件装在一起时加工的

续表5－2－2

类型		旁注法	普通注法	说明
螺孔	通孔	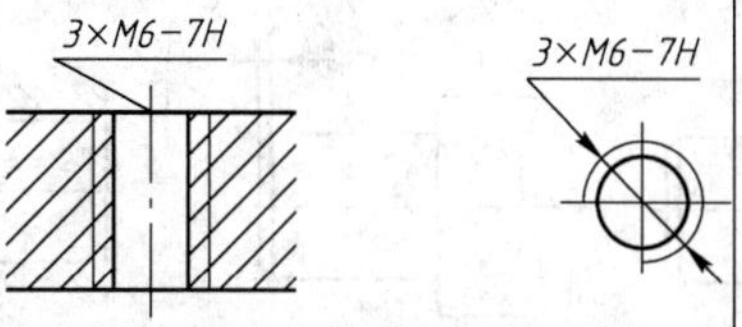 3×M6-7H；3×M6-7H	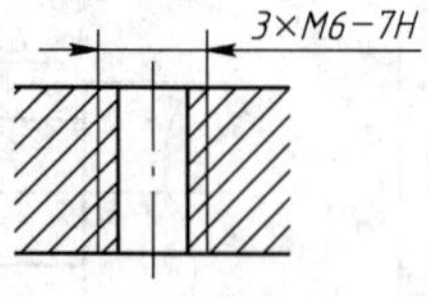 3×M6-7H	3×M6－7H表示3个直径为6，螺纹中径、顶径公差带为7H的螺孔
	不通孔	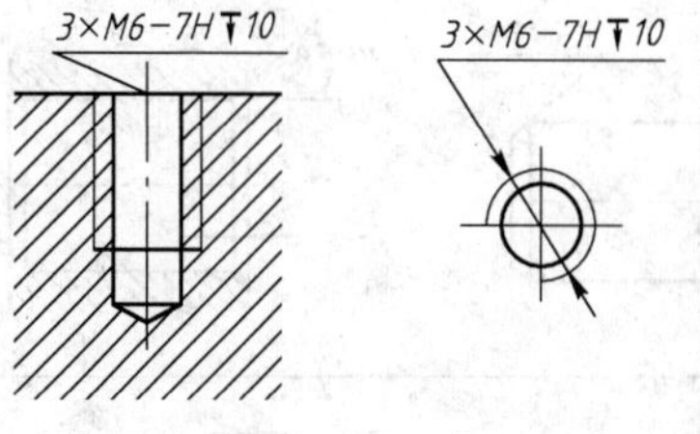 3×M6-7H↧10；3×M6-7H↧10	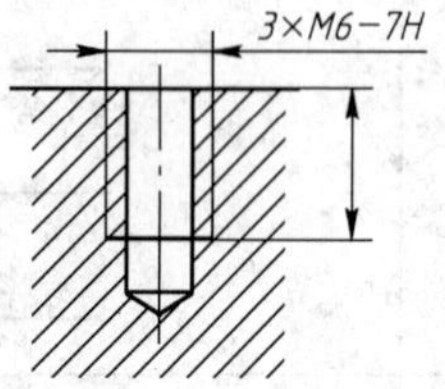 3×M6-7H	↧10是指螺孔的有效深度尺寸为10，钻孔深度以保证螺孔有效深度为准，也可查有关手册确定
	不通孔	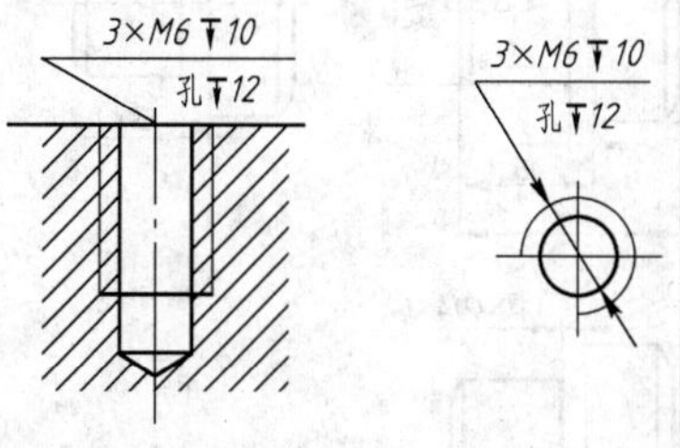 3×M6↧10 孔↧12；3×M6↧10 孔↧12	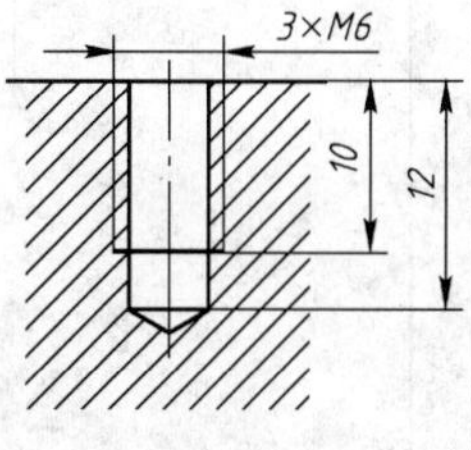 3×M6；10；12	需要注出钻孔深度时，应明确标注出钻孔深度尺寸
沉孔	锥形沉孔	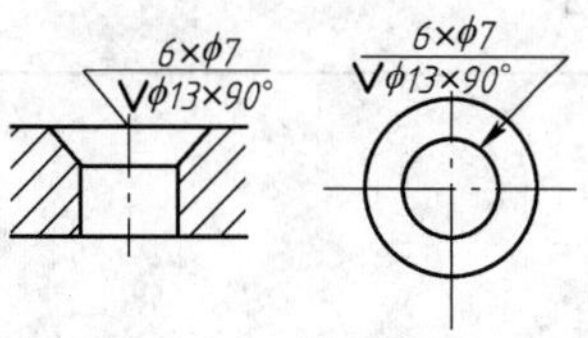 6×ϕ7 ⌵ϕ13×90°；6×ϕ7 ⌵ϕ13×90°	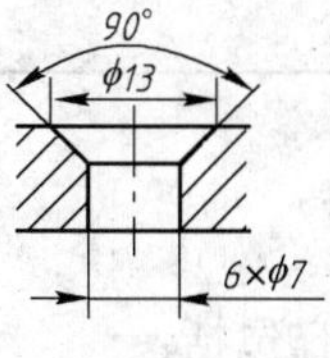 90°；ϕ13；6×ϕ7	6×ϕ7表示6个孔的直径均为ϕ7。锥形部分大端直径为ϕ13，锥角为90°
	柱形沉孔	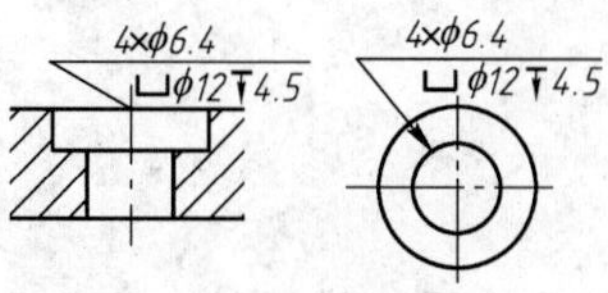 4×ϕ6.4 ⌴ϕ12↧4.5；4×ϕ6.4 ⌴ϕ12↧4.5	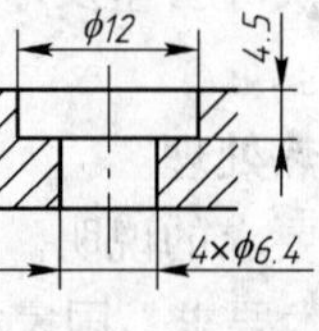 ϕ12；4.5；4×ϕ6.4	四个柱形沉孔的小孔直径为ϕ6.4，大孔直径为ϕ12，深度为4.5
	锪平沉孔	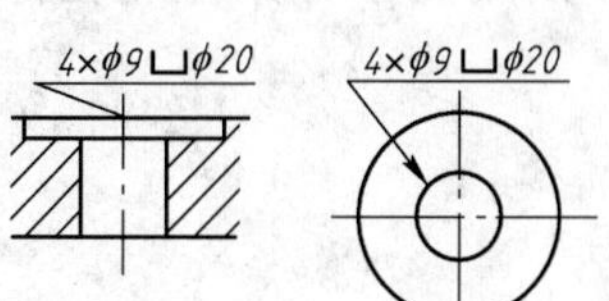 4×ϕ9⌴ϕ20；4×ϕ9⌴ϕ20	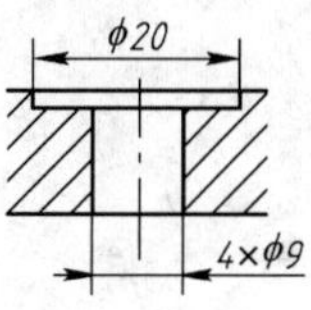 ϕ20；4×ϕ9	锪平ϕ20的深度不需标注，加工时一般锪平到不出现毛面为止

倒角、退刀槽、越程槽的尺寸注法，见表5－2－3。

表5－2－3　倒角、退刀槽、越程槽的尺寸注法

类　型		尺寸标注
倒　角	45°倒角的注法	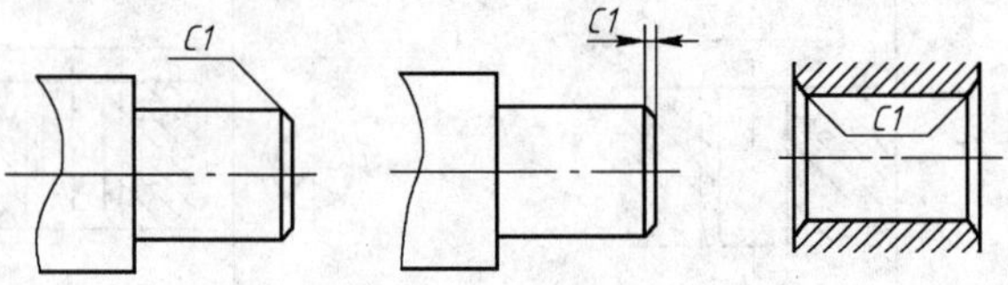 C1　C1　C1
	30°倒角的注法	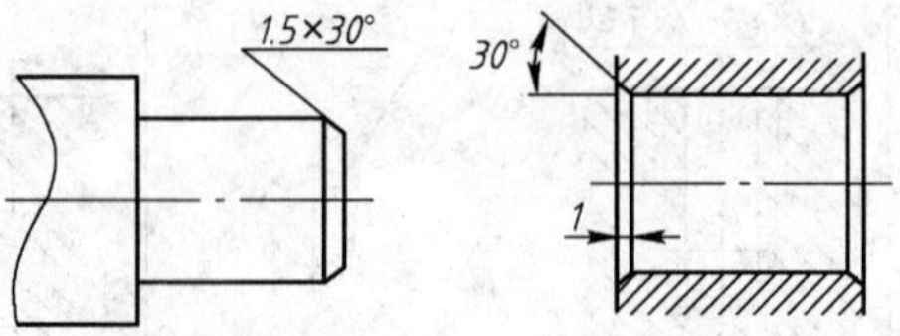 1.5×30°　30°　1
退刀槽、越程槽的注法		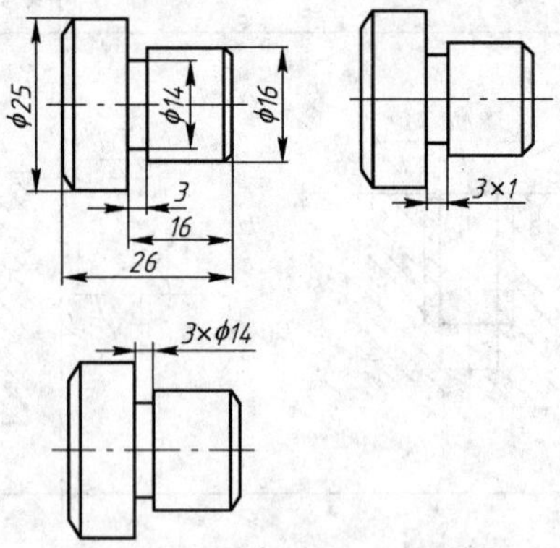 ϕ25　ϕ14　ϕ16　3　16　26　3×1　3×ϕ14

5.2.3　零件图上的技术要求

零件图上技术要求的内容包括：

（1）零件上重要尺寸的尺寸公差及形位公差。

（2）零件的表面粗糙度。

（3）零件的表面处理及热处理。

（4）零件的材料和特殊要求的说明。

上述零件图上的各项技术要求，国家标准有规定符号、代号的，用规定的符号、代号直接标注在零件图上，如无规定符号、代号的，则用文字分条注写在标题栏附近的空白处。

5.2.3.1　极限与配合

A　尺寸公差

a　互换性

在现代化的大规模生产中，常采用专业化、协作生产方式以求达到提高生产率、保证产品质量的目的。这种分散加工、集中组装的产品质量主要由零部件的互换性给予保证。

所谓互换性，就是指在制成的同一规格的零件中，不经任何挑选和修配，就可以装到机器上，并能满足机器的使用要求。零件的这种性质称为零件的互换性。

例如，自行车上的某一个螺母丢失，可以不用挑选，只要用相同规格的任何一个螺母来代替就能保证使用要求（拧紧、防松），即，这个螺母具有互换性。

b　基本术语

基本术语，如图5－2－21所示。

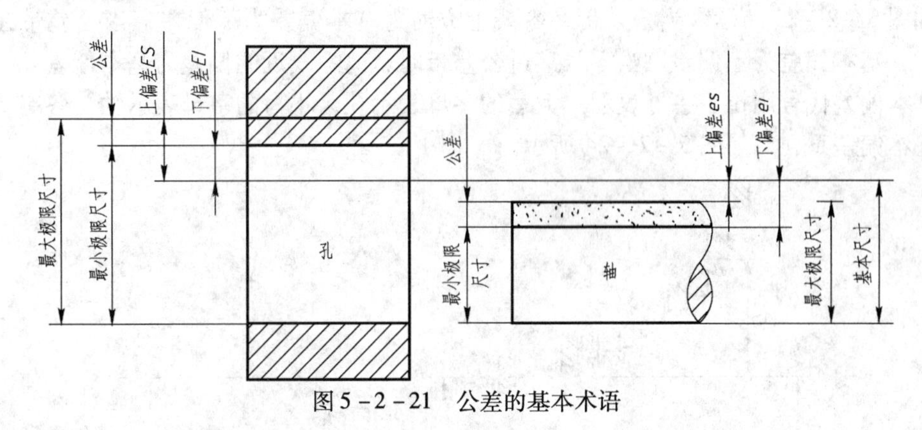

图5－2－21　公差的基本术语

（1）基本尺寸：设计时给定的名义尺寸。

（2）极限尺寸：允许实际加工尺寸变化的极限值。加工尺寸的最大允许值称为最大极限尺寸，最小允许值称为最小极限尺寸。

（3）尺寸偏差：有上偏差和下偏差之分。最大极限尺寸与基本尺寸的代数差称为上偏差；最小极限尺寸与基本尺寸的代数差称为下偏差。孔的上偏差用ES表示，下偏差用EI表示；轴的上偏差用es表示，下偏差用ei表示。尺寸偏差可为正、负或零值。

（4）尺寸公差（简称公差）：允许尺寸变动的范围。尺寸公差等于最大极限尺寸减去最小极限尺寸，或上偏差减去下偏差。公差总是大于零的正数。

（5）公差带图：用零线表示基本尺寸，上方为正，下方为负。公差带是由代表上、下偏差的矩形区域构成的。矩形的上边代表上偏差，下边代表下偏差，矩形的长度无实际意义，高度代表公差，如图5－2－22所示。

（6）标准公差与基本偏差：公差带是由标准公差和基本偏差组成的。标准公差决定公差带的高度，基本偏差确定公差带相对零线的位置，如图5－2－23所示。

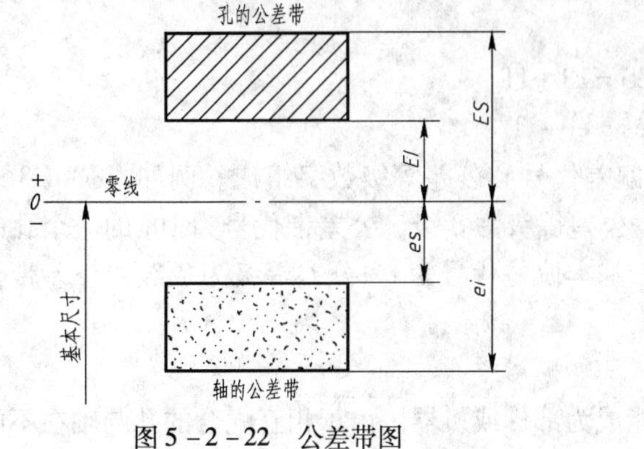

图5－2－22　公差带图

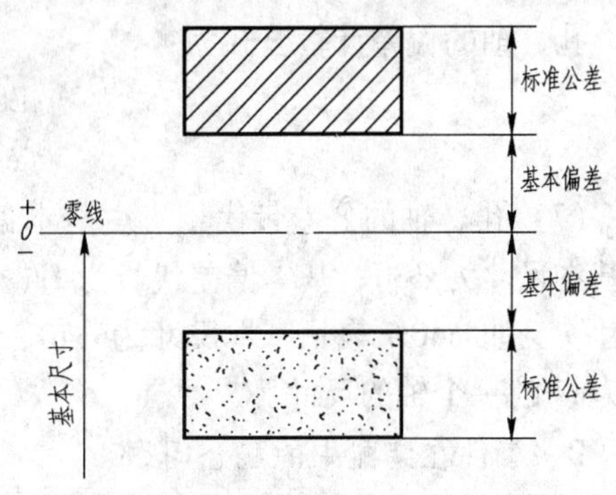

图5－2－23　基本偏差

标准公差是由国家标准规定的公差值。标准公差数值如附表23所示，其大小由两个因素决定，一个是公差等级，另一个是基本尺寸。国家标准将公差划分为20个等级，分别为IT01、IT0、IT1、IT2、…、IT18。其中IT01精度最高，IT18精度最低。基本尺寸相同时，公差等级越高（数值越小），标准公差越小。公差等级相同时，基本尺寸越大，标准公差越大。

基本偏差是用以确定公差带相对于零线位置的极限偏差，一般为靠近零线的那个偏差，如图5-2-23所示。当公差带在零线上方时，基本偏差为下偏差；当公差带在零线下方时，基本偏差为上偏差。当零线穿过公差带时，离零线近的偏差为基本偏差。

基本偏差代号用拉丁字母表示，大写的字母表示孔，小写的字母表示轴，各有28个，形成基本偏差系列，如图5-2-24所示。

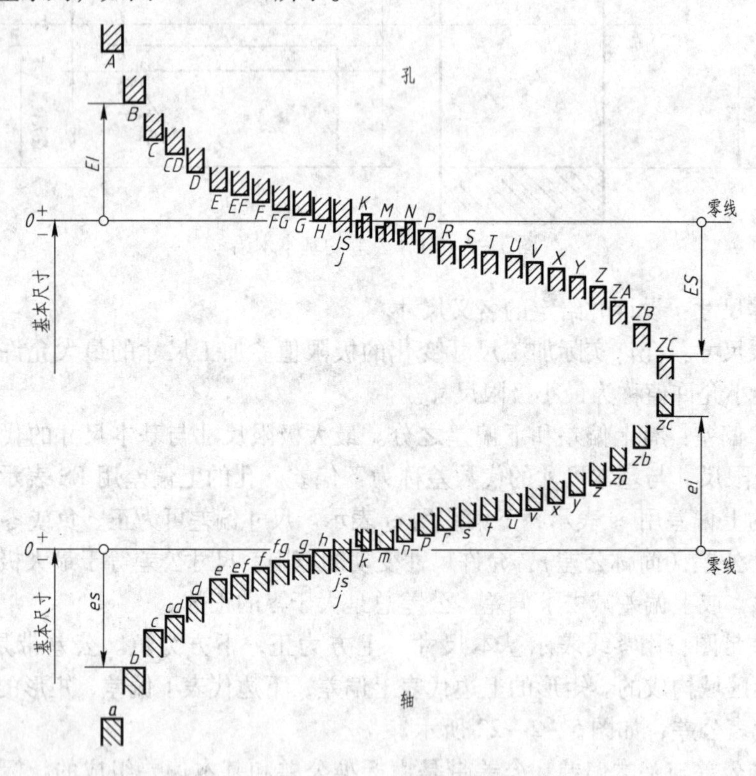

图5-2-24　基本偏差系列

孔、轴的偏差计算公式为：

$$ES = EI + IT$$

$$es = ei + IT$$

（7）孔、轴的公差带代号：由基本偏差代号和公差等级数字组成。例如，ϕ30H8表示基本尺寸为ϕ30、基本偏差代号为H、公差等级为8级、公差带代号为H8的一个孔的尺寸；又如ϕ40f7表示基本尺寸为ϕ40、基本偏差代号为f、公差等级为7级、公差带代号为f7的一个轴的尺寸。

B　零件在装配中的配合问题

零件加工完成后，需要经过装配才能成为部件或机器。由于相互配合的孔与轴在不同的使用情况下有不同的要求，所以在配合性质上就有松有紧。根据国家标准规定，基本尺寸相同的孔和轴的配合，按其性质不同分为三类：间隙配合、过盈配合、过渡配合。

（1）间隙配合：具有间隙（包括最小间隙等于零）的配合。此时，孔的公差带在轴的公差带上方，如图5－2－25所示。间隙配合常用在两零件有相对运动的场合。

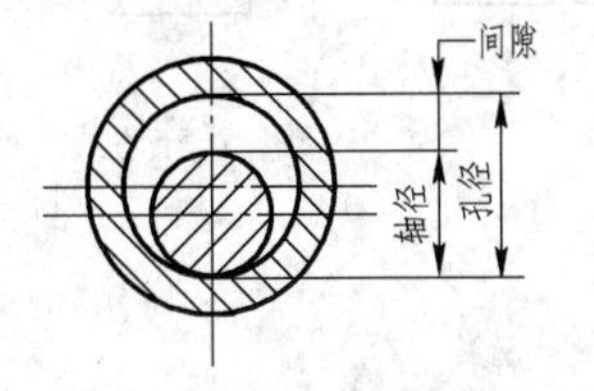

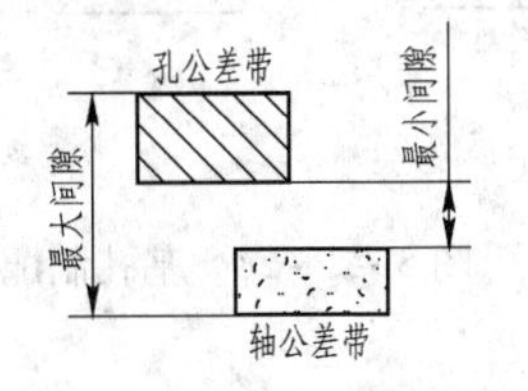

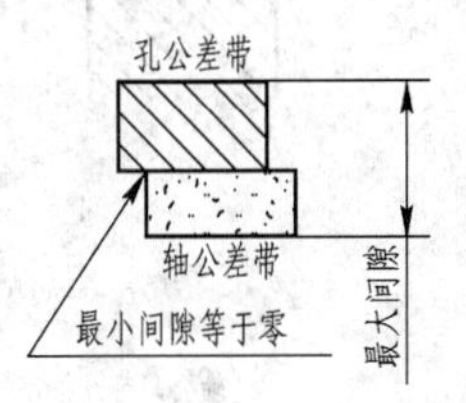

图5－2－25　间隙配合

（2）过盈配合：具有过盈（包括最小过盈等于零）的配合。此时，孔的公差带在轴的公差带下方，如图5－2－26所示。过盈配合常用在两零件需要牢固连接的场合。

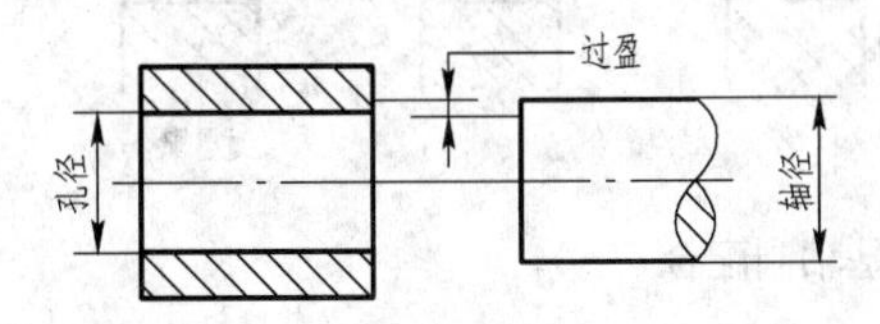

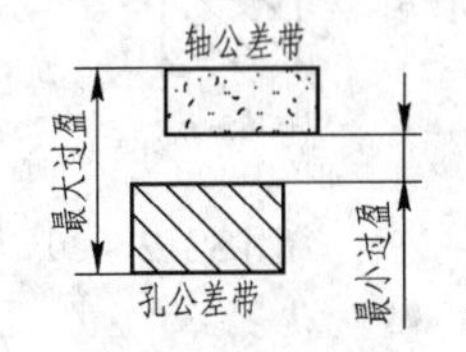

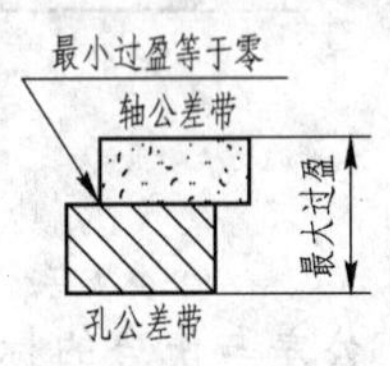

图5－2－26　过盈配合

（3）过渡配合：可能具有间隙或过盈的配合。此时，轴和孔的公差带相互交叠，如图5－2－27所示。过渡配合常用在两零件没有相对运动，孔与轴对中性要求高且经常拆装的场合。

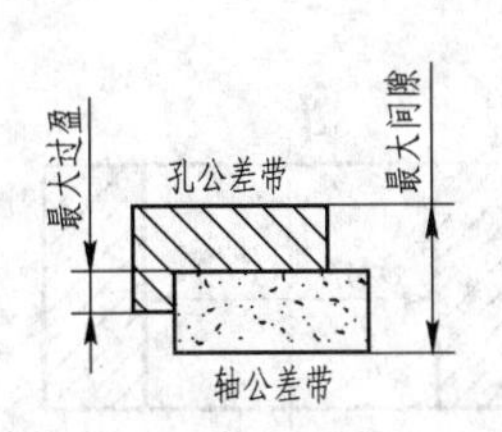

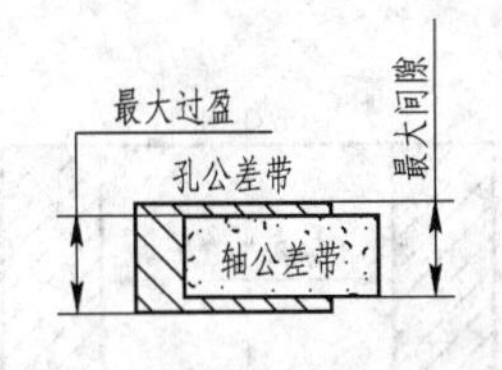

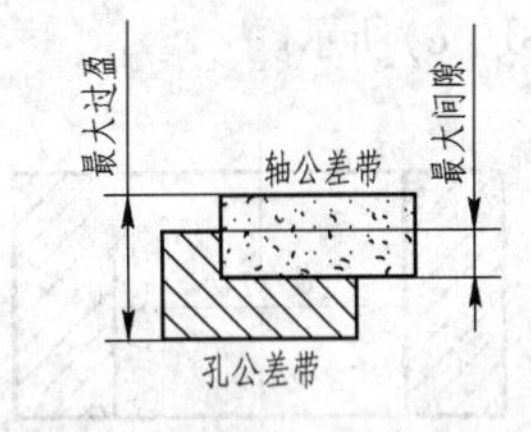

图5－2－27　过渡配合

C　配合制

采用配合制是为了统一基准件的极限偏差，为了便于设计制造，实现配合标准化，为此，国家标准规定了两种配合制，即基孔制和基轴制。

基孔制是基本偏差为H的孔的公差带与不同基本偏差的轴的公差带形成各种配合的制度。它是在同一基本尺寸的配合中，将孔的公差带固定，通过变动轴的公差带位置形成不同配合。此孔为基准孔，基本偏差代号为H，其最小极限尺寸与基本尺寸相等，孔的基本偏差（下偏差）为零。如图5－2－28所示。

基轴制是基本偏差为h的轴的公差带与不同基本偏差的孔的公差带形成各种配合的制度。它是在同一基本尺寸的配合中，将轴的公差带固定，通过变动孔的公差带位置形成不同配合。此轴为基准轴，基本偏差代号为h，其最大极限尺寸与基本尺寸相等，轴的基本偏差（上偏差）为零。如图5－2－29所示。

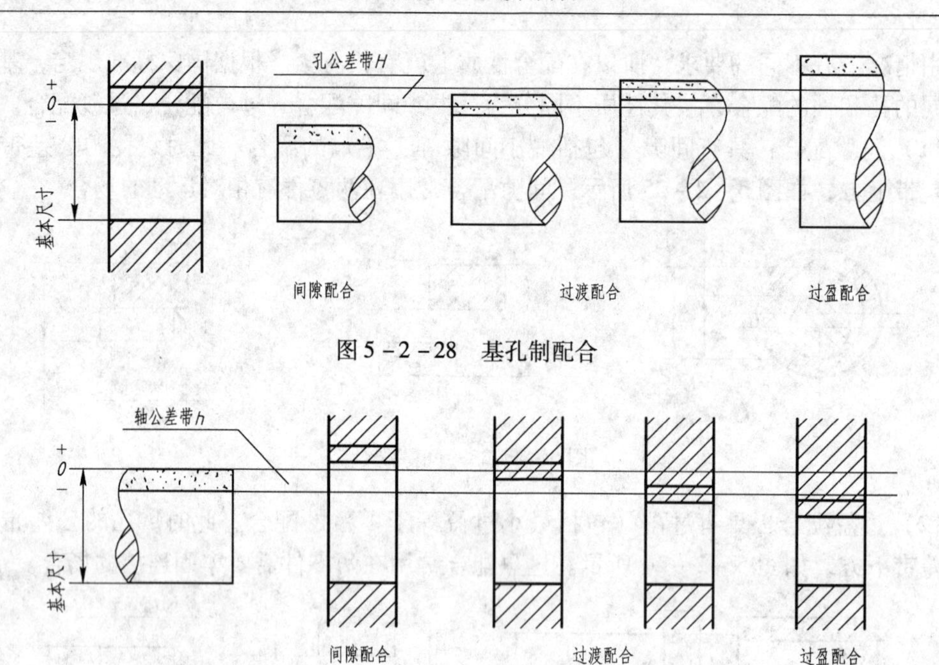

图5-2-28　基孔制配合

图5-2-29　基轴制配合

D　公差与配合的标注

a　公差与配合在零件图中的标注

（1）注出基本尺寸和公差带代号，如图5-2-30（a）所示。

（2）注基本尺寸和上、下偏差，如图5-2-30（b）所示。

（3）既标注公差带代号，又标注上、下偏差，但偏差值应用括号括起来，如图5-2-30（c）所示。

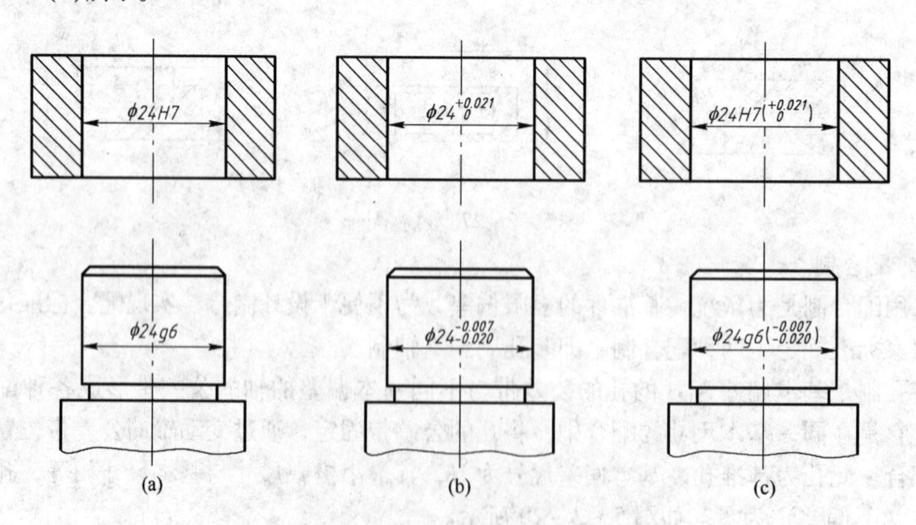

图5-2-30　零件图中尺寸公差的标注方法

b　公差与配合在装配图中的标注

在装配图上一般只标注配合代号。配合代号用分数表示，分子为孔的公差带代号，分母为轴的公差带代号，如图5-2-31所示。

5.2.3.2　形状和位置公差

A　形状和位置误差对配合的影响

对于相互配合的孔、轴零件，其配合状态不仅由孔和轴的实际尺寸决定，同时还受到孔和轴的形状和位置误差的影响。如图5－2－32所示，当轴线不直的轴与形状正确的孔配合时，轴线的弯曲使配合的间隙比原来单纯考虑孔与轴的实际尺寸所形成的配合要紧。这时，轴线的直线度误差在配合效果上相当于增大了轴的实际尺寸。因此，在零件制造加工中应控制零件形状和位置的误差，也就是说，在图样上应规定出合理的形状和位置公差（简称形位公差）。

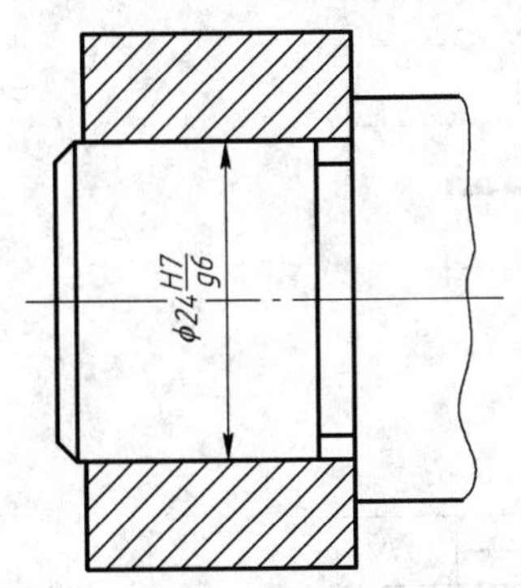

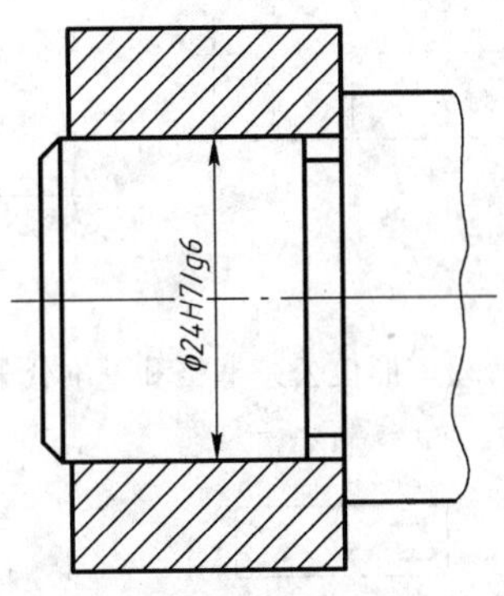

图5－2－31　装配图中尺寸公差的标注方法

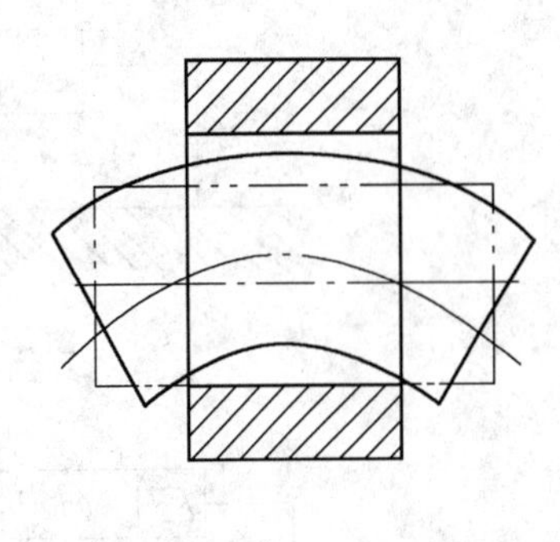

图5－2－32　配合示意图

B　形位公差特征项目符号

按照国家标准规定，形位公差特征共有14个项目，分别用14个符号表示。形位公差特征项目符号见表5－2－4。

表5－2－4　形位公差特征项目符号

公差		特征项目	符号	有无基准要求
形状	形状	直线度	—	无
		平面度	▱	无
		圆度	○	无
		圆柱度	⌭	无
形状或位置	轮廓	线轮廓度	⌒	有或无
		面轮廓度	⌓	有或无
位置	定向	平行度	//	有
		垂直度	⊥	有
		倾斜度	∠	有
	定位	位置度	⌖	有
		同轴（同心）度	◎	有
		对称度	⌯	有
	跳动	圆跳动	↗	有
		全跳动	⌰	有

C　形位公差的标注

在图样中，形位公差是用代号标注的。代号标注不便时，允许用文字说明。

（1）形位公差框格及带箭头的指引线。框格分为两格或多格，用细实线画出，可水平或垂直放置。框格内自左向右填写公差项目符号、公差数值及有关符号、基准代号字母和其他有关内容，如图 5－2－33 所示。框格一端与指引线相连，指引线另一端以箭头指向被测要素。当被测要素为表面或轮廓线时，指引线箭头应指在该要素的轮廓线或其引出线上，但必须与尺寸线明显错开。如图 5－2－34 所示。

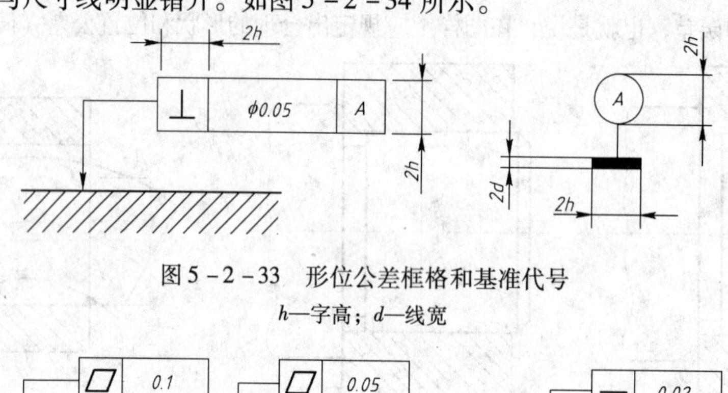

图 5－2－33　形位公差框格和基准代号

h—字高；d—线宽

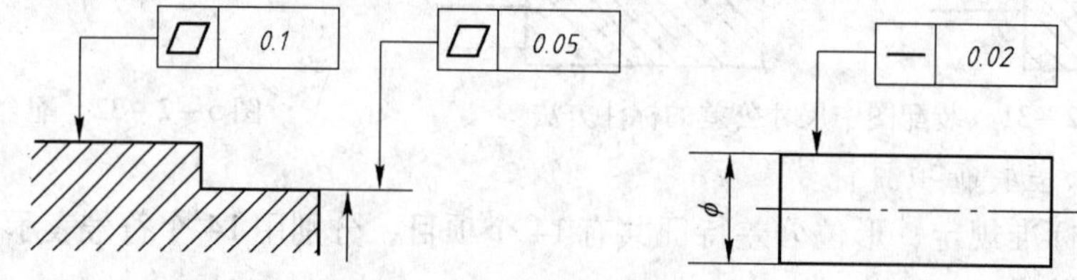

图 5－2－34　箭头与尺寸线错开

（2）标明基准要素的方法。基准符号应靠近基准线或基准面或它们的延长线上。基准符号与框格之间用细实线连接起来，连线必须与基准要素垂直。当基准要素为表面或轮廓线时，基准符号应与尺寸线明显错开，如图 5－2－35 所示。

当基准符号不便与框格相连时，可采用基准代号标注。基准代号由基准符号、圆圈、连线和字母组成，如图 5－2－36 所示。

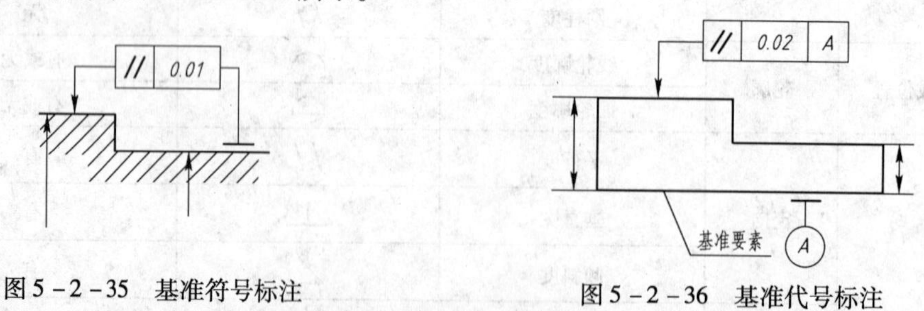

图 5－2－35　基准符号标注　　　图 5－2－36　基准代号标注

（3）被测要素、基准要素为轴线或中心平面时的标注方法。

当被测要素为轴线或对称平面时，箭头应直接指向该要素，或与其尺寸线对齐。若指引线箭头与尺寸线箭头重叠，可省去尺寸线箭头，如图 5－2－37 所示。

当基准要素为轴线或中心平面时，基准符号或代号可直接靠近该要素，或与其尺寸线对齐。若基准符号或代号与尺寸线的箭头重叠，则将尺寸线的箭头省去，如图 5－2－38 所示。

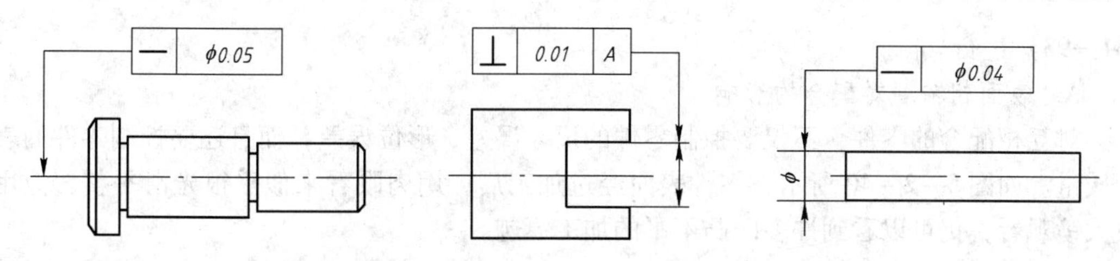

图5-2-37 被测要素为轴线、对称平面时的标注

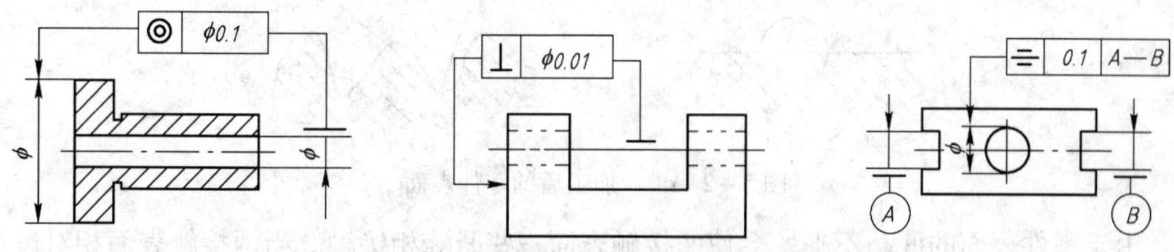

图5-2-38 基准要素为轴线、中心平面时的标注

D 识读形位公差

识读形位公差举例，如图5-2-39所示。

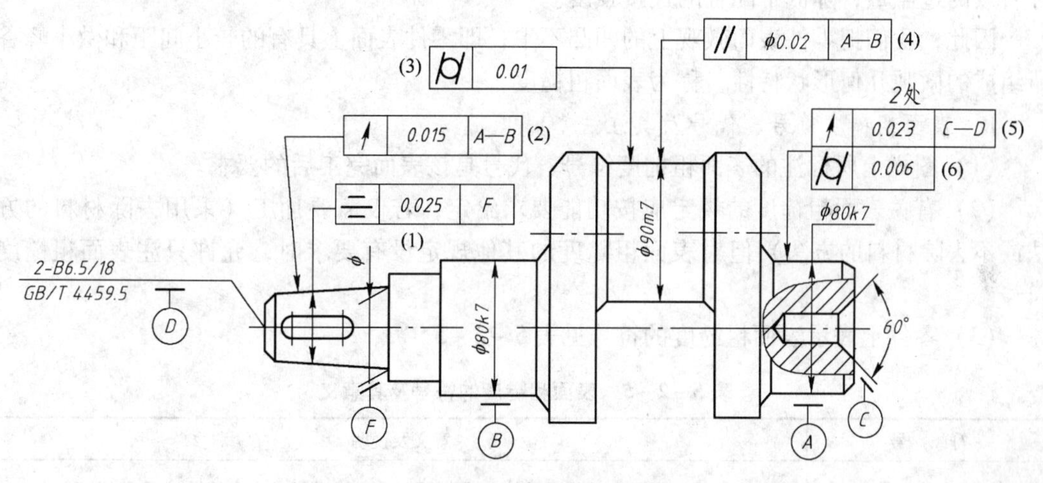

图5-2-39 曲轴的形位公差

（1）键槽两侧中心面对零件左端圆锥轴的轴线对称度误差不得大于0.025。

（2）左端圆锥轴的任意正截面对2×ϕ80k7的公共轴线的斜向圆跳动误差不得大于0.015。

（3）ϕ90m7圆柱轴的圆柱度误差不得大于0.01。

（4）ϕ90m7圆柱轴的轴线对2×ϕ80k7的公共轴线的平行度误差不得大于ϕ0.02。

（5）2×ϕ80k7圆柱轴的任意正截面对两端中心孔公共轴线的径向圆跳动误差不得大于0.023。

（6）2×ϕ80k7圆柱轴的圆柱度误差不得大于0.006。

5.2.3.3 表面粗糙度

表面粗糙度的标注按国家标准《机械制图表面粗糙度符号、代号及其注法》（GB/T

131—93）进行。

A　表面粗糙度对配合的影响

对互相配合的零件，不仅要控制零件的尺寸误差、形位误差，而且还要控制零件的表面质量。如图 5－2－40 所示，零件表面经过加工后，用肉眼看来似乎很光滑平整，但用放大镜观看，仍可以看到许多凹凸不平的加工痕迹。

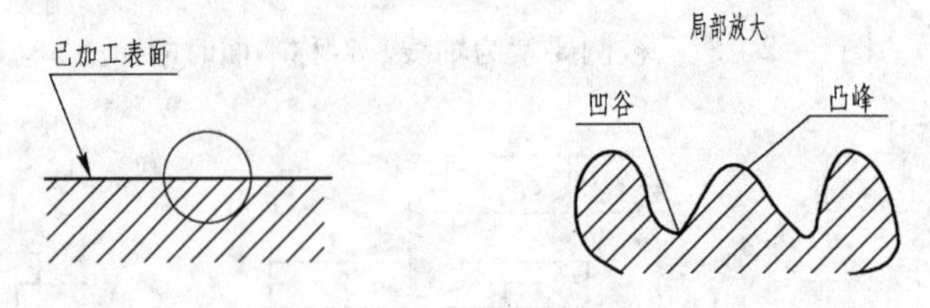

图 5－2－40　加工后的零件表面

由于零件表面的凹凸不平，会使两接触表面一些凸峰相接触。当两接触表面相对运动时，接触表面会很快磨损，使配合间隙增大，从而影响配合的稳定性。

其次零件表面的凹凸不平，粗糙表面在压入装配的过程中，会将峰顶挤平，减少了实际有效的过盈量，降低了配合的连接强度。

因此，我们把零件表面微观上的凹凸不平，即零件表面上具有的较小间距和微小峰谷所组成的微观几何形状特性，称为表面粗糙度。

B　表面粗糙度符号、代号及其注法

（1）图样上所标注的表面粗糙度符号、代号是该表面完工后的要求。

（2）有关表面粗糙度的规定应按功能要求给定，若仅需要加工（采用去除材料的方法或不去除材料的方法）但对表面粗糙度的其他规定没有要求时，允许只注表面粗糙度符号。

（3）零件上表示表面粗糙度的符号见表 5－2－5。

表 5－2－5　表面粗糙度的符号及其意义

符　　号	意义及说明
	基本符号，表示表面可用任何方法获得。当不加注粗糙度参数值或有关说明（如表面处理、局部热处理状况）时，仅适用于简化代号标注
	基本符号加一短横线表示表面是用去除材料的方法获得。例如车、铣、钻、磨、剪切、抛光、腐蚀、电火花加工、气割等
	基本符号加一小圆，表示表面是用不去除材料的方法获得，例如铸、锻、冲压变形、热轧、粉末冶金等，或者是用于保持原供应状况的表面（包括保持上道工序的状况）
	在上述三个符号的长边上均可加一横线，用于标注有关参数和说明
	在上述三个符号的长边上均可加一小圆，表示所有表面具有相同的表面粗糙度要求

（4）评定表面粗糙度的参数主要有轮廓算术平均偏差 R_a 和轮廓微观不平度十点高度

R_z。轮廓算术平均偏差 R_a 值的标注见表 5－2－6，R_a 在表面粗糙度代号中用数值表示（单位为 μm），参数前可不标注参数代号。轮廓微观不平度十点高度 R_z 值（单位为 μm）的标注见表 5－2－6，参数前需要标注出相应的参数代号。

表 5－2－6　R_a、R_z 值的标注

符　号	意义及说明	符　号	意义及说明
3.2	用任何方法获得的表面粗糙度，R_a 的上限值为 3.2μm	Rz 3.2	用任何方法获得的表面粗糙度，R_z 的上限值为 3.2μm
3.2	用去除材料的方法获得的表面粗糙度，R_a 的上限值为 3.2μm	3.2max	用去除材料的方法获得的表面粗糙度，R_a 的最大值为 3.2μm
3.2	用不去除材料的方法获得的表面粗糙度，R_a 的上限值为 3.2μm	Rz 3.2max	用不去除材料的方法获得的表面粗糙度，R_z 的最大值为 3.2μm
3.2 1.6	用去除材料的方法获得的表面粗糙度，R_a 的上限值为 3.2μm，R_a 的下限值为 1.6μm	Rz 3.2max Rz 1.6min	用去除材料的方法获得的表面粗糙度，R_z 的最大值为 3.2μm，R_z 的最小值为 1.6μm

（5）图样上的标注方法。

1）表面粗糙度符号、代号一般标注在可见轮廓线、尺寸界线、引出线或它们的延长线上。符号的尖端必须从材料外指向表面，见图 5－2－41。表面粗糙度代号中的数字及符号的方向必须按图 5－2－41（b）的规定标注。

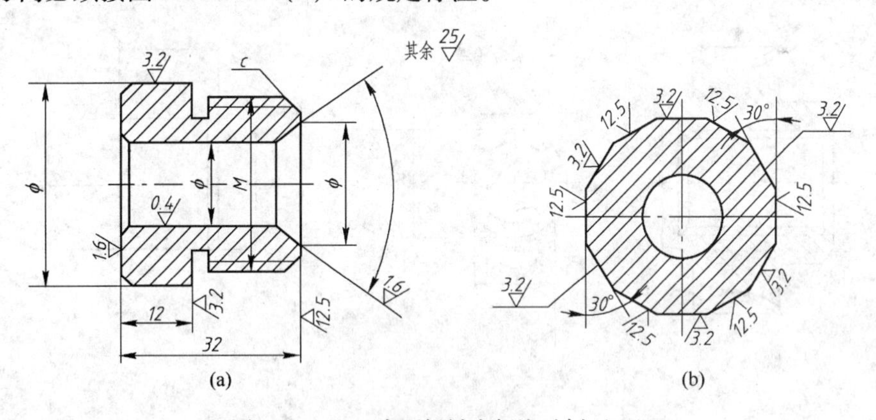

图 5－2－41　表面粗糙度标注示例（一）

2）在同一图样上，每一表面一般只标注一次符号、代号，并尽可能靠近有关的尺寸线，见图 5－2－41。当标注的地方狭小或不便标注时，符号、代号可以引出标注，见图 5－2－42 。

3）当零件所有表面具有相同的表面粗糙度要求时，其符号、代号可在图样的右上角统一标注，见图5－2－43。

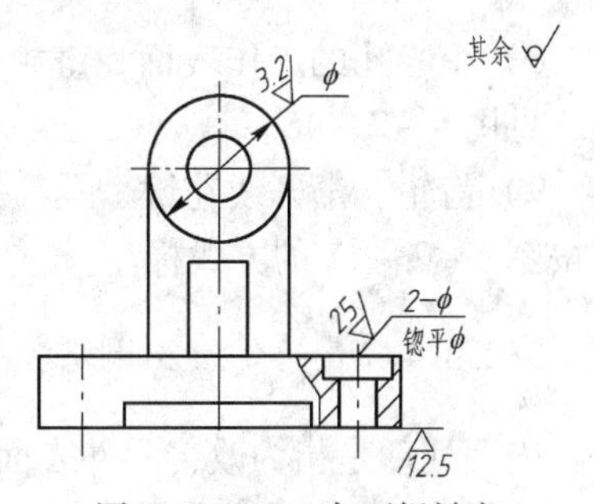

图 5－2－42　表面粗糙度标注示例（二）

4）当零件的大部分表面具有相同的表面粗糙度要求时，对其中使用最多的一种符号、代号可以统一标注在图样的右上角，并加注“其余”两字，见图5-2-41（a）和图5-2-42。

5）为了简化标注方法，或者当标注位置受到限制时，可以标注简化代号，见图5-2-44。但必须在标题栏附近说明这些简化代号的意义。

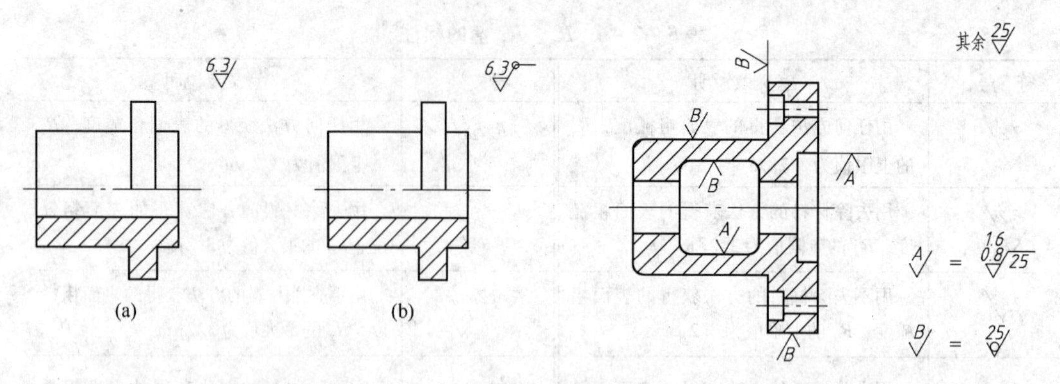

图5-2-43　表面粗糙度标注示例（三）　　图5-2-44　表面粗糙度标注示例（四）

6）零件上连续表面及重复要素（孔、槽、齿等）的表面（见图5-2-45（a））和用细实线连接不连续的同一表面（见图5-2-42），其表面粗糙度符号、代号只标注一次。

7）同一表面上有不同的表面粗糙度要求时，必须用细实线画出其分界线，并标注出相应的表面粗糙度代号和尺寸，见图5-2-45（b）。

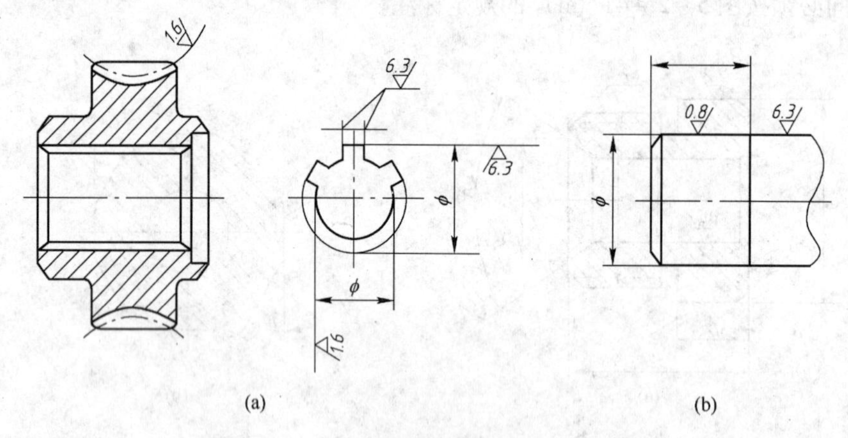

图5-2-45　表面粗糙度标注示例（五）

8）中心孔的工作表面，键槽工作面，倒角、圆角的表面粗糙度代号，可以简化标注，见图5-2-46。

9）齿轮、渐开线花键、螺纹等工作表面没有画出齿（牙）形时，其表面粗糙度代号可按图5-2-47的方式标注。

5.2.3.4　表面处理及热处理

表面处理是指为改善零件表面材料性能而采用的一种处理方式，如渗碳、表面淬火、表面涂层等，以提高零件表面的硬度、耐磨性、抗腐蚀性等；热处理是改变零件材料的金相组织从而提高材料的机械性能的一种方法，如退火、正火、淬火、回火等。

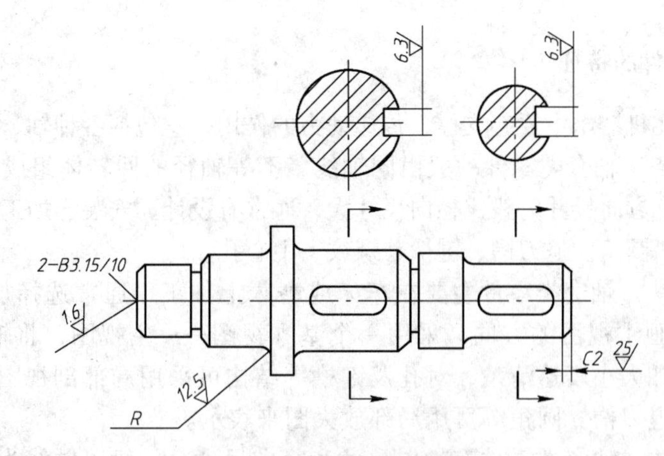

图5－2－46　表面粗糙度标注示例（六）

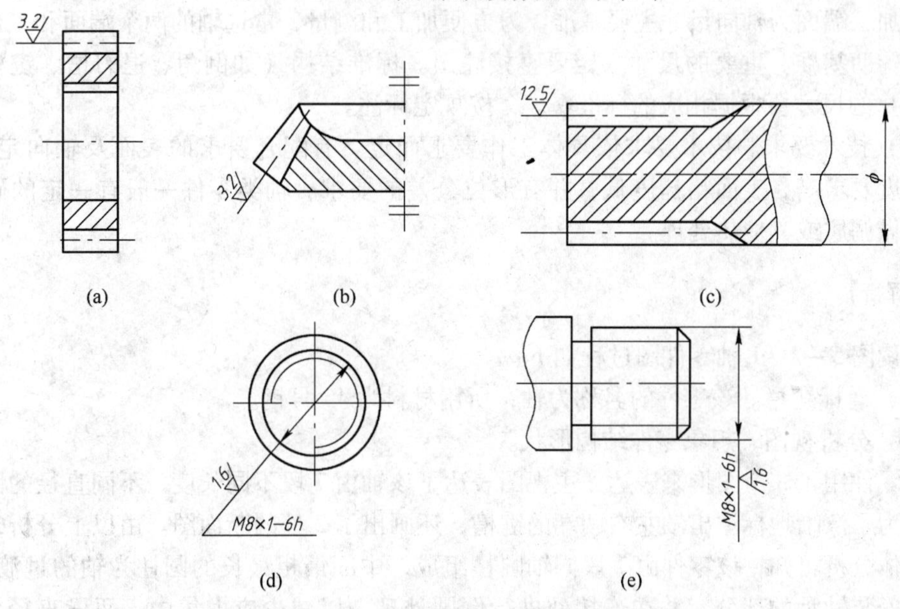

图5－2－47　表面粗糙度标注示例（七）

当零件表面有各种热处理要求时，一般可按下述原则标注：

（1）零件表面需全部进行某种热处理时，可在技术要求中用文字统一加以说明。

（2）零件表面需局部热处理时，可在技术要求中用文字说明，也可在零件图上标注，如需要将零件局部热处理或局部镀（涂）覆时，应用粗点划线画出其范围并标注相应的尺寸，也可将其要求注写在表面粗糙度符号长边的横线上，见图5－2－48。

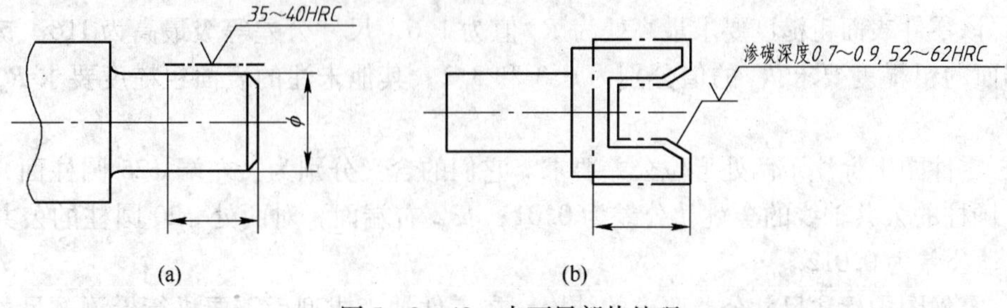

图5－2－48　表面局部热处理

5.2.4 轴套类零件的特征

轴套类零件在机器中主要起支撑、传递动力的作用，它包括各种轴、套筒等。

（1）结构特点。轴套类零件一般由同轴线、不等轴径的回转体组成，如图5－2－1所示。它们的长度方向尺寸一般比径向尺寸大，通常有设计、安装、加工等要求。轴上常见的结构有倒角、圆角、退刀槽、键槽、螺纹、中心孔。

（2）表达方法。轴套类零件主要在车床或磨床上加工，通常选择加工位置（轴线水平放置）作为画主视图的方向。采用一个基本视图——主视图，将轴上各段回转体的相对位置关系和大小表达清楚，对孔及键槽等结构可采用局部剖视图、断面图表示，对细小的结构如退刀槽、圆角等可用局部放大图来表示。

（3）尺寸标注。轴套类零件有轴向尺寸和径向尺寸。一般以轴线为径向尺寸基准，以重要加工端面为轴向尺寸主要基准，为方便加工和测量，常选轴的两个端面和其他定位面作为辅助基准。重要的尺寸一定要直接注出。标准结构（如倒角、退刀槽、键槽、中心孔等）的尺寸要根据相应的标准查表，按规定标注。

（4）技术要求。技术要求依具体工作要求而定。有配合要求的表面及轴向定位面，尺寸精度要求高，表面粗糙度低，并有形位公差的要求。轴类零件一般有一定的硬度要求，要做调质或其他热处理。

【任务解析】

识读图5－2－1轴零件图过程如下：

（1）看标题栏。该零件的名称为轴，所用材料为45号钢。

（2）分析视图，想象零件结构形状。

该零件用了3个图形来表达，主视图表达了该轴由7段不同长度、不同直径的回转体组成。为了清晰地标注出轴左右两端的键槽，还画出了2处的断面图。由以上分析，同时结合形体分析可知，该零件由7段同轴圆柱组成，中间最粗最长的圆柱为轴的过渡部分，两端为安装轴承的部分，并在连接处进行倒圆处理，以减少应力集中。两段直径为$\phi24$的圆柱也是过渡部分，此处直径缩小是为了便于轴承的拆装。轴的两端均有键槽。另外，轴的左、右两端面上各有一个C型标准中心孔，可用来固定挡圈。

（3）分析尺寸。该零件的轴向主要尺寸基准为$\phi32$圆柱的右端面，轴的左、右两端面为辅助基准；径向主要尺寸基准为轴线。左端键槽的定位尺寸为7，定形尺寸为长22、宽6、深3.5；右端键槽的定位尺寸为4，定形尺寸为长16、宽6、深3.5。

（4）分析技术要求。

1）该零件表面粗糙度要求最高处为R_a值为1.6，尺寸公差等级最高为IT6。键槽底面和侧面的粗糙度要求R_a的值分别为6.3和3.2。其他未注的表面粗糙度要求R_a的值为12.5。

2）零件图上标注了两处形位公差要求。它们的含义分别为：左端$\phi25$圆柱面，对两处$\phi20$圆柱的公共轴线的全跳动公差为0.01；$\phi32$右端面，对两处$\phi20$圆柱的公共轴线的全跳动公差为0.012。

3）零件图中标注尺寸公差要求的结构，在零件加工成型后需要进行检测。另外零件成型后还需进行调质处理，以达到26～31HRC的硬度要求。

（5）归纳综合。综合上述各项内容，就能得出这个轴的总体形态概貌，如图5－2－49所示。

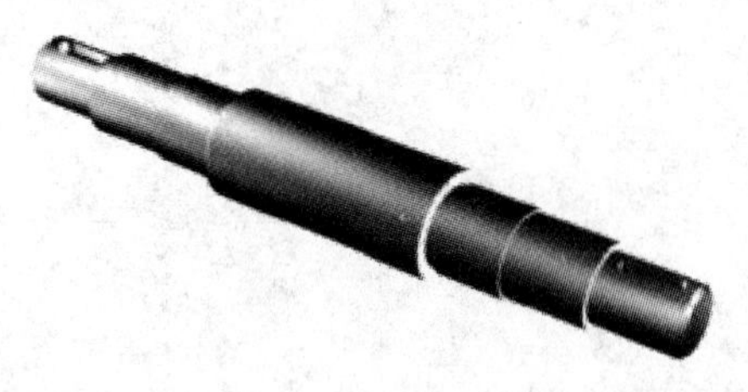

图5－2－49　轴

单元5.3　识读叉架类零件图

【工作任务】

识读图5－3－1拨叉零件图。

【知识学习】

5.3.1　叉架类零件的特征

叉架类零件包括拨叉、支架等。拨叉主要用于机床、内燃机等各种机器上的操纵机构中操纵机器，调节速度。支架主要起支撑和连接作用。

（1）结构特点。叉架类零件的结构形状较为复杂，但都是由支撑部分、工作部分和连接部分组成；常用铸造或锻造制成毛坯再经机械加工而成；具有铸造或锻造圆角、起模斜度、凸台、凹坑等结构。

（2）表达方法。叉架类零件一般需要两个或两个以上基本视图，以自然位置或工作位置放置。选择最能反映形状特征的方向作为主视图的投射方向，为表达内部结构形状常采用全剖视图或局部剖视图。对于零件上弯曲、倾斜的结构常采用斜视图、斜剖视图、局部视图来表示，连接部分、肋板的断面形状常采用断面图表示。

（3）尺寸标注。长、宽、高三个方向的主要尺寸基准一般为孔的中心线、轴线、对称平面或较大的加工平面。这类零件的定位尺寸较多，要注意保证定位精度。

（4）技术要求。叉架类零件在表面粗糙度、尺寸公差、形位公差方面都没有特殊要求，应根据具体情况而定。

【任务解析】

识读图5－3－1拨叉零件图步骤如下：

（1）看标题栏。该零件的名称为拨叉，材料为铸钢ZG35。

（2）分析视图，想象零件结构形状。该零件用了2个基本视图表达，主视图轴线水平放置，符合工作位置；另一个基本视图为右视图，主视图采用全剖视图。肋板上画了一

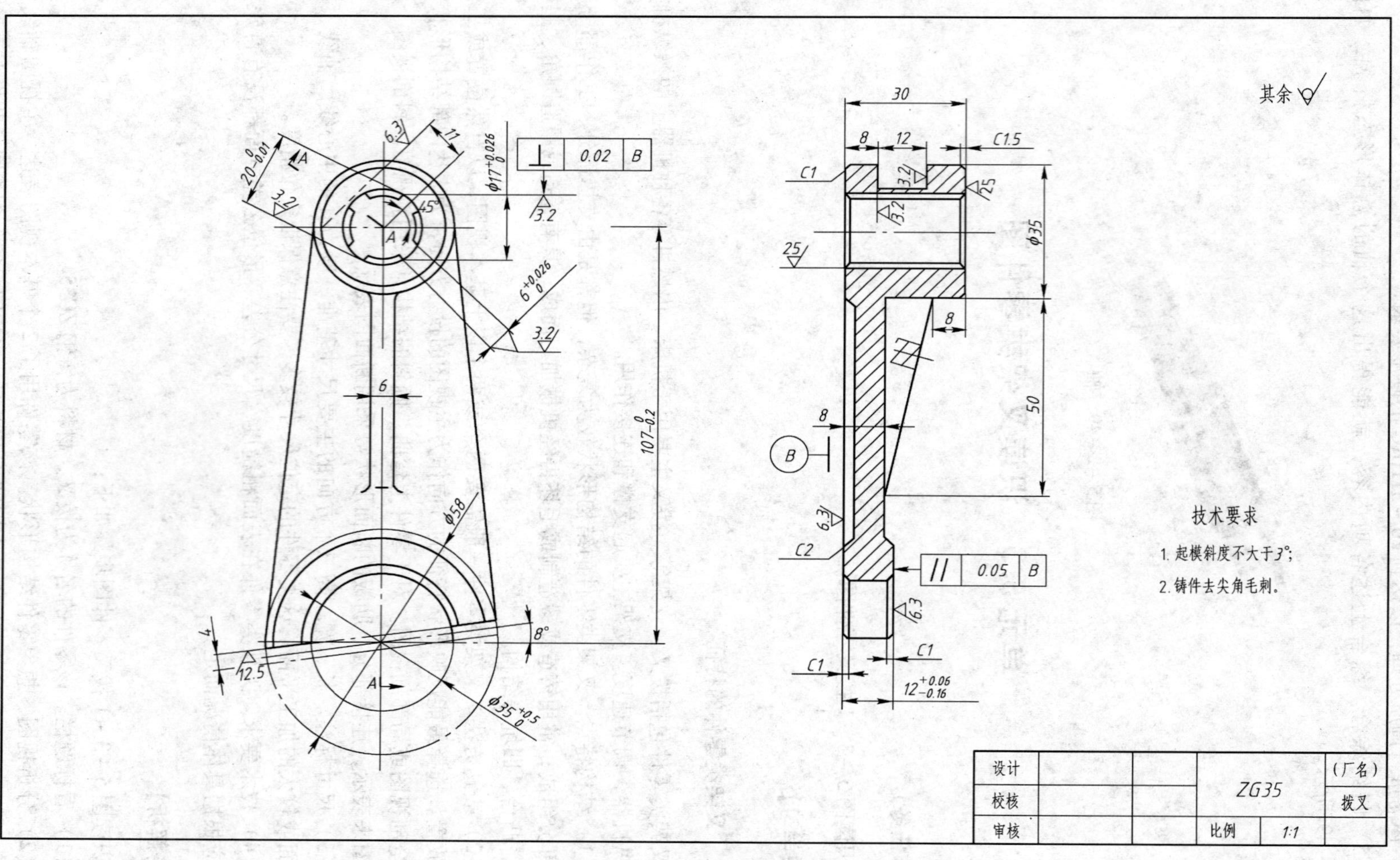
其余
技术要求
1. 起模斜度不大于3°;
2. 铸件去尖角毛刺。
设计
校核
审核
ZG35
比例
1:1
(厂名)
拨叉
30
8
12
C1.5
C1
3.2
25
φ35
50
8
B
6.3
C2
0.05
C1
$12^{+0.06}_{-0.16}$
0.02
$φ17^{+0.026}_{0}$
$20^{0}_{-0.01}$
A
11
45°
$6^{+0.026}_{0}$
6
$107^{0}_{-0.2}$
φ58
8°
4
12.5
$φ35^{+0.5}_{0}$

图 5-3-1　拨叉零件图

个重合断面图表示肋板断面形状。零件上部为支撑部分，由 $\phi35$ 圆柱构成，轴孔是个矩形花键孔，在 $\phi35$ 圆柱表面的前上方开了一个由上向下的斜槽，它的定位尺寸为主视图上的 8 和右视图上的 11、45°，定形尺寸为主视图上的 12。零件的中间为连接部分，由两块互相垂直的肋板组成。下部为工作部分，也由圆柱构成。由于它需要和由双点划线表示的另一部件配合工作或加工，所以标注直径尺寸。

（3）分析尺寸。由于支撑部分是确定工作部分位置的主要结构，因此拨叉的花键孔轴线为长度和高度两个方向的主要尺寸基准，拨叉的宽度方向主要尺寸基准则是它的左端面。

（4）分析技术要求。拨叉的技术要求主要集中在支撑部位和工作部位。如花键孔的大、小径均有尺寸公差要求，孔表面的表面粗糙度要求也是零件上最高的。拨叉工作部分的半凹圆柱面直径也有尺寸公差要求，表面粗糙度要求也相对较高；并且以零件的左端面为基准，对花键孔小径轴线提出了垂直度要求，对工作部分的右端面提出了平行度要求。

（5）归纳综合。综合上述各项内容，就能得出这个拨叉的总体概念。

单元 5.4　识读箱体类零件图

【工作任务】

识读图 5－4－1 箱体零件图。

【知识学习】

5.4.1　箱体类零件的特征

箱体类零件是机器或部件的主要零件，起支撑、包容、定位和密封等作用。

（1）结构特点。这类零件的结构较为复杂，它的总体特点是：由薄壁围成不同形状的空腔以容纳运动零件及油、气等。箱体类零件多为铸件经必要的机械加工而成，表面常有加强肋、凸台、凹坑、起模斜度、铸造圆角等常见结构。

（2）表达方法。箱体类零件一般需要三个或三个以上基本视图和向视图，并常取剖视。当零件内、外结构都较复杂时，如其投影不重叠，常采用局部剖视图；如投影重叠，外部、内部的结构形状就应采用视图和剖视图分别表达；对细小结构可采用局部视图、局部剖视图和断面图来表达。因箱体零件结构形状复杂，加工位置多变，所以常选工作位置及能反映其各组成部分形状特征及相对位置的方向作为主视图的投射方向。

（3）尺寸标注。箱体类零件常以主要孔的轴线、对称平面、较大加工平面或结合面作为长、宽、高方向尺寸的主要基准。由于零件尺寸较多，最好运用形体分析法标注尺寸，以避免尺寸漏标。

（4）技术要求。重要的箱体孔和表面都有较高的表面粗糙度要求，并应该有尺寸精度和形位公差要求。

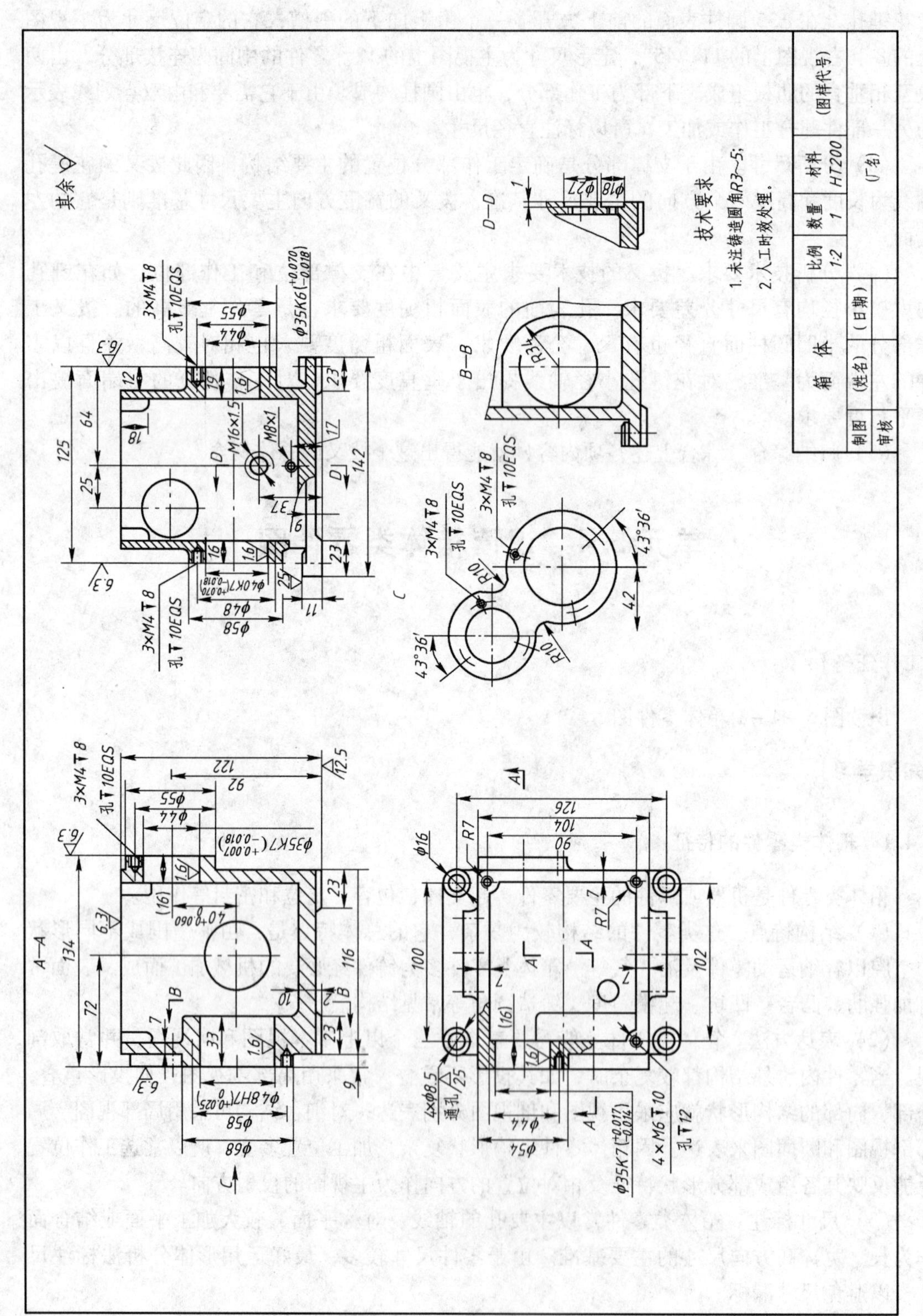
其余
A—A
B—B
C
D—D
技术要求
1.未注铸造圆角R3~5;
2.人工时效处理。
箱　体
比例　数量　材料　(图样代号)
1:2　1　HT200
制图　(姓名)　(日期)
审核　(厂名)

图 5-4-1　箱体零件图

5.4.2　零件的常见工艺结构

零件的结构形状是根据零件在机器中的作用、位置及加工是否合理、方便而确定的；而加工的方便与合理是从制造工艺考虑的。零件上一些为满足工艺需要而设计的结构形状，称为零件的工艺结构。

零件上常见的工艺结构如下所述。

5.4.2.1　零件的铸造工艺结构

（1）铸造圆角。当零件的毛坯为铸件时，因铸造工艺的要求，铸件各表面相交的转角处都应做成圆角，如图5－4－2（a）所示。铸造圆角可防止铸件浇铸时转角处的落砂现象及避免金属冷却时产生缩孔和裂纹，如图5－4－2（b）、（c）所示。铸造圆角的大小一般取 $R=3\sim5$mm。

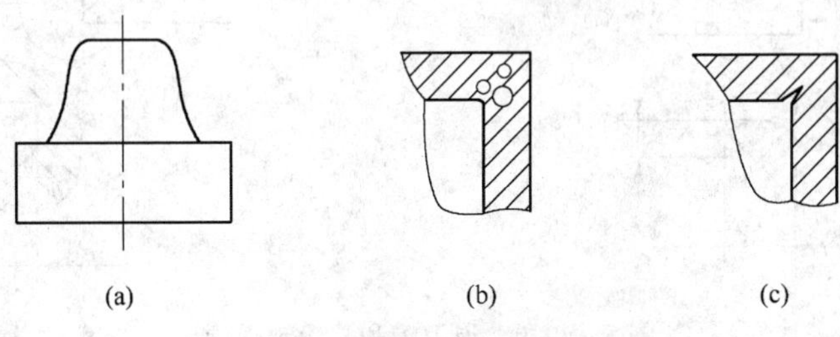

图5－4－2　铸造圆角、缩孔、裂纹

（a）铸造圆角；（b）缩孔；（c）裂纹

（2）拔模斜度。用铸造的方法制造零件毛坯时，为了便于在砂型中取出模样，一般沿模样拔模方向做成约1∶20～1∶10（即3°～6°）的斜度，称为拔模斜度，如图5－4－3所示。因此在铸件上也有相应的拔模斜度，这种斜度在图上可以不予标注，也不一定画出。

（3）铸件厚度。当铸件的壁厚不均匀时，铸件在浇铸后，因各处金属冷却速度不同，将会产生裂纹和缩孔现象。因此，铸件的壁厚应尽量均匀，见图5－4－4（a）；当必须采用不同壁厚连接时，应采用逐渐过渡的方式，见图5－4－4（b）。

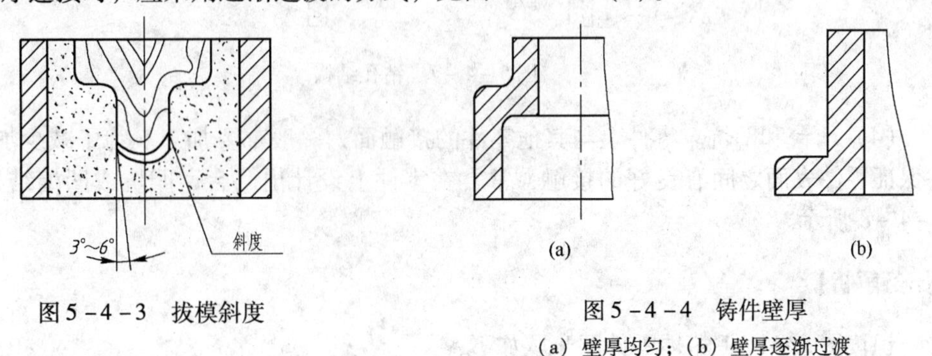

图5－4－3　拔模斜度

图5－4－4　铸件壁厚

（a）壁厚均匀；（b）壁厚逐渐过渡

5.4.2.2　零件的机械加工工艺结构

（1）倒角和倒圆。如图5－4－5所示，为了去除零件的毛刺、锐边和便于装配，在轴、孔的端部，一般都加工成倒角（如 $C2$）；为了避免因应力集中而产生裂纹，在轴肩处往往加工成圆角，称为倒圆（如 $R3$）。

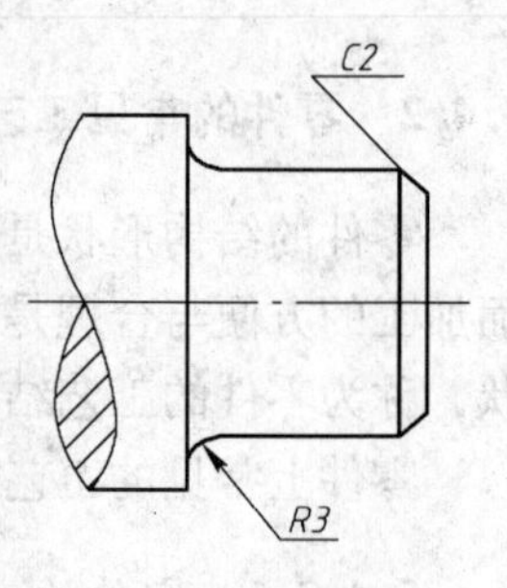

图 5－4－5　倒角和倒圆

（2）退刀槽和砂轮越程槽。在零件切削加工时，为了便于退出刀具及保证装配时相关零件的接触面靠紧，在被加工表面台阶处应预先加工出退刀槽或砂轮越程槽，如图 5－4－6 所示，具体尺寸和构造可查阅机械零件设计手册。

（3）钻孔结构。用钻头钻孔时，要求钻头轴线尽量垂直于被钻孔的端面，以保证钻孔准确和避免钻头折断。常见钻孔端面的正确结构如图 5－4－7 所示。

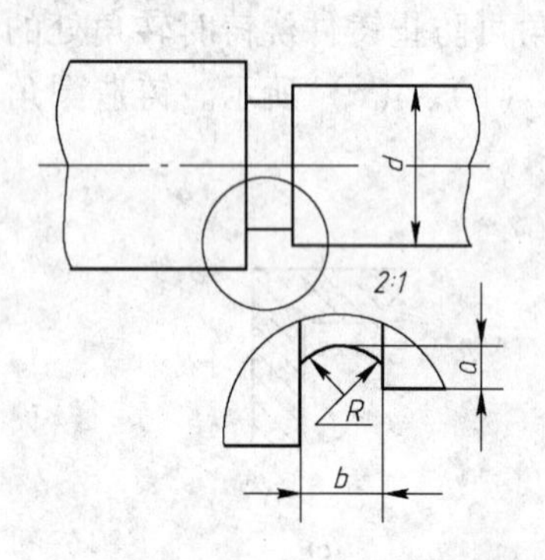

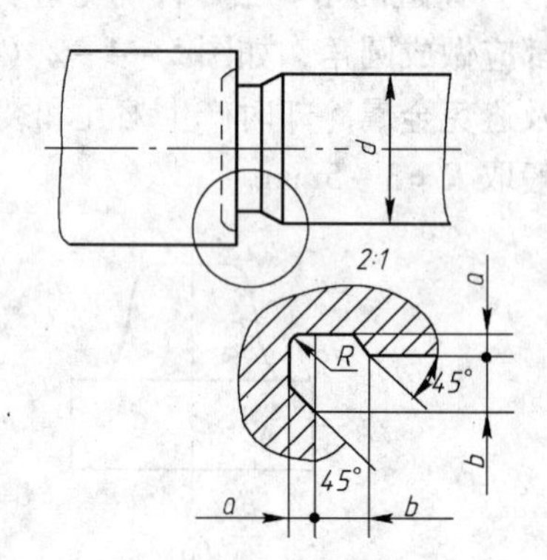

图 5－4－6　退刀槽和砂轮越程槽

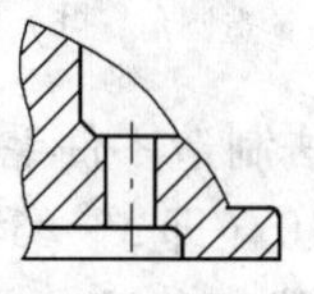
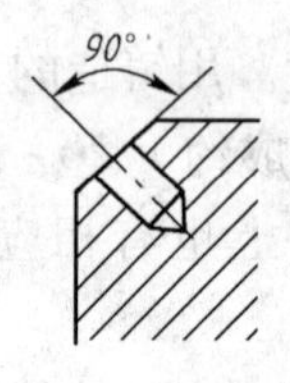

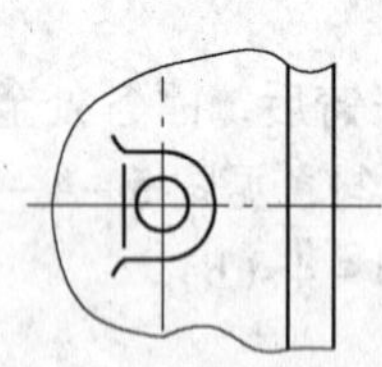
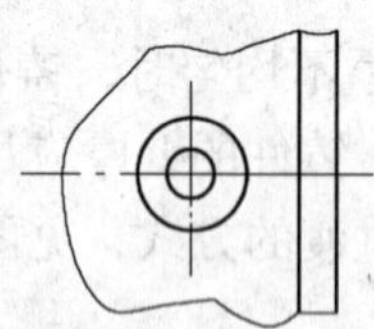

图 5－4－7　钻孔结构

（4）凸台和凹坑。零件上与其他零件的接触面，一般都要加工。为了减少加工面积，并保证零件表面之间有良好的接触，常常在零件上设计出凸台、凹坑或凹槽结构，如图 5－4－8 所示。

【任务解析】

识读图 5－4－1 箱体零件图步骤如下：

（1）看标题栏。从标题栏内了解零件的名称、材料、数量和比例等，并浏览视图，可初步得知零件的用途和形体概貌。

如图 5－4－1 所示，从标题栏可知该零件名称为箱体，属于箱体类零件，是减速箱的

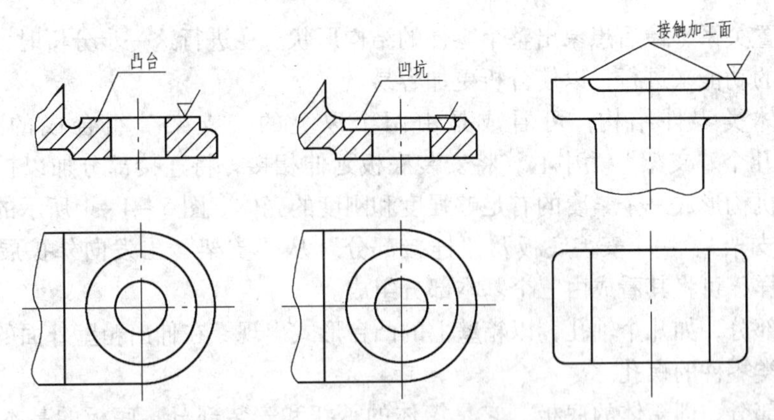

图5-4-8 凸台和凹坑

主体零件。经分析可知，它应起支撑和包容蜗轮、蜗杆和圆锥齿轮等传动零件的作用，其结构应满足这些要求。材料为HT200，表明箱体零件是由铸造成毛坯再经必要的机械加工而成。

（2）分析研究视图，想象零件的结构形状。分析零件图的视图布局，找出主视图、其他基本视图和辅助视图所在的位置。根据剖视、断面的剖切方法、位置，分析剖视、断面的表达目的和作用。

该箱体零件共采用了三个基本视图（主视图、俯视图、左视图）、一个*C*向局部视图、*B—B*局部剖视图及*D—D*局部剖视图。主视图的选择符合“工作位置”和“形状特征”原则，视图的数量和表达方法都比较恰当。具体分析如下：

1）看主视图。由于箱体的外形相对简单，内形比较复杂，故采用了剖视图。联系俯视图可知，主视图是通过ϕ48H7孔和ϕ35K7孔中心轴线的两个平行平面的阶梯剖视。主视图反映了箱体输入轴（蜗杆）的轴孔ϕ35K7、输出轴（圆锥齿轮轴）的轴孔ϕ48H7，以及与蜗杆啮合的蜗轮轴孔（图形中部的孔）三者之间的相对位置（蜗轮轴孔、蜗杆轴孔、圆锥齿轮轴孔的轴线两两垂直相交）及各组成部分的连接关系。

2）看俯视图。俯视图主要表达箱体上、下底板的外形、相对位置。图中采用了局部剖视，表达了输入轴（蜗杆）轴孔ϕ35K7的相对位置。

3）看左视图。联系主、左视图可知，左视图采用了剖切面通过蜗轮轴孔的局部剖视图，由图中可知，支撑蜗轮和圆锥齿轮轴的前轴孔为ϕ35K7，后轴孔为ϕ40K7，并且外侧凸缘上各均布有三个M4的螺孔。

4）看其他视图。选择其他视图应围绕主视图来进行。箱体从左侧看，其内形较复杂，而外形仅有两个相连的凸台需要表达，左视图上选用了局部剖视将相连的凸台剖去，所以采用了*C*向局部视图。左视图上两个螺纹沉孔M15×1.5和M8×1，如在主视图中表达，则虚线过多，视图不清晰，又不便于标注尺寸；如取局部剖视，则主视图会显得支离破碎，因此采用了*D—D*局部剖视，针对两孔画出了剖视的一部分，使得这部分结构更清晰，也便于标注尺寸。另外*B—B*局部剖视表明输出轴孔所在凸台的形状结构。

5）综合想象零件的整体形状。这一步是看零件图的重要环节。先从主视图出发，联系其他视图、利用投影关系进行分析。一般先采用形体分析法逐个弄清零件各部分的结构形状。对某些难于看懂的结构，可运用线面分析法进行投影分析，彻底弄清它们的结构形状和相互位置关系，最后想象出整个零件的结构形状。在进行这一步分析时，往往还需结合零件结构的功能来进行，以使分析更加容易。

这种箱体类零件结构，可看成是由两个以上的“支架”组合成的一种“联合体”——以几个“支架”为中心，将安装底板延伸相接，将连接部分加以扩大，沿着它所要包容的机构形成一个紧凑的有足够强度和刚度的壳体。图 5 - 4 - 1 所示的箱体可看成是由五个“支架”、一个安装底板及“连接部分”从“支架”出发向外扩展并相接形成的箱壁。这样，可将其看成由三个基本部分组成。

①支撑部分，如几个轴孔，以箱壁上的凸台形式出现。在伸出箱壁外面的凸台上，制有安装盘盖类零件的螺孔。

②安装部分，即箱体的底板。它是箱体的承托和安装部分。底板的基本形状为长方体，其上有四个凸台孔，供安装螺栓用。底板下中部为凹槽毛坯面，下部边缘为连续的同一加工面，这是为减少加工面并保证与相邻件机架的良好接触。

③连接包容部分。主要形式为一个能包容整个机构，四面又留有余地的空腔。如该箱体的箱壁为方框形。箱壁上的两个螺纹孔 M15 ×1.5 和 M8 ×1，分别作为油标安装孔和放油孔。

（3）分析尺寸，弄清尺寸要求。先找出零件长、宽、高三个方向的尺寸基准，然后从基准出发，搞清楚哪些是主要尺寸、哪些是影响性能的功能尺寸，再用形体分析法找出各部分的定形尺寸和定位尺寸。在分析中要注意检查是否有多余的尺寸和遗漏的尺寸，并检查尺寸是否符合设计和工艺要求。

该箱体零件上所有定位尺寸的基准主要是围绕蜗杆蜗轮及圆锥齿轮这两对传动零件的安装和正常啮合这一设计要求而定的。长度方向的主要基准为箱体左端面（加工面），长度方向的定位尺寸主要有：72、100、102 等。宽度方向的主要基准为箱体的前面凸台端面（加工面），宽度方向的定位尺寸主要有：64、25、90、126 等。高度方向的主要基准为底板的下底面（加工面），高度方向的定位尺寸主要有：92、$40^{+0.060}_{0}$、37、17 等，此外还有左侧两相连凸台孔的定位尺寸 42，43°36′。

箱体零件图中所注功能尺寸有：蜗杆轴孔轴线至底板的距离 92、蜗轮轴孔轴线至蜗杆轴孔轴线距离 $40^{+0.060}_{0}$，蜗杆轴孔 ϕ35K7，蜗轮轴孔 ϕ40K7、ϕ35K6，圆锥齿轮输出轴孔 ϕ48H7。其余为非功能尺寸（一般尺寸）。

（4）分析技术要求。零件图的技术要求是制造零件的质量指标。应主要分析零件的尺寸公差、形位公差、表面粗糙度和其他技术要求，弄清楚零件的配合面和主要加工面的加工精度要求，再分析其余加工面和非加工面的精度要求；然后分析零件的材料热处理、表面处理或检验等其他技术要求，以便确定合理的加工工艺方法，保证这些技术要求。

此箱体零件图注有公差要求的尺寸有：ϕ48H7、ϕ35K7、ϕ40K7、ϕ35K6、$40^{+0.060}_{0}$。有配合要求的加工面，其表面粗糙度参数 R_a 值较小，均为 1.6μm；其他加工面的 R_a 值较大；其余为非加工面。

图中只有一处有形位公差要求，即蜗轮轴孔 ϕ40K7 的中心轴线相对于圆锥齿轮轴孔 ϕ35K7 轴线的同轴度公差值为 ϕ0.04。

（5）归纳总结。综合前面的分析，把图形、尺寸和技术要求等全面系统地联系起来思考，并参阅相关资料，得出零件的整体结构、尺寸大小、技术要求及零件的作用等完整的概念，如图5－4－9所示。

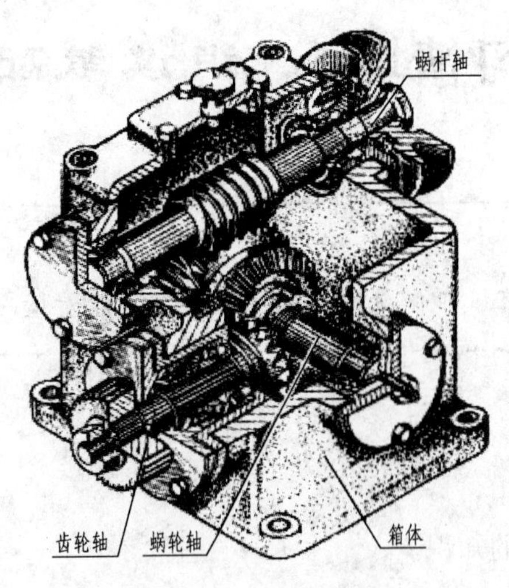

图5－4－9　减速箱轴测图

必须指出，在看零件图的过程中，不能把上述步骤机械地分开，而往往是应该交叉进行的。另外，对于较复杂的零件图，往往要参考有关技术资料，如该零件所在部位的装配图，其他相关零件的零件图及说明书等，才能完全看懂。对于有些表达不够理想的零件图，还需要反复仔细地分析，才能看懂。

学习情境6　识读装配图

学习目标

了解装配图作用和内容，理解装配图的基本规定，能看懂一般复杂的装配图。

【必备知识点】

（1）装配图的基本知识；

（2）标准件和常用件的知识。

单元6.1　初步认识装配图

【工作任务】

简单了解认识图6－1－1所示机用虎钳装配图。

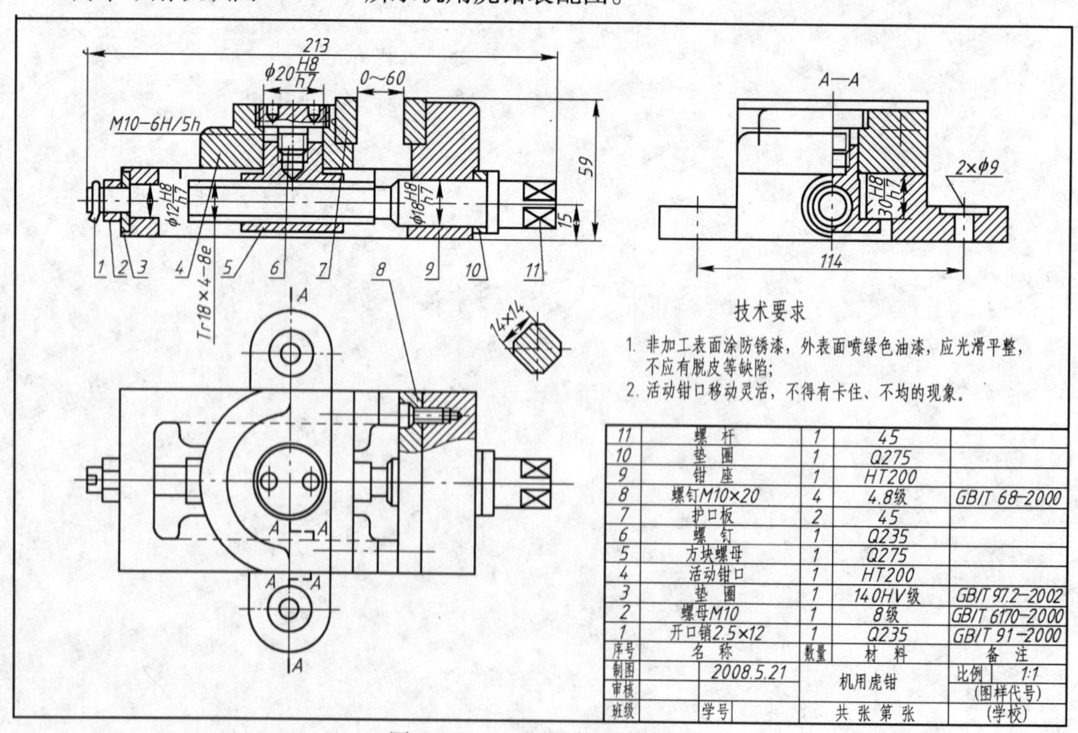

图6－1－1　机用虎钳装配图

【知识学习】

6.1.1　装配图的概念

经过前面的学习，我们认识了零件图。零件加工完成之后，工人师傅还要把各个零件按一定的技术要求装配起来，组成一台机器或一个部件。这台机器或部件就称为装配体，表达装配体结构的图样就称为装配图。

6.1.2　装配图的作用

在机械设计过程中，设计者一般根据要求首先绘制装配图，以表达所设计机器或部件的工作原理、结构及装配关系等，然后再根据装配图分别绘制出零件图。在生产过程中，当零件制成后，又要按装配图进行机器或部件的装配、检验和调试；装配完成后，机器或部件要安装使用或维修，也要以装配图为依据。在交流技术经验，引进先进技术时，装配图更是必不可少的技术资料。因此装配图是反映设计思想，指导生产和交流技术的重要技术文件。

6.1.3　装配图的内容

一张完整的装配图应具备以下内容：

(1) 一组视图。

(2) 必要的尺寸。

1) 规格（性能）尺寸。用以表示机器或部件的性能、规格或主要结构的尺寸。

2) 装配尺寸。包括零件之间的配合尺寸和重要的相对位置尺寸。在设计和装配时，用以保证机器或部件的工作精度和性能要求。

3) 安装尺寸。它是指将机器或部件安装在基础上或其他零件、部件上所需要的尺寸。

4) 总体外形尺寸。它是指表示机器或部件的总长、总宽、总高的尺寸，目的是为了在产品的包装、运输和安装过程中，用来计算占有多大的空间。

(3) 技术要求。设计人员为了确保机器或部件的质量，满足使用要求，对机器或部件的装配、检验、调试等提出合理的规定，这些规定称为技术要求。装配图中的技术要求常用文字说明或标注标记、代号等。

(4) 标题栏，零件编号和明细栏。图样的右下角有一标题栏，标题栏的上方是明细栏，明细栏中的序号和图中的编号应是一致的。标题栏和明细栏用来填写机器或部件的名称、规格、图形比例以及零件的序号、名称、数量、材料、规格和标准代号及零件热处理要求等。

6.1.4　装配图中零件序号的编排与标注

装配图中的序号一般由指引线、圆点（或箭头）、横线（或圆圈）和序号数字组成，如图6-1-2所示。

(1) 装配图中所有零部件，都必须按顺序编排并标明序号。每一种规格的零件只编

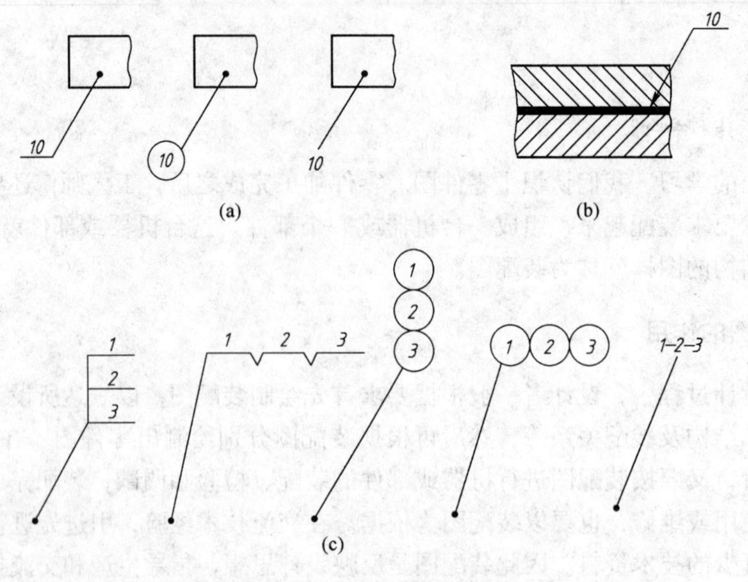

图6－1－2 装配图中序号引法

一个序号。标准组件如滚动轴承等，可看做一个整体编注一个序号；有时标准件也可不编序号，而是直接标明标准代号、规格及数量。

（2）零件序号应标注在一组视图周围，编号顺序应按顺时针或逆时针方向整齐排列，间隔相等，在整个图上无法连续时，可只在每个水平或垂直方向顺序排列。

（3）指引线的指引端，应处在零件的可见轮廓内并画一圆点。当零件很薄或剖面涂黑时，可在指引线末端用箭头指向轮廓线以代替圆点。指引线外端用细实线画横线或圆圈，以填写序号。有时亦可省略横线或圆圈，而在指引线外端附近注写序号，如图6－1－2所示。

（4）指引线不要与轮廓线或零件剖面线平行，不允许相交，但允许弯折一次。

（5）装配图中零件序号应与明细栏中的序号一致。序号数字比装配图中的尺寸数字大一号。

6.1.5 绘制和填写明细栏注意事项

（1）零件明细栏一般画在标题栏上方，并与标题栏对正。

（2）明细栏中，零件序号应由下向上排列。上方位置不够时，可在标题栏紧靠左方的位置继续自下而上延续，以便于编排序号遗漏时进行补充。

（3）对于标准件，应将其规格视为名称的一部分，在备注栏中写明国标代号。

【任务解析】

观察图6－1－1所示机用虎钳装配图，它包括了装配图的四项内容。

（1）有三个基本视图：主视图、左视图与俯视图；

（2）有一些必要的尺寸；

（3）技术要求是用文字说明的，共有两条，在明细栏上方；

（4）标题栏，零件编号和明细栏：可以看出机器的名称是机用虎钳，绘图比例是

1∶1，共由11种零件装配而成，每种零件的名称、数量、材料、规格和标准代号等都可以查到。

单元6.2　认识装配图中的标准件和常用件

【工作任务】

认识图6-1-1所示机用虎钳装配图中的标准件和常用件。

【知识学习】

在机器或部件上，除一般零件外，还会经常用到螺栓、螺母、垫圈、齿轮、键、销、滚动轴承、弹簧等标准件或常用件。

由于这些零部件用途广、用量大，为了便于批量生产和使用，对它们的结构与尺寸都已进行了全部或部分标准化。为了提高绘图效率，对上述零部件的某些结构和形状不必再按其真实投影画出，而是根据相应的国家标准所规定的画法、代号和标记进行绘图和标注。

6.2.1　螺纹与螺纹联接

螺纹是在圆柱或圆锥表面上，沿着螺旋线所形成的具有规定牙型（如三角形、梯形等）的连续凸起。凸起是指螺纹两侧面间的实体部分，又称牙。

在各种机器产品中，带螺纹的零件应用很广泛，它主要用于联接零件、传动零件、紧固零件和测量零件等。螺纹分外螺纹和内螺纹两种，成对使用。在圆柱或圆锥外表面上加工的螺纹，称外螺纹；在圆柱或圆锥内表面上加工的螺纹，称内螺纹。

6.2.1.1　螺纹的加工方法

工业上制造螺纹有许多种方法，各种螺纹都是根据螺旋线原理加工而成的。图6-2-1为在车床上加工内、外螺纹的方法。工件做等速旋转，车刀沿轴线方向等速移动，刀尖即形成螺旋运动。由于车刀刀刃形状不同，在工件表面切削掉的部分截面形状也不

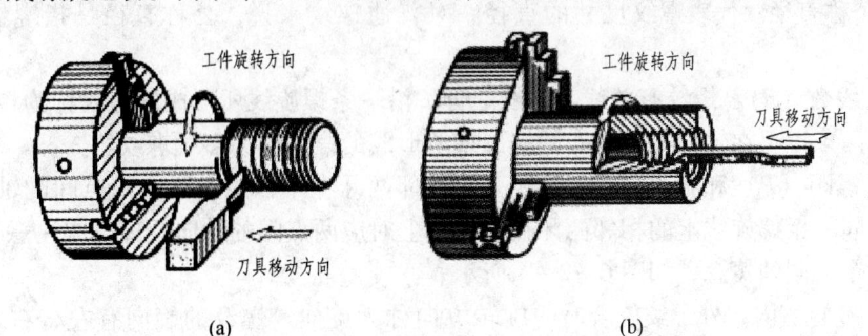

图6-2-1　在车床上车削螺纹

（a）车外螺纹；（b）车内螺纹

同，因而得到各种不同的螺纹。

6.2.1.2　螺纹基本要素

螺纹的要素有：牙型、直径、线数、螺距和旋向。

（1）牙型。在通过螺纹轴线的断面上螺纹的轮廓形状称为牙型。常见牙型有三角形、梯形和锯齿形等，如图6-2-2所示。

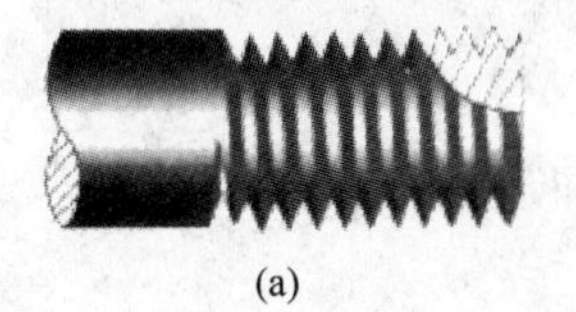
(a)
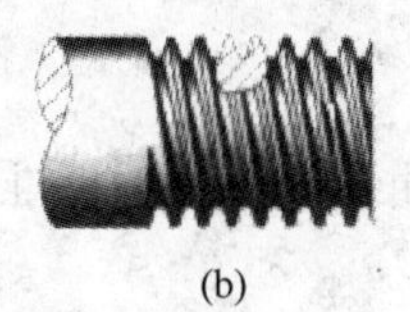
(b)
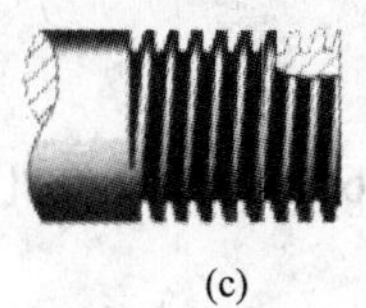
(c)

图6-2-2　螺纹的牙型

（2）直径。螺纹直径有大径（d，D）、中径（d_2，D_2）和小径（d_1，D_1）之分，如图6-2-3所示。其中外螺纹大径 d 和内螺纹小径 D_1 亦称顶径。

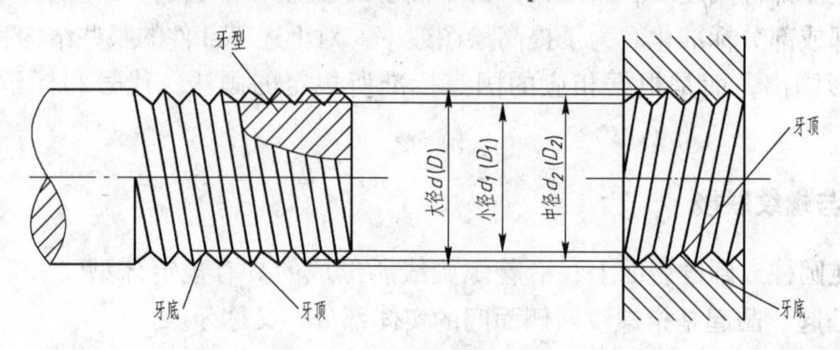

图6-2-3　螺纹的直径

1）大径 d，D。与外螺纹牙顶或内螺纹牙底相重合的假想圆柱面的直径。外螺纹大径用“d”表示，内螺纹大径用“D”表示。

2）小径 d_1，D_1。与外螺纹牙底或内螺纹牙顶相重合的假想圆柱面的直径。外螺纹小径用“d_1”表示，内螺纹小径用“D_1”表示。

3）中径 d_2，D_2。一个假想圆柱的直径，该圆柱的母线通过牙型上沟槽和凸起宽度相等的地方。外螺纹中径用“d_2”表示，内螺纹中径用“D_2”表示。

4）公称直径。代表螺纹尺寸的直径。对普通螺纹来说，公称直径是指螺纹的大径 d，D。

（3）线数（n）。螺纹有单线与多线之分。沿一条螺旋线所形成的螺纹称为单线螺纹，沿两条或两条以上在轴向等距分布的螺旋线所形成的螺纹称为多线螺纹。

（4）螺距（P）和导程（s）。螺距是指相邻两牙在中径线上对应两点间的轴向距离，导程是指同一条螺旋线上的相邻两牙在中径线上对应两点间的轴向距离。应注意，螺距和导程是两个不同的概念，如图6-2-4所示。

（5）旋向。内、外螺纹旋合时的旋转方向称为旋向。螺纹的旋向有左、右之分。顺时针旋转时旋入的螺纹称为右旋螺纹；逆时针旋转时旋入的螺纹称为左旋螺纹。

旋向可按下列方法判定：

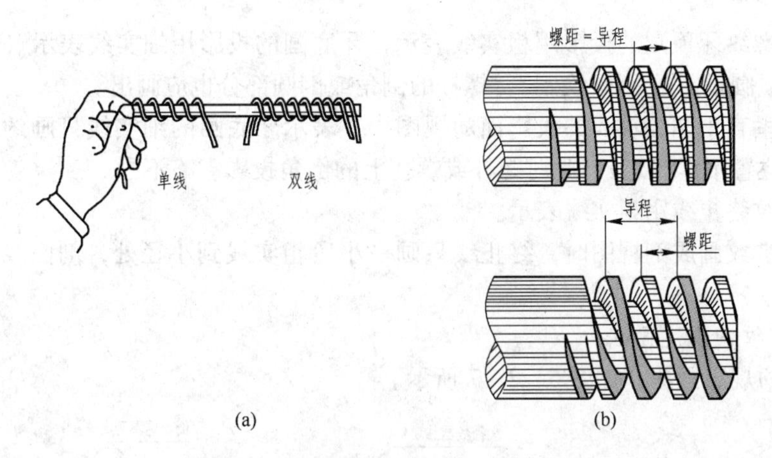

图 6-2-4　螺纹的螺距、导程、线数

将外螺纹轴线垂直放置，螺纹的可见部分是右高左低者为右旋螺纹，左高右低者是左旋螺纹，如图 6-2-5 所示。

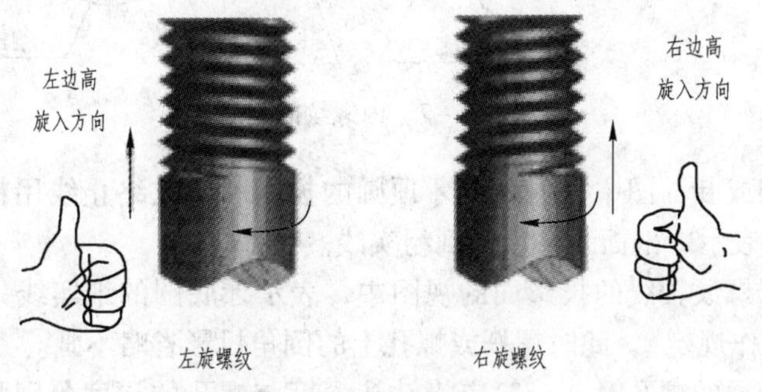

图 6-2-5　螺纹的旋向

只有牙型、直径、螺距、线数和旋向都相同的内、外螺纹才能旋合在一起。常见的螺纹是单线、右旋。

6.2.1.3　螺纹的规定画法

由于螺纹是采用专用机床和刀具加工的，所以无需将螺纹按真实投影画出，可采用规定画法以简化作图过程。

A　外螺纹的规定画法

外螺纹的规定画法，如图 6-2-6 所示。

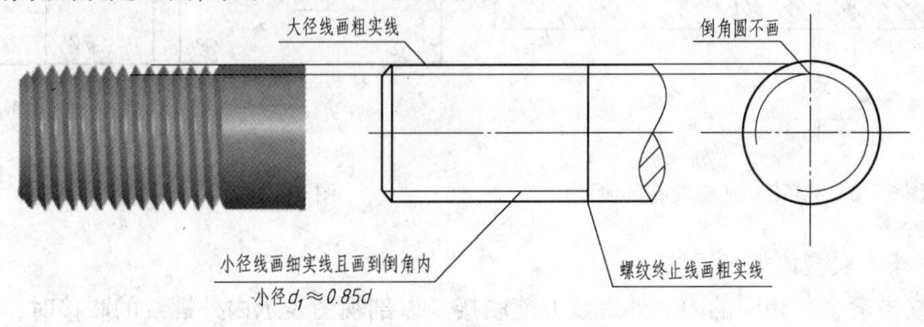

图 6-2-6　外螺纹的画法

（1）外螺纹牙顶圆的投影用粗实线表示，牙底圆的投影用细实线表示（牙底圆的投影通常按牙顶圆投影的 85% 绘制），螺杆的倒角或倒圆部分也应画出。

（2）在垂直于螺纹轴线的投影面的视图中，表示牙底圆的细实线只画约 3/4 圈（空出 1/4 圈的位置不作规定），此时螺杆或螺孔上的倒角投影省略不画。

（3）螺纹终止线用粗实线表示。

（4）外螺纹画成剖视图时，终止线只画一小段粗实线到小径处，剖面线应画到粗实线处。

B　内螺纹的规定画法

内螺纹的规定画法，如图 6－2－7 所示。

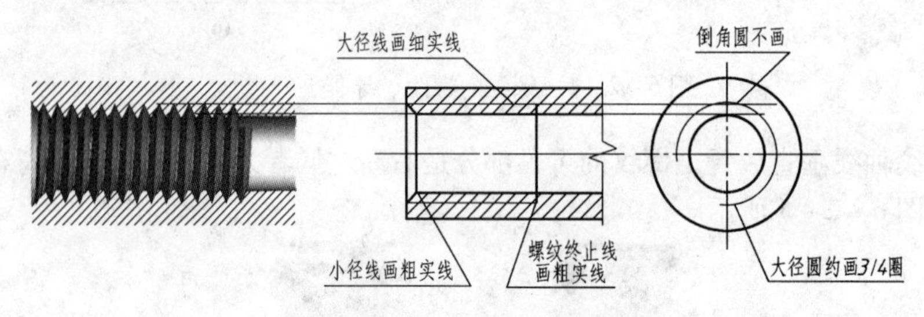

图 6－2－7　内螺纹的画法

（1）在剖视图或断面图中，内螺纹牙顶圆的投影和螺纹终止线用粗实线表示，牙底圆的投影用细实线表示，剖面线必须画到粗实线。

（2）在垂直于螺纹轴线的投影面的视图中，表示牙底圆的细实线只画约 3/4 圈（空出 1/4 圈的位置不作规定），此时螺杆或螺孔上的倒角投影省略不画。

（3）绘制不穿通的螺孔时，一般应将钻孔深度与螺孔的深度分别画出。螺纹的有效深度和孔深之间保持 0.5 倍大径的距离，底部的锥顶角应按 120° 画出，如图 6－2－8 所示。

（4）当内螺纹不可见时，所有的图线都用虚线绘制，如图 6－2－9 所示。

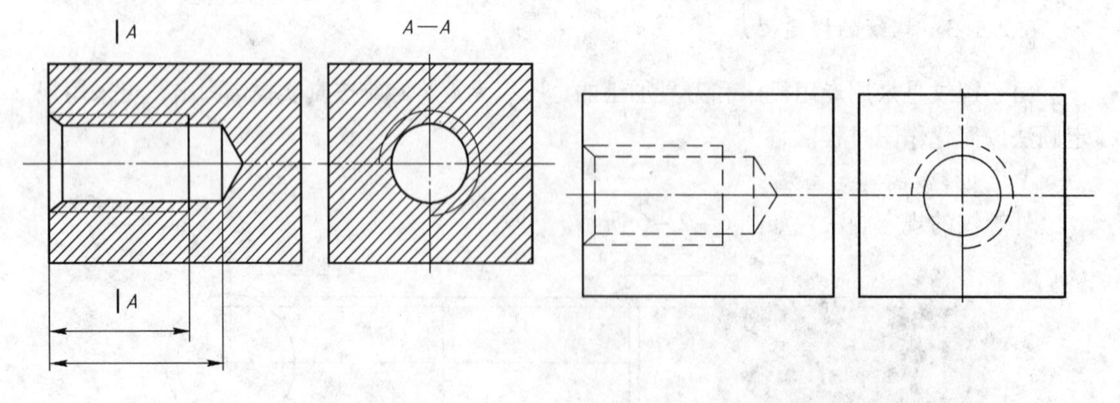

图 6－2－8　不穿通螺纹孔的画法　　图 6－2－9　未剖螺纹的画法

C　螺纹联接的规定画法

螺纹要素全部相同的内、外螺纹方能联接。以剖视图表示内外螺纹的联接时，其旋合部分应按外螺纹的画法绘制，其余部分仍按各自的画法表示，如图 6－2－10 所示。

画图时必须注意：内、外螺纹的大、小径线必须对齐。这与倒角大小无关，它表明内、外螺纹具有相同的大径和小径。

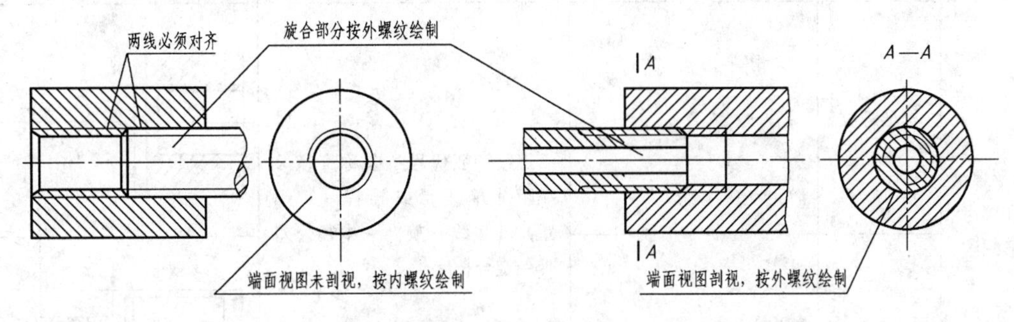

图 6－2－10　螺纹联接的规定画法

6.2.1.4　螺纹的种类和标注

常用的螺纹有：联接螺纹（如普通螺纹）、管螺纹和传动螺纹（如梯形螺纹和锯齿形螺纹）。由于螺纹的规定画法不能表示螺纹种类和螺纹要素，因此绘制螺纹图样时，必须按照国家标准所规定的格式和相应代号进行标注，如表 6－2－1 所示。

表 6－2－1　螺纹的种类和标注

螺纹种类		螺纹特征代号		标记内容及格式	标注示例
普通螺纹		粗　牙	M	螺纹特征代号　公称直径（×螺距）旋向－中径公差带 顶径公差带－旋合长度	M16-6g
		细　牙			
管螺纹	用螺纹密封的管螺纹	圆锥内螺纹	Rc	螺纹特征代号　尺寸代号－旋向代号	Rc1/2
		圆柱内螺纹	Rp		R3/4
		圆锥外螺纹	R		
	非螺纹密封的管螺纹	G		螺纹特征代号　尺寸代号 公差等级代号－旋向代号	G3/4A

续表6－2－1

螺纹种类		螺纹特征代号	标记内容及格式	标注示例
梯形螺纹和锯齿形螺纹	梯形螺纹	Tr	螺纹特征代号　公称直径×螺距［单线］或导程（P螺距）［多线］旋向－中径公差带－旋合长度	Tr36×12(P6)-7H
	锯齿形螺纹	B		B70×10LH-7C

标注说明：

（1）普通螺纹。粗牙普通螺纹不标注螺距，细牙螺纹标注螺距。

左旋螺纹以“LH”表示，右旋螺纹不标注旋向（所有螺纹旋向的标记，均与此相同）。

公差带代号由中径公差带和顶径公差带（对外螺纹指大径公差带，对内螺纹指小径公差带）两组公差带组成。大写字母代表内螺纹，小写字母代表外螺纹。若两组公差带相同，则只写一组。

旋合长度分为短（S）、中等（N）、长（L）三种旋合长度。一般应采用中等旋合长度（此时N省略不注）。

（2）非螺纹密封的管螺纹。其内、外螺纹都是圆柱管螺纹，对外螺纹分A，B两级标记；内螺纹公差带只有一种，所以不加标记。

管螺纹的尺寸代号用1/2，3/4，1，…表示，但其并非公称直径，也不是管螺纹本身任何一个直径的尺寸。管螺纹的大径、中径、小径及螺距等具体尺寸，只有通过查阅相关的国家标准才能获知。

（3）梯形和锯齿形螺纹。梯形和锯齿形螺纹只标注中径公差带。

旋合长度只有中等旋合长度（N）和长旋合长度（L）两组，若为中等旋合长度则N省略不注。

梯形螺纹的公称直径是指外螺纹大径。实际上内螺纹大径大于外螺纹大径，但标注内螺纹代号时仍要标注公称直径，即外螺纹大径。

6.2.2　螺纹紧固件

在螺纹联接中，螺纹紧固件联接是工程上应用得最广泛的联接方式。因此，要掌握常用螺纹紧固件的标记、画法及其联接方式。

6.2.2.1　常用螺纹紧固件的简化标记

常用螺纹紧固件的简化画法及标记示例，见表6－2－2。

表6－2－2　常用螺纹紧固件的简化画法及标记

名称	轴测图	画法及规格尺寸	简化标记示例及说明
六角头螺栓			螺栓 GB/T 5780　M12×50 表示螺纹规格 d = M12，公称长度 l = 50
双头螺柱			螺柱 GB/T 899　M12×50 表示两端均为粗牙普通螺纹，螺纹规格 d = M12，公称长度 l = 50 的双头螺柱
螺钉			螺钉 GB/T 68　M10×45 表示螺纹规格 d = M10，公称长度 l = 45 的开槽沉头螺钉
六角螺母			螺母 GB/T 6170　M16 表示螺纹规格 D = M16 的六角螺母
垫圈			垫圈 GB/T 97.1 16－140HV 表示标准系列，规格 16，性能等级为 140HV 级的平垫圈

6.2.2.2　常见的螺纹联接形式

常见的螺纹联接形式有螺栓联接、双头螺柱联接和螺钉联接。

A　螺栓联接的画法

螺栓联接用于联接两个不太厚的零件，被联接零件必须先加工出光孔，孔径略大于螺栓公称直径（约为1.1d），以便于装配。联接时将螺栓的杆身穿过两个被联接零件上的通孔，套上垫圈，再用螺母拧紧，如图6－2－11所示。

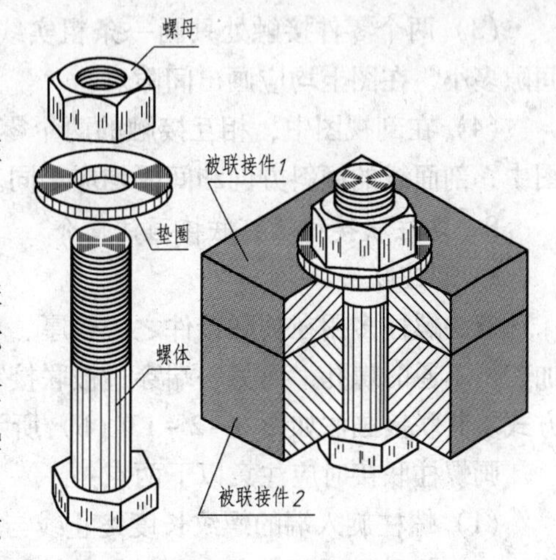

图6－2－11　螺栓联接

为提高画图速度，对联接的各个尺寸，可不按相应的标准数值画出，而是采用近似画法。采用近似画法时，除螺栓长度按 $L_{计}=t_1+t_2+1.25d$ 计算后，再查表取标准值外，其他各部分都取与螺栓直径成一定的比例来绘制。螺栓、螺母、垫圈的各部分尺寸比例关系，如图 6－2－12 所示。

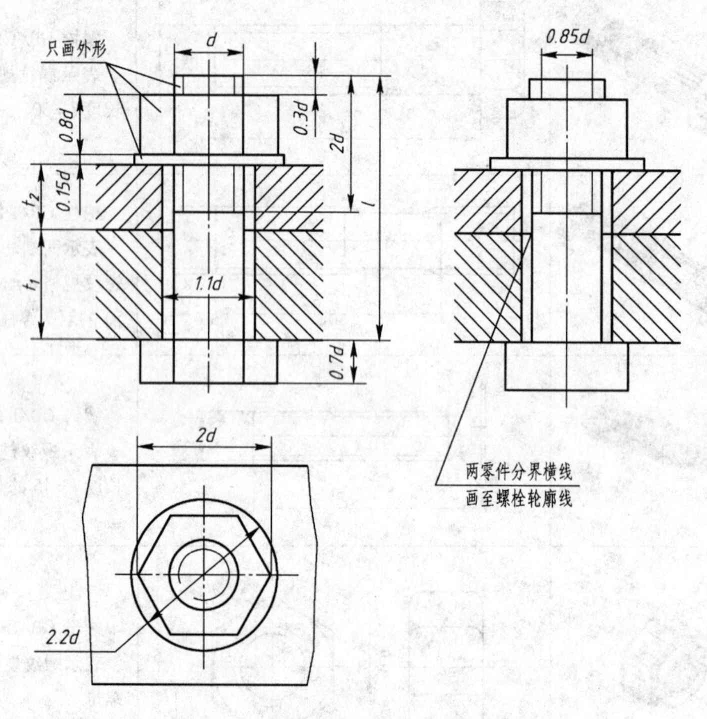

图 6－2－12　螺栓联接的近似画法

画螺栓联接图时必须遵守下列基本规定：

（1）在装配图中，当剖切平面通过螺栓、螺柱、螺钉、螺母及垫圈等标准件的轴线时，这些标准件应按未剖切绘制，即只画外形，如图 6－2－13 所示。

（2）螺栓联接尽量采用简化画法，六角头螺栓和六角螺母的头部曲线可省略不画。螺纹紧固件上的工艺结构，如倒角、退刀槽、凸肩等均省略不画。

（3）两个零件接触处只画一条粗实线，不得将轮廓线加粗。凡不接触的表面，不论间隙多小，在图上均应画出间隙。

（4）在剖视图中，相互接触的两个零件其剖面线方向相反。而同一个零件在各剖视图中，剖面线的倾斜方向和间隔均应相同。

B　螺柱联接和螺钉联接画法简介

a　螺柱联接

双头螺柱多用在被联接件之一较厚、不便使用螺栓联接的地方。这种联接是在机体上加工出不通的螺孔，而另一端穿过被联接零件的通孔，放上垫圈后再拧紧螺母的一种联接方式。其联接画法如图 6－2－13（b）所示。

画螺柱联接时应注意以下两点：

（1）螺柱旋入端的螺纹长度终止线与两个被联接件的接触面应画成一条线。

（2）螺孔可采用简化画法，即仅按螺孔深度画出，而不画钻孔深度。

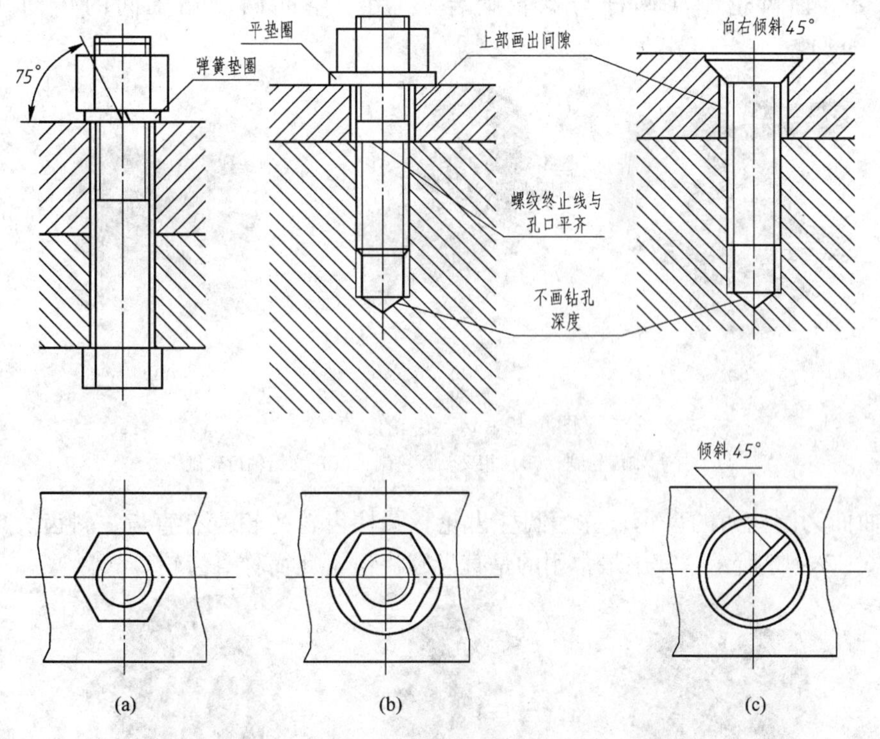

图6－2－13　螺栓、螺柱及螺钉联接的简化画法

（a）螺栓联接；（b）螺柱联接；（c）螺钉联接

b　螺钉联接

螺钉联接用于受力不大和不经常拆卸的地方。这种联接是在较厚的机件上加工出螺孔，而另一被联接件上加工成通孔，用螺钉穿过通孔拧入螺孔，从而达到联接的目的。

螺钉头部的一字槽可画成一条特粗线（$2d$），俯视图中画成与水平线成45°，自左下向右上的斜线；螺孔可不画出钻孔深度，仅按螺纹深度画出，如图6－2－13（c）所示。

螺纹紧固件采用弹簧垫圈时，弹簧垫圈的开口方向应向左倾斜（与水平线成60°），用一条特粗线（约$2d$）表示。

6.2.3　齿轮

齿轮在机器制造业中应用十分广泛，齿轮的主要作用是传递动力，改变运动速度和方向。齿轮上每一个用于啮合的凸起部分，称为轮齿，其余部分称为轮体。一对齿轮的齿，依次交替接触，从而实现一定规律的相对运动的过程和形态，称为啮合。

6.2.3.1　齿轮的基本知识

由两个啮合的齿轮组成的基本机构，称为齿轮副。常用的齿轮副按两轴的相对位置不同分为如下三种：

（1）平行轴齿轮副（圆柱齿轮啮合），用于两平行轴间的传动（见图6－2－14（a））。

（2）相交轴齿轮副（锥齿轮啮合），用于两相交轴间的传动（见图6－2－14（b））。

(3) 交错轴齿轮副（蜗杆与蜗轮啮合），用于空间两交错轴间的传动（见图 6-2-14（c））。

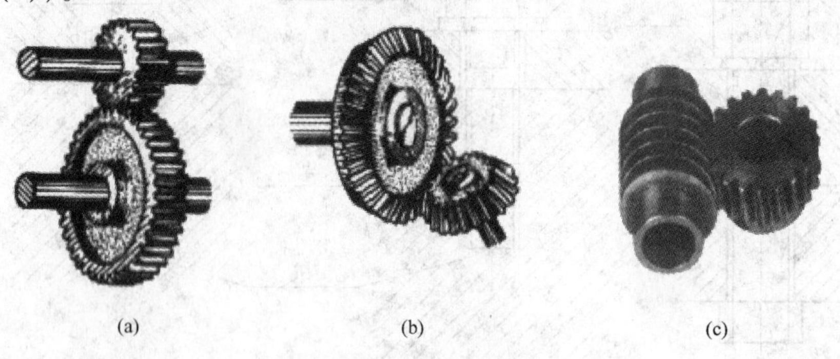

图 6-2-14　齿轮传动

（a）平行轴齿轮副；（b）相交轴齿轮副；（c）交错轴齿轮副

分度曲面为圆柱面的齿轮，称为圆柱齿轮。圆柱齿轮的轮齿有直齿、斜齿、人字齿等，如图 6-2-15 所示，其中最常用的是直齿圆柱齿轮（简称直齿轮）。

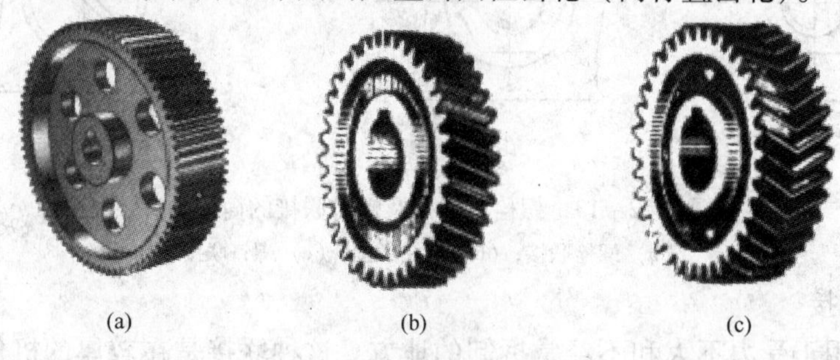

图 6-2-15　圆柱齿轮

（a）直齿轮；（b）斜齿轮；（c）人字齿轮

6.2.3.2　直齿圆柱齿轮轮齿的各部分名称及代号

直齿圆柱齿轮轮齿的各部分名称及代号，如图 6-2-16 所示。

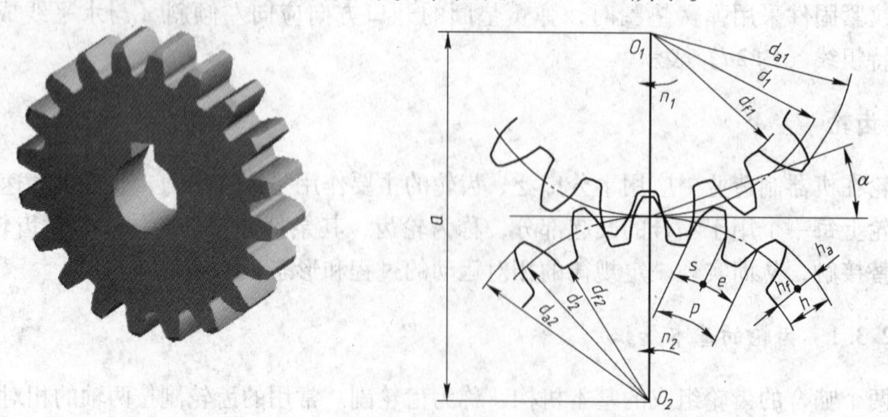

图 6-2-16　直齿圆柱齿轮轮齿的各部分名称及代号

(1) 顶圆（齿顶圆）。在圆柱齿轮上，齿顶圆柱面与端平面的交线称为齿顶圆，其直

径用 d_a 表示。

（2）根圆（齿根圆）。在圆柱齿轮上，齿根圆柱面与端平面的交线称为齿根圆，其直径用 d_f 表示。

（3）分度圆。齿轮上作为齿轮尺寸基准的圆称为分度圆，其直径用 d 表示。

（4）齿顶高。齿顶圆与分度圆之间的径向距离称为齿顶高，用 h_a 表示。

（5）齿根高。齿根圆与分度圆之间的径向距离称为齿根高，用 h_f 表示。

（6）齿高。齿顶圆与齿根圆之间的径向距离称为齿高，用 h 表示。

（7）端面齿距（简称齿距）。在齿轮上，两个相邻的同侧端面齿廓之间的分度圆弧长称为端面齿距，用 p 表示。

（8）齿宽。齿轮的有齿部位沿分度圆柱面的直母线方向量度的宽度称为齿宽，用 B 表示。

（9）压力角。在一般情况下，两相啮合轮齿的端面齿廓在接触点处的公法线，与两分度圆的内公切线所夹的锐角，称为压力角，用 α 表示，如图6－2－17所示。标准齿轮的啮合角采用20°。

（10）齿数。一个齿轮的轮齿总数，用 z 表示。

（11）中心距。平行轴或交错轴齿轮副的两轴线之间的最短距离称为中心距，用 a 表示。

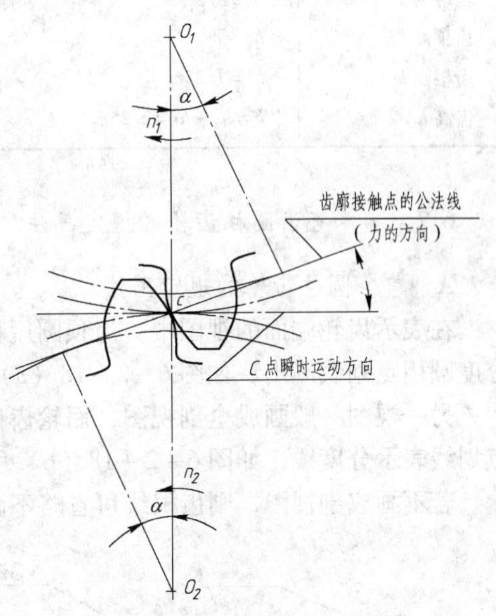

图6－2－17 齿轮传动图

6.2.3.3 直齿圆柱齿轮的基本参数与齿轮轮齿各部分的尺寸关系

（1）模数。齿轮上有多少齿，在分度圆周上就有多少齿距，即分度圆周总长 $\pi d = zp$，则 $d = zp/\pi$；齿距 p 与 π 的比值，称为齿轮的模数，用符号“m”表示，尺寸单位为mm，即 $m = p/\pi$，则分度圆直径 $d = mz$。

为了简化和统一齿轮的轮齿规格，提高齿轮的互换性，便于齿轮的加工、修配，减少齿轮刀具的规格品种，提高其系列化和标准化程度，国家标准对齿轮的模数作了统一规定，见表6－2－3。

表6－2－3 圆柱齿轮模数（摘自GB/T 1357—87） （mm）

第一系列	1, 1.25, 1.5, 2, 2.5, 3, 4, 5, 6, 8, 10, 12, 16, 20, 25, 32, 40
第二系列	1.75, 2.25, 2.75,（3.25）, 3.5,（3.75）, 4.5, 5,（6.5）, 7, 9,（11）, 14, 18, 22

注：选用圆柱齿轮模数时，应优先选用第一系列，其次选用第二系列，括号内的模数尽可能不用。

在标准齿轮中，齿顶高 $h_a = m$，齿根高 $h_f = 1.25m$。相互啮合的两齿轮，其齿距 p 应相等；由于 $p = m\pi$，因此它们的模数亦应相等。当模数 m 发生变化时，齿高 h 和齿距 p 也随之变化，即：模数 m 愈大，轮齿就愈大；模数 m 愈小，轮齿就愈小。由此可以看出，模数是表征齿轮轮齿大小的一个重要参数，是计算齿轮主要尺寸的一个基本依据。

（2）轮齿各部分的尺寸关系。齿轮的模数 m 确定后，按照其与 m 的比例关系，可算出轮齿各部分的尺寸，详见表6－2－4。

表6－2－4　直齿圆柱齿轮轮齿各部分的尺寸关系　（mm）

名称及代号	计算公式	名称及代号	计算公式
模数 m	$m=d/z$	分度圆直径 d	$d=mz$
齿顶高 h_a	$h_a=m$	齿顶圆直径 d_a	$d_a=d+2h_a=m(z+2)$
齿根高 h_f	$h_f=1.25m$	齿根圆直径 d_f	$d_f=d-2h_f=m(z-2.5)$
齿高 h	$h=h_a+h_f=2.25m$	中心距 a	$a=(d_1+d_2)/2=m(z_1+z_2)/2$

6.2.3.4　直齿圆柱齿轮的规定画法

A　单个圆柱齿轮的规定画法

在表示齿轮端面的视图中，齿顶圆用粗实线画出，齿根圆用细实线画出或省略不画，分度圆用点划线画出，如图6－2－18（a）所示。

另一视图一般画成全剖视图，而轮齿按不剖处理。用粗实线表示齿顶线和齿根线，用点划线表示分度线，如图6－2－18（b）所示。

若不画成剖视图，则齿根线可省略不画。

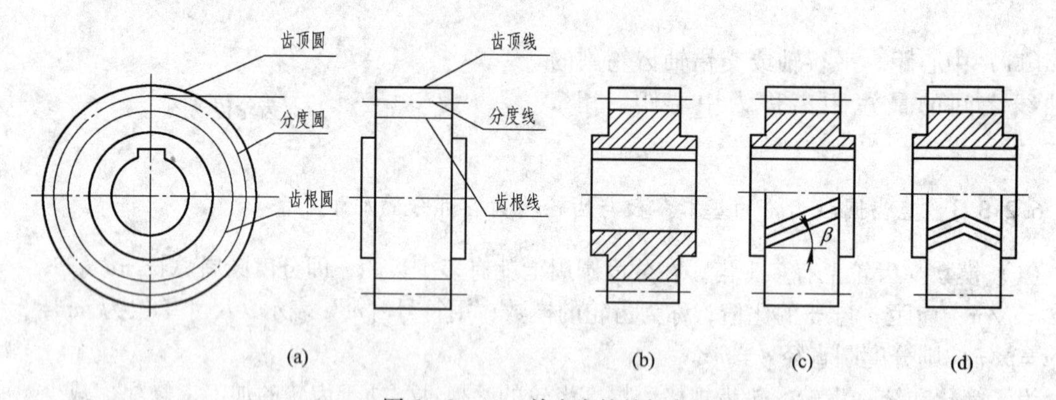

图6－2－18　单个齿轮的规定画法

B　圆柱齿轮啮合的规定画法

在表示齿轮端面的视图中，啮合区内的齿顶圆均用粗实线绘制，如图6－2－19（a）所示；也可省略不画，但相切的两分度圆须用点划线画出，两齿根圆也可省略不画；如图6－2－19（b）所示。若不作剖视，则啮合区内的齿顶线不必画出，此时分度线用粗实线绘制，如图6－2－19（c）所示。

在视图中，啮合区的投影如图6－2－20所示，齿顶与齿根之间应有0.25m的间隙（0.25称为顶隙系数），被遮挡的齿顶线（虚线）也可省略不画。

齿轮齿条啮合画法，如图6－2－21所示。

齿轮零件图参见图6－2－22。

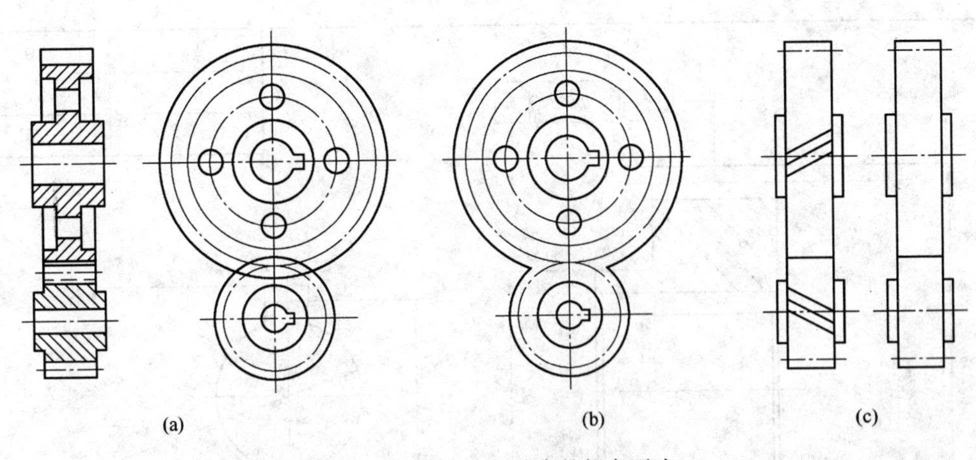

图6-2-19　齿轮啮合的规定画法

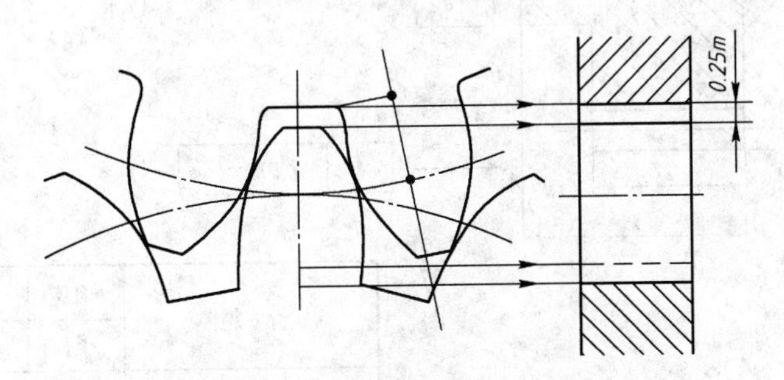

图6-2-20　齿顶与齿根间隙

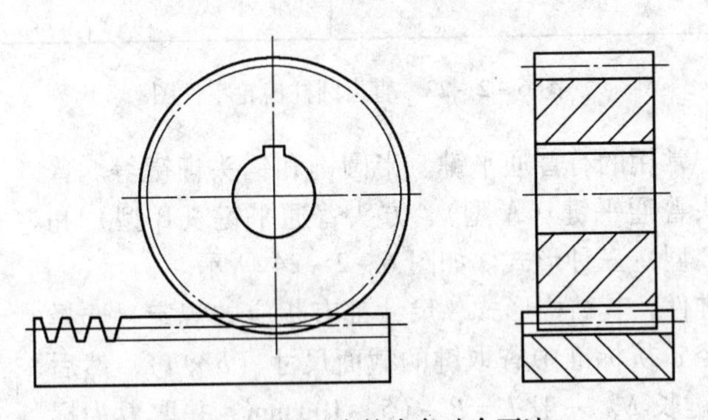
图6-2-21　齿轮齿条啮合画法

6.2.4　键、销联接

6.2.4.1　键联接

键是机械中常用的联接件，它的功用是传递扭矩。为了使齿轮、带轮等零件和轴一起转动，通常在轮孔和轴上分别加工出键槽，将键嵌入，用键将轮和轴联接起来进行传动，如图6-2-23所示。

A　常用键的形式和标记

常用键的形式和标记，如表6-2-5所示。

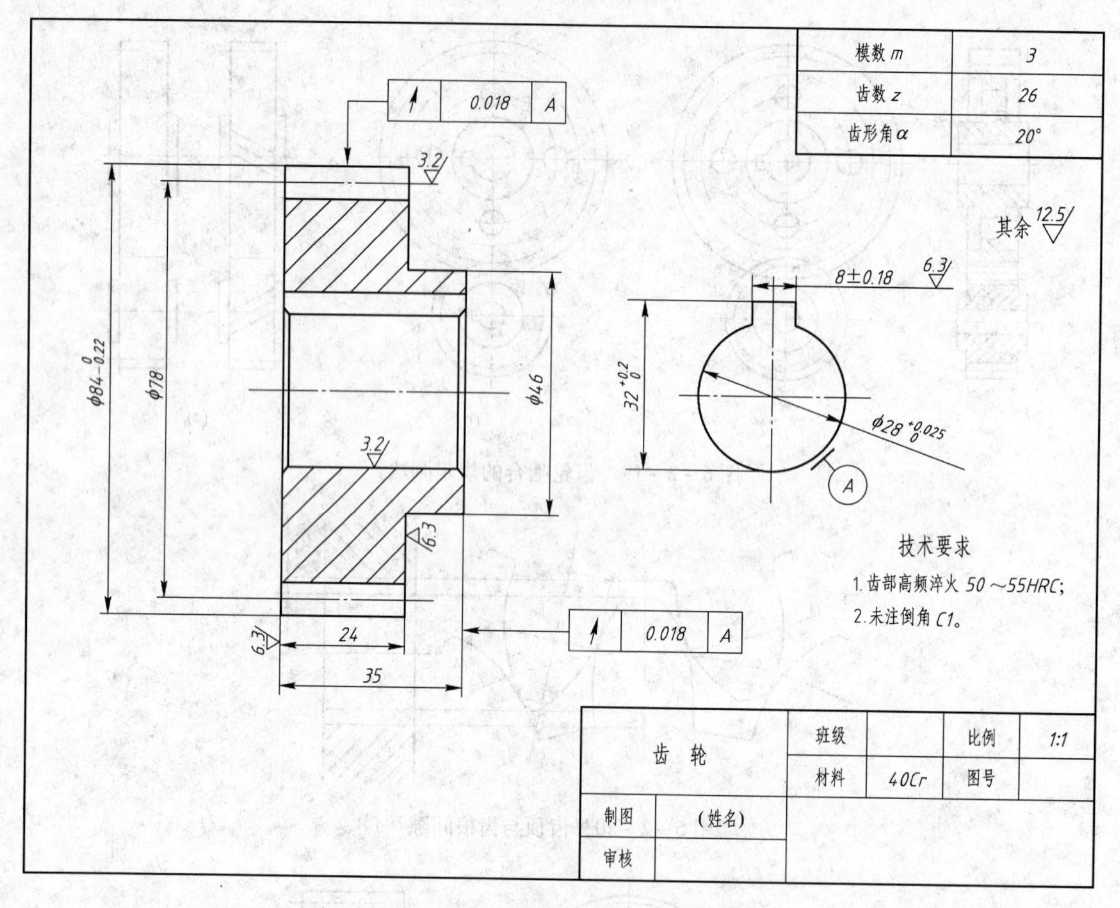

图 6－2－22　直齿圆柱齿轮零件图

键的种类很多，常用的有普通平键、半圆键和钩头楔键等。普通平键又可分为圆头普通平键（A 型）、方头普通平键（B 型）和单圆头普通平键（C 型）三种形式。如图 6－2－24 所示。

图 6－2－23　键联接

普通平键是标准件，其结构形式、尺寸都有相应的规定。选择平键时，先根据轴径 d 从标准中查取键的截面尺寸（$b \times h$），然后按轮毂宽度 B 选定键长 L，一般 $L = B - (5 \sim 10)$ mm，并取 L 为标准值。

表 6－2－5　常用键的形式和规定标记

名　称	标准号	图　例	标记示例
普通平键	GB/T 1096—79 （1990 年确认有效）	h　C　R=0.5b　b　L	普通平键（A 型），$b = 18$mm，$h = 11$mm，$L = 100$mm，标记为：键 18 × 100 GB/T 1096—79（注：A 型普通平键不注“A”）

续表6-2-5

名　称	标准号	图　例	标记示例
半圆键	GB/T 1099—79 （1990年确认有效）		半圆键，$b=6\text{mm}$，$h=10\text{mm}$，$d_1=25\text{mm}$，$L=24.5\text{mm}$，标记为：键 6×25 GB/T 1099—79
钩头楔键	GB/T 1665—79 （1990年确认有效）		钩头楔键 $b=18\text{mm}$，$h=11\text{mm}$，$L=100\text{mm}$，标记为：键 8×100 GB/T 1665—79

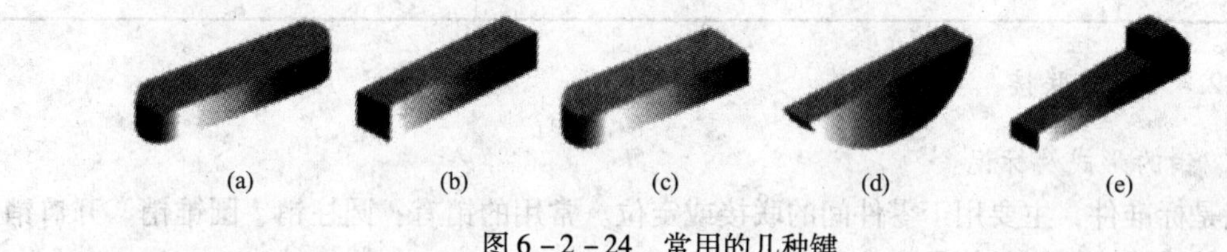

图6-2-24　常用的几种键

（a）普通平键（A型）；（b）普通平键（B型）；（c）普通平键（C型）；（d）半圆键；（e）钩头楔键

B　键槽的形式和尺寸

键槽同键一样，形式和尺寸都有相应的标准规定，用时可查阅标准，画法如图6-2-25所示。

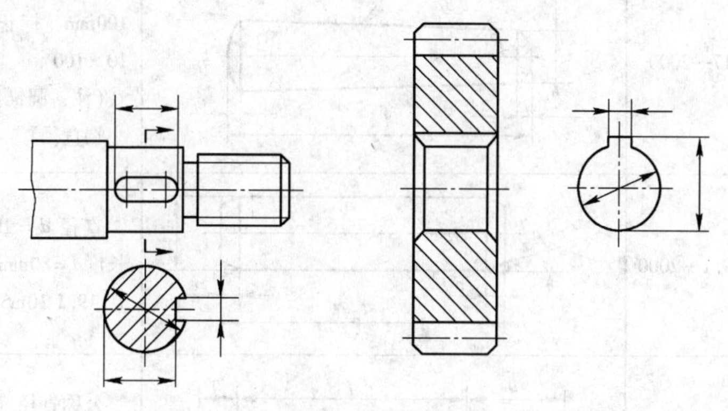

图6-2-25　键槽的表达方法和尺寸注法

C　键联接的画法

键联接的画法如表6-2-6所示。

表 6 -2 -6　键联接的画法

名　称	联接的画法	说　明
普通平键	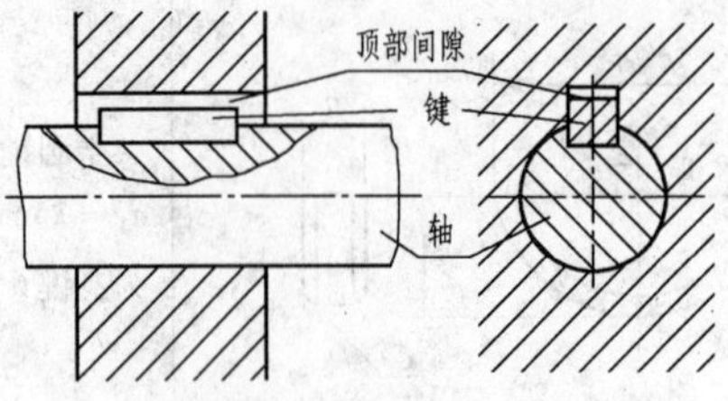 顶部间隙 键 轴	（1）键侧面接触； （2）顶面有一定间隙键的，倒角或圆角可省略不画
半圆键	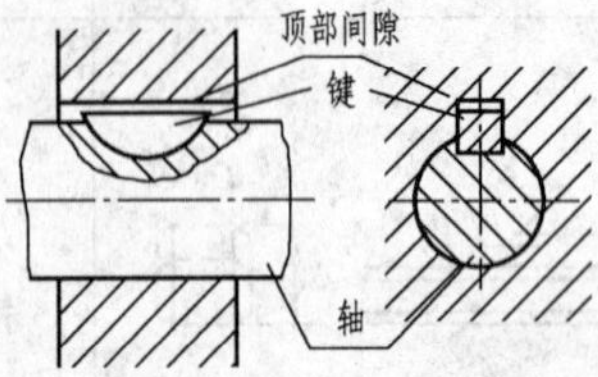 顶部间隙 键 轴	（1）键侧面接触； （2）顶面有间隙
钩头楔键	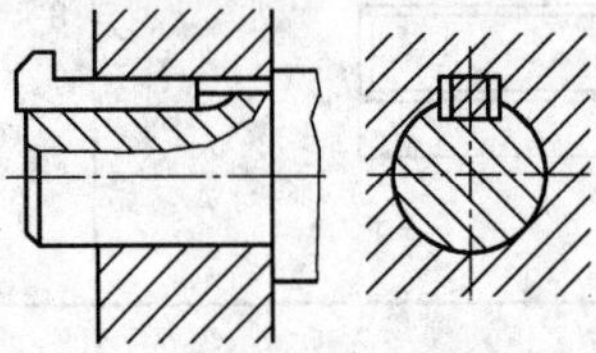	键与键槽在顶面、底面同时接触

6.2.4.2　销联接

A　销的形式及标记

销是标准件，主要用于零件间的联接或定位。常用的销有：圆柱销、圆锥销、开口销等。销的形式、标记示例见表 6 -2 -7。

表 6 -2 -7　销的形式和标记示例

名　称	标 准 号	图　例	标 记 示 例
圆锥销	GB/T 117—2000	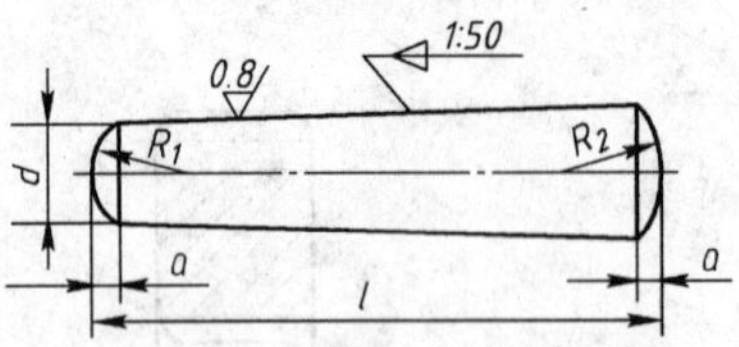 1:50　0.8　R_1　R_2　d　a　l　a	直径 d = 10mm，长度 l = 100mm，标记为：销 GB/T 117 10 × 100 （注：圆锥销的公称尺寸是指小端直径）
圆柱销	GB/T 119.1—2000	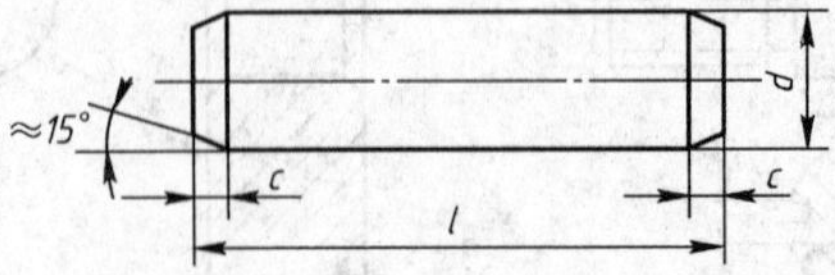 ≈15°　d　c　l　c	直径 d = 10mm，公差为 m6，长度 l = 80mm，标记为：销 GB/T 119.1 10m6 × 80
开口销	GB/T 91—2000	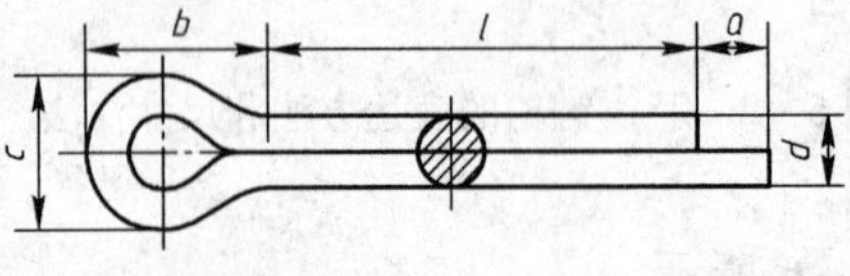 b　l　a　c　d	公称直径（指销孔直径）d = 4mm，长度 l = 20mm，标记为：销 GB/T 91 4 × 20

B　销联接的画法

销联接的画法如图6－2－26所示。

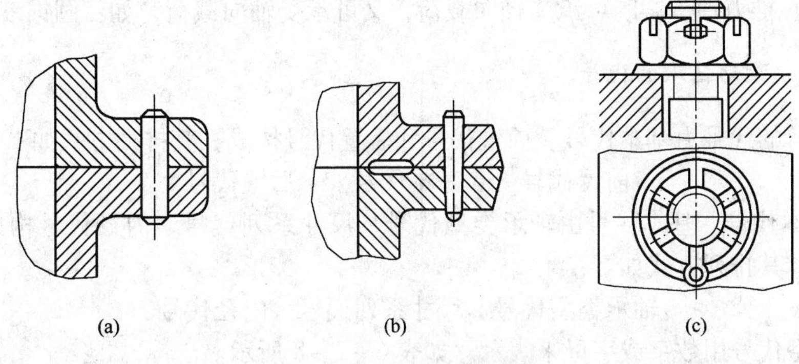

图6－2－26　销联接的画法

销的直径根据被联接件的孔径选择，销的长度略长于被联接件的长度，查阅标准后取值。圆锥销需画出1∶50的锥度。

6.2.5　滚动轴承

滚动轴承一般是支承旋转轴的标准组件，具有结构紧凑、摩擦力小等优点，在生产中使用比较广泛。滚动轴承的规格、形式很多，且都已实现标准化和系列化，由专门的工厂生产，需用时可根据要求，查阅有关标准选购。

6.2.5.1　滚动轴承的结构和种类

滚动轴承的种类虽多，但它们的结构大致相似，一般由内圈、外圈、滚动体、隔离圈（或保持架）四部分组成，如图6－2－27所示。一般内圈装在轴颈上，外圈装在机座或零件的轴承座孔中，工作时滚动体在内外圈间的滚道上滚动，形成滚动摩擦。隔离圈的作用是把滚动体相互隔开，滚动体主要分为球形和柱形两种。

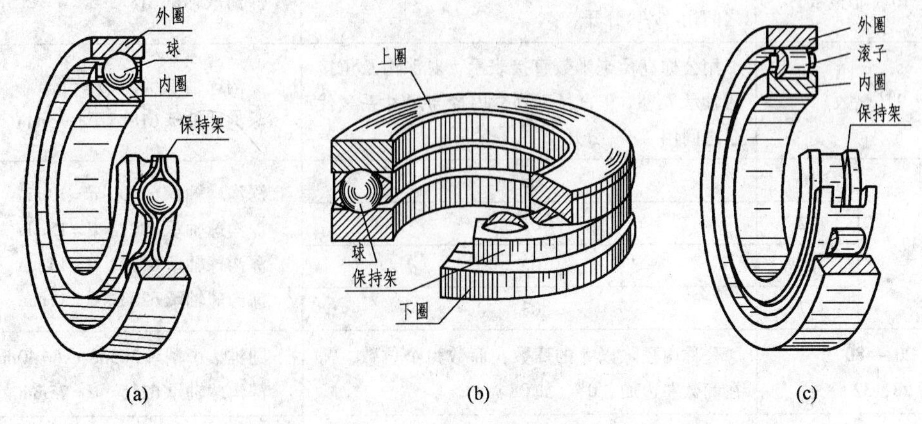

图6－2－27　常用滚动轴承的结构和种类

（a）深沟球轴承；（b）推力球轴承；（c）圆锥滚子轴承

滚动轴承按其所能承受的载荷方向不同，可分为：

（1）向心轴承。主要用于承受径向载荷，如：深沟球轴承。

（2）推力轴承。主要用于承受轴向载荷，如：推力球轴承。

（3）向心推力轴承。既可承受径向载荷，又可承受轴向载荷，如：圆锥滚子轴承。

6.2.5.2　滚动轴承的代号

滚动轴承的代号由基本代号、前置代号和后置代号构成，其排列方式如下：

前置代号　　基本代号　　后置代号

（1）基本代号。基本代号由轴承类型代号、尺寸系列代号、内径代号构成，是轴承代号的基础，其排列方式如下：

轴承类型代号　尺寸系列代号　内径代号

轴承类型代号用数字或字母来表示，如表 6-2-8 所示。

表 6-2-8　滚动轴承类型代号

代号	0	1	2	3	4	5	6	7	8	N	U	QJ
轴承类型	双列角接触球轴承	调心球轴承	调心滚子轴承和推力调心滚子轴承	圆锥滚子轴承	双列深沟球轴承	推力球轴承	深沟球轴承	角接触球轴承	推力圆柱滚子球轴承	圆柱滚子轴承	外球面球轴承	四点接触球轴承

尺寸系列代号由轴承的宽（高）度系列代号和直径系列代号组合而成，用两位数字来表示。内径代号表示轴承的公称内径，一般用两位数字来表示，其表示方法见表 6-2-9。

表 6-2-9　滚动轴承内径代号

<table>
<tr><th colspan="2">轴承公称直径/mm</th><th>内 径 代 号</th><th>示　例</th></tr>
<tr><td colspan="2">0.6～10（非整数）</td><td>用公称直径毫米数表示，其与尺寸系列代号之间用“/”分开</td><td>深沟球轴承 618/2.5　d = 2.5mm</td></tr>
<tr><td colspan="2">1～9（整数）</td><td>用公称直径毫米数直接表示，对深沟及角接触轴承 7，8，9 直径系列，内径与尺寸系列代号之间用“/”分开</td><td>深沟球轴承 625　d = 5mm
深沟球轴承 618/5　d = 5mm</td></tr>
<tr><td rowspan="4">10～17</td><td>10</td><td>00</td><td rowspan="4">深沟球轴承 6200　d = 10mm
深沟球轴承 6201　d = 12mm
深沟球轴承 6202　d = 15mm
深沟球轴承 6203　d = 17mm</td></tr>
<tr><td>12</td><td>01</td></tr>
<tr><td>15</td><td>02</td></tr>
<tr><td>17</td><td>03</td></tr>
<tr><td colspan="2">20～480
（22，28，32 除外）</td><td>公称内径除以 5 的商数，商数为个位数，需在商数左边加“0”，如 08</td><td>圆锥滚子轴承 30308　d = 40mm
深沟球轴承 6215　d = 75mm</td></tr>
<tr><td colspan="2">≥500 以及 22，28，32</td><td>用公称内径毫米数直接表示，但与尺寸系列之间用“/”分开</td><td>调心滚子轴承 230/500　d = 500mm
深沟球轴承 62/22　d = 22mm</td></tr>
</table>

（2）前置、后置代号。前置代号用字母表示，后置代号用字母（或加数字）表示。

前置、后置代号是轴承在结构形状、尺寸、公差、技术要求等有改变时，在其基本代号左右添加的代号。

(3) 轴承代号识读举例。

1) 6208

08——内径代号：$d=8\times5=40$（mm）；

2——尺寸系列代号（02）：宽度系列代号0省略，直径系列代号为2；

6——轴承类型代号：深沟球轴承。

2) 62/22

22——内径代号：$d=22$mm（用公称内径毫米数直接表示）；

2——尺寸系列代号（02）：宽度系列代号0省略，直径系列代号为2；

6——轴承类型代号：深沟球轴承。

3) 30312

12——内径代号：$d=12\times5=60$（mm）；

03——尺寸系列代号：宽度系列代号为0，直径系列代号为3；

3——轴承类型代号：圆锥滚子轴承。

4) 51312

12——内径代号：$d=12\times5=60$（mm）；

13——尺寸系列代号：高度系列代号为1，直径系列代号为3；

5——轴承类型代号：推力球轴承。

5) GS81107

07——内径代号：$d=7\times5=35$（mm）；

11——尺寸系列代号：高度系列代号为1，直径系列代号为1；

8——轴承类型代号：推力圆柱滚子轴承；

GS——前置代号：推力圆柱滚子轴承座圈。

6) 6213NR

NR——后置代号：轴承外圈上有止动槽，并带止动环；

13——内径代号：$d=13\times5=65$（mm）；

2——尺寸系列代号（02）：宽度系列代号0省略，直径系列代号为2；

6——轴承类型代号：深沟球轴承。

6.2.5.3 滚动轴承的画法

滚动轴承是标准组件，当需要表示滚动轴承时，可采用简化画法或规定画法。简化画法有两种形式：一是通用画法，二是特征画法。如表6-2-10所示。

6.2.6 弹簧

弹簧是一种用来减振、夹紧、测力和储存能量的零件，种类很多，有螺旋弹簧、涡卷弹簧、碟形弹簧、板弹簧等，用途最广的是圆柱螺旋弹簧。圆柱螺旋弹簧根据用途不同可分为压缩弹簧、拉伸弹簧和扭转弹簧，如图6-2-28所示。下面主要介绍圆柱螺旋压缩弹簧的尺寸计算和规定画法。

表 6-2-10　滚动轴承的通用画法、特征画法和规定画法

名称	主要参数	画法			装配示意图
		简化画法		规定画法	
		通用画法	特征画法		
深沟球轴承	D d B		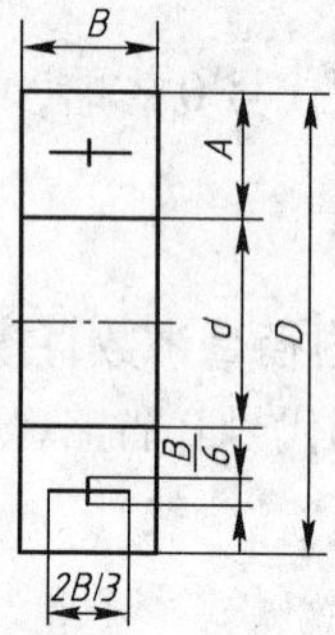	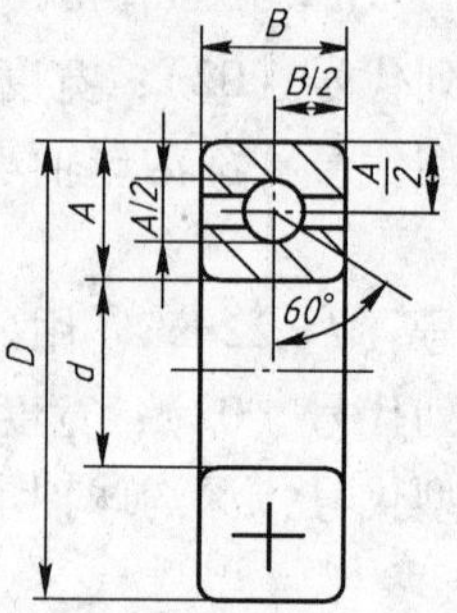	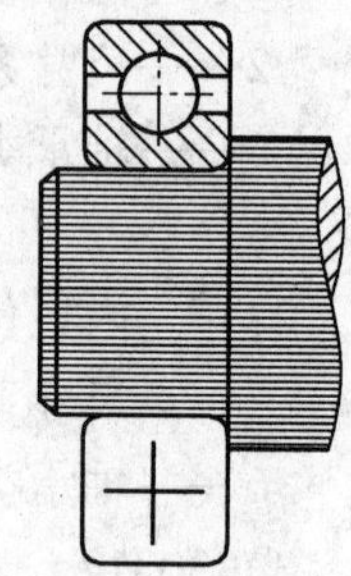
圆锥滚子轴承	D d T C	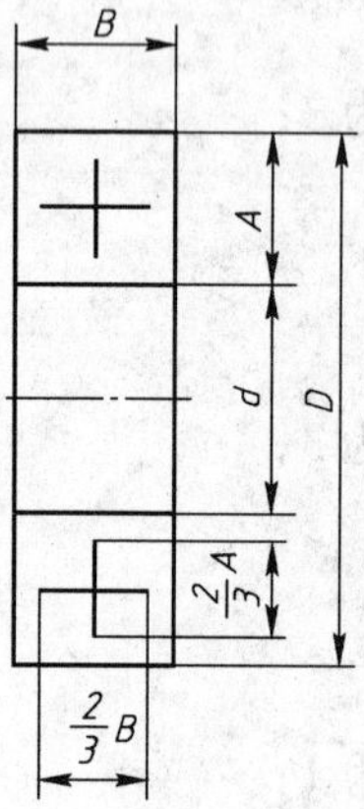	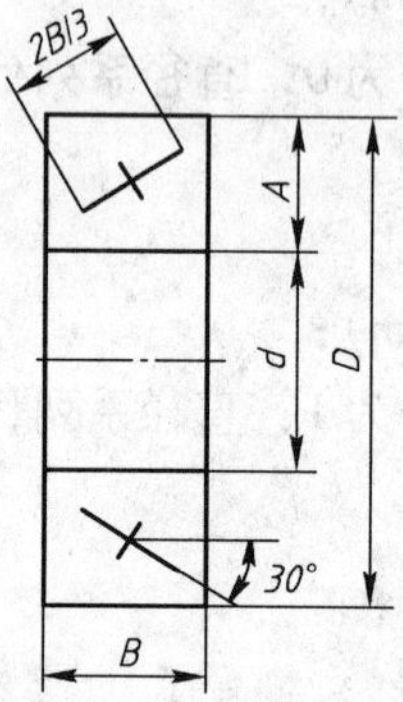	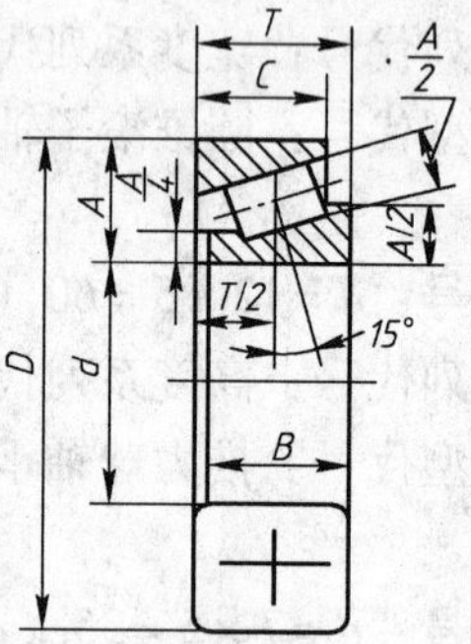	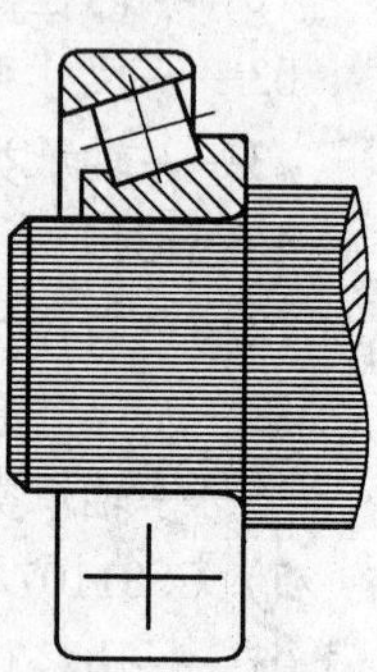
推力球轴承	D d T		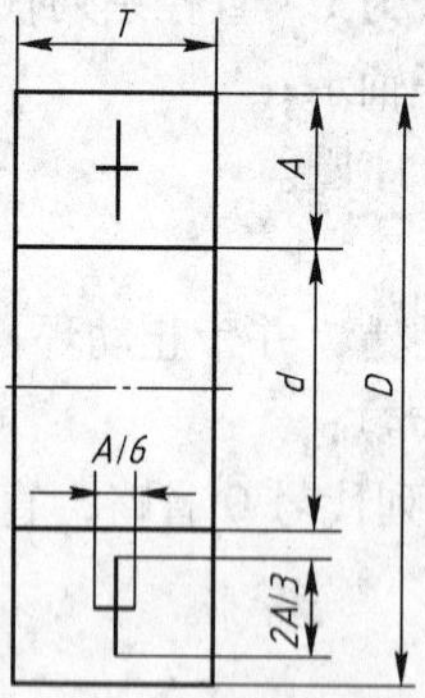	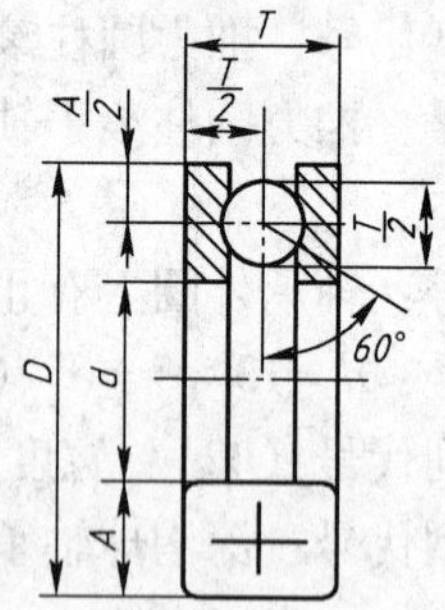	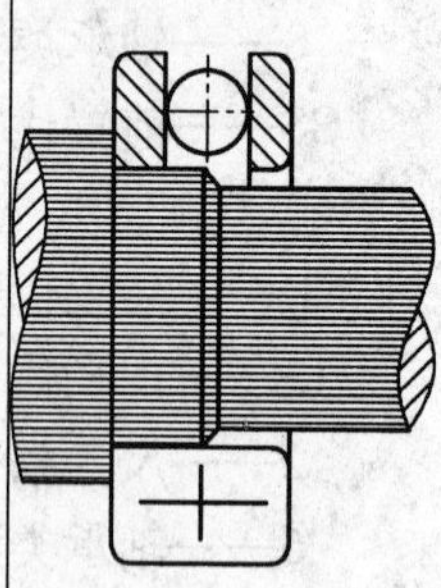

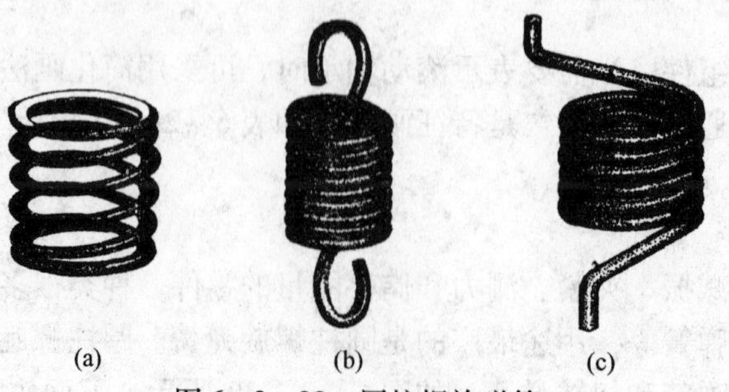
(a)　(b)　(c)

图 6-2-28　圆柱螺旋弹簧

(a) 压缩弹簧；(b) 拉伸弹簧；(c) 扭转弹簧

6.2.6.1　圆柱螺旋压缩弹簧的各部分名称及尺寸计算

圆柱螺旋压缩弹簧的各部分名称及尺寸计算，如图6－2－29所示。

（1）弹簧丝直径 d。

（2）弹簧直径。

弹簧内径 D_1：弹簧的最小直径，$D_1=D_2-d$。

弹簧外径 D：弹簧的最大直径，$D=D_2+d$。

弹簧中径 D_2：弹簧的内外直径平均值，$D_2=(D+D_1)/2=D-d$。

（3）节距 t。除支承圈外，相邻两圈在中径上对应点间的轴向距离称为节距。

（4）有效圈数 n、支承圈数 n_2 和总圈数 n_1。为了使压缩弹簧工作时受力均匀，且保证轴线垂直于支承端面，两端常并紧且磨平。这部分圈数仅起支撑作用，不产生弹性变形所以叫支承圈。支承圈数 n_2 有1.5圈、2圈和2.5圈三种。压缩弹簧除支承圈外，具有相等节距的圈数称有效圈数，有效圈数 n 与支承圈数 n_2 之和称为总圈数 n_1，即：

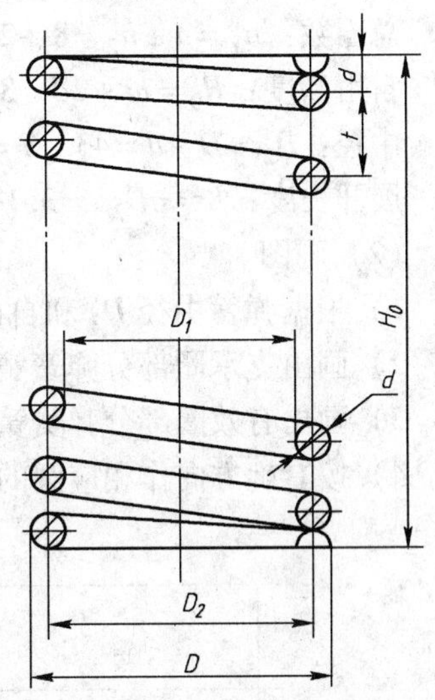

图6－2－29　圆柱螺旋压缩弹簧的各部分名称及尺寸计算

$$n_1=n+n_2$$

（5）自由高度（或自由长度）H_0。弹簧在不受外力时的高度（或长度），即：

$$H_0=nt+(n_2-0.5)d$$

当 $n_2=1.5$ 时，$H_0=nt+d$；

当 $n_2=2$ 时，$H_0=nt+1.5d$；

当 $n_2=2.5$ 时，$H_0=nt+2d$。

（6）弹簧展开长度 L。制造弹簧时的弹簧簧丝长度称为展开长度，$L\approx\pi D_2 n$。

6.2.6.2　圆柱螺旋压缩弹簧的规定画法

圆柱螺旋压缩弹簧可画成视图、剖视或示意图，如图6－2－30所示。

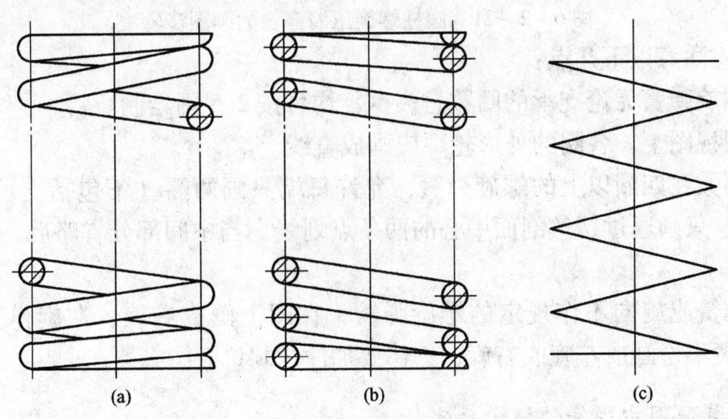

图6－2－30　圆柱螺旋压缩弹簧的画法

（a）视图画法；（b）剖视画法；（c）示意图画法

【例1】　已知：弹簧簧丝直径 $d=5$mm，弹簧外径 $D=43$mm，节距 $t=10$mm，有效圈数 $n=8$，支承圈数 $n_2=2.5$。试画出弹簧的剖视图。

（1）计算。

总圈数：$n_1=n+n_2=8+2.5=10.5$

自由高度：$H_0=nt+2d=8\times10+2\times5=90$（mm）

中径：$D_2=D-d=43-5=38$（mm）

展开长度：$L\approx\pi D_2 n=3.14\times38\times10.5=1253$（mm）

（2）画图。

1）根据弹簧中径 D_2 和自由高度 H_0 作矩形框（见图6-2-31（a））；

2）画出支承圈部分弹簧簧丝的断面（见图6-2-31（b））；

3）画出有效圈部分弹簧簧丝的断面（见图6-2-31（c））；

4）按右旋方向作相应圆的公切线及剖面线，即完成作图（见图6-2-31（d））。

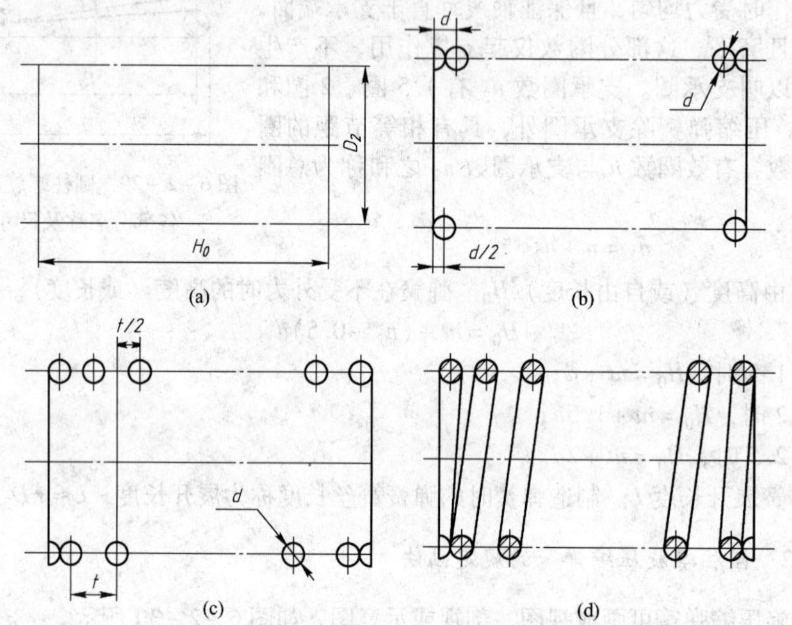

图6-2-31　圆柱螺旋压缩弹簧的画图步骤

画图时，应注意以下几点：

1）圆柱螺旋弹簧无论支承的圈数是多少，均可按2.5圈绘制。

2）在非圆视图上，各圈的外形轮廓应画成直线。

3）有效圈数在四圈以上的螺旋弹簧，允许每端只画两圈（不包括支承圈），中间各圈可省略不画，只画通过簧丝剖面中心的两条点划线。当中间部分省略后，也可适当地缩短图形的长度。

4）右旋弹簧或旋向不作规定的螺旋弹簧，在图上画成右旋。左旋弹簧允许画成右旋，但左旋弹簧不论画成左旋或右旋，一律要加注"LH"。

6.2.6.3　装配图中弹簧的规定画法

在装配图中，弹簧可视为实心物体，被弹簧挡住的结构轮廓不必画出，可见部分应画到弹簧的轮廓中心线处，如6－2－32（a）所示。被剖切后弹簧簧丝直径小于或等于2mm时，可用涂黑表示，且各圈轮廓线不画，如图6－2－32（b）所示。也可采用示意图画法，如图6－2－32（c）所示。

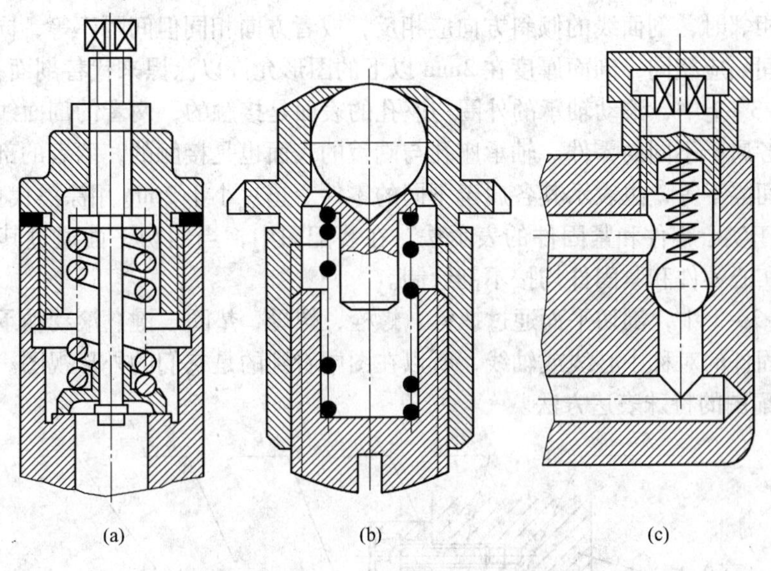

图6－2－32 装配图中弹簧的画法

【任务解析】

从图6－1－1虎钳装配图的明细表中可以看出，零件1是开口销，零件2是螺母，零件3是垫圈，零件8是螺钉，这些都是标准件。它们在装配体中起联接或固定作用，具体尺寸可以根据明细表备注栏中列出的国标代号查表得出。

单元6.3 识读装配图

【工作任务】

认真识读图6－1－1虎钳装配图，想象出虎钳的轴测图，弄清零件间的组装关系。

【知识学习】

6.3.1 装配图中的基本规定

装配图所要表达的内容比零件图多，所以就比零件图更为复杂。为了在看装配图时易于区分不同的零件，正确理解各零件之间的装配关系和联接方式，有必要了解装配图中的一些基本规定。以图6－3－1为例，说明如下：

（1）零件间接触面、配合面的规定。两零件的接触表面或配合表面，在接触处只用一条线表示，不接触的表面或非配合表面用两条线分开表示。在图6－3－1中，螺母和垫圈的表面是接触的，滚动轴承的内圈与轴颈的表面，外圈与座孔的表面是相互配合的，所以在接触处用一条线表示。端盖孔与轴为非配合表面，齿轮左端面与端盖表面是不接触的，所以用两条线分开表示。

（2）不同零件的剖面线方向和间隔问题。两个或两个以上的金属零件，它们的表面相互接触或相邻时，剖面线的倾斜方向应相反，或者方向相同但间隔不等，同一零件的剖面线方向和间隔应相同，剖面厚度在 2mm 以下的图形允许以涂黑来代替剖面符号。

在图 6－3－1 中，滚动轴承的外圈与座孔的表面是接触的，两者的剖面线的倾斜方向相反，表示各属于不同的零件。轴承座孔与端盖的表面也是接触的，两者的剖面线倾斜方向相同，但间隔不等，也表示其各属于不同的零件。垫片小于 2mm 用涂黑代替剖面线。

（3）关于实心零件和紧固件的表示法。在装配图中，当剖切平面通过其对称中心线或轴线时，实心零件和紧固件均按不剖绘制。

在图 6－3－1 中，剖切平面通过螺钉、螺栓、螺母、垫圈、键、滚动轴承以及轴等实心零件和紧固件的对称中心线或轴线，所以在图中看到的是它们的外形视图。

（4）装配图的特殊表达方法。

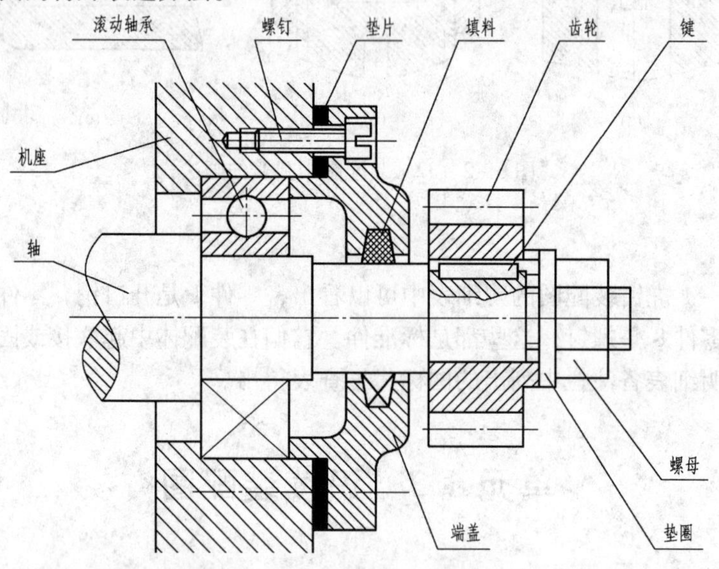

图 6－3－1　装配图基本规定

1）拆卸画法。在装配图中可假想沿某些零件的结合面剖切或假想将某些零件拆卸后绘制，但要标注“拆去 × ×”字样。

2）简化画法。在装配图中一些细小的工艺结构如小圆角、倒角、退刀槽等可省略不画。对相同的零部件组，可详细画一组，其余用细点划线表示出其位置。

在图 6－3－1 中，滚动轴承的上半部画出了剖视，下半部就用对角线表示。轴上的细小结构如圆角、倒角均省略未画出。

6.3.2　读装配图的方法和步骤

不同的工作岗位看图的目的是不同的，有的仅需要了解机器或部件的用途和工作原理；有的要了解零件的联接方法和拆卸顺序；有的要拆画零件图等。所以，要有目的地去识读装配图。

（1）了解概况。根据标题栏，了解装配体的名称、大致用途；由明细栏了解组成该装配体的零件名称、数量、标准件的规格等，并大致了解装配体的复杂程度；由总体尺寸，了解装配体的大小和所占空间。

（2）分析视图。了解各视图、剖视图和断面图的数量，各自的表示意图和它们之间的相互关系，找出视图名称、剖切位置、投影方向，为下一步深入读图作准备。

（3）分析传动路线及工作原理。一般情况下，直接从图样上分析装配体的传动路线及工作原理。当部件比较复杂时，需参考产品说明书和有关资料。

（4）分析装配关系。分析清楚零件之间的配合关系、联接方式和接触情况，能够进一步地了解部件整体结构。

（5）分析零件结构形状。应先在各视图中分离出该零件的范围和对应关系，利用剖面线的倾斜方向和间距、零件的编号、装配图的规定画法和特殊表达方法（如实心轴不剖的规定等），以及借助三角板和分规等查找其投影关系。以主视图为中心，按照先易后难，先看懂联接件、通用件，再识读一般零件。

（6）分析尺寸。分析装配图每一个尺寸的作用，搞清部件的尺寸规格、零件间的配合性质和外形大小等。

（7）综合归纳，获得完整概念。在上述分析的基础上，进一步分析装配体的工作原理、装配关系、零件结构形状和作用，以及装拆顺序、安装方法。

【任务解析】

按照识读装配图的方法和步骤观察分析图6－1－1虎钳装配图，便可以逐步读懂。

（1）了解概况。根据图6－1－1标题栏、明细栏等了解，机用虎钳是机床上一种通用夹紧装置，该虎钳由11种零件组成，属于简单装配体。

（2）分析视图。该虎钳装配图共有4个图形，先从主视图入手，弄清它们之间的投影关系和每个图形所表达的内容。

主视图为符合其工作位置，通过虎钳前后对称面剖切画出的全剖视图，表达了螺杆11装配干线上各零件的装配关系、联接方式和传动关系。同时表达了螺钉6、方块螺母5和活动钳口4的结构以及虎钳的工作原理。

俯视图主要反映机用虎钳的外形，并用局部剖视图表达了护口板7和钳座9的联接方式。

左视图沿*A*—*A*阶梯剖开，因虎钳前后结构形状对称，故此视图采用半剖的表达方法，进一步表达了钳座9、活动钳口4、方块螺母5及螺杆11等主要零件的装配关系，以及钳座的安装孔的形状。

移出断面图表达了螺杆头部与扳手（未画出）相接的形状。

（3）分析传动路线及工作原理。如图6－1－1所示，旋动螺杆11、方块螺母5沿螺杆轴线做直线运动，方块螺母5带动活动钳口4、左护口板7移动，实现夹紧或放松工件。

（4）分析装配关系。从图6－1－1中可以看出，本图有三条装配线：一是螺杆轴系统，螺杆11装在钳座9的孔中，右端靠垫圈10，左端靠垫圈3、螺母2、开口销1实现轴向定位；二是方块螺母5固定在活动钳口4上；三是护口板7被螺钉8分别固定在活动钳口 4 和钳座 9 上，左右各一个，形成装卡物体的活动钳口。至此，虎钳的工作原理和各零件间的装配关系更加清楚。

（5）分析零件结构形状。以主视图为中心，按照先易后难，先看懂联接件、通用件，再读一般零件。如先读懂螺杆及其两端相关的各零件，再读螺母、螺钉，最后读懂活动钳口及钳座。

（6）分析尺寸。如图 6－1－1 中 0～60 为性能尺寸，表示钳口的张开度。ϕ12H8/h7 和 ϕ18 H8/h7 是螺杆 11 与钳座 9 的配合尺寸；ϕ20H8/h7 是方块螺母 5 与活动钳口 4 的配合尺寸；2 × ϕ9 和 114 为安装尺寸；213、59 为总体尺寸。

（7）综合归纳，获得完整概念。在上述分析的基础上，综合归纳，获得机用虎钳的整体形态概貌，如图 6－3－2 所示。

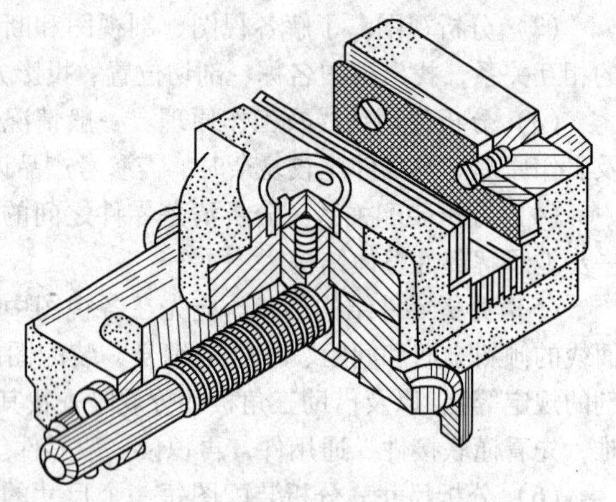

图 6－3－2　机用虎钳轴测图

单元 6.4　拆画零件图

【工作任务】

在图 6－1－1 虎钳装配图中拆画出钳座零件图。

【知识学习】

拆画零件图的方法与步骤

在设计过程中，根据装配体的使用要求、工作性能先画出装配图，然后再根据装配图设计零件。由装配图拆画出零件图，简称“拆图”。拆图的过程，也是继续设计零件的过程。

拆图时，通常先画主要零件，然后根据装配关系逐一拆画有关零件，以保证各零件的形状、尺寸等能协调一致。

由装配图拆画零件图的步骤如下：

（1）分析零件。拆图前，必须认真阅读装配图，全面了解设计意图，分析清楚装配关系、技术要求和各零件的主要结构。如在装配图中，对某些零件的次要结构，并不一定都能表达完全，在拆画零件图时，应根据零件功用补充、完善这些零件的结构形状。在装配图上，零件的细小工艺结构，如倒角、圆角、起模斜度、退刀槽等往往被省略，拆图时，应将这些结构补全并标准化。

（2）确定零件的表达方案。拆画零件图时，零件的表达方案应根据零件本身的结构特点重新考虑，不可机械地照抄装配图。如装配体中的轴套类零件，在装配图中可能有各种位置，但画零件图时，通常以轴线水平放置，长度方向为画主视图的方向，以使其符合加工位置，便于看图。

(3) 零件图上的尺寸标注。由于装配图上的尺寸很少，拆画零件时必须补全尺寸。零件图上的尺寸可用以下方法确定：

1) 直接抄注装配图上已标出的尺寸。装配图上已注出的零件尺寸都可以直接抄注到零件图中；装配图上用配合代号注出的尺寸，需查出偏差数值，再标注在相应的零件图上。

2) 查手册确定某些尺寸。对零件上的标准结构，如螺栓通孔、销孔、倒角、键槽、退刀槽等，均应从有关标准中查得。

3) 计算某些尺寸数值。某些尺寸可根据装配图所给定的尺寸通过计算而得到，如齿轮的分度圆、齿顶圆直径等。

4) 在装配图上按比例量取尺寸。零件上大部分不重要或非配合的尺寸，一般都可以按比例在装配图上直接量取，并将量得的数值取整。

在标注过程中，首先要注意使有装配关系的尺寸协调一致；其次，每个零件应根据它的设计和加工要求选择好尺寸基准，将尺寸标注得正确、完整、清晰、合理。

(4) 零件图上的技术要求。零件各表面的表面粗糙度，应根据该表面的作用和要求来确定。有配合要求的表面要选择适当的精度及配合类别。根据零件的作用，还可加注其他必要的要求和说明。通常技术要求制定的方法是通过查阅有关的手册或参考同类型产品的图样加以比较来确定。

【任务解析】

图6-4-1为拆画出的机用虎钳钳座零件图，图6-4-2为钳座的轴测图。

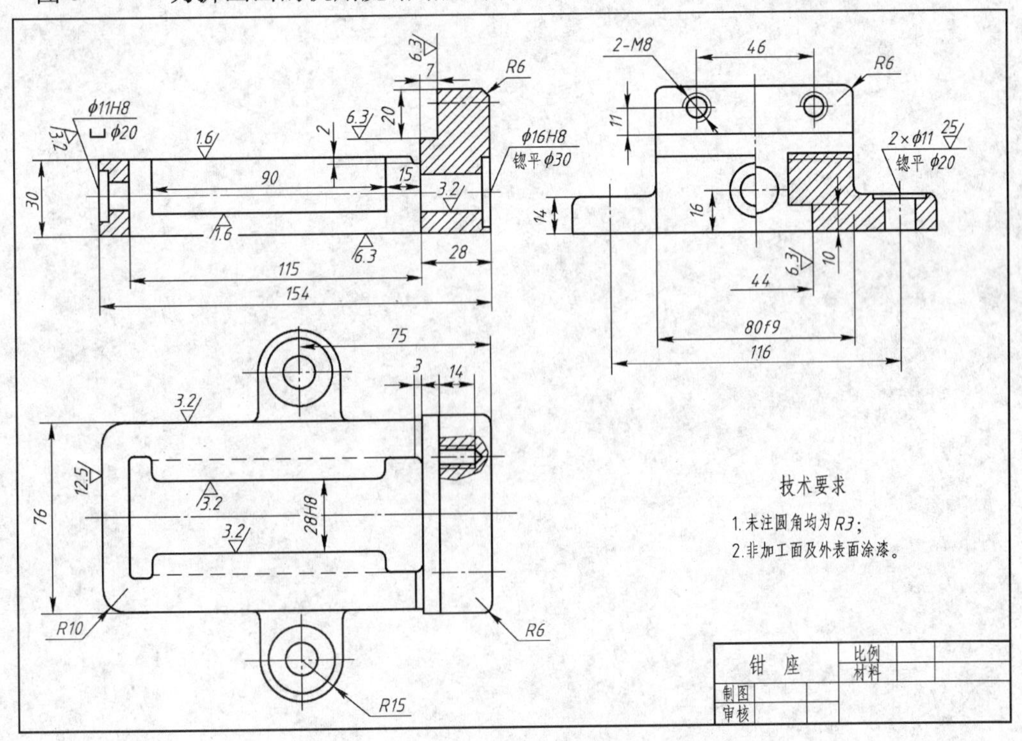

图6-4-1　钳座零件图

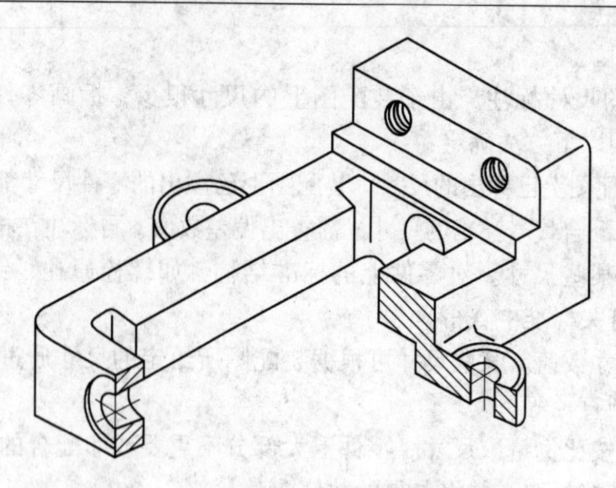

图 6－4－2 钳座轴测图

学习情境7　识读并绘制冶金生产工艺流程图

学习目标

(1) 了解机械制图的基本知识，熟知技术制图和机械制图国家标准的一般规定；

(2) 掌握手工绘制平面图形的方法与步骤；

(3) 学会正确使用绘图工具。

单元7.1　识读冶金生产工艺流程图

【工作任务】

识读图7-1-1高炉炼铁生产工艺流程图。

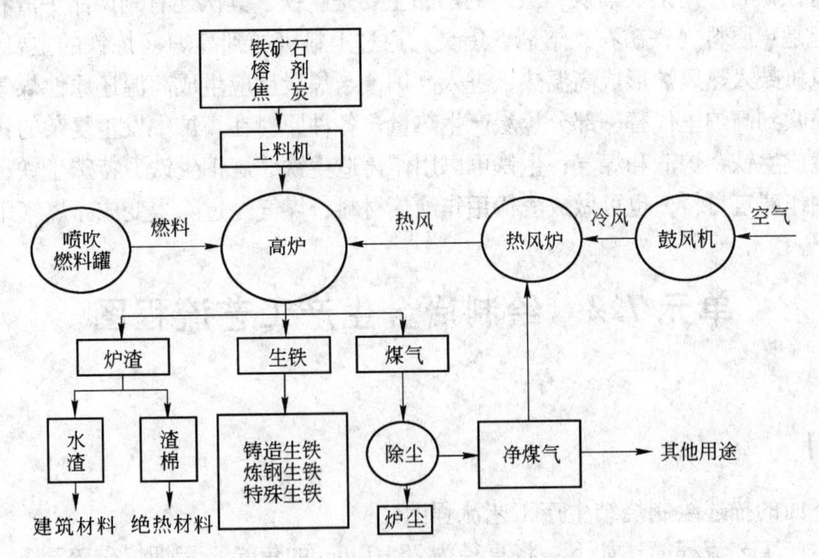

图7-1-1　高炉炼铁生产工艺流程图

【知识学习】

7.1.1　冶金生产工艺流程图的概念

冶金生产工艺流程图是用方框（矩形）、圆框及文字表示冶金生产工艺过程及设备，用箭头表示物料流动方向，把从原料开始到获得最终产品所经过的生产步骤以图示的方式表达出来的图纸，也称为流程框图。

流程框图表示的是冶金生产工艺的示意流程，通常在设计初期绘制，只定性地描绘出由原料到产品所经过的冶金过程或设备的主要路线。一个方框可以是一个工序或工段，也可以是一个车间或系统；也可以在方框内注明物料名称（或者不用方框，而在物料名称下面加一条细实线），在圆框内写出工艺用到的设备，方框或圆框之间用带箭头的细实线表示物料的流向。

7.1.2　识读冶金生产工艺流程图

识读冶金生产工艺流程图的目的主要是了解该工艺系统流程原理概况；了解由原料到产品的过程中各物料的流向和经历的加工步骤；了解该系统的生产操作、物理化学反应过程或主要设备的功能及其相互关系，为专业课程的学习和以后的生产操作提供帮助。

识读冶金生产工艺流程图的步骤包括：

（1）了解原料、产品的名称或其来源、去向；

（2）按工艺流程次序，了解从原料到最终产品所经过的生产步骤；

（3）大致了解各生产步骤（或设备、装置）的主要作用。

【任务解析】

对图 7－1－1 高炉炼铁生产工艺流程图，识读如下：

原料有铁矿石、熔剂、焦炭，最终的产品主要是生铁，其次还有副产品炉渣和煤气。基本工艺过程是：原料（铁矿石、熔剂、焦炭）通过上料机加到高炉（炼铁的主要设备）里；空气由鼓风机鼓入热风炉形成高温热风进入高炉，与焦炭反应生成高温还原性煤气；辅助燃料从风口喷吹到高炉里代替一部分焦炭产生热量；各种原料在高炉中发生复杂的物理化学反应，最后生成生铁、炉渣和煤气；生铁可以用作铸造生铁、炼钢生铁、特殊生铁；炉渣可以做成水渣用作建筑材料，也可做成渣棉用作绝热材料；煤气经过除尘变成净煤气用作热源。

单元 7.2　绘制冶金生产工艺流程图

【工作任务】

根据下面的描述绘制烧结生产工艺流程图。

烧结生产工艺流程简述如下：将直径为 25～0mm 的焦炭、无烟煤破碎至 3～0mm，将直径为 80～0mm 的石灰石、白云石破碎、筛分至直径为 3～0mm，加上直径为 5～0mm 的生石灰、消石灰以及直径为 10～0mm 的杂铁料，和直径为 10～0mm 的混合矿一起进行混合配料，再加水进行一次混合和二次混合，得到混合料。在烧结机上先铺底料，再加混合料，然后点火进行烧结，使物料发生一系列物理化学变化，将矿粉颗粒黏结成块。烧结而成的烧结矿要经过热破碎、热筛分，将直径为 5～0mm 的烧结矿返回作烧结配料用，同时直径为 150～5mm 的烧结矿经过冷却、一次筛分、冷破碎、二次筛分、三次筛分、四次筛分得到直径为 10～5mm 的成品，后进行成品取样及检验，送往成品仓，供给高炉使用。在筛分过程中得到直径为 5～0mm 的烧结矿均返回作烧结配料用，直径为 20～10mm 的烧结矿可返回作铺底料用。

【任务解析】

流程框图是一种示意性的展开图，绘制步骤如下：

（1）根据原料转化为产品的顺序，从左到右、从上到下用细实线绘制反映生产操作、反应过程或车间、设备的矩形，次要车间或设备根据需要可以忽略。要保持它们的相对大小，以能在矩形内标注该生产操作、反应过程或车间、设备为宜，同时各矩形间应保持适当的位置，以便布置工艺流程线。

（2）用带箭头的细实线在各矩形之间绘出物料的工艺流程线，箭头的指向要与物料的流向一致，并在起始和终止处用文字注明物料的名称或物料的来源、去向。

（3）若两条工艺流程线在图上相交而实际并不相交，应在相交处将其中一条工艺流程线断开绘制。

（4）工艺流程线可加注必要的文字说明，如原料来源，产品、中间产品、废物去向等。物料在流程中的某些参数（如温度、压力、流量、尺寸等）也可以在工艺流程线旁标注出来。

根据烧结生产工艺流程的简述，按上述步骤其流程框图绘制如图 7－2－1 所示。

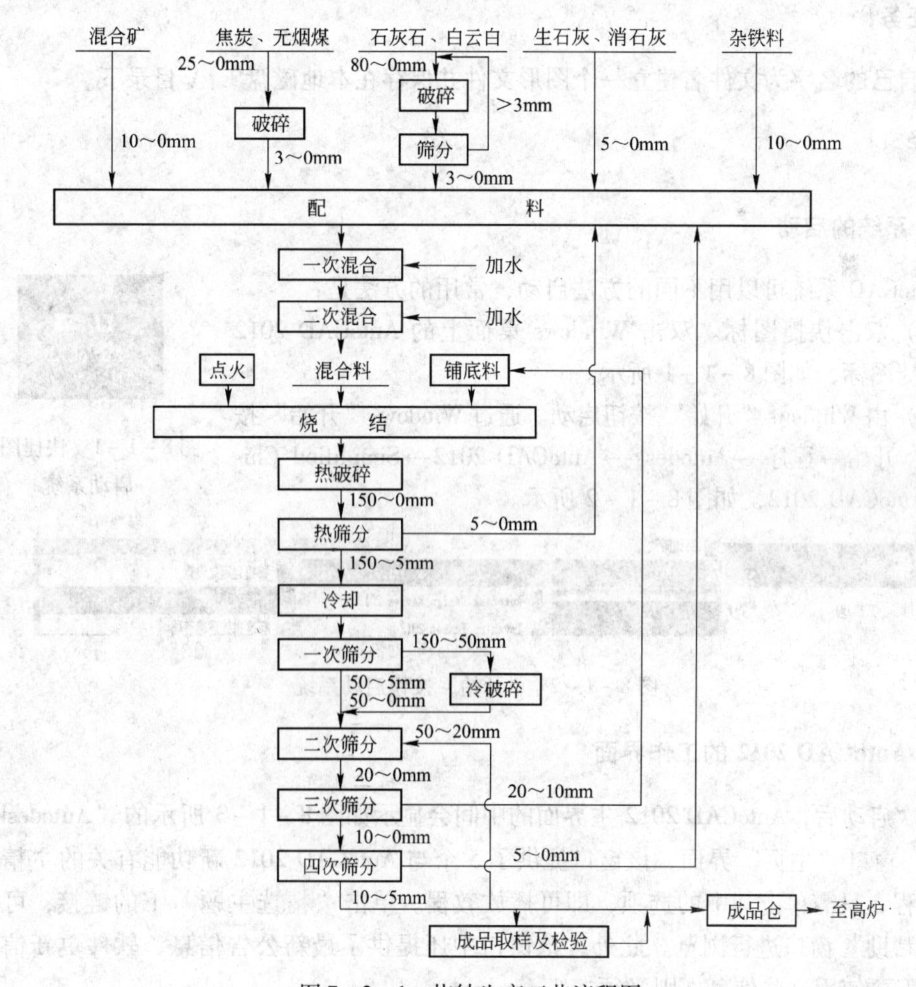

图 7－2－1　烧结生产工艺流程图

学习情境 8　AutoCAD 二维绘图

学习目标

（1）掌握 AutoCAD 基础知识；

（2）学会二维图形绘制的基本方法；

（3）能够进行计算机二维制图。

单元 8.1　启动系统认识工作界面

【工作任务】

以自己的名字为文件名建立一个图形文件并保存在本地磁盘 E:\ 目录下。

【知识学习】

8.1.1　系统的启动

AutoCAD 系统可以用不同的方法启动，常用的方法是：

（1）双击快捷图标。双击 Windows 桌面上的 AutoCAD 2012 系统快捷图标，如图 8－1－1 所示。

图 8－1－1　快捷图标启动系统

（2）由 Windows“开始”按钮启动。通过 Windows“开始”按钮，即：开始→程序→Autodesk→AutoCAD 2012→Simplified Chinese→AutoCAD 2012，如图 8－1－2 所示。

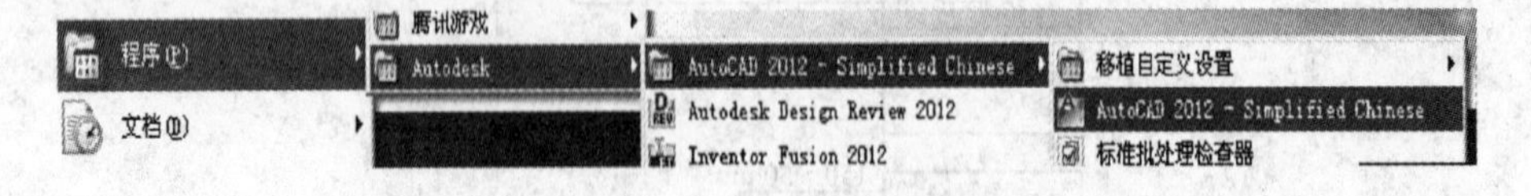

图 8－1－2　“开始”按钮启动系统

8.1.2　AutoCAD 2012 的工作界面

首次启动后，AutoCAD 2012 主界面的中间会显示如图 8－1－3 所示的“Autodesk Exchange”窗口“主页”界面，该窗口提供了 5 个与 AutoCAD 2012 新功能有关的“精选视频”教程，只需单击其中的选项，即可播放教程。单击“精选主题”下的链接，可以链接到“帮助”窗口进行浏览。此外，该窗口中还提供了最新公告信息、软件更新信息等内容，但要使用这些信息，则必须接入 Internet。

图 8-1-3　首次启动“主页”界面

默认情况下，“Autodesk Exchange” 窗口左下角 “Show this windows at start up” 复选框处于选中状态，如果不希望启动后出现该窗口，只需取消选择即可。

关闭 “Autodesk Exchange” 窗口，即出现 AutoCAD 2012 的工作界面，如图 8-1-4 所示，默认的工作空间是“二维草图与注释”工作空间，该工作空间由以下几部分组成：

（1）“应用程序” 按钮。该按钮位于 AutoCAD 2012 窗口的左上方，单击该按钮，将出现一个下拉菜单，其中集成了 AutoCAD 2012 的主要通用操作命令。

（2）快速访问工具栏。快速访问工具栏中提供了系统最常用的操作命令。默认的工具有“新建”、“打开”、“保存”、“另存为”、“打印”、“放弃”和“重做”工具。可通过单击快速访问工具栏右端的“扩展”按钮添加或删除显示的命令。

（3）图形名。图形名区域用于显示当前所编辑的图形文件的名称，如果未重新命名，则系统默认的图形文件名依次为 Drawing1. dwg、Drawing2. dwg……

（4）信息获取栏。信息获取栏用于搜索和接收 AutoCAD 2012 的相关信息。包括信息“搜索”按钮、“登录”按钮、“交换”按钮和“帮助”按钮，读者可以打开这些按钮，按提示完成操作，获取所需的信息。

（5）菜单栏。菜单栏中集成了 AutoCAD 2012 的大多数命令，可以通过各个菜单项进行选择。默认情况下，菜单栏中并没有显示在界面中，可单击快速访问工具栏最右侧的“扩展”按钮，从出现的菜单中选择“显示菜单栏”选项，如图 8-1-5 所示。

（6）功能区。AutoCAD 2012 的功能区中集中了与当前工作空间相关的操作命令。引入功能区后，就不必在工作空间中同时显示多个工具栏，从而方便用户的绘图工作。功能

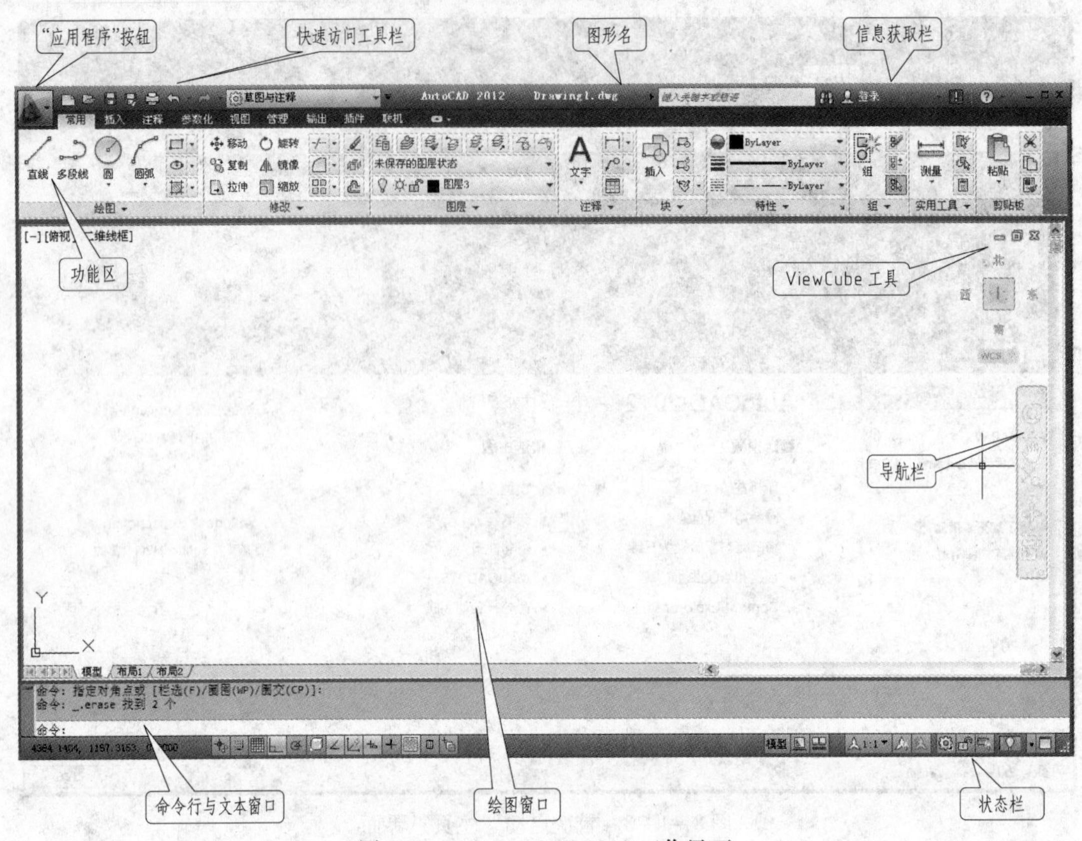

图 8-1-4 AutoCAD 2012 工作界面

区可以以水平或垂直方式显示，也可以显示为浮动选项板。

AutoCAD 2012 的功能区提供了“常用”、“插入”、“注释”、“参数化”、“视图”、“管理”、“输出”、“插件”和“联机”9 个按任务分类的选项卡，各个选项卡中又包含了许多面板。比如，“常用”选项卡中提供了“绘图”、“修改”、“图层”、“注释”、“块”、“特性”、“组”、“实用工具”和“剪贴板”等面板，用户可以在这些面板中找到需要的功能图标。

（7）绘图窗口。软件窗口中最大的区域即为绘图窗口。它是图形观察器，类似于照相机的取景器，从中可直观地看到设计的效果。其默认的背景颜色是黑色，但用户可以根据个人需求改变它的颜色，具体方法是：在菜单栏中点开“工具”下拉菜单|“选项”|“显示”|“颜色”，如图 8-1-6 所示，点开右边的“颜色”下拉菜单选择自己喜欢的底板颜色，本书中一般使用白色底板。

在绘图区域移动鼠标会看到一个十字光标在移动，这就是图形光标。绘制图形时显示为十字形“+”，拾取编辑对象时显示为拾取框“□”。

提示：利用清除屏幕命令，可以使屏幕上只显示菜单栏、状态栏和命令窗口，从而扩大绘图窗口。选择菜单“视图”|“清除屏幕”或快捷键“Ctrl+0”，激活清除屏幕命令。重复上述命令可恢复窗口。

（8）命令窗口。在图形窗口下面是一个输入命令和反馈命令参数提示的区域，称为命令窗口。AutoCAD 里所有的命令都可以在命令行实现。注意：无论是英文版还是中文版，用键盘在命令行只能输入英文命令，字母不分大小写。

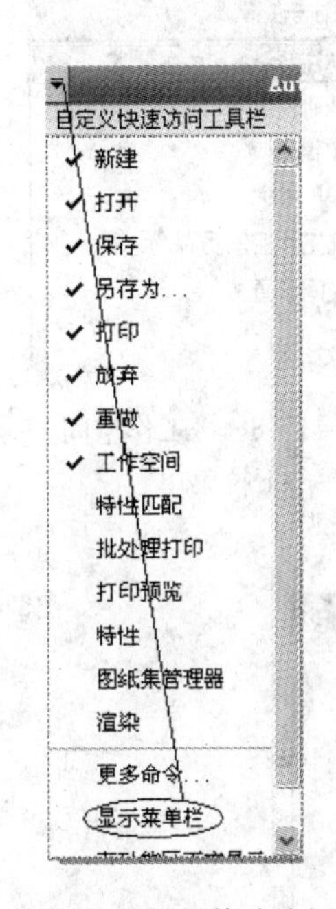

图 8－1－5　快速访问工具栏自定义菜单

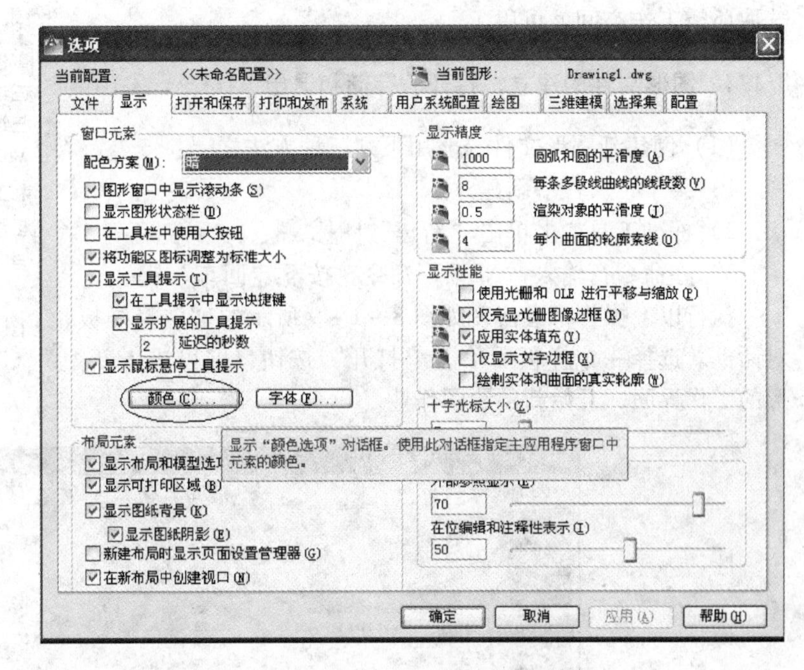

图 8－1－6　背景颜色设置对话框

（9）状态栏。命令行下面有一个反映操作状态的应用程序状态栏。状态栏左侧的数字显示当前光标的 *X*，*Y*，*Z* 坐标值；中间部分为打开和关闭图形工具的若干按钮，主要是辅助工具栏，如图 8－1－7 所示。

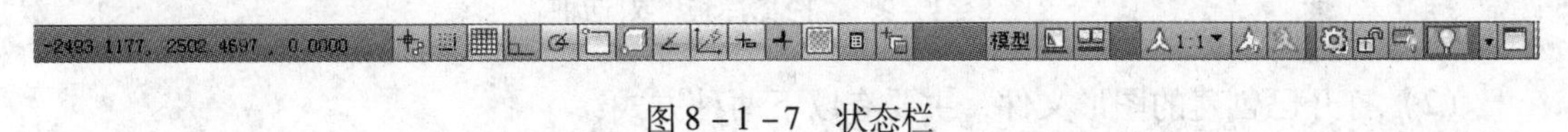

图 8－1－7　状态栏

（10）ViewCube 工具和导航栏。ViewCube 工具是在二维模型空间或三维视觉样式中处理图形时以不活动状态显示在模型上方的导航工具。使用 ViewCube 工具，可以在标准视图和等轴测视图间切换。ViewCube 工具在视图发生更改时可提供有关模型当前视点的直观反映。将光标放在 ViewCube 工具上后，ViewCube 将变为活动状态。可以拖动或单击 ViewCube，来切换到可有预设视图之一、滚动当前视图或更改为模型的主视图。

导航栏中，全导航控制盘用于在导航工具之间快速切换；平移工具用于沿屏幕平移视图；缩放工具用于增大或减小模型的当前视图比例；动态观察工具用于旋转模型当前视图；ShowMotion 工具用于为创建和回放电影式相机动画提供屏幕显示，以便进行设计查看、演示和书签样式导航。

8.1.3　工作空间的切换

AutoCAD 2012 提供了“二维草图与注释”、“三维基础”、“三维建模”和“AutoCAD 经典”等几个不同模式的预设工作空间，还可以根据需要自定义工作空间。我们只需要在快速访问工具栏上单击“工作空间”下拉按钮，然后从图 8－1－8 所示的下拉菜单中选取所需工作空间就可以了。

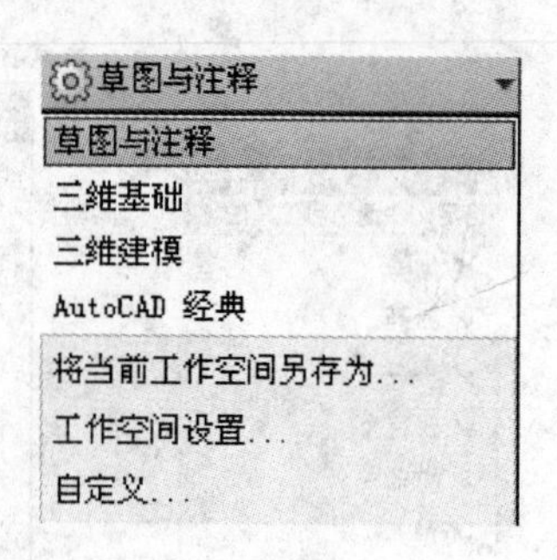

图 8－1－8　“工作空间”下拉菜单

8.1.4　图形文件的建立、打开、存储和退出

（1）创建新图形文件一般用下列三种方法之一：

1）菜单：文件→新建；

2）标准工具栏上单击“新建”图标；

3）在命令行输入“NEW”命令，按下“回车”键。

执行以上操作都会出现如图 8－1－9 所示的“选择样板”对话框。选择一个样板后单击“打开”按钮，即可进入新图形的工作界面，开始新的绘图作业。

图 8－1－9　“选择样板”对话框

（2）打开已创建的图形文件，主要有以下两种方式：

1）菜单：“文件”|“打开”|文件名；

2）命令行中输入“OPEN”，按“回车”键。

（3）保存图形文件。

1）把已绘制好的图形保存为图形文件，扩展名为“.dwg”。操作方式为：

①菜单：“文件”|“保存”；

②标准工具栏：单击图标；

③命令行中输入“SAVE”，按“回车”键。

2）有些图纸格式、标准件等图形会经常使用，为了节约时间，可以把绘制好的图形保存为样板文件，扩展名为“.dwt”。操作方式为：

菜单：“文件”|“另存为”|Template（默认的图纸集）|输入文件名并选择文件类型为：AutoCAD 图形样板（＊.dwt），保存。

（4）退出图形文件。主要有以下三种操作方式：

1）菜单：“文件”|“退出”；

2）单击窗口右上角的“关闭”按钮；

3）命令行中输入“QUIT”，按“回车”键。

【任务解析】

（1）双击 AutoCAD 2012 系统快捷图标，打开 AutoCAD 2012 系统。

（2）熟悉工作界面。

（3）单击：文件→保存，在对话框中输入文件的目标地址和文
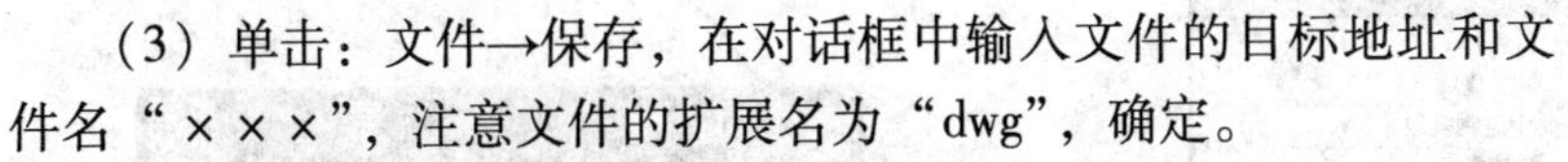
件名“×××”，注意文件的扩展名为“dwg”，确定。

（4）目标地址出现如图 8－1－10 所示文件图标。

图 8－1－10　已保存文件图标示例

单元 8.2　设置绘图环境

【工作任务】

按制图通用标准设置好绘图单位；把工作空间切换到 AutoCAD 经典，并熟悉该工作空间中所示各个工具栏。

【知识学习】

8.2.1　设置绘图单位

AutoCAD 2012 系统启动后，默认使用的是 ISO 标准的设置，这样的设置不一定符合每个用户的实际需要，可根据绘图要求重新设置。图形单位是在设计中所采用的单位，创建的所有对象都是根据图形单位进行测量的。

调用设置图形单位的方法如下：

（1）菜单：“格式”|“单位”；

（2）命令行：units，按“回车”键。

执行上述操作之后，弹出“图形单位”对话框，如图 8－2－1 所示。在对话框中包含长度单位、角度单位、精度以及坐标方向等选项，下面介绍这些设置的含义。

（1）长度单位。AutoCAD 2012 提供 5 种长度单位类型供用户选择。在“长度”选项区域的“类型”下拉列表框中可以看到“分数”、“工程”、“建筑”、“科学”、“小数”5 个列表项。一般情况下采用“小数”长度单位类型，通常公制图形的单位视为毫米（mm）。

在“长度”选项区域的“精度”下拉列表框中可以选择长度单位的精度。

（2）角度单位。对于角度单位，AutoCAD 2012 同样提供了 5 种类型，一般选用“十进制度数”来表示角度值。

在“角度”选择区域的“精度”下拉列表框中可以选择角度单位的精度，通常选择“0”。

“顺时针”复选框指定角度的测量正方向，默认情况下采用逆时针方式为正方向。

（3）方向设置。在“图形单位”对话框底部单击“方向”按钮，弹出“方向控制”对话框，如图 8－2－2 所示。在对话框中定义起始角（0°角）的方位，通常将“东”作

为0°角的方向，也可以以其他方向作为0°角的方向，单击“确定”按钮退出“方向控制”对话框。最后，单击“图形单位”对话框中的“确定”按钮，完成对 AutoCAD 2012 绘图单位的修改。

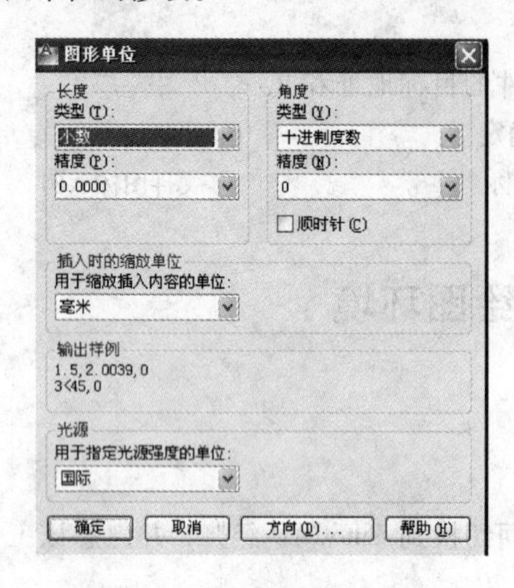

图 8－2－1 “图形单位”对话框

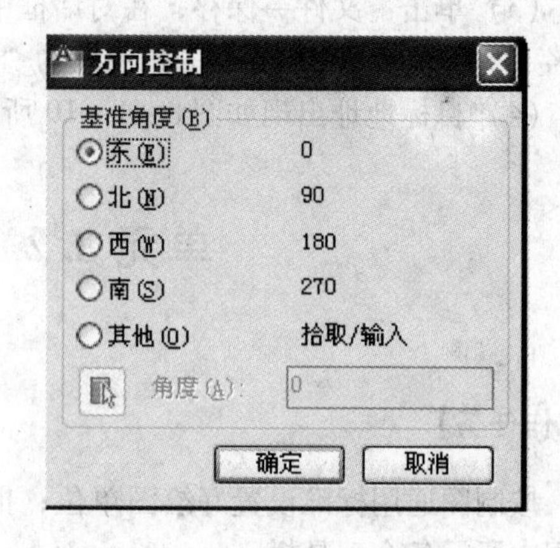

图 8－2－2 “方向控制”对话框

8.2.2 设置图形界限

在 AutoCAD 中进行设计和绘图的工作环境是一个无限大的空间，即模型空间，它是一个绘图的窗口。在模型空间中进行设计，可以不受图纸大小的约束。通常采用1∶1 的比例进行设计，这样可以在工程项目的设计中保证各个专业之间的协同。

调用设置图形界限的方法如下：

(1) 菜单：执行“格式”|“图形界限”命令；

(2) 键盘命令：limits（回车）。

由左下角和右上角点所确定的矩形区域为图形界限，它决定了能显示栅格的绘图区域。通常不改变图形界限左下角点的位置，只需给出右上角点的坐标，即区域的宽度和高度值。默认的绘图区域为 420mm × 297mm，这是国标 A3 图幅。

8.2.3 设置绘图工作空间

在绘图之前，将一般把常用的工具布置在桌面上，以便于调用。

打开 AutoCAD 2012，直接进入默认的“二维草图与注释”工作空间，通过“工作空间”工具栏的下拉列表，选择“AutoCAD 经典”选项，可以将工作空间切换到以往版本的经典工作界面。

(1) 工具栏的布置。用户只要用鼠标左键按住工具栏一端的两条横杠（或竖线）处，就可以方便地把工具栏拖动到任意地方，拖动后的工具栏，如图 8－2－3 所示，变为浮动的工具栏。此时工具栏显示其名称“绘图”，处于浮动状态，右上角有一个用于关闭工具栏的按钮。当鼠标左键按下，将工具栏拖动到用户界面的上下左右四个位置时，工具栏又可恢复为固定状态。

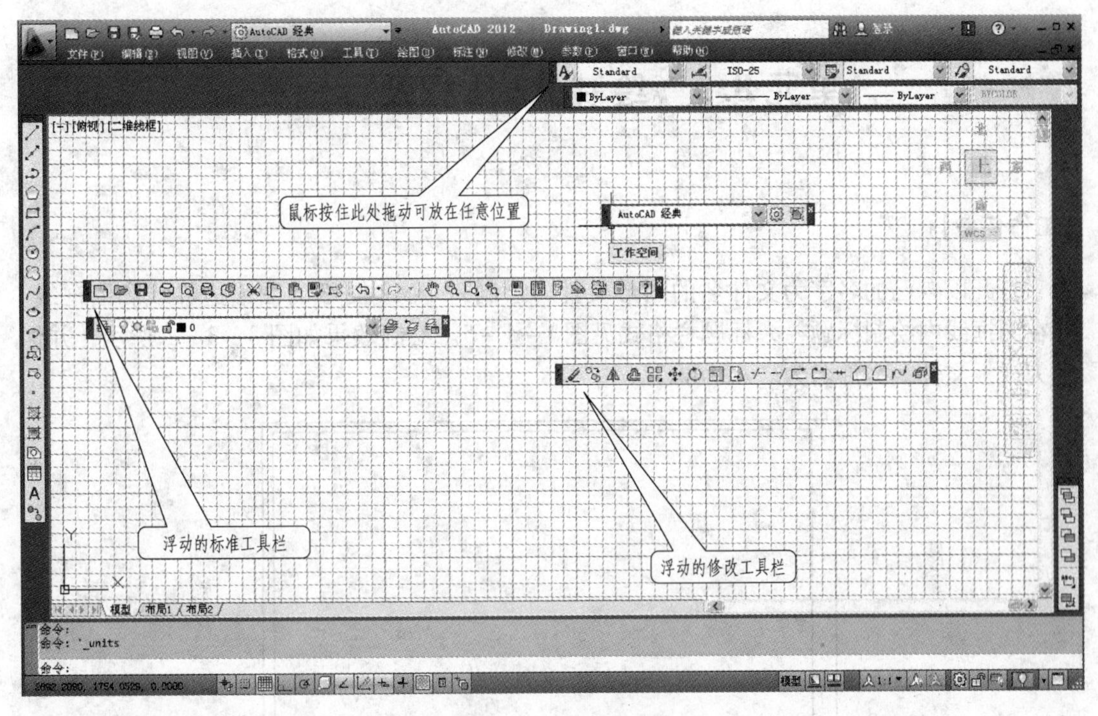

图 8 - 2 - 3　工具栏调用

（2）工具栏的调用。如果在工作过程中，有些工具栏不小心被关闭，或者想要打开其他的工具栏，可执行以下操作：在任意一个工具栏上单击鼠标右键，从弹出的快捷菜单中选择并激活想用的工具栏（只需要在右键菜单中相应项前勾选即可），如图 8 - 2 - 4 所示。

（3）命令栏的操作。用户只要用鼠标按住命令提示栏左端的两条横杠（或竖线）处（如图 8 - 2 - 3 所示）拖动，就可以方便地把命令提示栏拖动到任意地方。命令行窗口还可以被隐藏，用户可以单击下拉菜单“工具”|“命令行”，弹出“隐藏命令行窗口”，单击“是”按钮（或执行快捷键“Ctrl + 9”），命令行窗口即被隐藏。重复以上操作可恢复命令行窗口。

【任务解析】

（1）设置绘图单位。长度类型选小数，精度按 0.00；角度按逆时针；其余如无特殊要求不用设置。

（2）设置图形界限。国标 A2 图幅 594mm ×420mm。

（3）工作空间切换到“AutoCAD 经典”选项。

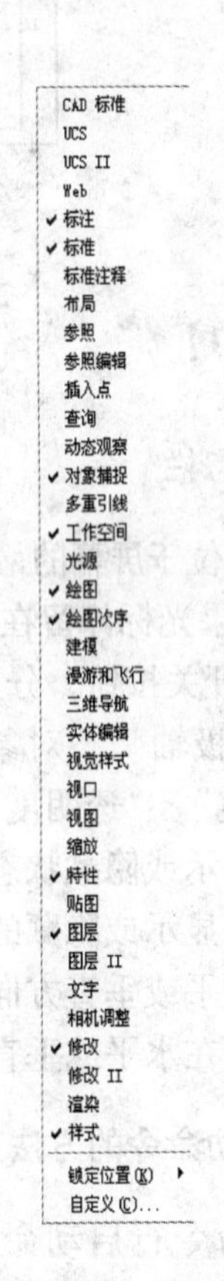

图 8 - 2 - 4　工具栏调用快捷菜单

单元 8.3　绘制 A2 图框及标题栏

【工作任务】

打开以自己的名字为文件名的图形文件，绘制一个 A2 图纸的图形边界线和图框线，并在图框线内绘制标题栏，标题栏格式见图 1 – 1 – 5。绘制效果如图 8 – 3 – 1 所示，并保存为样板文件，文件名为“A2. dwt”。

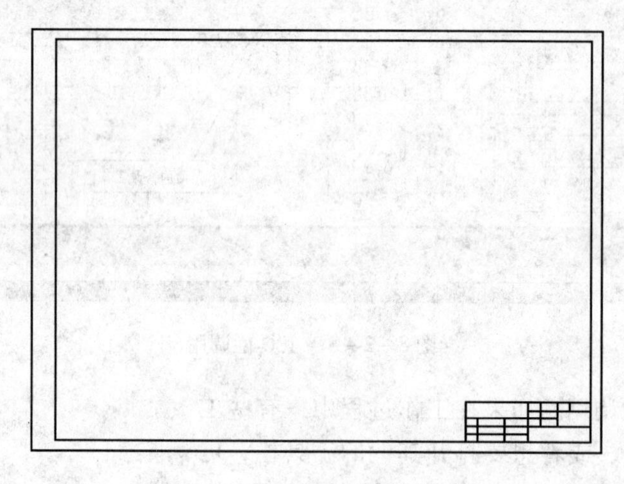

图 8 – 3 – 1　A2 图框及标题栏

【知识学习 1】

8.3.1　状态栏

状态栏位于屏幕的最底端，其左侧显示当前光标在绘图区位置的坐标值（如图 8 – 3 – 2 所示），如果光标停留在工具栏或菜单上，则显示对应命令和功能说明。从左往右依次排列着 14 个开关按钮，分别对应相关的辅助绘图工具，即“推断约束”、“捕捉”、“栅格”、“正交”、“极轴”、“对象捕捉”、“三维对象捕捉”、“对象追踪”、“动态 UCS”、“动态输入”、“线宽”、“透明度”、“快捷特性” 和 “选择循环”。我们将在以后对各个工具一一介绍。要显示或隐藏状态栏上的快捷工具，可右击状态栏的空白处，然后在出现的快捷菜单中选择要显示或隐藏的工具即可。

当沿水平或垂直方向移动对象时，可以打开“正交”按钮（凹下显示工具已打开），将光标限制在水平或垂直方向移动，当需要绘制斜线时，把“正交”关上即可。

8.3.2　启动命令的方法

（1）命令行启动命令。在 AutoCAD 命令行命令提示符“命令:”后，输入命令名（或命令别名）并按回车键或空格键。然后，以命令提示为向导进行操作。例如“直线”

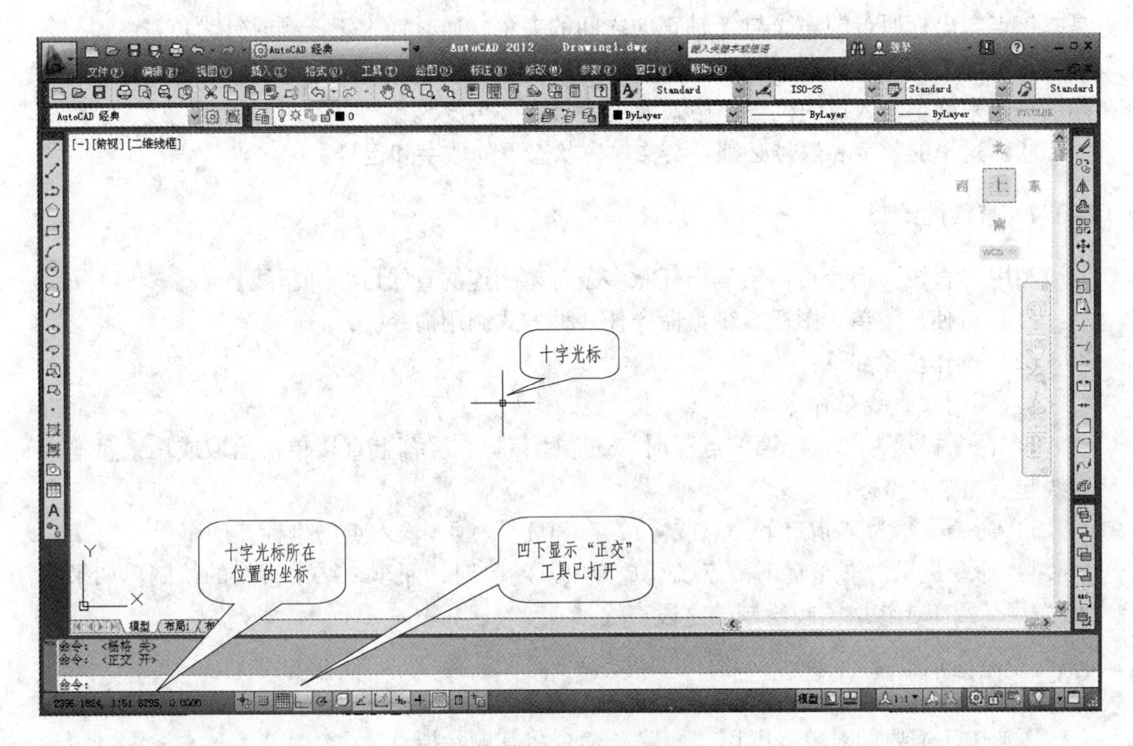

图8－3－2　状态栏功能说明

命令，可以输入“LINE”或命令别名“L”。

(2) 菜单启动命令。单击某个菜单项，则会打开一下拉菜单。然后将光标移至需要的菜单命令，单击即可执行该菜单命令。例如，单击下拉菜单“绘图”|“直线”，启动“直线”命令。

(3) 工具栏启动命令。在工具栏中单击图标按钮，则启动相应命令。例如，单击“绘图”工具栏中的图标按钮，则启动“直线”命令。

(4) 重复执行命令。按回车键或空格键可以重复执行刚执行完的命令。如刚执行了“直线”命令，按回车键或空格键则可以重复执行“直线”命令。或者在绘图区单击鼠标右键，在弹出的快捷菜单中选择“重复××”，则重复执行上一次执行的命令。

8.3.3　点输入的方法

(1) 鼠标直接拾取点。

移动鼠标在屏幕上直接单击拾取点。这种定点方法非常方便快捷，但不能用来精确定点。如果要拾取特殊点则必须借助于对象捕捉功能（详见8.3.6节）。

(2) 键盘输入点坐标。

绝对直角坐标：直接输入X，Y坐标值或X，Y，Z坐标值（如果是绘制平面图形，Z坐标默认为0，可以不输入），表示相对于当前坐标原点的坐标值。

相对直角坐标：用相对于上一已知点之间的绝对直角坐标值的增量来确定输入点的位置。输入X，Y偏移量时，在前面必须加“@”。

绝对极坐标：直接输入“长度＜角度”。这里长度是指该点与坐标原点的距离，角度是指该点与坐标原点的连线与 X 轴正向之间的夹角，逆时针为正，顺时针为负。

相对极坐标：用相对于上一已知点之间的距离和与上一已知点的连线与 X 轴正向之间的夹角来确定输入点的位置。格式为“@长度<角度”。

注：这里的数字和逗号必须是英文输入状态下的数字和逗号。

8.3.4　直线的绘制

利用“直线”命令可以绘制出任意多条首尾相连的直线段，即折线。

（1）可使用菜单、图标、键盘命令任一种方式调用命令。

（2）操作步骤如下：

1）调用“直线”命令。

2）命令提示为“指定第一点”时，通常用鼠标在屏幕上直接单击拾取或用键盘输入直线起点的绝对坐标。

3）命令提示为“指定下一点或 [放弃（U)]”时，输入点的坐标，回车。

4）命令提示为“指定下一点或 [放弃（U)]”时，回车，结束直线的绘制。如果输入“U”，回车，将取消刚绘制的这段直线。

8.3.5　图线的删除

图形中不需要的对象可以用“删除”命令将其删除掉。

（1）调用命令的方式包括：

1）菜单：执行“修改”|“删除”命令；

2）图标：单击“修改”工具栏中的图标按钮；

3）命令行输入：ERASE 或 E。

（2）操作步骤如下：

1）调用“删除”命令；

2）命令提示为“选择对象”时，十字光标会显示为□拾取框。用户可以根据需要选择不同对象选择方式来选择要删除的图线；

3）命令提示为“选择对象”时，回车，结束“删除”命令。

【任务解析 1】

绘制 A2 图纸边界线。

用户操作指令	命令提示行显示
打开状态栏里的“栅格”按钮	命令：<栅格　开>
（1）单击“绘图”工具栏中的“直线”图标，启动“直线”命令	命令：_ line 指定第一点：
（2）在绘图窗口左下角任一位置点击一下	指定下一点或 [放弃（U)]：
（3）在命令提示行输入“@594，0”，回车	指定下一点或 [放弃（U)]：@594，0
（4）输入“@0，420”，回车	指定下一点或 [闭合©/放弃（U)]：@0，420
（5）输入“@ -594，0”，回车	指定下一点或 [闭合©/放弃（U)]：@ -594，0
（6）输入“C”，回车	指定下一点或 [闭合©/放弃（U)]：C

还有一种更简捷的直线输入方法，即利用鼠标在绘图区定好绘图方向后，直接输入直线长度即可。为避免栅格对视觉造成的干扰，我们可以在绘图时关掉“栅格”。

用户操作指令	命令提示行显示
打开状态栏里的“正交”按钮	命令：<正交　开>
（1）单击“绘图”工具栏中的“直线”图标，启动“直线”命令	命令：_ line 指定第一点：
（2）在绘图窗口左下角任一位置点击一下	指定下一点或［放弃（U）］：
（3）鼠标向右移动一下，拉出一条直线，然后输入“594”，回车	指定下一点或［放弃（U）］：594
（4）鼠标向上移动一下，拉出一条直线，然后输入“420”，回车	指定下一点或［闭合©/放弃（U）］：420
（5）鼠标向左移动一下，拉出一条直线，然后输入“594”，回车	指定下一点或［闭合©/放弃（U）］：594
（6）输入“C”，回车	指定下一点或［闭合©/放弃（U）］：C

【知识学习2】

8.3.6　“对象捕捉”功能

用户在绘图过程中，经常要用到一些图形中已存在的特殊点，如直线的端点、中点、圆和圆弧的圆心等。如果直接移动光标通过目测来精确拾取到这些点是非常困难的，因此必须要借助AutoCAD提供的对象捕捉功能。下面对“对象捕捉”功能做一简单介绍。

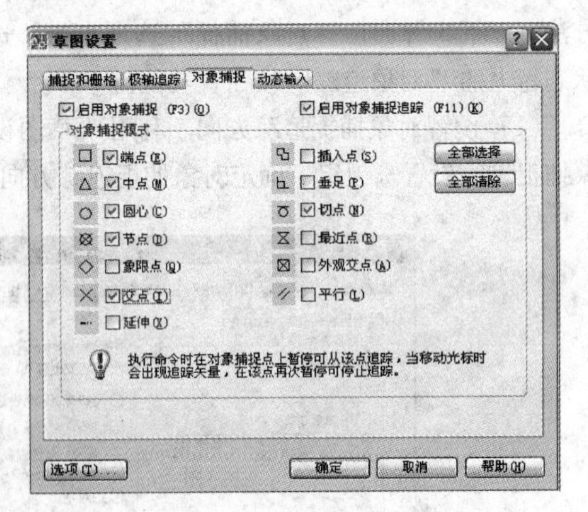

图8-3-3　“草图设置”对话框

先在状态栏右击“设置”，打开“草图设置”（如图8-3-3所示），选中“对象捕捉”标签，确认“启用对象捕捉”前的方框里打钩，并在“端点”、“中点”、“圆心”前的方框里打钩，以使鼠标可以自动捕捉到这些点；以后用户可根据自己的需要再自行设置。下一次打开时，只需把状态行里的“对象捕捉”按钮按下即可。

【任务解析2】

绘制A2图纸的图框线（按左装订形式绘制）。

用户操作指令	命令提示行显示
（1）单击“绘图”工具栏中的“直线”图标，启动“直线”命令	命令：_ line 指定第一点：
（2）在已绘好的图纸边界线的左下角点上点击一下（出现绿色小方块时再点击）	指定下一点或［放弃（U）］：
（3）在命令提示行输入“@25，10”，回车	指定下一点或［放弃（U）］：@25，10
（4）输入“@559，0”，回车	指定下一点或［闭合©/放弃（U）］：@559，0
（5）输入“@0，400”，回车	指定下一点或［闭合©/放弃（U）］：@0，400
（6）输入“@ -559，0”，回车	指定下一点或［闭合©/放弃（U）］：@ -559，0
（7）输入“@0，-400”，回车	指定下一点或［闭合©/放弃（U）］：@0，-400
（8）启动“删除”命令	命令：_ erase
（9）选中所画的多余斜线，回车	选择对象：找到一个

【知识学习 3】

8.3.7　“对象捕捉追踪”功能

“对象捕捉追踪”功能可以相对于对象捕捉点，沿指定的追踪方向获得所需要的点。使用对象捕捉追踪功能必须同时打开对象捕捉和对象追踪功能。打开对象捕捉追踪功能的方法有以下 3 种：在“对象捕捉”选项卡中，选中“启用对象捕捉追踪”复选框；单击状态行上的“对象追踪”按钮；功能键 F11。

（1）设置对象捕捉追踪方向。利用“草图设置”对话框的“极轴追踪”选项卡的对象捕捉追踪设置选项组，确定对象捕捉追踪方向，如图 8 -3 -4 所示。

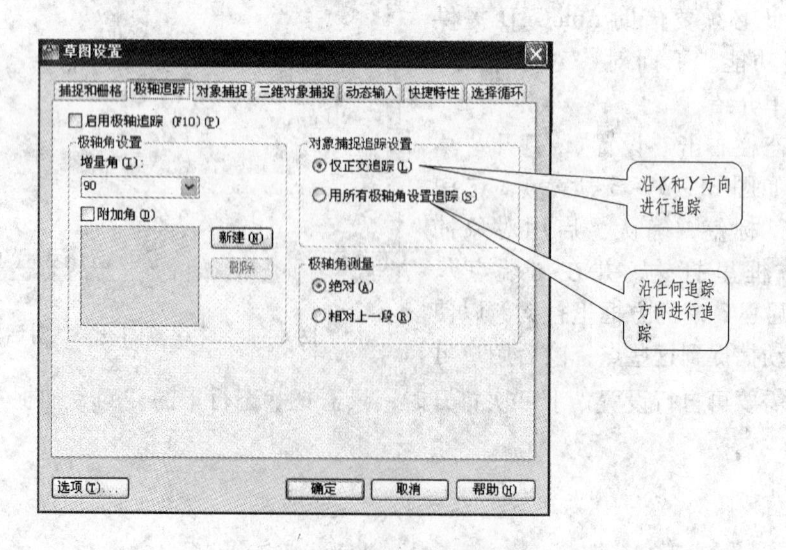

图 8 -3 -4　对象捕捉追踪设置

（2）使用对象捕捉追踪功能定点。当需要定点时，移动光标至所需的对象捕捉点上，停留片刻，系统将出现捕捉标记，如图 8－3－5（a）中的绿色小框，并提示对象捕捉模式（此时注意千万不要点击鼠标），再沿着某条线移动光标时，将会显示一条追踪辅助虚线，当虚线上出现一个小叉号时，如图 8－3－5（b）所示，输入相对坐标值就捕捉到了需要的点。

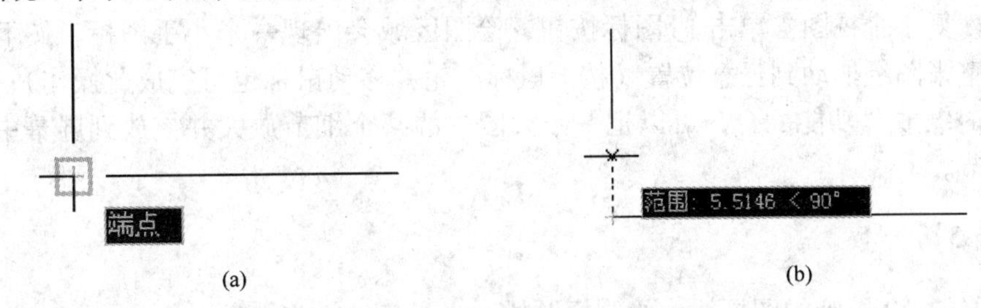

图 8－3－5　利用对象捕捉追踪功能定点

（a）确定对象捕捉点；（b）沿追踪方向定点

8.3.8　ZOOM 缩放命令

利用“缩放”命令可以控制图形的显示。调用命令的方式如下：

菜单：执行“视图”|“缩放”命令；

图标：单击工具栏中的图标按钮；

键盘命令：ZOOM 或 Z。

下面简单介绍一下常用的实时缩放命令和范围缩放命令。

（1）实时缩放命令。单击图标按钮，绘图区域出现一个放大镜，向前滚动鼠标中间的滚轮，放大图形显示；向后滚动，则缩小图形显示。

（2）范围缩放命令。鼠标指向工具栏中的图标，左键按下向下拖动（注意不是单击，按下后不要松开），出现下拉菜单，当出现如图 8－3－6 所示的“范围缩放字样”时松开左键，所画图形会铺满整个绘图区，如图 8－3－7 所示。或使用键盘命令，在命令提示行输入“Z”，然后“回车”。

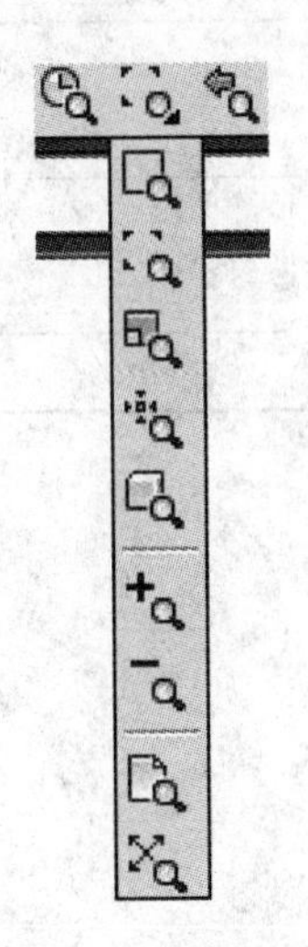

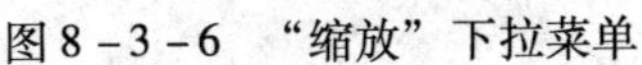

图 8－3－6　“缩放”下拉菜单

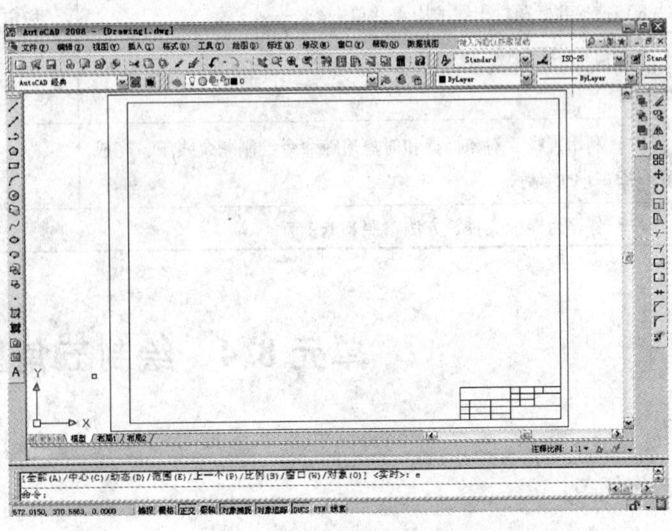

图 8－3－7　图形铺满绘图区

若执行“范围”命令则键入“E”，回车；执行“全部”命令则键入“A”，回车；以此类推，按提示操作即可。

注意：使用缩放命令时的所谓放大和缩小只是改变视图在屏幕上的显示比例，而图形的真实大小并没有发生变化。单击图标按钮，可以恢复当前视口内上一次显示的图形，最多可以恢复十个视图。单击图标按钮，绘图区域会出现一个小手图标，按下鼠标左键可以把整张图纸拖动到任意位置（按下鼠标滚轮并移动鼠标也可完成此操作）；这个功能与“实时缩放”功能配合，可以把一张大图中的某个细节放大并拖放到屏幕中央，便于绘制细节。

【任务解析 3】

在画好的 A2 图纸的图框线内绘制标题栏。

用户操作指令	命令提示行显示
首先检查状态栏里“正交”、“对象捕捉”、“对象追踪”工具已打开	
(1) 单击“绘图”工具栏中的“直线”图标，启动“直线”命令	命令：_ line 指定第一点：
(2) 捕捉到已绘好的图框线的右下角点，向上追踪，出现小叉号后，输入“40”，回车	指定下一点或［放弃（U）］：40
(3) 在命令提示行输入“@ －130，0”，回车	指定下一点或［放弃（U）］：@ －130，0
(4) 在命令提示行输入“@0，－40”，回车	指定下一点或［放弃（U）］：@0，－40
(5) 在命令提示行再回车	
(6) 结合实时缩放命令与实时平移命令，把标题栏外框放大并放置到绘图区中央，以便于操作	
(7) 单击“绘图”工具栏中的“直线”图标，启动“直线”命令（准备画标题栏的中线）	命令：_ line 指定第一点：
(8) 捕捉到标题栏上线的中点并单击	指定下一点或［放弃（U）］：
(9) 鼠标下拉至标题栏下线，捕捉到与下线的交点并单击，回车	
(10) 利用直线、对象捕捉和对象追踪命令绘制剩余线条，完成图 8－3－1 的绘制	
(11) 保存为样板文件，方法参照 8.1.4 节	

单元 8.4 绘制五角星

【工作任务】

绘制一个如图 8－4－1 所示的五角星。

【知识学习1】

图8-4-1　五角星绘制示例

8.4.1　正多边形的绘制

利用“正多边形”命令可以绘制边数最少为3，最多为1024的正多边形。

调用命令的方式包括：

菜单：执行“绘图”|“正多边形”命令；

图标：单击“绘图”工具栏中的图标按钮；

键盘命令：POLYGON（或POL）。

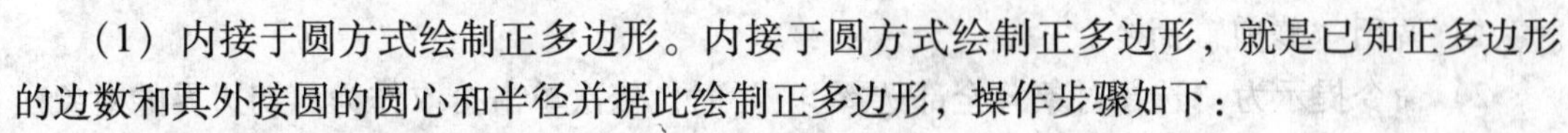

（1）内接于圆方式绘制正多边形。内接于圆方式绘制正多边形，就是已知正多边形的边数和其外接圆的圆心和半径并据此绘制正多边形，操作步骤如下：

1）调用“正多边形”命令。

2）命令提示为“输入侧面数”时，输入正多边形的边数，回车。

3）命令提示为“指定正多边形的中心点或［边（E）］”时，利用合适的定点方式指定正多边形的中心点。

4）命令提示为“输入选项［内接于圆（I）/外切于圆（C）］”时，输入“I”，回车。

5）命令提示为“指定圆的半径”时，输入外接圆的半径值，回车。

（2）外切于圆方式绘制正多边形。外切于圆方式绘制正多边形，就是已知正多边形的边数和其内切圆的圆心和半径并据此绘制正多边形，操作步骤提示：命令提示为“输入选项［内接于圆（I）/外切于圆（C）］”时，输入“C”，回车。

（3）边长方式绘制正多边形。边长方式绘制正多边形，就是指定正多边形一条边的两个端点，然后按逆时针方向绘制出其余的边，读者可按提示行进行操作。

【任务解析1】

绘制一个内接于$R=20$的圆的内接正五边形，并连接各端点，如图8-4-2所示。

用户操作指令	命令提示行显示
（1）单击绘图工具栏里图标按钮，启动“正多边形”命令	命令：_ polygon
（2）输入正五边形的边数为5，回车	输入边的数目<4>：5
（3）在屏幕中央拾取任意点*A*	指定正多边形的中心点或［边（E）］：
（4）选择“内接于圆”方式	输入选项［内接于圆（I）/外切于圆（C）］<I>：i
（5）指定正五边形外接圆半径为20（可利用“实时缩放”调整图形视觉大小）	指定圆的半径：20
（6）利用直线命令连接各端点（利用两次回车命令可以结束上一个命令，并重复上一个命令）	

【知识学习 2】

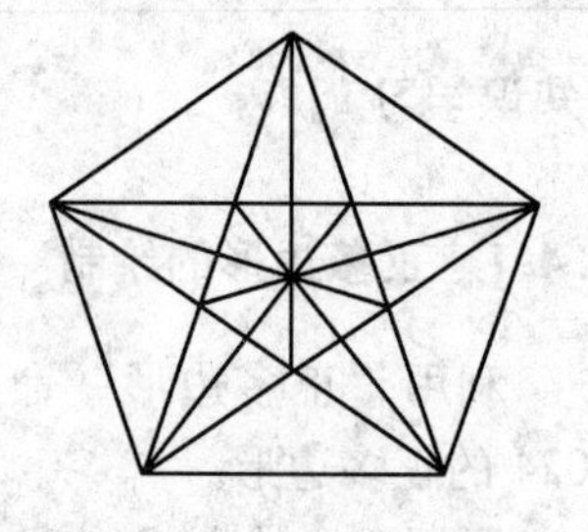

图 8－4－2　圆内接正五边形

8.4.2　修剪对象

调用命令的方式包括：

菜单：执行“修改”|“修剪”命令；

图标：单击“修改”工具栏中的图标按钮；

键盘命令：TRIM 或 TR。

（1）普通方式修剪对象。首先选择剪切边界，然后再选择被修剪的对象，且两者必须相交。操作步骤如下：

1）调用“修剪”命令。

2）命令提示为“选择对象 <全部选择>：”时，依次单击拾取作为剪切边界的对象。

3）命令提示为“选择对象：”时，回车，结束剪切边界对象的选择。

4）命令提示为“选择要修剪的对象，或按住 Shift 键选择要延伸的对象，或 [栏选(F)/窗交（C)/投影（P)/边（E)/删除（R)/放弃（U)]：”时，依次单击拾取被修剪的对象。

5）命令提示为“选择要修剪的对象，或按住 Shift 键选择要延伸的对象，或 [栏选(F)/窗交（C)/投影（P)/边（E)/删除（R)/放弃（U)]：”时，回车，结束“修剪”命令。

（2）互剪方式修剪对象。剪切边同时又作为被修剪对象，两者可以相互剪切，称为互剪。操作步骤提示：命令提示为“选择对象 <全部选择>：”时，拾取全部对象或直接回车。命令提示为“选择对象：”时，依次单击拾取被修剪的对象，回车。

【任务解析 2】

利用修剪命令把图 8－4－2 修剪成图 8－4－3。

用户操作指令	命令提示行显示
（1）单击修改工具栏里图标按钮，启动“修剪”命令	命令：_ trim
（2）回车	选择对象 <全部选择>：
（3）鼠标分别直接点击需要修剪掉的线段	选择要修剪的对象，或按住 Shift 键选择要延伸的对象，或 [栏选(F)/窗交(C)/投影(P)/边(E)/删除(R)/放弃(U)]：
（4）回车	命令：
（5）调用删除命令	命令：_ erase
（6）选中正多边形	选择对象：找到一个
（7）回车	选择对象：

【知识学习3】

图8-4-3　修剪处理

8.4.3　创建图案填充

利用“图案填充”命令，可以选择图案类型、设置图案特性、定义填充边界，并将图案填入指定的封闭区域内。

调用命令的方式：

菜单：执行“绘图”|“图案填充”命令；

图标：单击“绘图”工具栏中的▧图标按钮；

键盘命令：BHATCH（或HATCH，BH，H）。

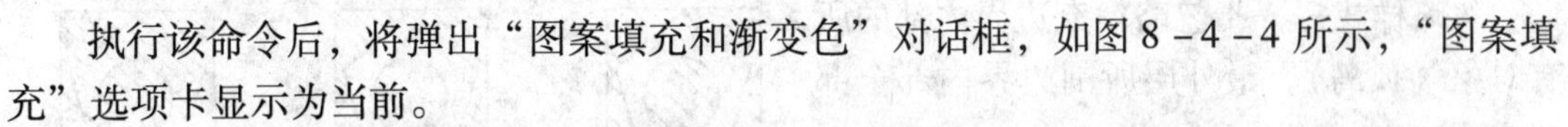

执行该命令后，将弹出“图案填充和渐变色”对话框，如图8-4-4所示，“图案填充”选项卡显示为当前。

(1) 定义填充图案的外观。填充图案的外观由图案类型和图案特性决定。在“图案填充”选项卡中的“类型”下拉列表中提供了3种类型的填充图案：

预定义——AutoCAD系统预先定义命名的填充图案（一般均选此项）。

用户定义——用户定义类型图案是使用图形的当前线型定义一组平行线图案，或两组互相正交的平行线网格图案。

自定义——自定义类型图案是用户根据需要在自定义图案文件（PAT文件）中自行设计、定义的图案。

说明：如没特殊要求，我们一般选择预定义类型，点开图案选项按按钮▭，会出现“填充图案选项板”对话框，如图8-4-5所示，里边有很多种可供选择的图案，而制图中常用的填充图案是ANSI选项卡下的ANSI31，如果填充图案在图形中显得太稀或太密，可调整比例。

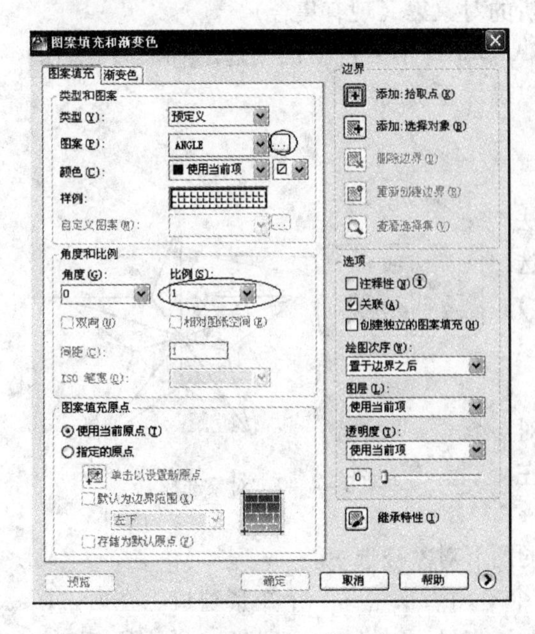

图8-4-4　“图案填充和渐变色”对话框

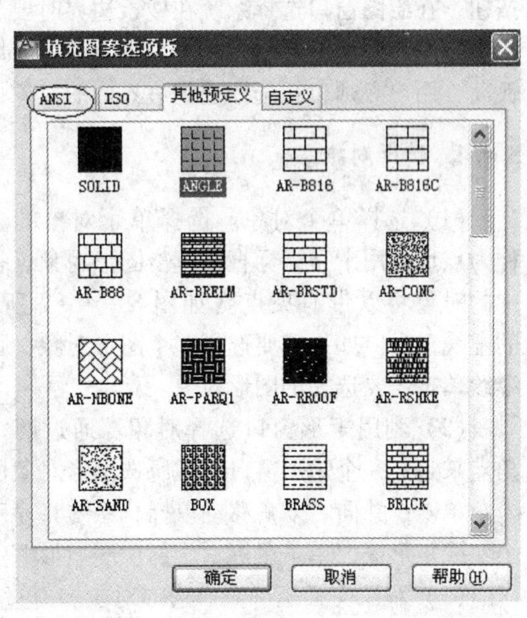

图8-4-5　“填充图案选项板”对话框

（2）定义填充边界。图案填充的边界一般是任意对象（直线、圆、圆弧和多段线）构成的封闭区域。另外，AutoCAD 把位于图案填充区域内的封闭区域、文字、属性、图形或实体填充对象等内部边界称为孤岛。用户可以设置在最外层填充边界内的填充方式，指定填充边界后，系统会自动检测边界内的孤岛，并按设置的填充方式填充图案（点开图 8-4-4 右下角 图标可选择填充方式）。

当选择“孤岛检测”复选框后，“孤岛显示样式”选项组亮显。选项组中有以下 3 种孤岛显示样式确定填充方式：

普通样式——默认的填充方式，即从外部边界向内在交替的区域内填充图案。每个奇数相交区域被填充，每个偶数相交区域不填充。

外部样式——只在最外层区域内填充图案。

忽略样式——指忽略填充边界内部的所有对象（孤岛），最外层所围边界内部全部填充。

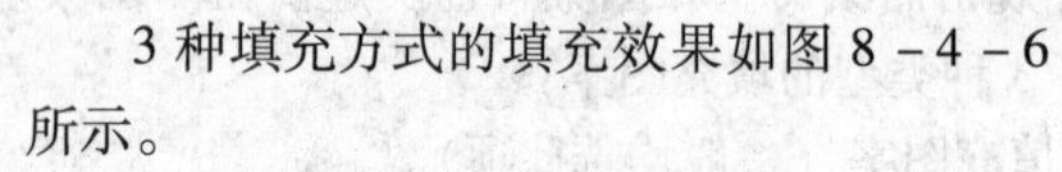

3 种填充方式的填充效果如图 8-4-6 所示。

(a)

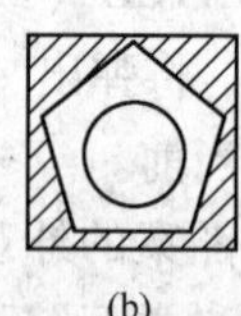
(b)

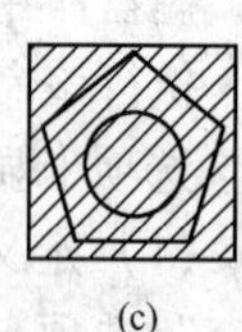
(c)

图 8-4-6　填充效果
（a）普通样式；（b）外部样式；（c）忽略样式

（3）指定填充边界。

1）用“拾取点”方式时，回到绘图窗口，在图案填充区域内拾取任一点。系统会自动按指定的边界集分析、搜索环绕指定点最近的对象作为边界，并分析内部孤岛，确定的填充边界对象变为虚线，并显示填充效果。

2）用“选择对象”方式时，回到绘图窗口，选择组成填充边界的对象。

注意：用“拾取点”方式指定填充边界时，默认情况下，系统在当前视口范围内分析所有对象。对于复杂的图形可以选定某些对象重新定义边界集，系统在指定的边界集中搜索边界，可以加快生成边界的速度。定义边界集时，单击边界集选项组中的“新建”按钮，在绘图窗口选择系统在搜索边界时要分析的对象集（现有集合）。

当用户用“选择对象”指定填充边界时，AutoCAD 不会自动检测选定对象边界内的孤岛，用户必须自行选择选定边界内的对象，以确保正确的填充。

8.4.4　选择对象

（1）选择单个对象。选择单个对象的方法称为点选。用十字光标直接单击图形对象，被选中的对象将以带有夹点（如图 8-4-7 所示）的虚线显示。如果需要选择多个图形对象，可以继续单击需要选择的图形对象。

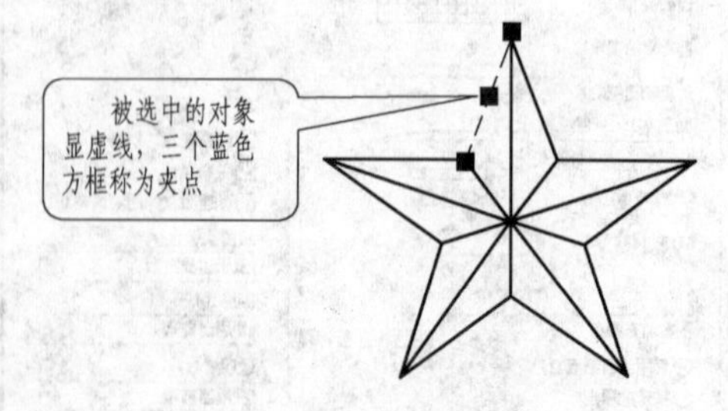

图 8-4-7　对象选择

（2）利用矩形窗口选择对象。通过两个对角点来定义一个矩形窗口，在所选图形对象的左上角单击，并向右下角移动鼠标，系统将显示一个实线矩形框，单击鼠标，全部位于矩形框内的图形对象被选中。

（3）利用交叉矩形窗口选择对象。通过两个对角点来定义一个矩形窗口，在所选图形对象的右下角单击，并向左上角移动鼠标，系统将显示一个虚线矩形框，单击鼠标，与窗口相交的所有图形对象都被选中。

（4）选择全部对象。在绘图中，如果用户需要选择整个图纸上的全部对象，可以使用以下两种方法：

1）菜单：执行“编辑（E）”|“全部选择”命令；

2）快捷键：Ctrl + A。

（5）取消选择。按键盘左上角的“Esc”键即可取消选择。“Esc”键也是个万能键，可以结束任何一个正在执行的命令。

8.4.5　复制对象

利用“复制”命令可以将选择的对象在指定的位置复制一个或多个副本。

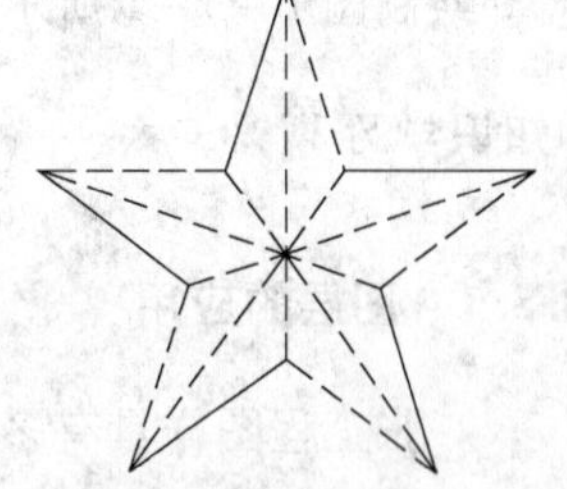

图8-4-8　需要填充的区域（虚线三角形）

调用命令的方式如下：

菜单：执行“修改”|“复制”命令；

图标：单击“修改”工具栏中的图标按钮；

键盘命令：COPY（或CO、CP）。

（1）指定基点和第二点复制对象。该种方式是先指定基点，随后指定第二点。系统将按两点确定的位移矢量复制对象。该位移矢量决定了副本相对于源对象的方向和距离。

（2）指定位移复制对象。该种方式是输入被复制对象的位移，操作重点：命令提示为“指定基点或［位移（D）］<位移>：”时，输入“D”，回车。注意：这里也可以输入一个坐标，系统将把该点坐标值作为复制对象所需的位移。当随后出现“指定位移的第二点或<用第一点作位移>”的提示时，直接回车即可。

【任务解析3】

完成图8-4-1所示五角星的绘制，并复制1个，与五角星相距40mm。

用户操作指令	命令提示行显示
（1）单击绘图工具栏里图标按钮，启动“图案填充”命令	命令：_ BHATCH
（2）单击图8-4-4所示对话框里“图案”的下拉菜单，出现图8-4-5所示对话框	
（3）单击“图案”下拉菜单选择图案“SOLID”，单击“颜色”下拉菜单确定选择所需颜色	
（4）点击“边界”图标	拾取内部点或［选择对象（S）/删除边界（B）］：
（5）在绘图区连续单击需要被填充的区域，即在如图8-4-8所示的6个三角形虚线框内单击	
（6）回车后，回到对话框，单击确定	命令：
（7）单击修改工具栏里图标按钮，启动“复制”命令	命令：_ copy
（8）利用交叉窗口选中整个五角星	选择对象：指定对象点：选中16个对象
（9）回车	指定基点或［位移（D）/模式（O）］<位移>：
（10）键入“D”，回车	指定位移<0.00，0.00，0.00>：
（11）键入“40，0，0”，回车	命令：

单元 8.5 绘制手柄平面图

【工作任务】

绘制图 1 - 3 - 1 所示手柄。

【知识学习 1】

8.5.1 图层的应用

一张工程图样具有多个不同性质的图形对象，如不同线型的图形对象、尺寸标注、文字注释等对象。AutoCAD 把线型、线宽和颜色等作为对象的基本特性，用图层来管理这些特性。每一个图层相当于一张没有厚度的透明纸，且具有一种线型、线宽和颜色，不同的纸上绘制有不同特性的对象，这些透明纸重叠后便构成一个完整的图形。

图层具有以下性质：

（1）每一个图层都具有一个名称，图层名可以由 255 个字符组成。系统默认设置的图层是“0”层。

（2）每个图层只能指定一种颜色，系统默认设置的颜色为白色。

（3）每个图层只能指定一种线型，系统默认设置的线型为 Continuous（连续线）。

（4）当前作图所使用的图层称为当前层。一个图形文件中的图层数量不受限制，但当前层只有一个，通过简单的切换可以将创建好的图层设置为当前层。

（5）图层有打开和关闭两个状态，操作按钮是“图层特性管理器”里的图标。打开的图层是可见的，其图形对象可以被显示、编辑或打印输出。关闭的图层则不可见，在关闭的图层上可以绘制新的对象，但不能被显示。

（6）为加快图形重生成的速度，可以将那些与编辑无关的图层冻结，操作按钮是“图层特性管理器”里的图标。当前层不能被冻结。冻结后的图层可以解冻。

（7）为了防止某图形对象被误修改，可将该对象所在的图层锁定。锁定后的图层可以解锁，操作按钮是“图层特性管理器”里的图标。

利用“图层特性管理器”对图层进行的操作有：创建新图层、重命名或删除选定的图层、设置或更改选定图层的特性和状态等。

调用命令的方式：

菜单：执行“格式”|“图层”命令；

图标：单击“图层”工具栏中的图标按钮；

键盘命令：LAYER（或 LA）。

执行该命令后，将弹出“图层特性管理器”对话框，如图 8 - 5 - 1 所示。下面我们对图层操作做一简单介绍。

（1）创建新图层。操作步骤如下：

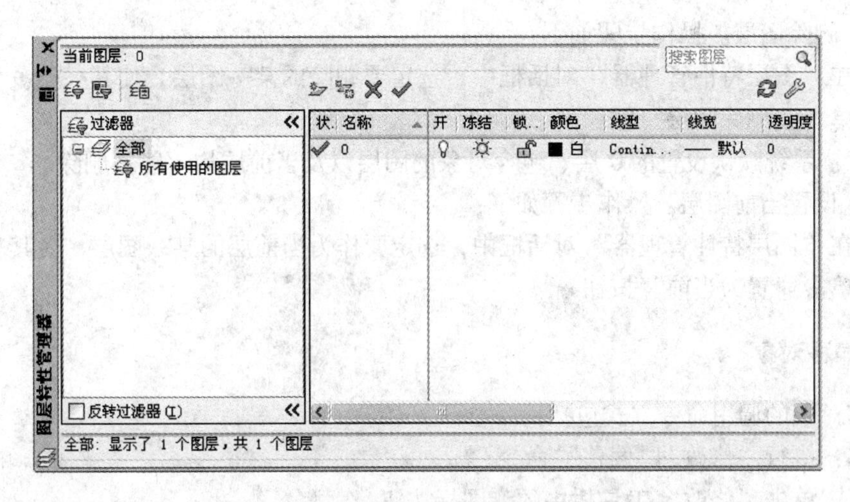

图 8-5-1　“图层特性管理器”对话框

1）调用“图层”命令。

2）在“图层特性管理器”对话框中，单击“新建图层”按钮，在图层列表中显示名称为“图层 1”的新图层，且处于被选中状态。

3）单击新图层的名称，在其“名称”文本框中输入图层的名称，为新图层重命名。

4）设置图层的特性、状态。

5）单击“确定”按钮，关闭对话框。

（2）设置图层颜色。操作步骤如下：

1）单击某一图层“颜色”列中的色块图标或颜色名，打开“选择颜色”对话框。

2）在“索引颜色”选项卡的调色板中选择一种颜色，并显示所选颜色的名称和编号。

3）单击“确定”按钮，保存颜色设置，返回“图层特性管理器”对话框。

（3）设置图层线型。操作步骤如下：

1）单击某一图层“线型”列表中的线型名，打开“选择线型”对话框。

2）单击“加载”按钮，打开“加载或重载线型”对话框。

3）在“可用线型”列表中选择“acadiso. lin”线型文件中定义的线型，或单击“文件”按钮，在打开的“选择线型文件”对话框中，选择用户自定义线型文件后，在“可用线型”列表中选择自定义的线型。

4）单击“确定”按钮，返回“选择线型”对话框，加载的线型显示在“已加载的线型”列表中，但还未被选中。

5）选择所需的线型（这一步非常重要）。

6）单击“确定”按钮，保存线型设置，返回“图层特性管理器”对话框。

（4）设置图层的线型宽度。操作步骤如下：

1）单击某一图层“线宽”列表中的线宽图标或线宽名，打开“线宽”对话框。

2）选择所需要的线宽。

3）单击“确定”按钮，保存线宽设置，返回“图层特性管理器”对话框。

注意：设置的图层线型宽度只有在状态栏上的“线宽”按钮被打开后才能显示。

（5）删除图层。操作步骤如下：

1）在“图层特性管理器”对话框中，选定要删除的某一图层，使其亮显。

2）单击“删除图层”按钮✖。

注意：系统默认设置的0层、包含对象的图层以及当前层均不能被删除。

（6）设置当前图层。操作步骤如下：

1）在“图层特性管理器”对话框中，选定要作为当前层的某一图层，使其亮显。

2）单击“置为当前”按钮✔。

8.5.2 偏移对象

偏移对象的调用命令方式包括：

菜单：执行“修改”|“偏移”命令；

图标：单击“修改”工具栏中的图标按钮；

键盘命令：OFFSET或O。

（1）指定距离偏移对象。如果已知偏移距离的偏移复制对象，调用“偏移”命令后，按命令提示操作。

（2）指定通过点偏移对象。如果指定偏移对象通过的点，操作步骤提示：命令提示为“指定要偏移的那一侧的点或［退出（E）/多个（M）/放弃（U）］<退出>：”时，指定偏移对象通过的点。

8.5.3 对象特性编辑

在AutoCAD中绘制的每个对象都具有自己的特性。有些特性属于基本特性，适用于多数对象，例如图层、颜色、线型等；有些特性则专用于某一类对象，如圆的特性包括半径和面积等。对已经创建好的对象，如果想要改变其特性，AutoCAD也提供了简便的修改方法，主要可以使用“特性”工具栏、“特性”选项板、特性匹配工具来进行修改。

调用命令的方式包括：

菜单：执行“修改”|“特性”命令或“工具”|“选项板”|“特性”命令；

图标：单击“标准”工具栏中的图标按钮；

键盘命令：PROPERTIES或PR。

操作步骤如下：

（1）调用“特性”命令，系统显示对象“特性”选项板，如图8-5-2所示。

（2）在绘图窗口单击，选择要查看和修改的对象。

（3）在对象“特性”选项板中，可以修改对象的基本特性（颜色、图层、线型、线型比例、线宽、打印样式和厚度等）和几何特性（长度、坐标、角度、直径、半径、面积和周长等）。

（4）单击对象“特性”选项板的“关闭”按钮。

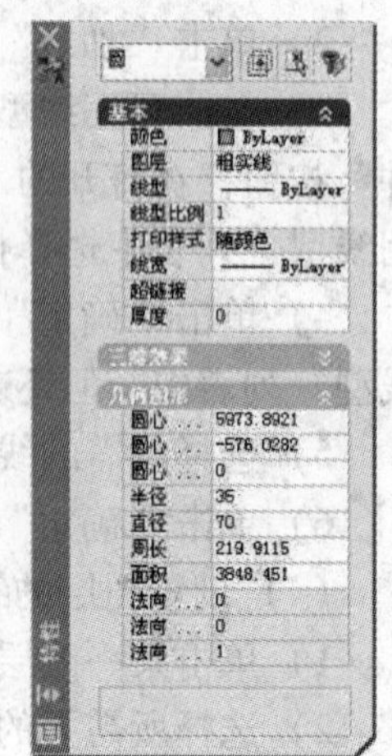

图8-5-2 对象“特性”选项板

注意：①如果选择的是多个对象时，对象“特性”选项板显示选择集中所有对象的公共特性。如果未选择对象，对象“特性”选项板将只显示当前图层和布局等基本特性。②在AutoCAD中双击大多数的图形对象都将自动打开对象“特性”选项板。③对于文字、多行文字、标注、剖面线、公差、多重引线、引线、图块、属性等常用于注释图形的对象，可以利用“特性”选项板更改注释性特性。

【任务解析1】

为绘制图8－5－1设置图层和中心线。

（1）设置图层如下，其中虚线层可不设，注意各线型的名字。

名　称	颜　色	线　型	线　宽
图层0	白　色	Continuous（实线）	0.30
中心线	红　色	Center（细点划线）	0.15
虚　线	白　色	Dashed（虚线）	0.15

（2）把“中心线图层”设为当前层，打开“正交”工具栏。

（3）调用“直线”命令，认真研究图1－3－1，按绘图规则首先绘制宽度方向的尺寸基准A（约110mm）和长度方向的尺寸基准B。

（4）调用“偏移”命令，绘制另两条中心线，如图8－5－3所示，完成中心线的绘制。

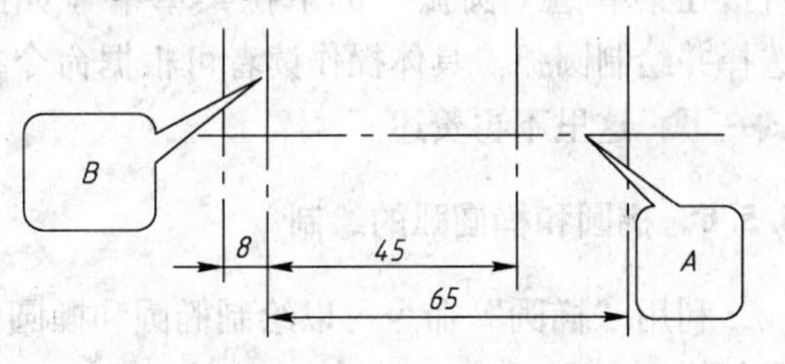

图8－5－3　中心线的绘制

注：如果这些细点划线看起来像一条细细的实线，可能是线型太密或太疏，这时可以通过调整“特性”选项板里的“线型比例”以达到合适的线型。

【知识学习2】

8.5.4　圆的绘制

利用“圆”命令可以用4种不同的方式绘制圆。调用命令的方式如下：

菜单：执行“绘图”|“圆”命令；

图标：单击“绘图”工具栏中的⊙图标按钮；

键盘命令：CIRCLE或C。

（1）指定圆心和半径（直径）画圆。已知圆心和半径绘制圆，操作步骤提示：命令提示为“指定圆的圆心或［三点（3P）/两点（2P）/相切、相切、半径（T）］:”时，直接用定点方式指定圆的圆心；命令提示为“指定圆的半径或［直径（D）］:”时，输入半径值（或输入“D”），回车；

（2）指定三点画圆。已知圆上的任意三点绘制圆，操作步骤提示：命令提示为“指定圆的圆心或［三点（3P）/两点（2P）/相切、相切、半径（T）］:”时，输入“3P”，回车；命令提示分别为“指定圆上的第n个点:”时，用定点方式分别响应。

（3）指定两个相切对象和半径画圆。已知圆和两个对象相切以及圆的半径值绘制圆，操作步骤提示：命令提示为“指定圆的圆心或［三点（3P）/两点（2P）/相切、相切、半径（T）]：”时，输入“T”，回车。

注意：输入的半径值必须大于或等于两相切对象之间最小距离的一半。

（4）指定三个相切对象画圆。已知圆和三个对象相切绘制圆实际上是三点画圆的一种特殊形式，可以在指定每个点前执行“Ctrl + 鼠标右击”，出现下拉菜单后选择“切点”，对象捕捉三个切点来绘制圆。

8.5.5 圆弧的绘制

利用“圆弧”命令只要已知三个参数就可以绘制圆弧。调用命令的方式如下：

菜单：执行“绘图”|“圆弧”命令；

图标：单击“绘图”工具栏中的图标按钮；

键盘命令：ARC 或 A。

可以通过选择不同选项组合成 11 种不同的方式，也可以直接在菜单栏“圆弧”的下拉菜单中（如图 8－5－4 所示）选择并绘制圆弧。具体操作读者可根据命令提示行的提示自己试一下，这里不再赘述。

三点(P)
起点、圆心、端点(S)
起点、圆心、角度(T)
起点、圆心、长度(A)
起点、端点、角度(N)
起点、端点、方向(D)
起点、端点、半径(R)
圆心、起点、端点(C)
圆心、起点、角度(E)
圆心、起点、长度(L)
继续(O)

图 8－5－4 “圆弧”下拉菜单

8.5.6 椭圆和椭圆弧的绘制

利用“椭圆”命令可以绘制椭圆和椭圆弧，调用命令的方式包括：

菜单：执行“绘图”|“椭圆”命令；

图标：单击“绘图”工具栏中的图标按钮；

键盘命令：ELLIPSE（或 EL）。

（1）指定两端点和半轴长绘制椭圆。已知椭圆一轴的两端点和另一轴的半轴长绘制椭圆，操作步骤如下：

1）调用“椭圆”命令。

2）命令提示为“指定椭圆的轴端点或［圆弧（A）/中心点（C）]：”时，用适合的定点方式，指定椭圆轴的一个端点。

3）命令提示为“指定轴的另一个端点”时，用适合的定点方式，指定椭圆轴的另一个端点。

4）命令提示为“指定另一条半轴长度或［旋转（R）]：”时，输入椭圆另一轴的半轴长度。

（2）指定中心点、端点和半轴长绘制椭圆。已知椭圆的中心点、一轴的端点和另一轴的半轴长绘制椭圆，操作步骤提示：命令提示为“指定椭圆的轴端点或［圆弧（A）/中心点（C）]：”时，输入“C”，回车。

（3）绘制椭圆弧。绘制椭圆弧也可以直接单击椭圆弧图标按钮或调用“椭圆”命令，操作步骤如下：

1）调用“椭圆”命令。

2）命令提示为“指定椭圆的轴端点或［圆弧（A）/中心点（C）]：”时，输入“A”，回车。

3）同绘制椭圆第3步和第4步。

4）命令提示为“指定起始角度或［参数（P）]:”时，指定椭圆弧起始角度。

5）命令提示为“指定终止角度或［参数（P)/包含角度（I)]:”时，指定椭圆弧终止角度。

注意：椭圆的第一个端点定义了基准点，椭圆弧的角度应从该点按逆时针方向计算。

8.5.7　延伸对象

利用“延伸”命令可以将指定的对象延伸到选定的边界。调用命令的方式包括：

菜单：执行“修改”|“延伸”命令；

图标：单击“修改”工具栏中的图标按钮--/；

键盘命令：EXTEND（或EX）。

操作步骤如下：

(1）调用“延伸”命令。

(2）命令提示为“选择对象或 <全部选择>:”时，依次单击拾取作为延伸边界的对象（或直接回车，选择全部对象）；当结束延伸边界对象的选择时，回车。

(3）命令提示为“选择要延伸的对象，或按住Shift键选择要修剪的对象，或［栏选(F)/窗交（C)/投影（P)/边（E)/放弃（U)]:”时，单击拾取要延伸的对象。

8.5.8　镜像命令

利用“镜像”命令可以将选中的对象按指定的镜像轴创建轴对称图形。调用命令的方式如下：

菜单：执行“修改”|“镜像”命令；

图标：单击“修改”工具栏中的⚠图标按钮；

键盘命令：MIRROR（或MI）。

操作步骤如下：

(1）调用“镜像”命令。

(2）命令提示为“选择对象:”时，用适合的选择对象的方法选择欲镜像的对象。

(3）命令提示为“指定镜像线的第一点:”时，用定点方式指定镜像轴上的第一个端点。

(4）命令提示为“指定镜像线的第二点:”时，用定点方式指定镜像轴上的第二个端点。

(5）命令提示为“要删除源对象吗？［是（Y)/否（N)］ <N>:”时，输入“N”，回车，则保留源对象；否则输入“Y”，回车，则删除源对象。

8.5.9　打断对象

利用“打断”命令可以在两点之间或一点处打断选定对象。调用命令的方式包括：

菜单：执行“修改”|“打断”命令；

图标：单击“修改”工具栏中的□图标按钮；

键盘命令：BREAK（或BR）。

（1）选择打断对象指定第二个打断点。以选择对象时的选择点作为第一个打断点，再指定第二个打断点打断对象。操作步骤如下：

1）调用“打断”命令。

2）命令提示为“选择对象:”时，选择欲打断的对象。

3）命令提示为“指定第二个打断点或［第一点（F)］:”时，指定第二个打断点。

注意：在对象上指定第一个打断点，就会从该点被打断，第二个打断点可以在对象上指定也可以在对象外指定。也可以输入“@”，那么就会在选择对象时的选择点处将对象一分为二。

（2）选择打断对象指定两个打断点。选择对象后，重新指定第一点和第二点打断对象。操作步骤提示：命令提示为“指定第二个打断点或［第一点（F)］:”时，输入“F”，回车。

注意：如果重新指定第一个打断点后，指定第二个打断点输入“@”，则相当于执行“打断于点”命令。

【任务解析 2】

完成图 1－3－1 所示手柄的绘制。

（1）把图层 0 作为当前图层。

（2）单击“绘图”工具栏里“圆”命令，使用“指定圆心和半径画圆”或“指定圆心和直径画圆”方式绘制已知圆（$\phi5$、$R10$）。

（3）使用“对象捕捉追踪”命令，绘制距宽度方向尺寸基准线 10mm，长 15mm 的水平线，并继续向上画一条长 10mm 的竖直线。

（4）使用“圆弧”命令绘制 1/4 圆弧 $R15$，如图 8－5－5 所示。

（5）把“中心线图层”作为当前图层，绘制 $\phi80$ 辅助圆弧，并延伸右二中心线与圆弧相交，如图 8－5－6 所示。

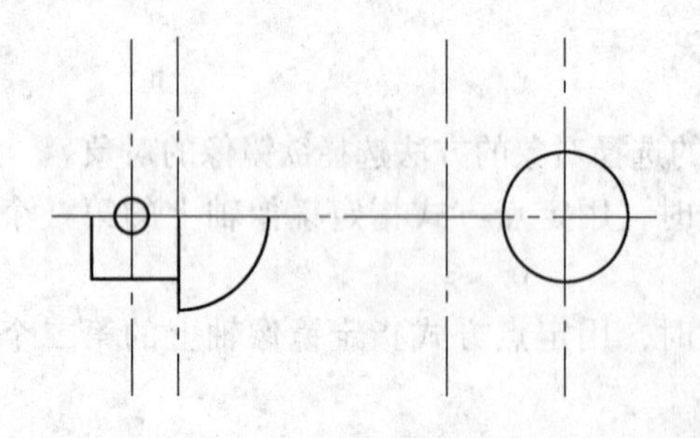

图 8－5－5　手柄的绘制（一）

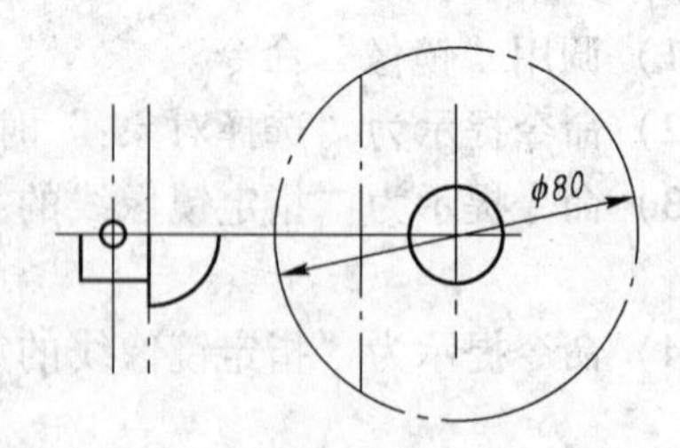

图 8－5－6　手柄的绘制（二）

（6）把图层 0 作为当前图层，绘制圆 $\phi100$，使用“圆”命令中“相切、相切、半径”方式绘制圆 $\phi24$，如图 8－5－7 所示。

（7）删除辅助圆，并利用普通修剪方式修剪对象，结果如图 8－5－8 所示。

（8）调用“镜像”命令，选择需镜像的 6 个对象（如图 8－5－9 中的虚线所示），镜像轴是宽度方向尺寸基准线。

（9）修剪多余线条，并调用“打断”命令修改各中心线的长度。以右二中心线的打断为例，在命令提示行显示“_ break 选择对象：”时，在图8－5－9所示第一打断点处单击，提示“指定第二个打断点或［第一点（F）］：”时，在右竖线下方单击，注意要超出直线。

（10）保存为“手柄.dwg”文件，完成手柄的绘制。

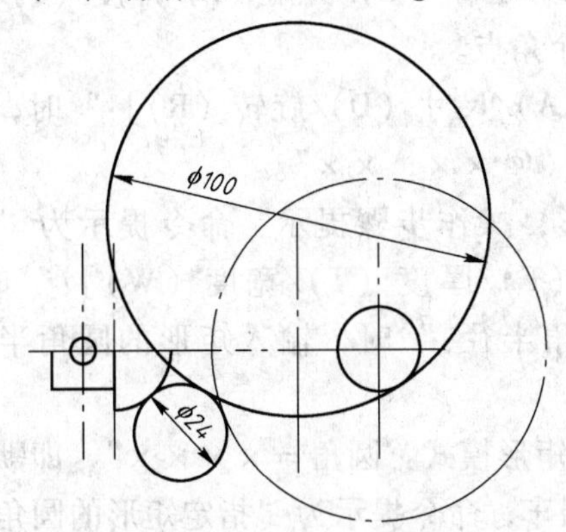

图8－5－7 手柄的绘制（三）

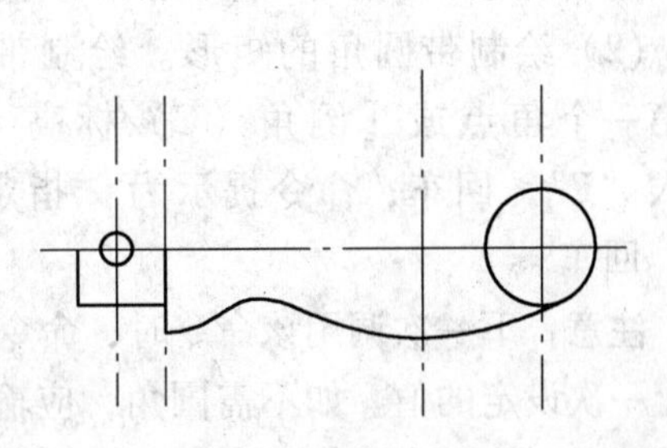

图8－5－8 手柄的绘制（四）

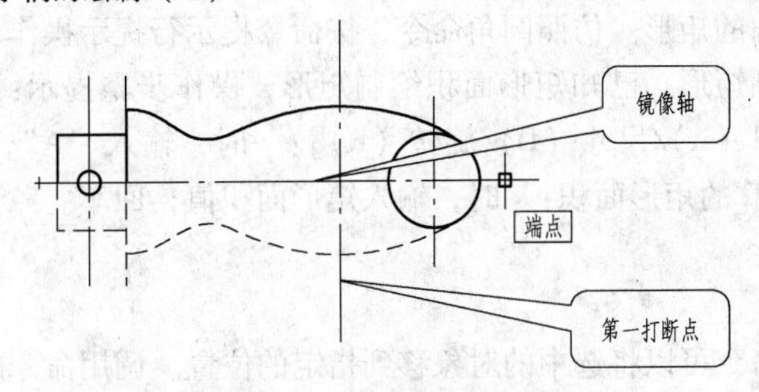

图8－5－9 手柄的绘制（五）

单元8.6 绘制矩形盘

【工作任务】

绘制如图8－6－1所示矩形盘，并能改变其尺寸及位置。

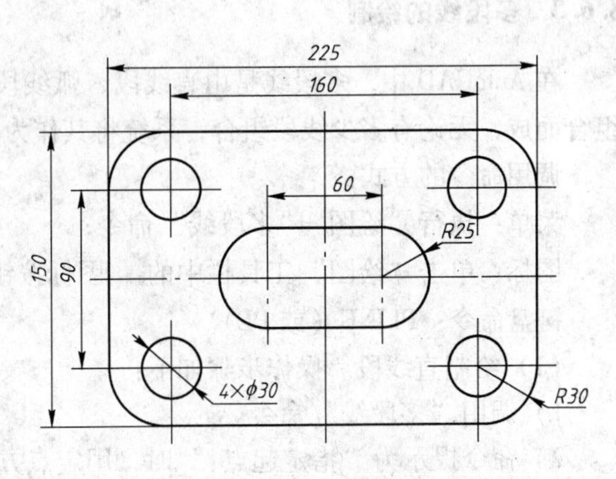

图8－6－1 矩形盘

【知识学习1】

8.6.1 矩形的绘制

调用命令的方式包括：

菜单：执行“绘图”|“矩形” 命令；

图标：单击“绘图”工具栏中的□图标按钮；

键盘命令：RECTANG、RECTANGLE 或 REC。

(1) 指定两点画矩形。通过指定矩形的两个对角点绘制矩形，操作步骤如下：

1) 调用“矩形”命令。

2) 命令提示为“指定第一个角点或［倒角 (C)/标高 (E)/圆角 (F)/厚度 (T)/宽度 (W)]:”时，直接用定点方式指定矩形的第一个角点。

3) 命令提示为“指定另一个角点或［面积 (A)/尺寸 (D)/旋转 (R)]:”时，用定点方式指定矩形的另一个角点，或输入相对坐标“@ ××，××”。

(2) 绘制带圆角的矩形。绘制带圆角的矩形，操作步骤提示：命令提示为“指定第一个角点或［倒角 (C)/标高 (E)/圆角 (F)/厚度 (T)/宽度 (W)]:”时，输入“F”，回车；命令提示为“指定矩形的圆角半径:”时，输入矩形的圆角半径值，回车。

注意：下一次调用该命令时，命令提示“当前矩形模式：圆角 = ××××”，即默认为上一次设定的值。如不需圆角，应输入“F”，回车；命令提示为“指定矩形的圆角半径:”时，输入“0”，回车。

(3) 绘制带倒角的矩形。仿照圆角命令，按命令提示行提示操作。

(4) 指定面积画矩形。已知矩形面积绘制矩形，操作步骤提示：命令提示为“指定另一个角点或［面积 (A)/尺寸 (D)/旋转 (R)]:”时，输入“A”，回车；命令提示为“输入以当前单位计算的矩形面积:”时，输入矩形面积值，回车。

8.6.2　移动对象

利用“移动”命令可以将选中的对象移到指定的位置。调用命令的方式如下：

菜单：执行“修改”|“移动”命令；

图标：单击“修改”工具栏中的图标按钮；

键盘命令：MOVE（或 M）。

“移动”命令和“复制”命令的操作非常类似，区别只在于原位置的源对象是否还保留，操作步骤略。

8.6.3　多段线的绘制

在 AutoCAD 中，多段线是由直线段、弧线段或两者组合而成的相互连接的序列线段组合而成，无论有多少线段组合，系统将其作为单一对象处理。

调用命令的方式：

菜单：执行“绘图”|“多段线”命令；

图标：单击“绘图”工具栏中的图标按钮；

键盘命令：PLINE（或 PL）。

(1) 绘制直线段。操作步骤如下：

1) 调用“多段线”命令。

2) 命令提示为“指定起点:”时，用定点方式确定多段线的起点。

3) 命令提示为“指定下一个点或［圆弧 (A)/半宽 (H)/长度 (L)/放弃 (U)/宽

度（W）]:”时，用定点方式指定多段线下一点，绘制第一条直线段。

4）命令提示为“指定下一点或［圆弧（A）/闭合（C）/半宽（H）/长度（L）/放弃（U）/宽度（W）]:”时，指定多段线的下一点，绘制下一段直线；或回车，结束命令，绘制开口的直线段；或输入“C”，结束命令，绘制闭合的直线段。

（2）绘制圆弧线段。操作步骤提示：命令提示为“指定下一个点或［圆弧（A）/半宽（H）/长度（L）/放弃（U）/宽度（W）]:”时，输入“A”，回车；命令提示为“指定圆弧的端点或［角度（A）/圆心（CE）/闭合（CL）/方向（D）/半宽（H）/直线（L）/半径（R）/第二个点（S）/放弃（U）/宽度（W）]:”时，用系统提供的各种选项绘制圆弧段；或回车，结束命令，绘制开口的圆弧线段；或输入“CL”，结束命令，绘制闭合的圆弧线段；或输入“L”，回车，进入绘制直线段模式。

注意：多段线绘制的折线是一个对象，而利用直线和圆弧命令组合出来的图形是多个对象。

【任务解析 1】

完成图 8-6-1 矩形盘的绘制。

（1）绘图前确保状态栏里“正交”、“对象捕捉”、“对象追踪”工具打开。仿照 8.5 单元设置图层并利用“偏移”命令画出中心线，如图 8-6-2 所示。

（2）在粗实线图层下开始绘制带圆角的矩形。具体操作如下：

1）单击“绘图”工具栏里“矩形”命令；

2）输入“F”，回车；

3）输入“30”，回车；

4）在中心线右侧任意位置单击，回车；

5）输入“@225，150”，回车。

（3）使用“移动”命令，把矩形框的中心与图形中心点对齐，具体操作如下：

1）单击“修改”工具栏里的“移动”图标；

2）单击“矩形”，回车；

3）使用对象捕捉和追踪功能捕捉到矩形中心点，如图 8-6-3 所示；

4）捕捉到图形的中心点。

（4）使用“圆”命令中“圆心、直径”方式绘制 4 个 $\phi30$ 的小圆，如图 8-6-4 所示。

（5）使用“多段线”命令在任一位置绘制长圆形并移至图内适当位置（如图 8-6-5 所示），操作步骤如下：

1）单击“绘图”工具栏里“多段线”图标，并在绘图区任意位置指定起点；

2）绘制长 60mm 的水平直线；

3）绘制半圆弧命令如下：“A”，回车；“R”，回车；“25”，回车；“A”，回车；“180”，回车；“90”，或鼠标向上拉出一条竖直线，回车；

4）“L”，回车，绘制长 60mm 的水平直线；

5）“A”，回车，“CL”，回车。

（6）仿照任务解析 1，把绘好的长圆图形移动到矩形的中心，完成图 8-6-5 的绘制。

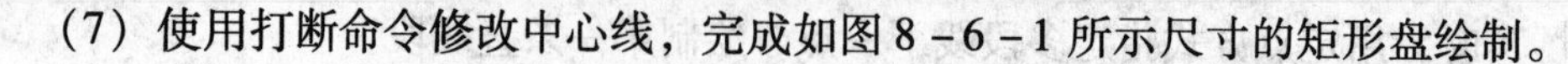

（7）使用打断命令修改中心线，完成如图 8－6－1 所示尺寸的矩形盘绘制。

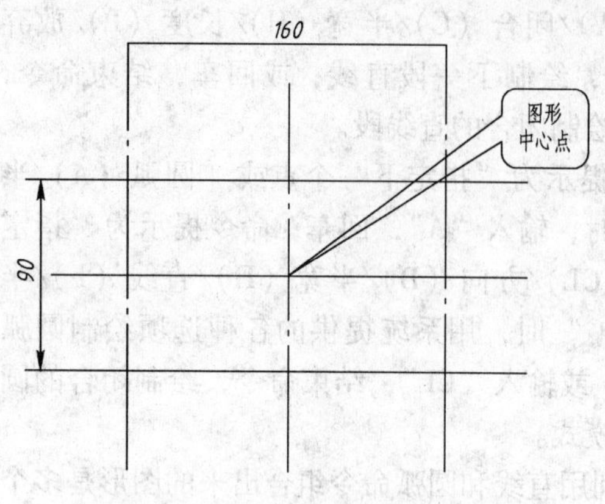

图 8－6－2　矩形盘绘制（一）

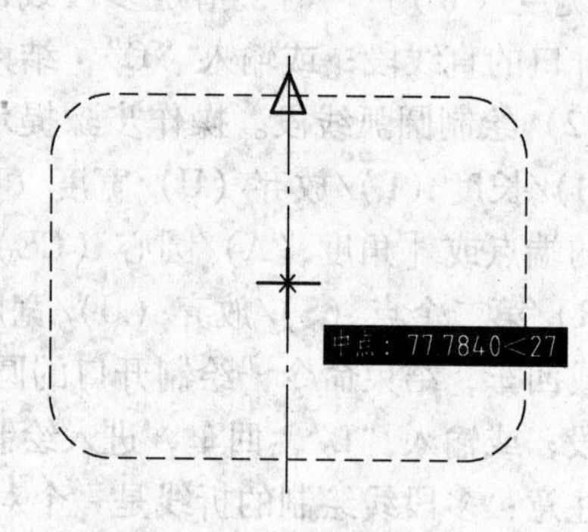

图 8－6－3　矩形盘绘制（二）

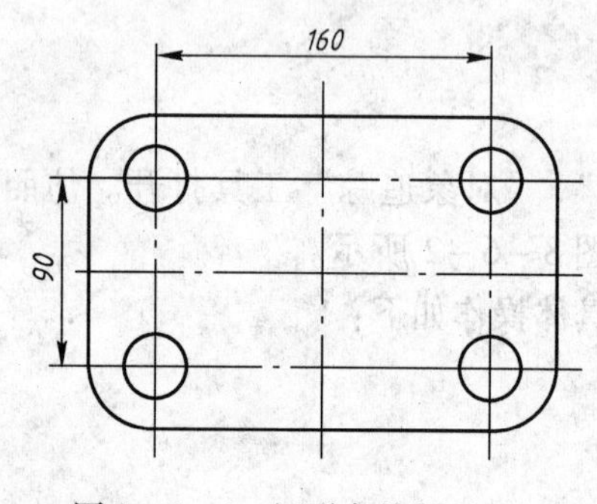

图 8－6－4　矩形盘绘制（三）

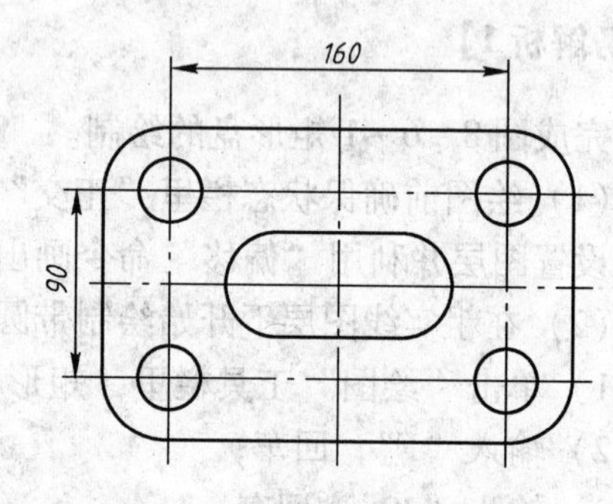

图 8－6－5　矩形盘绘制（四）

【知识学习 2】

8.6.4　比例缩放对象

利用“缩放”命令可以将指定的对象以指定的基点为中心按指定的比例放大或缩小。调用命令的方式包括：

菜单：执行“修改”|“缩放”命令；

图标：单击“修改”工具栏中的图标按钮；

键盘命令：SCALE（或 SC）。

（1）指定比例因子缩放对象。直接输入比例因子缩放对象。操作步骤提示：命令提示为“指定基点：”时，用定点方式拾取一点作为基点；命令提示为“指定比例因子或［复制（C）/参照（R）］：”时，输入缩放比例的数值。

（2）指定参照方式缩放对象。以系统自动计算出的参照长度与新长度的比值确定比例因子缩放对象。操作步骤提示：命令提示为“指定比例因子或［复制（C）/参照（R）］：”时，输入“R”，回车；命令提示为“指定参照长度：”时，可以直接输入参照长度值，或者指定两点确定参照长度；命令提示为“指定新的长度或［点（P）］”时，输入新长度值。

8.6.5　拉伸对象

利用“拉伸”命令可以以交叉窗口或交叉多边形方式选择要拉伸（或压缩）的对象。调用命令的方式如下：

菜单：执行“修改”|“拉伸”命令；

图标：单击“修改”工具栏中的图标按钮；

键盘命令：STRETCH（或S）。

注意：如果选择的图形对象完全在窗口内，则图形对象形状不变，只作移动（相当于“移动”命令的操作），而与窗口相交的图形对象，将拉伸（或压缩）。

8.6.6　旋转对象

利用“旋转”命令可以将选定的对象绕指定中心点旋转。调用命令的方式：

菜单：执行“修改”|“旋转”命令；

图标：单击“修改”工具栏中的图标按钮；

键盘命令：ROTATE（或RO）。

（1）指定角度旋转对象。操作步骤提示：命令提示为“指定旋转角度，或［复制(C)/参照（R）］ <0.00>:”时，输入对象旋转的绝对角度值。

注意：角度为正值时，逆时针旋转对象；角度为负值时，顺时针旋转对象。

（2）参照方式旋转对象。操作步骤提示：命令提示为“指定旋转角度，或［复制(C)/参照（R）］ <0.00>:”时，输入“R”，回车；命令提示为“指定参照角<0>:”时，输入参考角度值。

（3）旋转并复制对象。操作步骤提示：命令提示为“指定旋转角度，或［复制(C)/参照（R）］ <0.00>:”时，输入“C”，回车。

【任务解析2】

改变已绘制好的图形和尺寸及其位置。

（1）把图8-6-1改为图8-6-6所示图形。操作如下：调用“缩放”命令，选中全部对象，回车，指定中心为基点，缩放比例为0.5。

（2）把图8-6-1改为图8-6-7所示图形。操作如下：

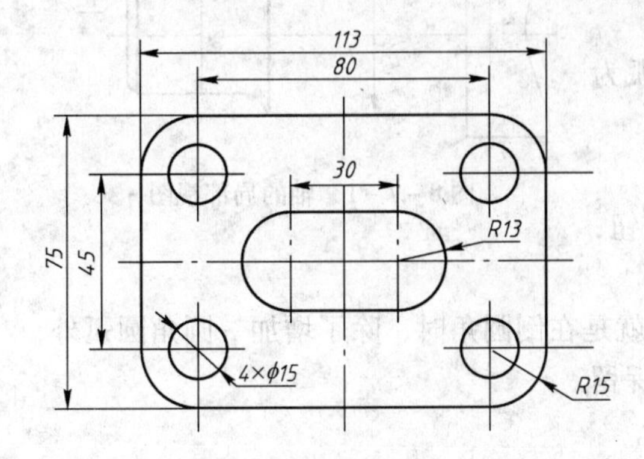

图8-6-6　矩形盘的修整（一）

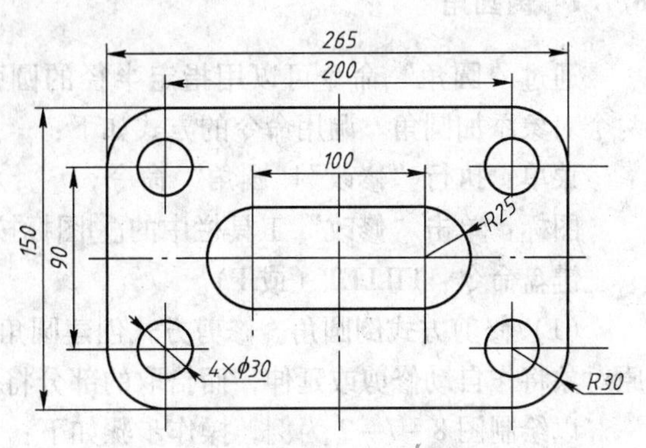

图8-6-7　矩形盘的修整（二）

1）单击“修改”工具栏里的“拉伸”图标；

2）以交叉窗口选中如图 8-6-8 所示区域后单击，回车；

3）键入“D”，回车；键入“20，0，0”，回车；

4）回车（重复拉伸命令）；

5）以交叉窗口选中如图 8-6-9 所示区域后单击，回车；

6）键入“D”，回车；

7）键入“-20，0，0”，回车。

（3）利用“旋转”命令使图 8-6-1 所示图形旋转 90°，操作步骤略。

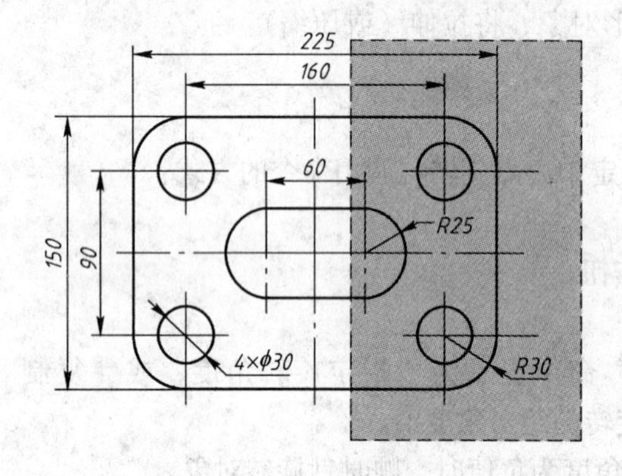

图 8-6-8 矩形盘的修整（三）

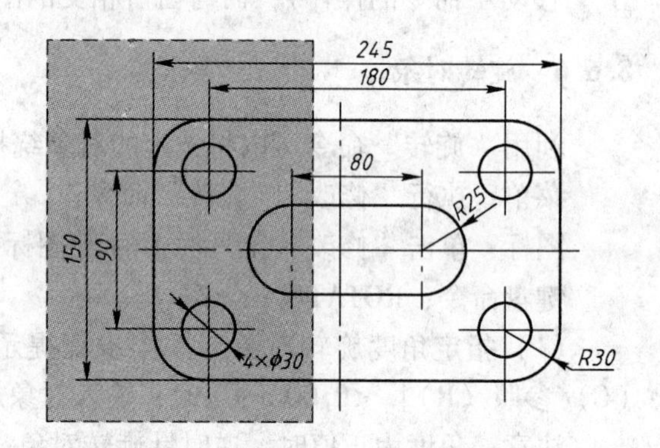

图 8-6-9 矩形盘的修整（四）

单元 8.7 绘制轴套类零件图

【工作任务】

绘制如图 8-7-1 所示的轴套类零件图。

【知识学习】

8.7.1 倒圆角

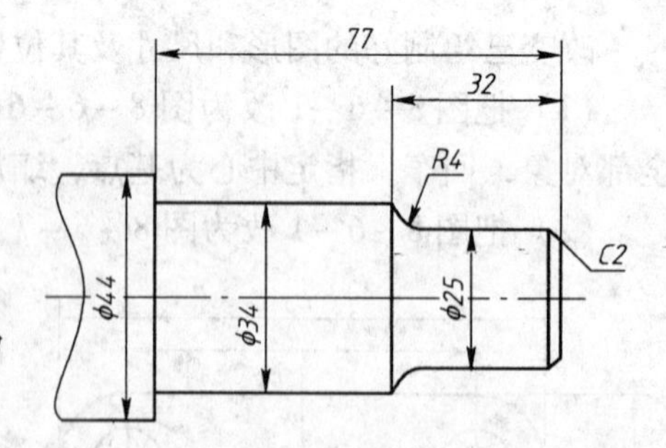

图 8-7-1 轴的局部视图

通过“圆角”命令可以用指定半径的圆弧为两个对象添加圆角。调用命令的方式如下：

菜单：执行“修改”|“圆角”命令；

图标：单击“修改”工具栏中的图标按钮；

键盘命令：FILLET（或 F）。

（1）修剪方式倒圆角。修剪方式创建圆角就是在倒圆角时，除了增加一圆角圆弧外，原对象将作自动修剪或延伸，而拾取的部分将保留。

以绘制图 8-7-2 为例，操作步骤如下：

1）绘制好长 100mm，宽 80mm 的矩形，调用“圆角”命令。

2）命令提示为“当前设置：模式 = 修剪，半径 = 0.0000　选择第一个对象或［放弃（U）/多段线（P）/半径（R）/修剪（T）/多个（M）］:”时，输入“R”，回车。

3）命令提示为“指定圆角半径 <0.0000>:”时，输入半径值10，回车。

4）命令提示为“选择第一个对象或［放弃（U）/多段线（P）/半径（R）/修剪（T）/多个（M）］:”时，选择圆角操作的第一个对象。

5）命令提示为“选择第二个对象，或按住Shift键选择要应用角点的对象:”时，选择圆角操作的第二个对象。

6）重复以上操作，完成图8-7-2的绘制。

（2）不修剪方式倒圆角。不修剪方式创建圆角就是在倒圆角时，原对象保持不变，而仅增加一个圆角圆弧（如图8-7-3所示）。操作步骤如下：

1）同修剪方式倒圆角第1步～第3步。

2）命令提示为“选择第一个对象或［放弃（U）/多段线（P）/半径（R）/修剪（T）/多个（M）］:”时，输入“T”，回车。

3）命令提示为“输入修剪模式选项［修剪（T）/不修剪（N）］<修剪>:”时，输入“N”，回车。

4）之后操作同修剪方式倒圆角第4步和第5步。

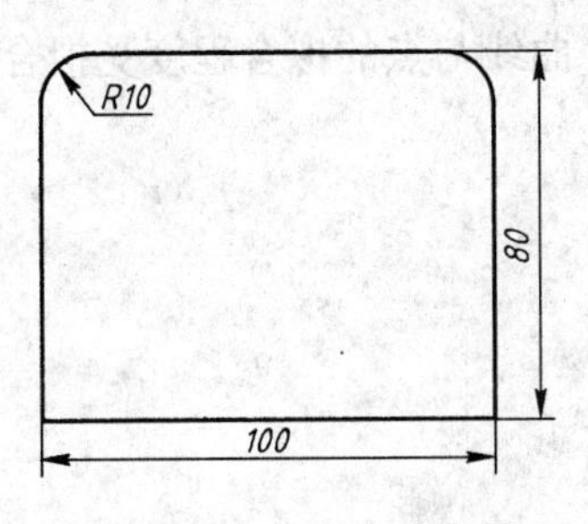

图8-7-2　修剪方式倒圆角

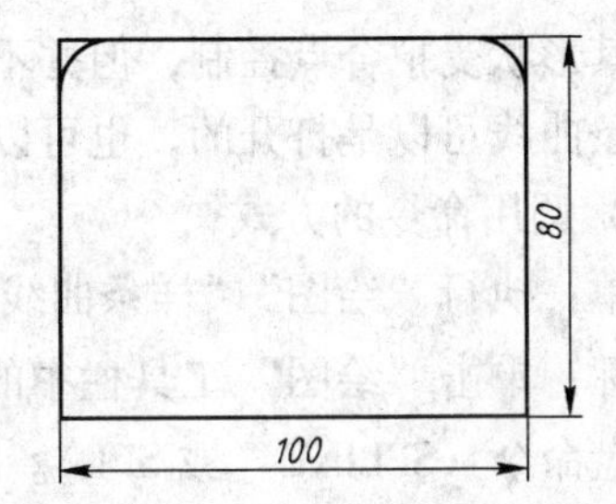

图8-7-3　不修剪方式倒圆角

8.7.2　倒角

利用“倒角”命令可以连接两不平行的直线对象。调用命令的方式如下：

菜单：执行“修改”|“倒角”命令；

图标：单击“修改”工具栏中的图标按钮；

键盘命令：CHAMFER（或CHA）。

（1）指定两边距离倒角。可以分别设置两条直线的倒角距离进行倒角处理。操作步骤如下：

1）调用“倒角”命令。

2）命令提示为“（“修剪”模式）当前倒角距离1 = 0.0000，距离2 = 0.0000 选择第一条直线或［放弃（U）/多段线（P）/距离（D）/角度（A）/修剪（T）/方式（E）/多个（M）］:”时，输入“D”，回车。

3）命令提示为“指定第一个倒角距离 <0.0000>:”时，输入第一条直线上倒角的距离值，回车。

4）命令提示为“指定第二个倒角距离 <80.0000>：”时，输入第二条直线上倒角的距离值，回车。

5）命令提示为“选择第一条直线或［放弃（U）/多段线（P）/距离（D）/角度（A）/修剪（T）/方式（E）/多个（M）］：”时，拾取倒角操作的第一条直线。

6）命令提示为“选择第二条直线，或按住 Shift 键选择要应用角点的直线：”时，拾取倒角操作的第二条直线。

（2）指定距离和角度倒角。可以分别设置第一条直线的倒角距离和倒角角度进行倒角处理。操作步骤提示：命令提示为“（“修剪”模式）当前倒角距离 1 = 0.0000，距离 2 = 0.0000 选择第一条直线或［放弃（U）/多段线（P）/距离（D）/角度（A）/修剪（T）/方式（E）/多个（M）］：”时，输入“A”，回车。

注意：类似“圆角”命令，“倒角”命令也有修剪和不修剪两种模式，也可以对多段线倒角。如果将两个倒角距离设为 0，在修剪模式下，对两条不平行直线倒角将自动延伸或修剪，从而使它们相交。

8.7.3　样条曲线的绘制

样条曲线是经过或者接近一系列指定点（拟合点）的光滑曲线。样条曲线通过首末两点，其形状受拟合点控制，但并不一定通过中间点，曲线与点的拟合程度受拟合公差控制。样条曲线可以是打开的，也可以是闭合的。

（1）调用命令的方式：

菜单：执行“绘图”|“样条曲线”命令；

图标：单击“绘图”工具栏中的图标按钮；

键盘命令：SPLINE（或 SPL）。

（2）操作步骤如下：

1）调用“样条曲线”命令。

2）命令提示为“指定第一个点或［对象（O）］：”时，在合适位置指定样条曲线的起点。

3）命令提示为“指定下一点：”时，指定样条曲线的第二点（不要和第一点在一条直线上）。

4）命令提示为“指定下一点或［闭合（C）/拟合公差（F）］<起点切向>：”时，指定下一点或捕捉到样条曲线的最后一点。

5）命令提示为“指定下一点或［闭合（C）/拟合公差（F）］<起点切向>：”时，回车。

注意：如果需要对所绘制的样条曲线进行调整，可单击该曲线，出现编辑点；如果需要增加或减少编辑点，可通过菜单“修改”|“对象”|“样条曲线”命令，根据需要按照提示进行操作。

另外，AutoCAD 2012 还增加了“多线”命令、“螺旋”命令和“圆环”命令，用户可通过菜单栏中“绘图”下拉菜单调用该命令，按照提示进行操作，本书不再细述。

【任务解析】

绘制如图 8－7－1 所示轴的局部视图。

操作步骤如下：

（1）设置粗实线、细实线和中心线三个图层。

（2）在中心线图层下，绘制长 100mm 左右的水平中心线。

（3）在粗实线图层下，确保“正交”、“对象捕捉”、“对象追踪”工具打开，使用“直线”命令绘制轴轮廓的一半，如图 8－7－4 所示。

（4）使用“倒角”命令绘制 *C*2 倒角，注意选择修剪模式，两个倒角距离均为 2mm；使用“圆角”命令绘制 *R*4 圆角，注意选择不修剪模式，圆角半径为 4，圆角后修剪掉多余线条，如图 8－7－5 所示。

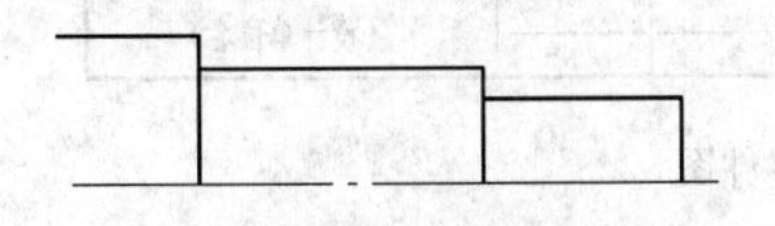

图 8－7－4　轴局部视图的绘制（一）

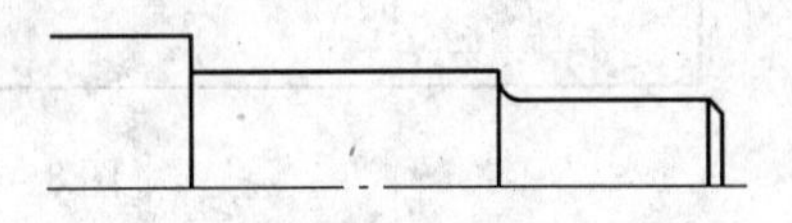

图 8－7－5　轴局部视图的绘制（二）

（5）使用“镜像”命令完成轴的另一半，如图 8－7－6 所示。

（6）关掉“正交”工具栏，切换到细实线图层，使用“样条曲线”命令以“绘制打开的样条曲线”方式绘制断裂线，完成轴的绘制，如图 8－7－1 所示。注意样条曲线的起点和最后一点要捕捉到轴左端的两个端点。

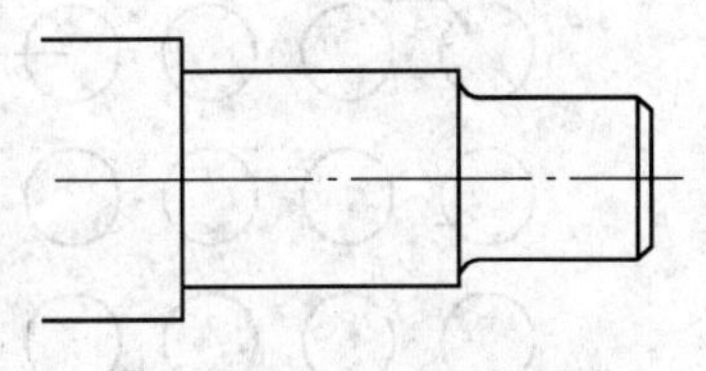

图 8－7－6　轴局部视图的绘制（三）

（7）保存所绘图形并命名。

单元 8.8　绘制盘盖类零件图

【工作任务】

绘制如图 8－8－1 所示法兰盘。

【知识学习 1】

8.8.1　阵列对象

利用“阵列”命令可以通过矩形或环形阵列的方式来实现指定的对象的复制，如图 8－8－2 和图 8－8－3 所示。调用命令的方式包括：

菜单：执行“修改”|“阵列”命令|选择“矩形”阵列、“路径”阵列或“环形”阵列；

图标：单击“修改”工具栏中的▦图标按钮（此命令是矩形阵列）；

键盘命令：ARRAY（或 AR）。

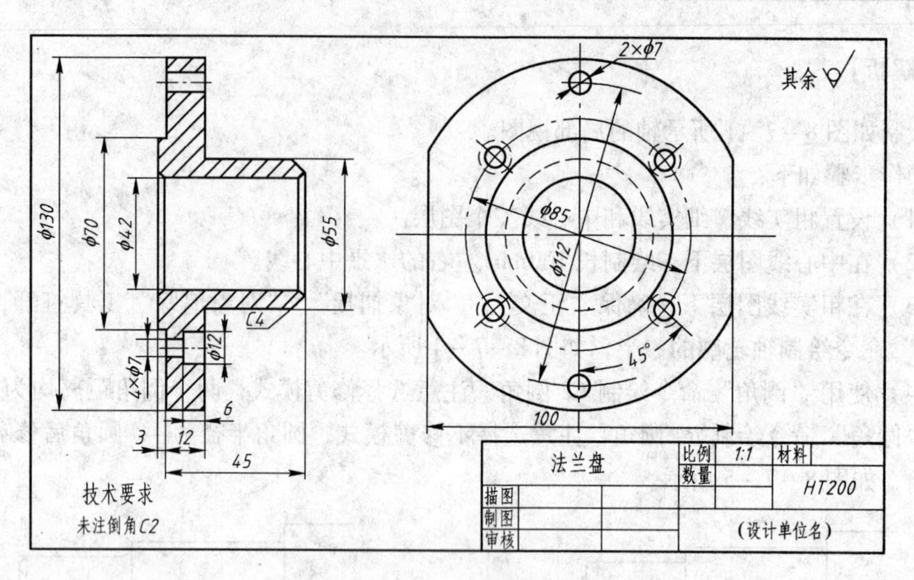

图 8－8－1　法兰盘零件图

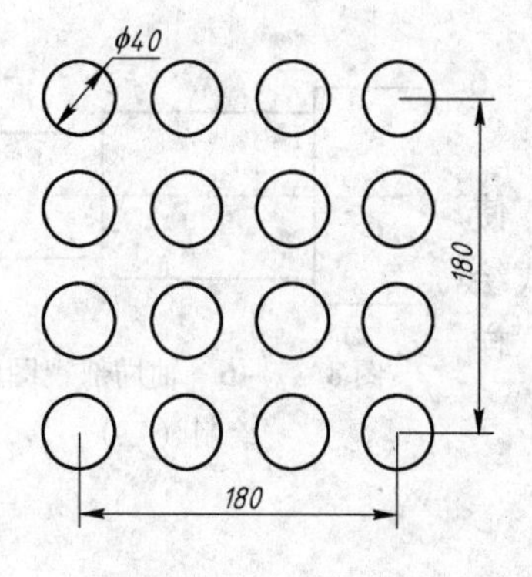

图 8－8－2　矩形阵列

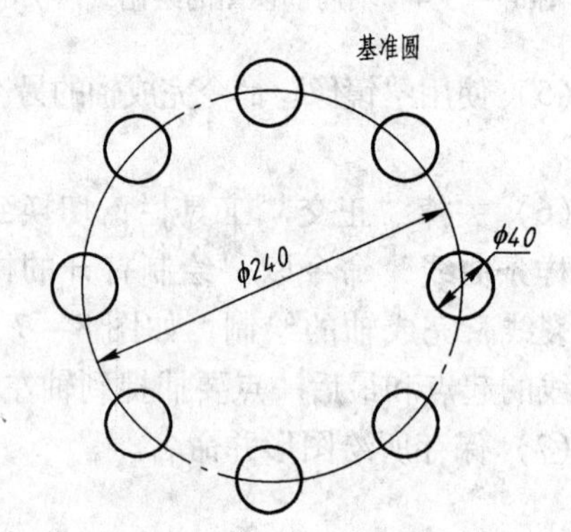

图 8－8－3　环形阵列

（1）矩形阵列对象。矩形阵列即创建由选定对象按指定的行数、行间距、列数和列间距作多重复制的阵列。绘制如图 8－8－2 所示矩形阵列的步骤如下：

1）绘制一个 ϕ40 的圆。

2）单击“修改”工具栏中的图标。

3）选择 ϕ40 圆，回车。此时可以算出阵列的总长 220 和总宽 220，直接在提示“为项目指定对角点：”后输入“@ 220，220”；或输入“C”，回车，输入行数 4 和列数 4。

4）输入“S”，回车。

5）分别输入行间距“60”和列间距“60”。

6）回车确定。

（2）环形阵列对象。环形阵列即创建绕中心点复制选定对象的阵列，以图 8－8－3 的绘制为例，其操作步骤如下：

1）绘制一个 ϕ240 的大圆，并捕捉其上象限点，绘制基准圆 ϕ40。

2）键盘输入“AR”命令（或使用菜单命令的环形阵列命令）。

3）在窗口中选择基准圆，回车。

4）命令提示行“输入阵列类型［矩形（R)/路径（PA)/极轴（PO)］〈极轴〉:”，输入“PO”，回车。

5）指定阵列的中心点：鼠标捕捉并点击大圆的圆心。

6）输入“项目总数”：8，回车。

7）“填充角度”为默认的360°，可以直接回车。

8）回车确定。

8.8.2　夹点编辑功能

在“工具”菜单栏|“选项”|“选择集”选项卡中，系统默认的设置是“显示夹点”，用户可以直接使用夹点编辑功能。具体设置如图8－8－4所示。

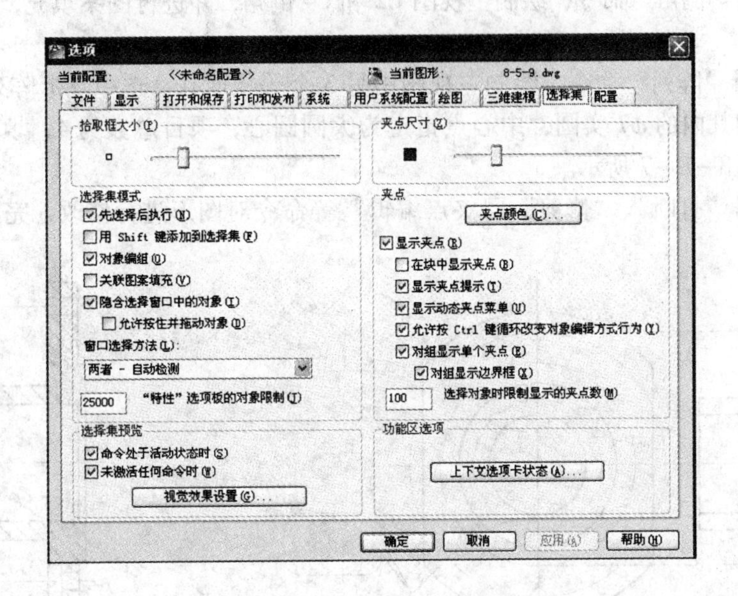

图8－8－4　“选项”对话框

使用夹点命令可以很方便地完成对象的拉伸、旋转、移动、复制等功能，操作步骤如下:

(1）用适合的方法选择对象，出现蓝色夹点。

(2）点击选择基准夹点，出现红色夹点。

(3）命令提示为“指定拉伸点或［基点（B)/复制（C)/放弃（U)/退出（X)］:”时，移动鼠标，则选定对象随着基准夹点的移动被拉伸，至合适位置单击。还可以输入新点的坐标确定拉伸位置。

(4）按“Ecs”键，取消夹点。

注意：选择直线的端点夹点可实现直线的旋转、拉伸，选择直线的中点夹点可实现直线的平移。选择圆的中点夹点可实现圆的平移和复制，选择圆的象限点夹点可实现圆的缩放，读者可以自己试一下。

【任务解析 1】

完成图 8 - 8 - 1 所示基本图形的绘制，尺寸见图 8 - 8 - 1。

操作步骤如下：

（1）启动 AutoCAD 2012，打开样板文件 A2。

（2）设置图层：需设置中心线（CENTER）、虚线（DASHED）、粗实线、细实线四个图层，粗实线线宽设置为 0.3mm，其余线型线宽为 0.15mm；各图层颜色自定；把 A2 图纸的边框线和标题栏各条线设置在相应的图层，并替换原样板文件。

（3）打开“正交”、“对象捕捉”、“对象追踪”工具。

（4）使用“圆”命令、“直线”命令、“镜像”等工具绘制图形轮廓，如图 8 - 8 - 5 所示；图中的辅助线可使用“直线”命令，指定圆心做第一点后，输入“@70 < -45”绘制。

（5）使用“倒角”命令，绘制主视图 *C*2 和 *C*4 倒角，并进行图案填充，如图 8 - 8 - 6 所示。

（6）使用“阵列”命令，绘制左视图中另 3 个等径通孔。选中环形阵列，选择对象为 $\phi12$ 虚圆和其内的 $\phi7$ 实圆，中心点指定为大圆圆心，项目总数为 4，填充角度 360°，绘制结果如图 8 - 8 - 7 所示。

（7）使用“打断”、“修剪”、“夹点编辑”等命令对图形进行修改，完成图 8 - 8 - 8 的绘制。

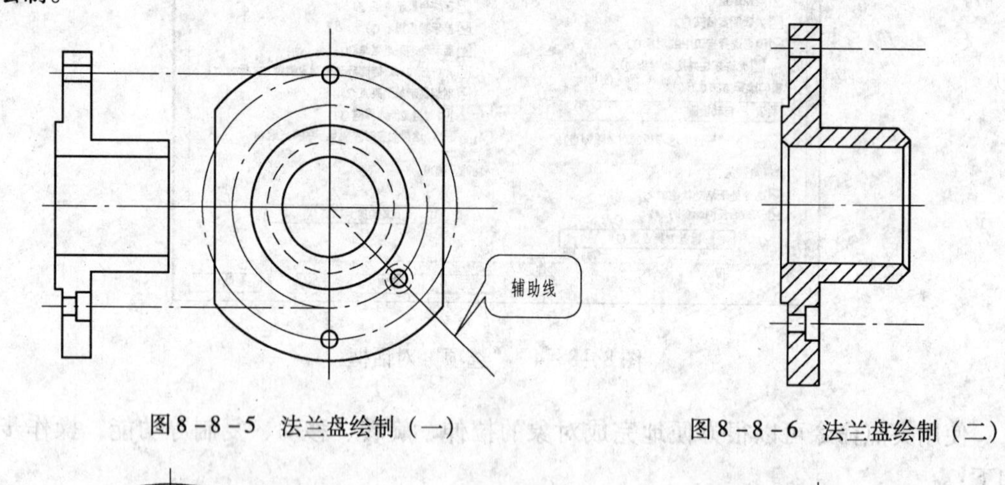

图 8 - 8 - 5　法兰盘绘制（一）　　图 8 - 8 - 6　法兰盘绘制（二）

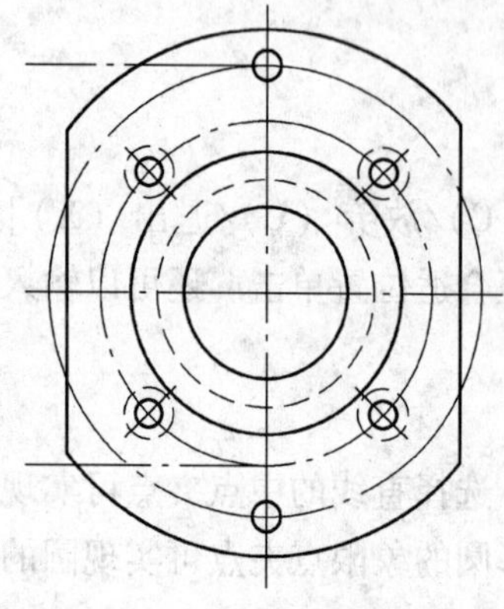

图 8 - 8 - 7　法兰盘绘制（三）

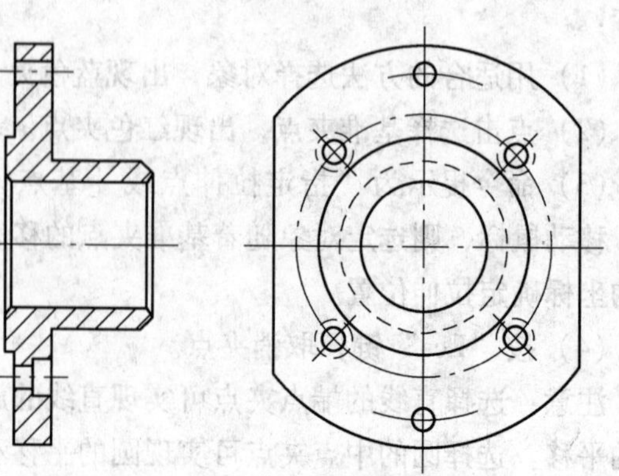

图 8 - 8 - 8　法兰盘绘制（四）

【知识学习 2】

8.8.3 文字样式设置及文字注写

(1) 文字样式的设置。文字样式是对文字特性的一种描述，包括字体、高度、宽度比例、倾斜角度以及排列方式等。工程图样中所标注的文字往往需要采用不同的文字样式，因此，在注写文字之前首先应设置所需要的文字样式。

调用命令的方式：

菜单：执行“格式”|“文字样式”命令；

图标：单击“样式”工具栏中的A图标按钮；

键盘命令：STYLE（或 ST）。

执行该命令后，将弹出“文字样式”对话框，如图 8-8-9 所示。

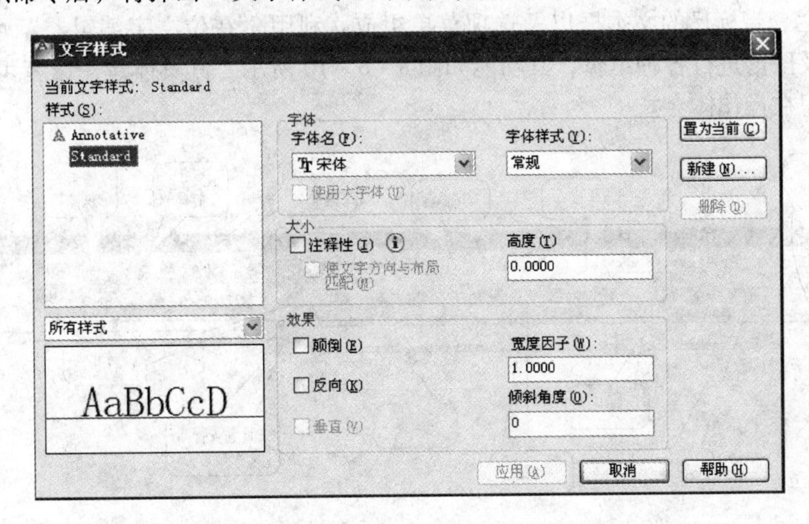

图 8-8-9 “文字样式”对话框

读者可根据需要自行设置文字样式。注意：文字高度一般使用默认值 0，以使文字高度可变。

(2) 注写单行文字。利用“单行文字”命令，可以在图形中按指定文字样式、对齐方式和倾斜角度，以动态方式注写一行或多行文字，每行文字是一个独立的单元。

调用命令的方式：

菜单：执行“绘图”|“文字”|“单行文字”命令；

图标：单击“文字”工具栏中的A图标按钮；

键盘命令：DTEXT（或 TEXT、DT）。

操作步骤提示：命令提示为“指定高度 <2.5000>：”时，输入文字的高度值（或利用极轴追踪确定文字高度），回车；命令提示为“指定文字的旋转角度 <0>：”时，输入文本行绕对齐点旋转的角度值（或利用极轴追踪确定文字行旋转角度），回车；在屏幕上的“在位文字编辑器”中，输入文字，回车；输入第二行文字，或回车结束命令。

(3) 注写多行文字。

利用“多行文字”命令，在绘图窗口指定矩形边界，打开“在位文字编辑器”，在编辑器内创建、编辑其特性可以控制的多行文字，且所创建的文本布满边界，并作为一个单独的单元。

调用命令的方式：

菜单：执行“绘图”|“文字”|“多行文字”命令；

图标：单击“文字”工具栏中的A图标按钮；

键盘命令：MTEXT（或 MT）。

操作步骤提示：命令提示为“指定对角点或［高度（H）/对正（J）/行距（L）/旋转（R）/样式（S）/宽度（W）/栏（C）］：”时，在适当位置指定多行文字矩形边界的另一个角点（该点与第一角点的水平距离就是矩形边界宽度）。

注：在“在位文字编辑器”中，还可根据需要设置文字格式及多行文本的段落外观。

（4）利用多行文字“在位文字编辑器”编辑文本。“在位文字编辑器”由“文字格式”工具栏、带标尺的文本框以及选项菜单组成。利用“在位文字编辑器”可对多行文字的字符及段落进行各种编辑，其功能如图 8－8－10 所示。其具体运用读者可仿照 Word 的一些知识在操作体会。

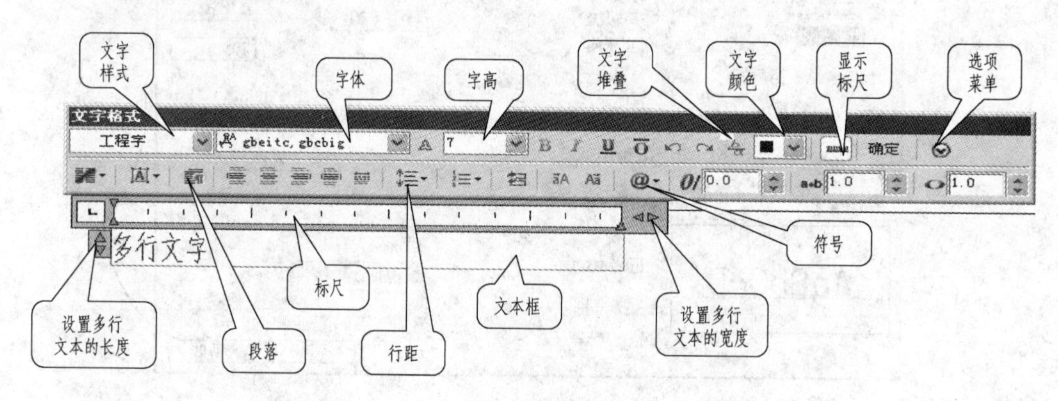

图 8－8－10　“在位文字编辑器”功能介绍

（5）特殊字符的输入。在 AutoCAD 中，如果文字样式中的字体选择的是 SHX 字体，则某些特殊字符无法通过键盘直接输入。利用“多行文字”命令，用户可以在“在位文字编辑器”中由快捷菜单中的“符号”选项选择所需要的字符。而在用“单行文字”命令时，用户必须输入特定的控制代码或字符串来创建特殊字符。特殊字符的控制代码及其含义参照“多行文字”的“符号”选项。

【任务解析 2】

完成图 8－8－1 法兰盘零件图中的文字注写。

操作步骤如下：

（1）使用移动功能，确保绘制好的图 8－8－8 中的图形在图框线里的合适位置。

（2）文字样式：均为默认。

（3）使用多行文字功能，在图纸左下角输入“技术要求”等汉字，要求文字中间对齐。

（4）使用单行文字功能，在标题栏里的适当位置输入汉字。注意：如果汉字位置不合适，退出文字编辑命令后，再单击文字，会出现蓝色夹点，拖动它便可把汉字放置到任意位置。

单元 8.9　标注零件尺寸

【工作任务】

完成如图 8－9－1 所示法兰盘的尺寸标注。

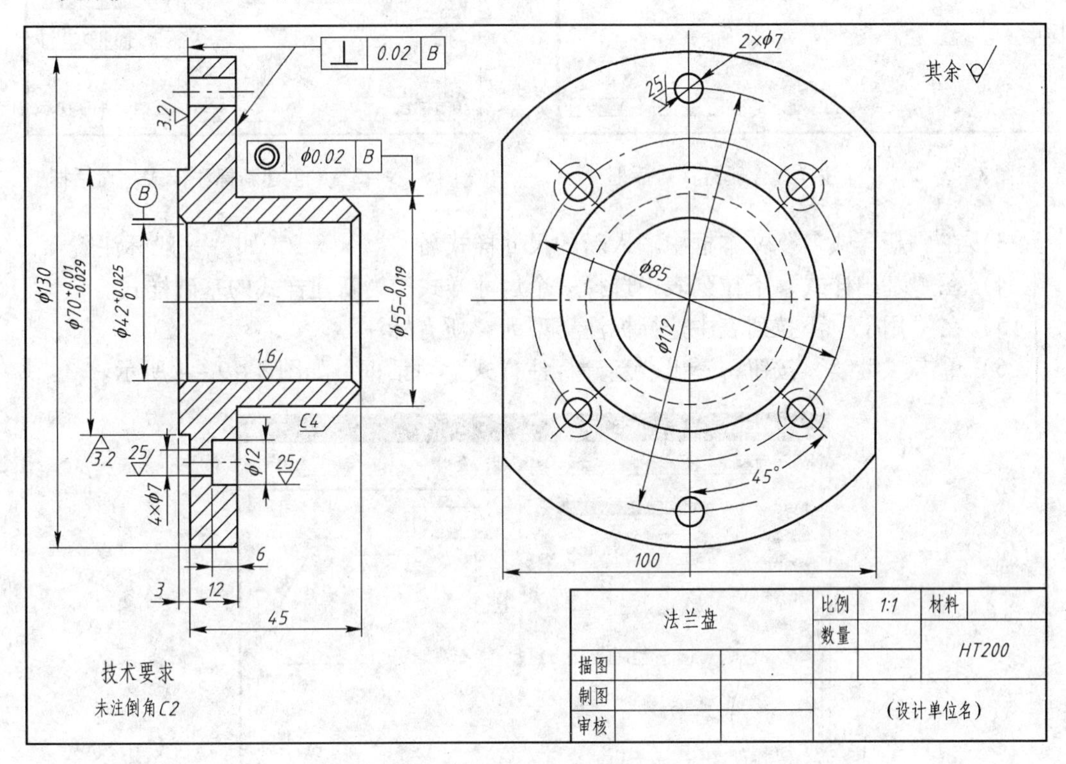

图 8－9－1　法兰盘零件图

【知识学习】

8.9.1　尺寸样式设置

尺寸样式控制尺寸标注的格式和外观，用户应根据国家标准的要求设置尺寸样式。

调用命令的方式：

菜单：执行“格式”|“标注样式”或“标注”|“标注样式”命令；

图标：单击“样式”或“标注”工具栏中的图标按钮；

键盘命令：DIMSTYLE。

执行该命令后，将弹出“标注样式管理器”对话框，如图 8－9－2 所示。

（1）新建尺寸样式。操作步骤如下：

1）调用“标注样式”命令。

2）在“标注样式管理器”对话框中，单击“新建”按钮，弹出“创建新标注样式”对话框，如图 8 - 9 - 3 所示。

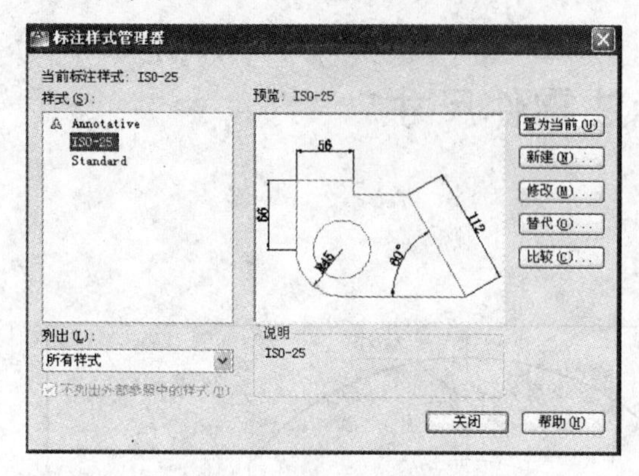

图 8 - 9 - 2 “标注样式管理器”对话框

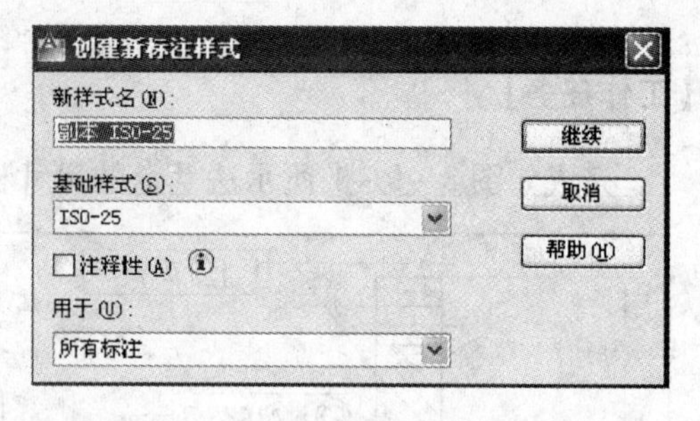

图 8 - 9 - 3 “创建新标注样式”对话框

3）在“新样式名”文本框中输入新的尺寸样式名“× × ×”，如“一般标注”。

4）在“基础样式”下拉列表中选择一个尺寸样式作为新建样式的基础样式。

5）在“用于”下拉列表中选择标注类型为“所有标注”。

6）单击“继续”按钮，弹出“新建标注样式”对话框，如图 8 - 9 - 4 所示。

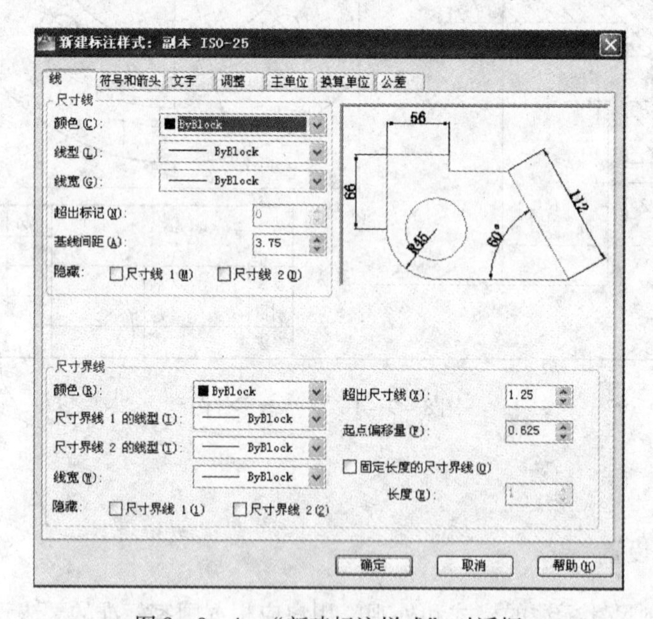

图 8 - 9 - 4 “新建标注样式”对话框

7）在“新建标注样式：× × ×”对话框的各选项卡中设置新的标注样式的各种特性。

8）单击“确定”按钮，返回到主对话框。

9）单击“关闭”按钮，关闭“标注样式管理器”对话框。

注：可以按标注要求分别为角度、半径等设置标注样式。

（2）设置机械尺寸样式特性。

1）在“线”选项卡中设置尺寸线、尺寸界线的格式、位置等特性，如图 8 - 9 - 4 所示。

2）在“符号和箭头”选项卡中设置箭头、圆心标记的形式和大小，以及弧长符号、折弯标注形式等特性。

3）在“文字”选项卡中设置文字的外观、位置、对齐方式等特性。

4）在“调整”选项卡中设置尺寸标注文字、箭头的放置位置，是否添加引线，以及全局比例因子等特性，用户可逐一改变看其变化效果。

5）在“主单位”选项卡中设置尺寸标注主单位的格式和精度（在机械制图中主单位一般设置为零），并设置标注文字的前缀和后缀，以及是否显示前导零和后续零。用户在该选项卡中一般选择默认设置。

注：在“标注样式管理器”对话框中单击“修改”按钮，可对现有的尺寸样式进行修改设置。

8.9.2　尺寸的标注

按照标注对象的不同，AutoCAD 提供了尺寸标注的 5 种基本类型：线性、径向、角度、坐标、弧长。按照尺寸形式的不同，线性标注可分成水平、垂直、对齐、旋转、基线或连续等几种标注形式，径向标注包括直径、半径以及折弯标注。

为方便操作，在标注尺寸前，应将尺寸标注层设置为当前层，且打开自动捕捉功能，还应显示“标注”工具栏（或把“工作空间”切换到“二维草图与注释空间”）。“标注”工具栏提供了 17 种类型的尺寸标注命令，如图 8－9－5 所示。

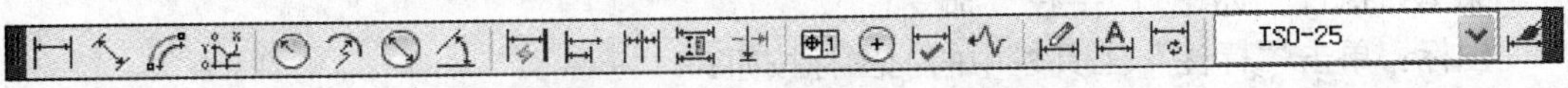

ISO-25

图 8－9－5　“标注”工具栏

（1）“线性”标注。利用“线性”标注命令可以标注两个点之间的水平、垂直距离尺寸，也可以标注旋转一定角度的直线尺寸。

调用命令的方式：

菜单：执行“标注”|“线性” 命令；

图标：单击“标注”中的图标按钮；

键盘命令：DIMLINEAR 或 DIMLIN。

操作步骤如下：

1）调用“线性” 命令。

2）命令提示为“指定第一条尺寸界线原点或 <选择对象>：”时，指定第一条尺寸界线起点，确定第一条尺寸界线位置。

3）命令提示为“指定第二条尺寸界线原点：”时，指定第二条尺寸界线起点，确定第二条尺寸界线位置。

4）命令提示为“指定尺寸线位置或［多行文字（M）/文字（T）/角度（A）/水平（H）/垂直（V）/旋转（R）］：”时，移动光标，指定一点，确定尺寸线位置。如果用户没有执行其他任何选项，AutoCAD 将自动按测量值生成标注文字。

（2）“对齐”标注。利用“对齐”标注命令标注倾斜直线的长度，其尺寸线平行于所标注的直线或两个尺寸界线原点连成的直线。

调用命令的方式：

菜单：执行“标注”|“对齐” 命令；

图标：单击“标注”工具栏中的图标按钮；

键盘命令：DIMALIGNED。

“对齐”标注的操作方法与“线性”标注完全相同。

注意：在标注图形的尺寸时，一般应使用对象捕捉功能指定尺寸界线的起点。如果指定的两个尺寸界线起点不在一条水平线或垂直线上，移动鼠标，屏幕上会出现两点之间的水平或垂直距离，用户确认后再指定尺寸线的位置。

（3）直径标注。利用“直径”标注命令标注圆和圆弧的直径尺寸，系统自动在标注文字前添加直径符号“ϕ”。

调用命令的方式：

菜单：执行“标注”|“直径”命令；

图标：单击“标注”工具栏中的图标按钮；

键盘命令：DIMDIAMETER。

操作步骤提示：命令提示为“指定尺寸线位置或［多行文字（M)/文字（T)/角度(A)]:”时移动光标，指定一点，确定尺寸线位置。如果用户没有执行其他任何选项，AutoCAD 将自动按测量值标注圆弧或圆的直径。

（4）半径标注。利用“半径”标注命令标注圆和圆弧的半径尺寸，系统自动在标注文字前添加半径符号“R”。

调用命令的方式：

菜单：执行“标注”|“半径”命令；

图标：单击“标注”工具栏中的图标按钮；

键盘命令：DIMDRADIUS。

注意：根据国家标准，图形中完整的圆或大于半圆的圆弧应标注直径。对于一组规格相同的圆只在一个圆上标注，并在尺寸数字前添加“$n\times$”（n 表示圆的个数），可以用“多行文字”或“文字”选项输入替代的标注文字。要在非圆视图上标注直径尺寸，应用线性尺寸标注，并通过打开其“特性”更改标注文字以增加前缀“ϕ”。

（5）角度尺寸标注。利用“角度”标注命令，可以标注圆、圆弧、两条非平行直线或三个点之间的角度，AutoCAD 可在标注文字后自动添加角度符号“°”。

调用命令的方式：

菜单：执行“标注”|“角度”命令；

图标：单击“标注”工具栏中的图标按钮；

键盘命令：DIMANGULAR。

（6）基线尺寸标注。利用“基线”标注命令，可以标注与前一个或选定标注具有相同的第一条尺寸界线（基线）的一系列线性尺寸、角度尺寸或坐标。在创建基线标注之前，必须已经创建了可以作为基准尺寸的线性、对齐或角度标注。

调用命令的方式：

菜单：执行“标注”|“基线”命令；

图标：单击“标注”工具栏中的图标按钮；

键盘命令：DIMBASELINE 或 DIMBASE。

注意：①选择基准标注时，选择点必须靠近共同的尺寸界线（基线）；②选择的基准尺寸将作为后续所有基线标注的基准，除非重新指定基准尺寸；③在命令执行过程中，系统不允许用户改变标注文字的内容。

（7）连续尺寸标注。利用“连续”标注命令，可以标注与前一个或选定标注具有首尾相连的一系列线性尺寸、角度尺寸或坐标。在创建连续标注之前，必须已经创建了线性、对齐或角度标注。

调用命令的方式：

菜单：执行“标注”|“连续”命令；

图标：单击“标注”工具栏中的图标按钮；

键盘命令：DIMCONTINUE。

（8）弧长标注。利用“弧长”标注命令，可以标注圆弧的长度。

调用命令的方式：

菜单：执行“标注”|“弧长”命令；

图标：单击“标注”工具栏中的图标按钮；

键盘命令：DIMARC。

（9）折弯标注。当圆或圆弧的半径较大，其圆心位于图形或图纸外时，尺寸线不便或无法通过其实际位置，利用“折弯”标注命令，可以对其标注折弯形的半径尺寸。

调用命令的方式：

菜单：执行“标注”|“折弯”命令；

图标：单击“标注”工具栏中的图标按钮；

键盘命令：DIMJOGGED。

（10）多重引线标注。引线标注对象是两端分别带有箭头和注释内容的一段或多段引线，引线可以是直线或样条曲线，注释内容可以是文字、图块、形位公差等多种形式。

多重引线对象的注释内容可以由一条水平基线连接到引线上，且一个注释内容可以由多条引线指向图形中的多个对象，还可以将多个多重引线按选定的一个多重引线进行对齐排列和均匀排序。在“二维草图工作空间”的功能区可以找到引线及其下拉菜单，如图8-9-6所示。

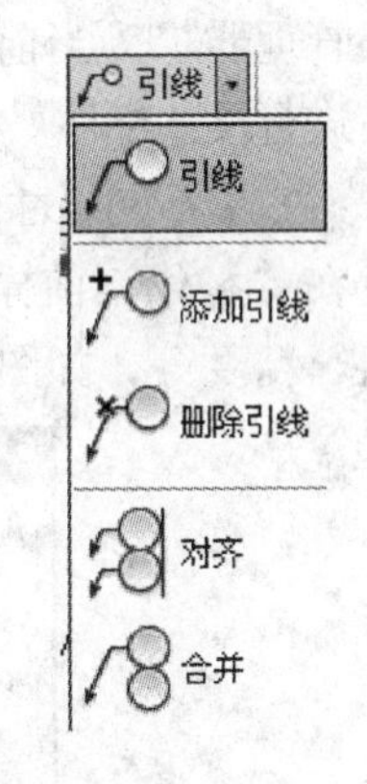

图8-9-6 “引线”及其下拉菜单

1）创建多重引线样式。多重引线样式可以指定基线、引线、箭头和注释内容的格式，用以控制多重引线对象的外观。一般情况下，在创建多重引线对象前，应该根据需要设置多重引线样式。

调用命令的方式：

菜单：执行“格式”|“多重引线样式”命令；

键盘命令：MLEADERSTYLE。

执行该命令后，将弹出“多重引线样式管理器”对话框，如图8-9-7所示。操作步骤可仿照尺寸标注样式设置。引线设置如图8-9-8所示。

注意：引线格式选项卡下的“箭头符号”可根据需要选择；引线结构选项卡下“第一段角度”一般选择45°；内容选项卡下的“引线连接”位置一般选择“最后一行加下划线”；其余各选项可按需要选择。

2）多重引线标注。利用“多重引线”命令可以按当前多重引线样式创建引线标注对象；还可以重新指定引线的某些特性。

调用命令的方式：

菜单：执行“标注”|“多重引线”命令；

键盘命令：MLEADER。

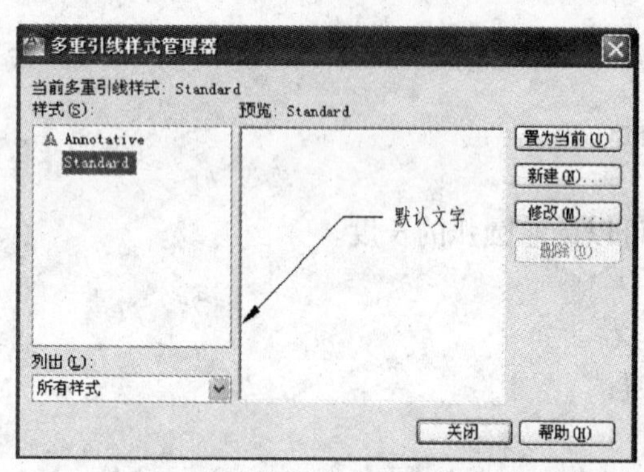

图 8－9－7　“多重引线样式管理器”对话框

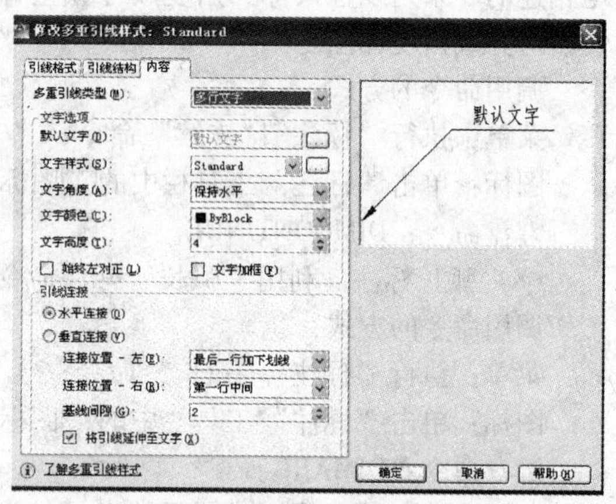

图 8－9－8　引线设置

（11）尺寸公差的标注。为保证零件的性能，零件图中对重要的尺寸常常提出精度要求，并标注尺寸公差。AutoCAD 提供了多种尺寸公差的标注方法。

1）创建“样式替代”标注尺寸公差。用户可以通过“标注样式管理器”为当前样式创建一个设置有公差的“样式替代”，然后进行尺寸标注。标注完成后及时修改“样式替代”，以便应用于下一个不同尺寸的标注；公差格式如图 8－9－9 所示。

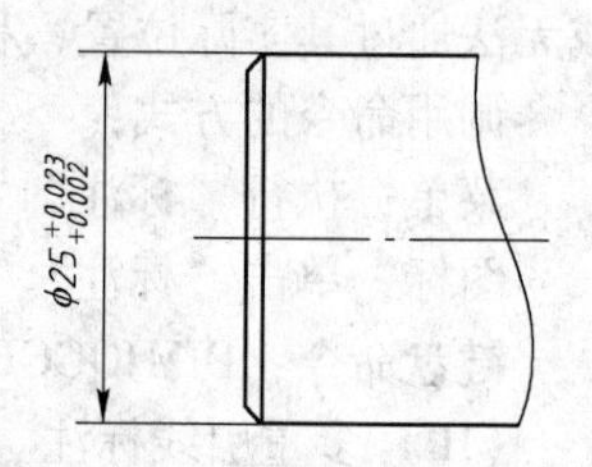

图 8－9－9　公差格式

在“替代当前样式：×××”对话框的“公差”选项卡中，设置公差显示方式和公差值、精度等，如图 8－9－10 所示。

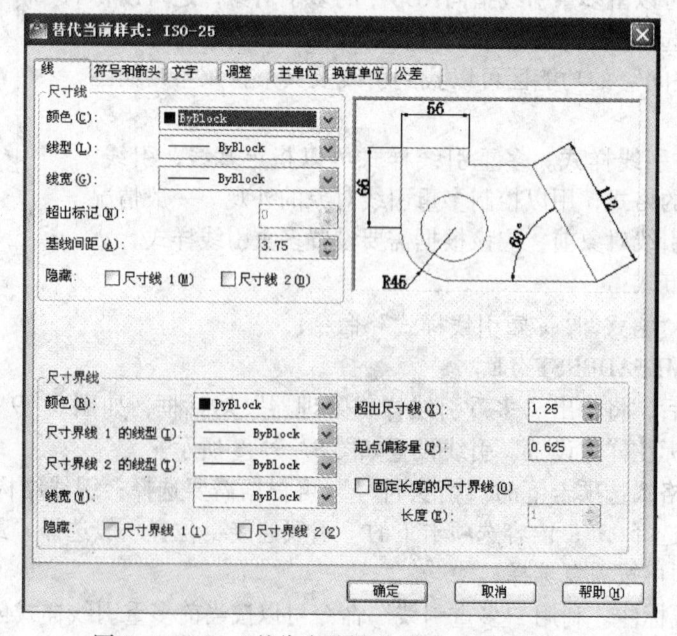

图 8－9－10　“替代当前样式：×××”对话框

2）利用AutoCAD的“多行文字编辑器”对话框的文字堆叠功能添加公差文字。在尺寸标注命令执行过程中，当命令行显示“指定尺寸线位置或［多行文字（M）/文字（T）/角度（A）/水平（H）/垂直（V）/旋转（R）］:”时键入“M”，调出“多行文字编辑器”对话框，直接输入上下偏差数值并用符号“^”分隔（例如：+0.2^-0.1），然后选中输入文字，点击对话框工具条上的“堆叠按钮”即可，如图8-9-11所示。

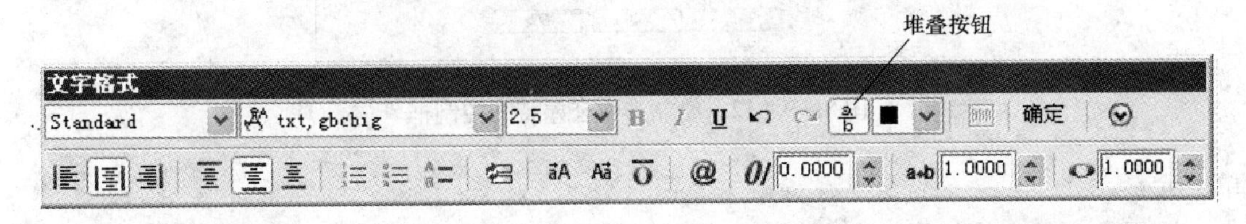

图8-9-11　“多行文字编辑器”的“堆叠按钮”

3）利用“特性”管理器对单个标注进行公差标注。通过双击已标注的尺寸，调出“特性”管理器，在公差栏中输入所需值即可。

（12）形位公差的标注。零件的形位公差要求也是保证零件性能的重要指标，GB/T 1182—1996对形位公差的标注作了规定。AutoCAD通过特征控制框标注形位公差。

1）“形位公差”标注命令。利用“形位公差”标注命令可以绘制形位公差特征控制框，如图8-9-12所示。

调用命令的方式：

菜单：执行“标注”|“公差”命令；

图标：单击“标注”工具栏中的图标按钮；

键盘命令：TOLERANCE。

2）“形位公差”操作步骤：

①调用“形位公差”命令。

②在“形位公差”对话框中，单击“符号”中的黑色框，在打开的“符号”对话框中选择相应符号图标，为特征控制框添加形位公差项目。

③单击“公差1”文本框左侧空白框，增加或删除直径符号“ϕ”。在“公差1”文本框中单击，输入公差1的公差值。如需要，单击“公差1”文本框右侧空白框，在“包容条件”对话框中为公差1选择包容条件符号。

④在“基准1”文本框中输入、编辑基准代号，也可以加上包容条件符号。

⑤如有需要可按上述步骤设置公差值2，基准2、基准3。

⑥单击“确定”按钮。

⑦命令提示为“输入公差位置:”时，用适当方法指定一点，确定形位公差的位置，结束命令。

说明：利用“形位公差”标注命令只能绘制形位公差特征控制框，用户还需要补绘指引线。如果需要同时绘出指引线和特征框，应该使用“引线”标注命令（键盘命令：LEADER）。

8.9.3　分解对象

利用“分解”命令可以将组合对象如多段线、尺寸、填充图案及块分解为组合前的

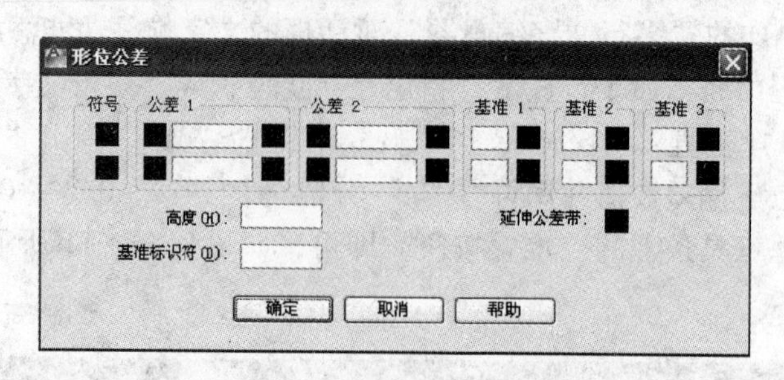

图8-9-12 绘制形位公差特征控制框

单个元素。

调用命令的方式包括：

菜单：执行“修改”|“分解”命令；

图标：单击“修改”工具栏中的图标按钮；

键盘命令：EXPLODE 或 X。

操作步骤如下：

（1）调用“分解”命令。

（2）命令提示为“选择对象：”时，用适合的选择对象的方式选择欲分解的对象。

（3）命令提示为“选择对象：”时，回车。

8.9.4 图块的创建和插入

（1）创建内部块。将一个或多个对象定义为新的单个对象。定义的新的单个对象即为块，块保存在图形文件中，故又称内部块。

调用命令的方式如下：

菜单：执行“绘图”|“块”|“创建”命令；

图标：单击“绘图”工具栏中的图标按钮；

键盘命令：BLOCK 或 B、BMAKE。

（2）插入图块。将要重复绘制的图形创建成块，并在需要时通过“插入块”命令直接调用它们，插入到图形中的块称为块参照。

调用命令的方式如下：

菜单：执行“插入”|“块”命令；

图标：单击“绘图”工具栏中的图标按钮；

键盘命令：INSERT 或 I。

操作步骤如下：

1）调用“插入块”命令，弹出“插入”对话框，如图8-9-13所示。

2）“名称”下拉列表框中选择要插入的块名。或者单击“浏览”按钮，弹出“选择图形文件”对话框，从中选择要插入的外部块或其他图形文件。

3）如果在绘图区指定插入点、比例和旋转角度，可以选中“在屏幕上指定”复选框。否则，请在“插入点”、“缩放比例”和“旋转”框中分别输入值。

4）单击“确定”按钮。

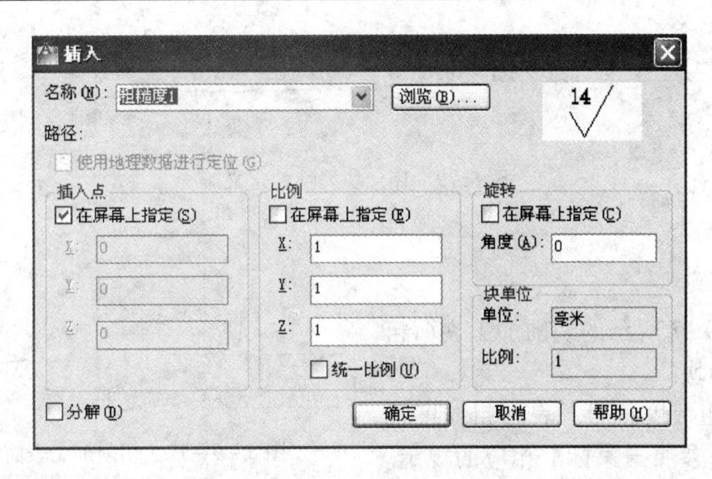

图8－9－13　“插入”对话框

(3) 编辑带属性的块。

1) 定义块后，可以对块所包含的对象进行修改。双击创建的图块，出现如图8－9－14所示的“编辑块定义”对话框；选择要编辑的块名后单击“确定”，进入“块属性编辑器”环境，如图8－9－15所示，可在此环境下编辑图块的各项功能，包括定义其属性。

2) 编辑图形文件中多个图块的属性定义，可以使用块属性管理器，如图8－9－15所示。在块属性管理器中可以更改图块的多个属性值提示次序。调用命令的方式包括：

菜单：执行“修改”|“对象”|“属性”|“块属性管理器”命令；

图标：单击“修改”工具栏中的图标按钮，该工具栏一般处于隐藏状态，可通过菜单：“工具”|“工具栏”|“AutoCAD”选择；

键盘命令：BATTMAN。

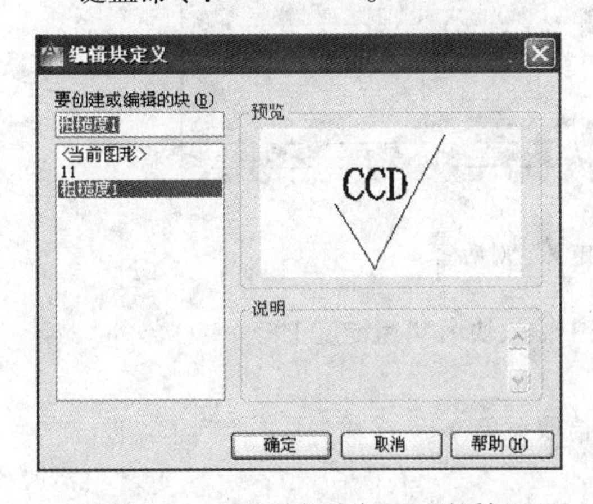

图8－9－14　“编辑块定义”对话框

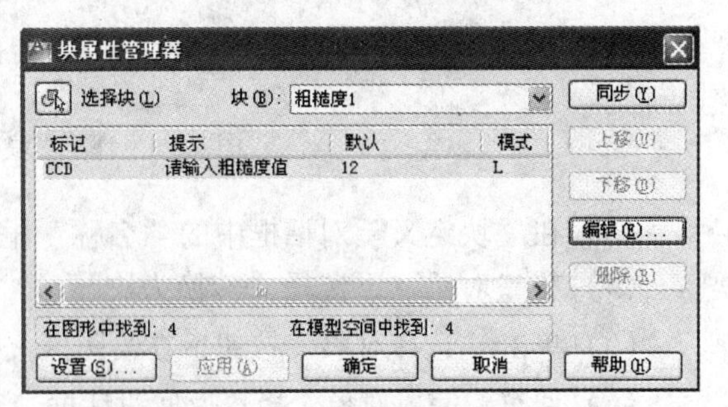

图8－9－15　“块属性管理器”对话框

带属性的图块是由图形对象和属性对象组成的。创建带有属性的块应首先定义属性，如图8－9－16所示，然后才能在创建块定义时将其作为一个对象来选择。当插入带有属性的图块时，系统会提示输入属性值。块也可能使用常量属性（即属性值不变的属性），常量属性在插入块时不提示输入值。带属性的块的每个后续参照可以使用为该属性指定的不同的值。

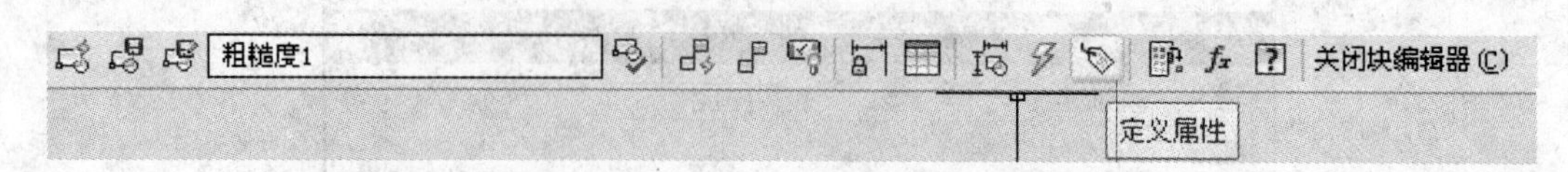

图 8－9－16　块属性的定义

【任务解析 1】

将图 8－9－17 所示的切削加工表面粗糙度符号创建为块。

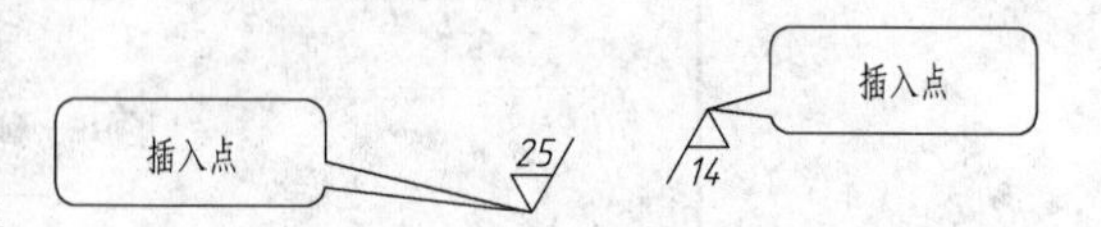

图 8－9－17　切削加工表面粗糙度符号及块的创建

（1）绘制粗糙度符号。表面粗糙度符号的尺寸大小可参照国家标准相应的规定。绘制粗糙度符号如图 8－9－17 所示（绘制过程略）。

（2）调用“创建块”命令，弹出如图 8－9－18 所示“块定义”对话框。

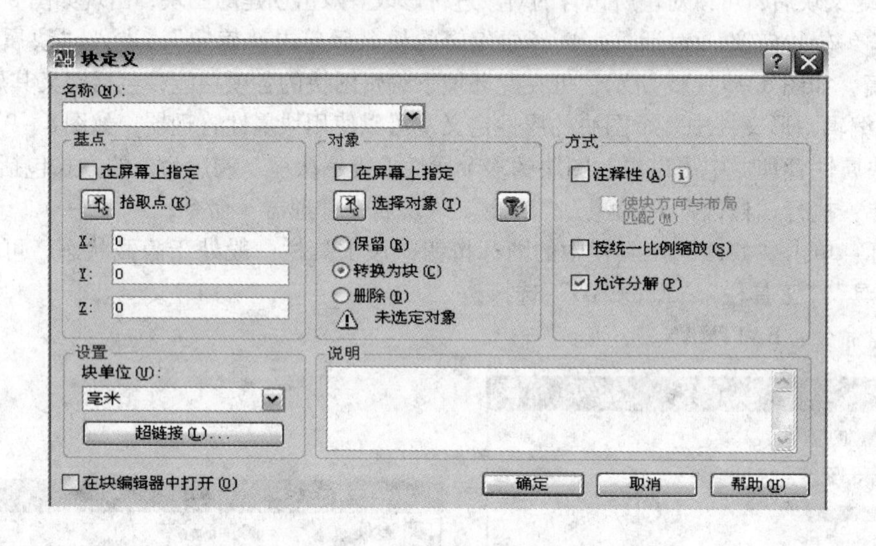

图 8－9－18　“块定义”对话框

（3）在“块定义”对话框中的“名称”框中输入块名“粗糙度 1”。

（4）在“对象”下选择“转换为块”。

（5）单击“选择对象”按钮，在绘图区上拾取对象$\overset{25}{\bigtriangledown}$。

（6）回车，完成对象选择，返回对话框。

（7）在“基点”选项组中，指定块插入点，如图 8－9－17 所示。

（8）单击“确定”按钮。

（9）按上述操作把对象$\underset{14}{\triangle}$定义为块“粗糙度 2”。

注意：BLOCK 命令所创建的块保存在当前图形文件中，其他图形文件要调用，可通过设计中心或剪贴板调用。键盘命令：WBLOCK 或 W，可创建外部块，所有文件都可以调用，操作可参照内部块创建命令。

【任务解析2】

对单元8.8中图8－8－1所示法兰盘进行尺寸标注。

（1）工作空间切换到“二维草图与注释”。

（2）设置标注样式：

样式1，暂起名“普通”，可根据需要自己设置，注意设置文字位置：垂直上方，水平居中；调整时尽量选择“手动放置”；主单位精度根据需要选择“0”或“0.0”等；换算单位、公差不做设置。

样式2，暂起名“直径”，其他同“普通”设置，主单位选项卡下“前缀”一栏输入“%%c”。

样式3，暂起名“公差”，其他同“直径”设置，公差选项卡下“方式”选“极限偏差”，精度选“0.000”，“上偏差”输入“0.010”，“下偏差”输入“0.029”，“高度比例”输入“0.5”，“垂直位置”选“居中”。

（3）图层切换到“细实线”层，标注样式切换到“普通”。选择“线性标注”，对左视图的“100”和主视图的“45”、“6”、“3”进行标注；选择“连续标注”对主视图的尺寸“12”进行标注；选择“角度标注”对左视图中的45°进行标注；选择“直径标注”对左视图中的尺寸“ϕ112”、“ϕ85”、“2×ϕ7”进行标注，对“ϕ7”标注需打开其“特性”（见8.5.3节），在主单位一栏输入“2×%%c”。

（4）标注样式切换到“直径”，对主视图中的“ϕ130”、“ϕ12”、“4×ϕ7”进行标注。

（5）标注样式切换到“公差”，对主视图中的“$\phi 70^{+0.010}_{-0.029}$”、“$\phi 42^{+0.025}_{0}$”、“$\phi 55^{0}_{-0.019}$”进行标注，上下偏差值可通过“特性”进行修改。

（6）标注形位公差，注意在公差1中输入“0.02”，在基准1中输入“B”。

（7）把任务解析1中做好的图块插入图中适当位置，插入的图块是一个对象，其粗糙度值需要修改，可利用“分解对象”命令把插入的图块分解，然后双击数字可修改；插入图块时通过调整比例可改变图块的大小。

（8）输入“Z”，回车，“E”，回车，使图纸充满桌面，完成整个图的绘制，如图8－9－1所示。

（9）保存所绘图形并命名。

学习情境9　AutoCAD 三维绘图

学习目标

（1）会用三维命令创建三维实体；

（2）会通过二维对象创建三维实体。

单元9.1　用三维命令创建三维实体

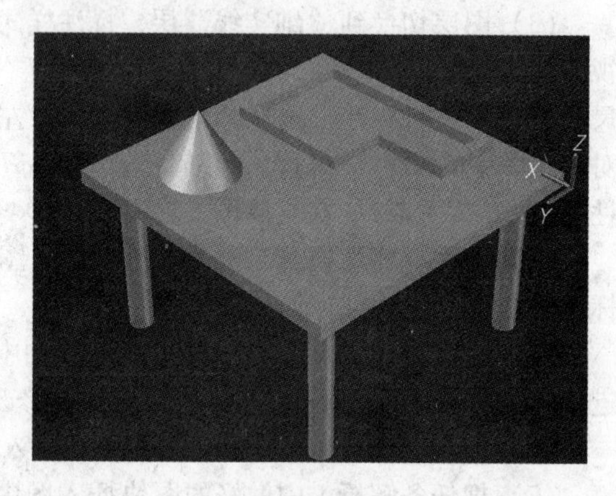

图9－1－1　桌子和桌子上的三维实体

【工作任务】

绘制如图9－1－1所示的桌子和桌上的三维实体，并通过多种视角对其进行观察。

【知识学习1】

9.1.1　选择创建三维模型的环境

启动AutoCAD 2012中文版，单击快速访问工具栏上的“新建”图标，打开“选择样板”对话框，从系统预设的样板列表中选择名为acadiso3D样板文件，如图9－1－2所示。然后单击“选择样板”对话框中的“打开”按钮，创建一个基于acadiso3D样板的空白图形文件。

单击快速访问工具栏上的“工作空间”下拉按钮，下拉列表中有“草图与注释”、“三维基础”、“三维建模”和“AutoCAD经典”多种工作环境，如图9－1－3所示。“草图与注释”、“三维基础”和“三维建模”三种环境下都可以创建三维模型，但“三维建模”更加方便，建议选择“三维建模”环境进行操作，如图9－1－4所示。

9.1.2　了解三维坐标系

在“三维建模”工作空间中有一个三维坐标的图标，即三维笛卡儿坐标系，该坐标系是在二维笛卡儿坐标系的基础上根据右手定则增加第三维坐标（即Z轴）而形成的，如图9－1－4所示。三维坐标系也分为世界坐标系（WCS）和用户坐标系（UCS）两种形式。

图9－1－2　“选择样板”对话框

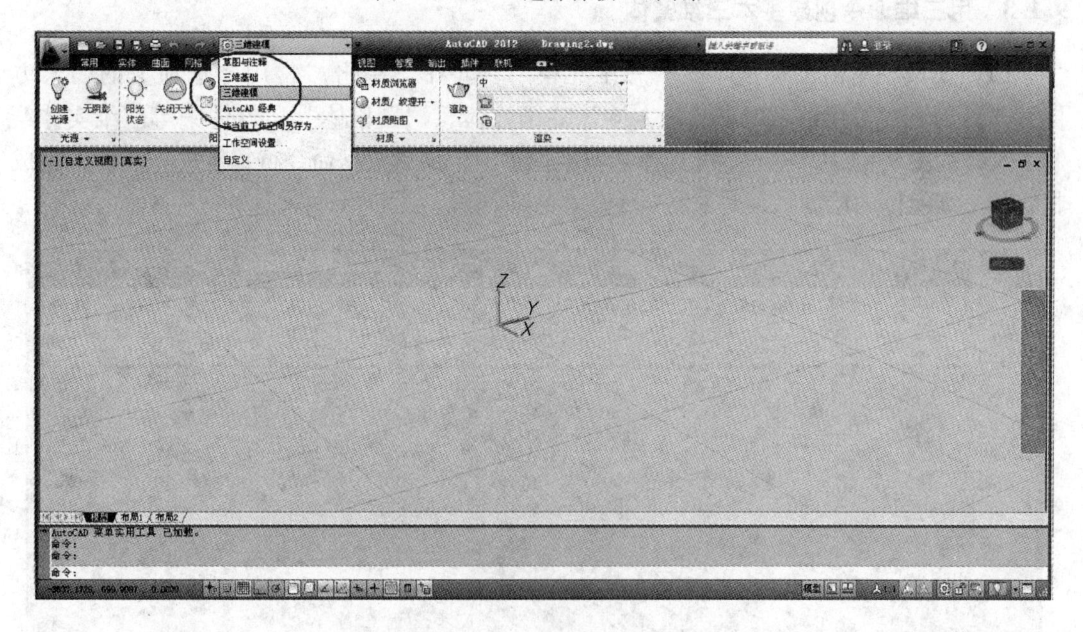

图9－1－3　“工作空间”下拉列表

默认情况下，在开始绘制新图形时，当前坐标系为世界坐标系（WCS），WCS坐标轴的交汇处显示“□”形标记，但坐标原点并不在坐标系的交汇点，而位于图形窗口的左下角，所有的位移也都是相对于原点计算的。

用户坐标系（UCS）的原点以及 X、Y、Z 轴方向都可以移动和旋转，甚至可以依赖于图形中某个特定的对象。用户坐标系中3个轴之间仍然互相垂直，但是在方向和位置上

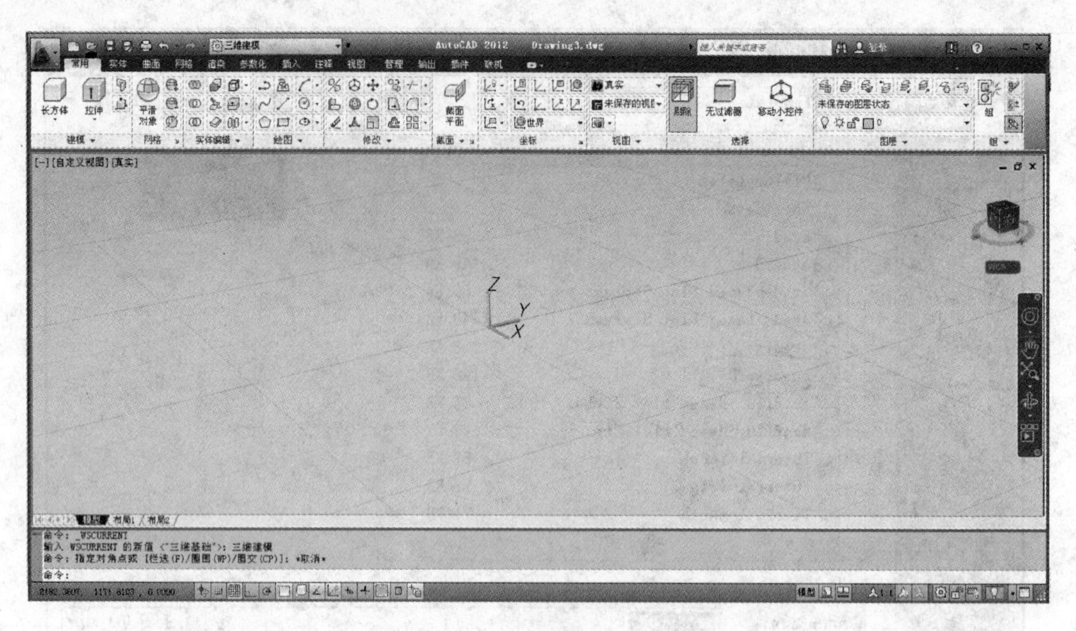

图 9－1－4　“三维建模”工作空间

却更灵活。另外，UCS 没有“□”形标记。

9.1.3　用三维命令创建基本三维实体

（1）工具栏单击图标法。在“三维建模”环境下，单击“常用”选项卡的“长方体”工具的下拉按钮，出现有“长方体”、“圆柱体”、“圆锥体”、“球体”等三维实体绘制工具，如图 9－1－5 所示。可选择某项进行单击，然后根据命令行提示进行操作，完成相应的三维实体的绘制。

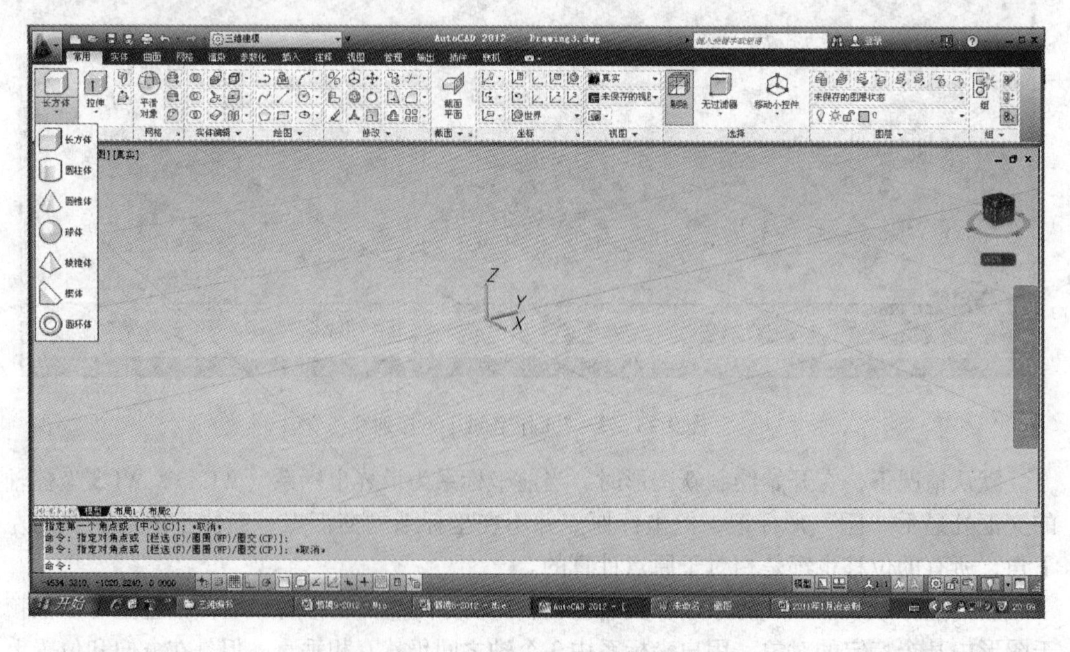

图 9－1－5　“长方体”工具下拉列表

（2）命令行输入命令法。在命令行命令提示符“命令:”后，输入绘制三维实体的相应命令名，并按回车键或空格键。然后，以命令提示为向导进行操作，完成相应的三维实体的绘制。

绘制三维实体的命令有：

1）BOX　创建长方体；

2）CYLINDER　创建圆柱体与圆锥体；

3）PYRAMID　创建棱锥面；

4）SPHERE　创建实心球体；

5）TORUS　创建圆环体；

6）TORUS　创建三维圆环形实体；

7）WEDGE　创建五面三维实体，并使其倾斜面沿 X 轴方向。

【任务解析 1】

绘制桌子，并在桌面上放置一个圆锥和多段体，操作步骤如下：

（1）按“F12”键开启动态输入功能。从“常用”选项卡的“建模”面板中选择“长方体”工具，命令行中出现“指定第一个角点或［中心（C）]:”的提示，如图9-1-6所示。

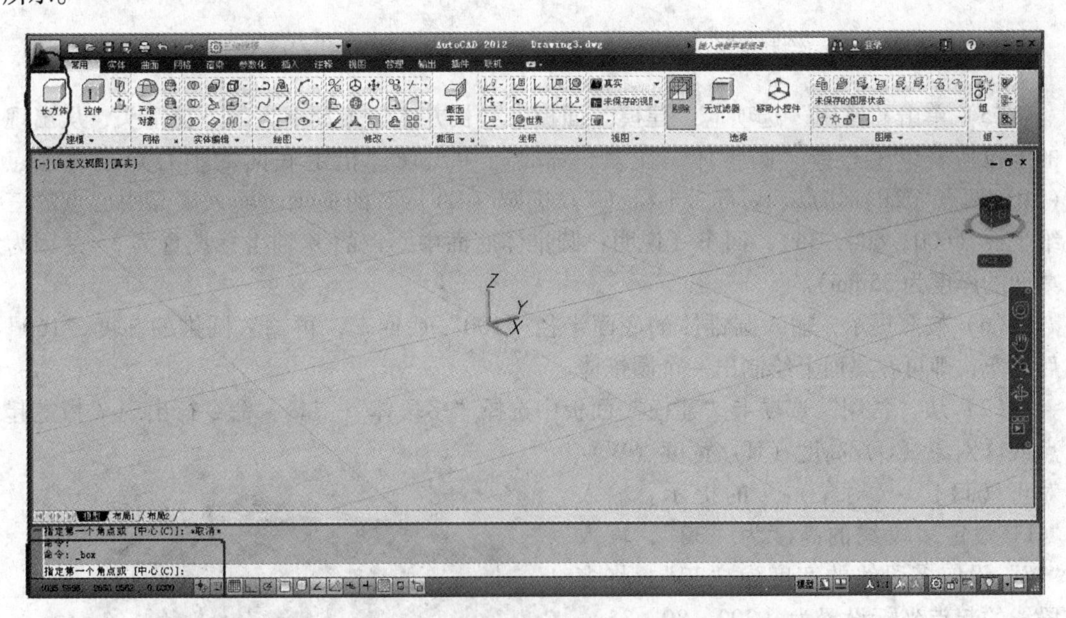

图9-1-6　绘制桌子(步骤一)

（2）输入长方体第一个角点的坐标（0，0）后回车，命令行中出现“指定其他角点或［立方体（C）/长度（L）]:”的提示，输入“@800，800”，回车，然后按照提示输入本例桌面的高度35，出现如图9-1-7所示长方体。

图9-1-7　绘制桌子（步骤二）

(3) 单击"常用"选项卡"建模"面板中"长方体"工具下方的下拉箭头，从出现的下拉列表中选择"圆柱体"工具，命令行中提示"指定底面的中心点或［三点(3P)/两点(2P)/切点、切点、半径(T)/椭圆(E)]："后，输入圆柱体底面的中心点(80, 80)，回车，命令行中出现"指定底面半径或［直径(D)]："的提示，输入数字"30"后，回车，然后根据提示输入桌腿的高度"-400"，回车，即可绘制出一个圆柱体，如图9-1-8所示。

(4) 用同样的方法，分别以(720, 80)、(720, 720)、(80, 720)为底面中心点，绘制半径为30mm、高度为400mm的三个圆柱体，绘制效果如图9-1-9所示。

图9-1-8　绘制桌子（步骤三）

图9-1-9　绘制桌子（步骤四）

(5) 单击"常用"选项卡"建模"面板中"长方体"工具下方的下拉箭头，从出现的下拉列表单中选择"圆锥体"工具，命令行中出现"指定底面的中心点或［三点(3P)/两点(2P)/切点、切点、半径(T)/椭圆(E)]："的提示，输入底面中心点的三维坐标(600, 600, 35)，回车（说明：圆锥体底面中心点的Z轴坐标设置为35是因为桌面的厚度为35mm)。

(6) 按照提示，输入圆锥体的底面半径"100"后回车，再输入圆锥的高度"160"后回车，即可在桌面上绘制出一个圆锥体。

(7) 从"常用"选项卡"建模"面板中选择"多段体"工具，命令行出现"指定起点或［对象(O)/高度(H)/宽度(W)/对正(J)]　〈对象〉："的提示。输入"H"设定多段线的高度为"30"，输入"W"设定多段线的宽度为"30"。将多段线的起点坐标设置为(200, 80, 35)，然后依次将第2点、第3点……指定为(@500, 0)、(@0, 300)、(@-300, 0)、(@0, -150)、(@-200, 0)，最后输入"C"闭合。完成如图9-1-10所示三维实体的绘制。

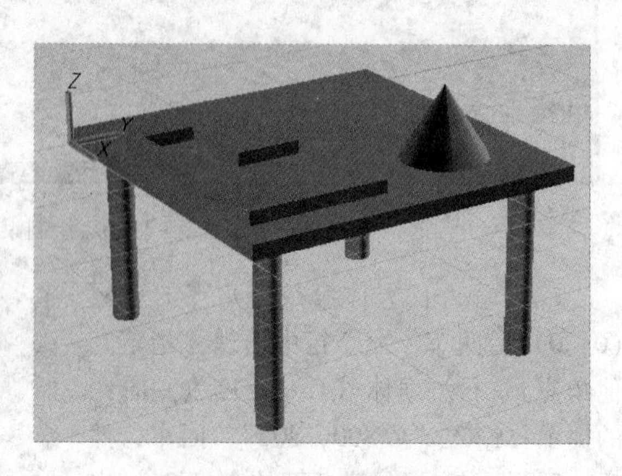

图9-1-10　绘制完成效果

注：可以通过双击三维对象修改三维实体的属性。

【知识学习2】

9.1.4　观察三维物体

（1）用特殊视点观察三维物体。AutoCAD 预置了一些用于快速观察角度的特殊视点，即西南等轴测、东南等轴测、东北等轴测、西北等轴测等。单击“常用”选项卡“视图”面板中的“三维导航”下拉箭头，从出现的下拉列表中选择相应命令即可，如图9－1－11 所示是该桌子的后视效果。

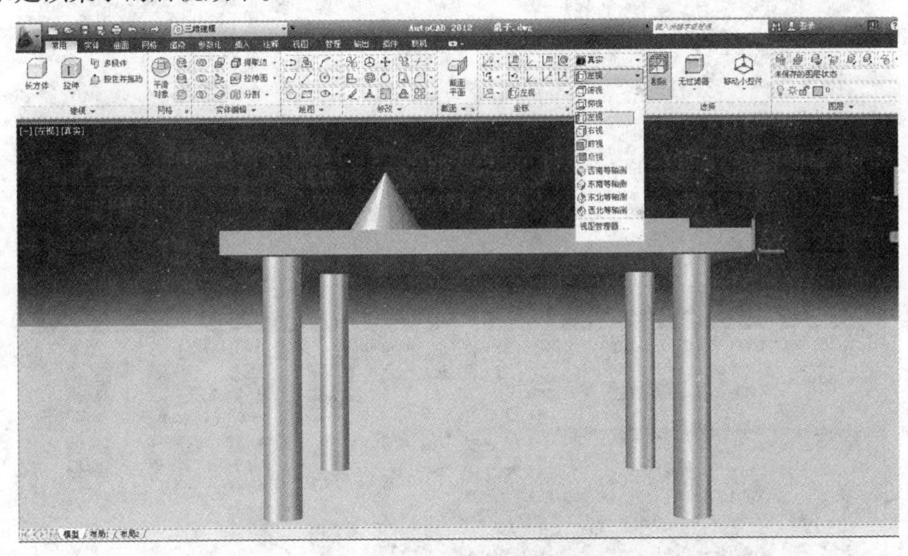

图9－1－11　桌子的后视效果

（2）动态观察三维物体。

1）切换到“视图”选项卡，在“导航”面板中单击“动态观察器”按钮，会出现3个子工具。使用这些动态观察工具，可以拖动鼠标来模拟相机绕物体运动时所观察到的三维图形。选择如图9－1－12 所示的“动态观察”工具，将沿 *XY* 平面或 *Z* 轴约束三维动态观察。

2）在图形中单击并向左或向右拖动光标，可以沿 *XY* 平面旋转对象。

3）只需单击图形，然后上下拖动光标，即可沿 *Z* 轴旋转对象。

4）选择“自由动态观察”工具后，在任意方向上进行动态观察，视点均不受约束。

5）选择“连续动态观察”工具，在要进行连续观察移动的方向上单击并拖动，然后释放鼠标按钮，系统便会自动使轨道沿该方向继续移动，从而产生动画效果；要退出连续动态观察，按“Esc”键即可。

（3）变换视觉样式。切换到“视图”选项卡，可以选择“视觉样式”面板中的“视觉样式”工具来更改图形的视觉效果，如图9－1－13 所示，具体效果读者可以一一尝试。

【任务解析2】

改变视角观察，单击“常用”选项卡“视图”面板中的“三维导航”下拉箭头，从出现的下拉列表中选择“西北等轴测”即可出现图9－1－1 所示观察效果。

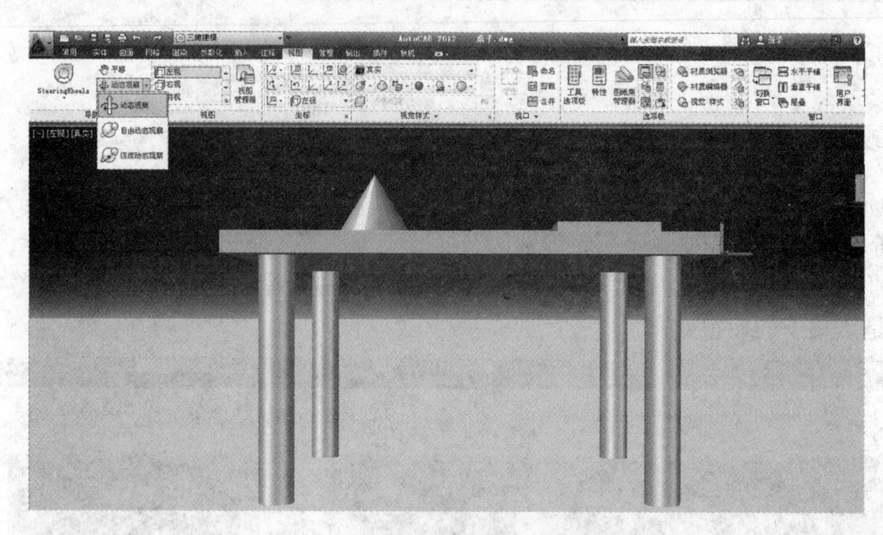

图 9 – 1 – 12　“动态观察”工具选择

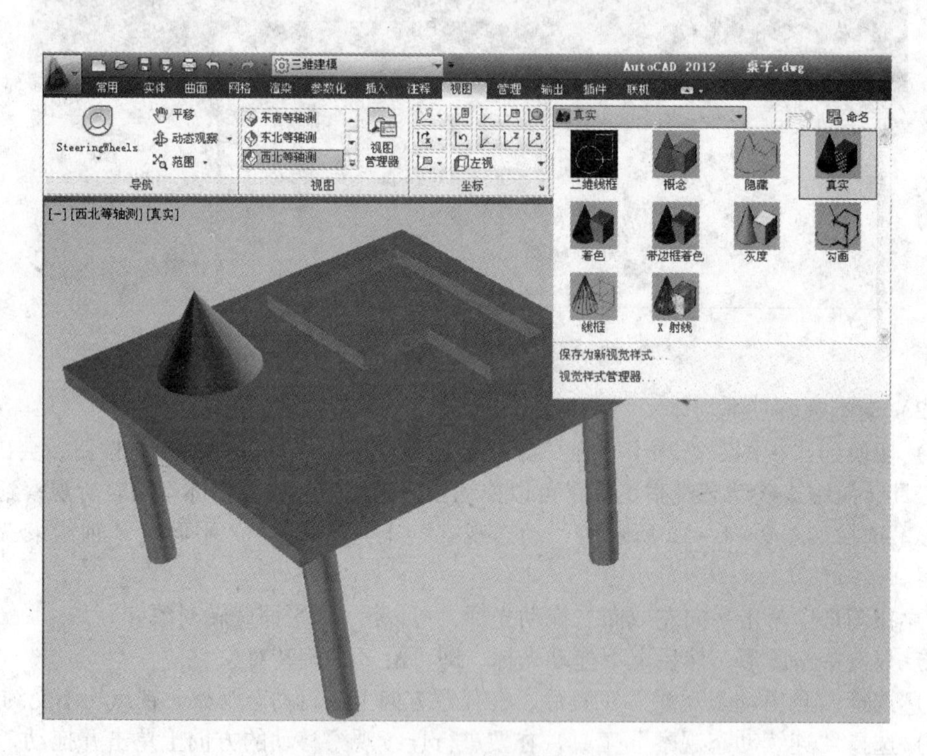

图 9 – 1 – 13　“视觉样式”工具

单元 9.2　通过二维对象创建三维实体

【工作任务】

创建如图 9 – 2 – 1 所示的齿轮模型和轴模型。

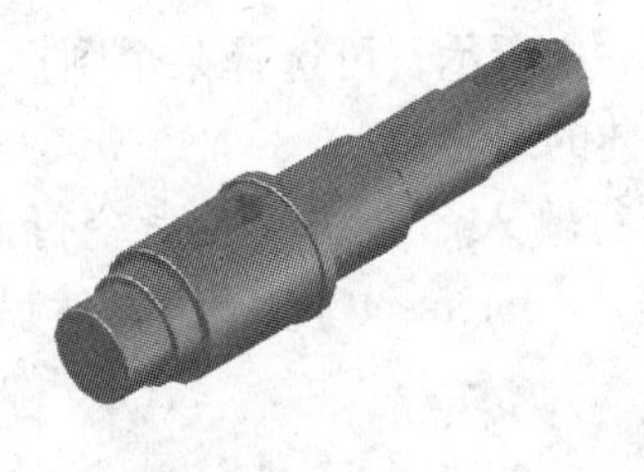

图9-2-1　齿轮模型和轴模型

【知识学习】

9.2.1　通过二维对象创建三维实体的方法

（1）拉伸法。在“三维建模”面板中单击“拉伸”按钮，通过拉伸二维对象来创建三维实体或曲面，如图9-2-2所示。

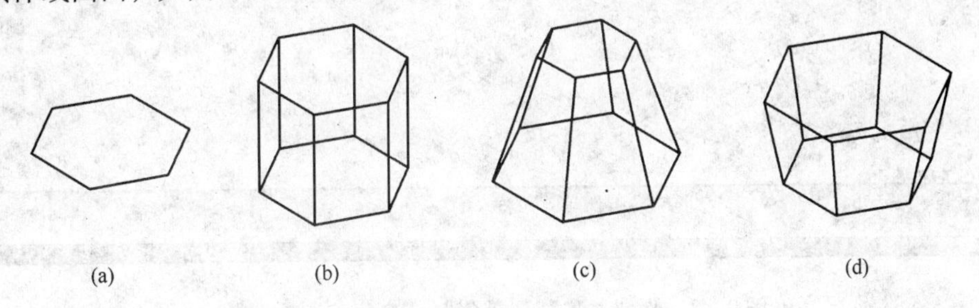

图9-2-2　二维拉伸成三维

（a）拉伸前的二维对象；（b）拉伸倾角为0°；（c）拉伸倾角为15°；（d）拉伸倾角为 -10°

（2）旋转法 。在“三维建模”面板中单击“旋转”按钮，通过绕轴旋转二维对象来创建三维实体或曲面，如图9-2-3所示。

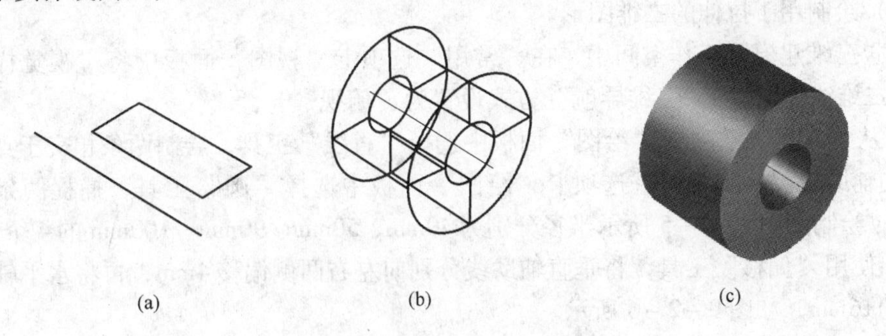

图9-2-3　二维旋转成三维

（a）旋转前的二维对象；（b）旋转后用“二维线框”样式显示；（c）旋转后用“真实”样式显示

9.2.2　三维实体的组合（布尔运算）

根据形体分析法，任何复杂的形体都可以看做是由基本体组合而成的。按照这样的思想，通过对各种基本实体的组合，即可以实现任何复杂形体的建模。

基本实体的组合，是通过“并集”、“差集”、“交集”来实现的。

（1）工具栏单击图标法。在“实体”选项卡上有“并集”、“差集”、“交集”等图标，如图 9－2－4 所示，可选择某个图标进行单击，然后根据命令行提示进行操作，完成相应的三维实体的组合。

（2）命令行输入命令法。在命令行命令提示符“命令：”后，输入 union（并集）/ subtract（差集）/ intersect（交集），然后根据命令行提示进行操作，完成相应的三维实体的组合。

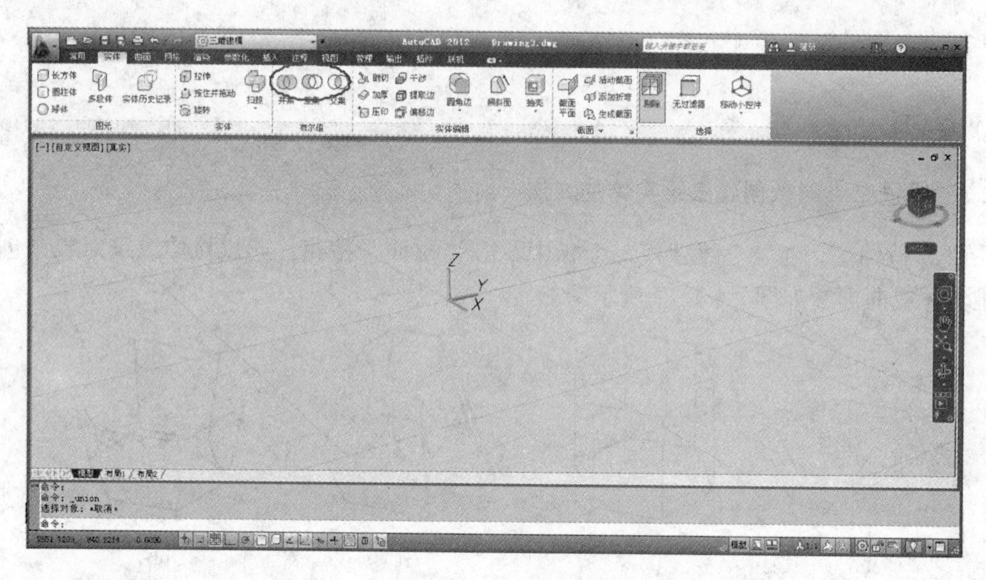

图 9－2－4 “并集”、“差集”、“交集”图标选择

【任务解析 1】

拉伸法创建齿轮模型的步骤如下：

（1）绘制用于拉伸的二维图形。

1）“三维建模”工作空间中，在“常用”选项卡“视图”面板中将“视觉样式”设置为“二维线框”，将“三维导航”方式设置为“俯视”。

2）从“常用”选项卡“绘图”面板中选择“直线”工具，绘制两条相交于点（500，500）的辅助线。从“常用”选项卡“绘图”面板中选择“圆”工具，捕捉两条辅助线的交点，绘制如图 9－2－5 所示半径分别为 40mm、50mm、90mm、100mm 的 4 个同心圆。

3）使用“偏移”工具，将垂直辅助线分别向左右两侧偏移 4mm，再将水平辅助线向上偏移 116mm，如图 9－2－6 所示。

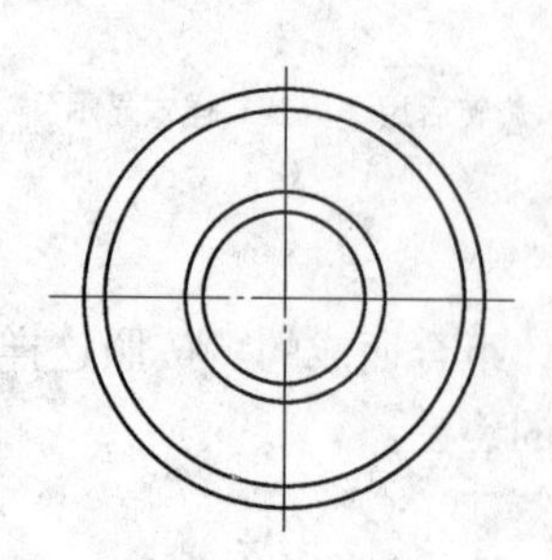

图 9－2－5　绘制同心圆

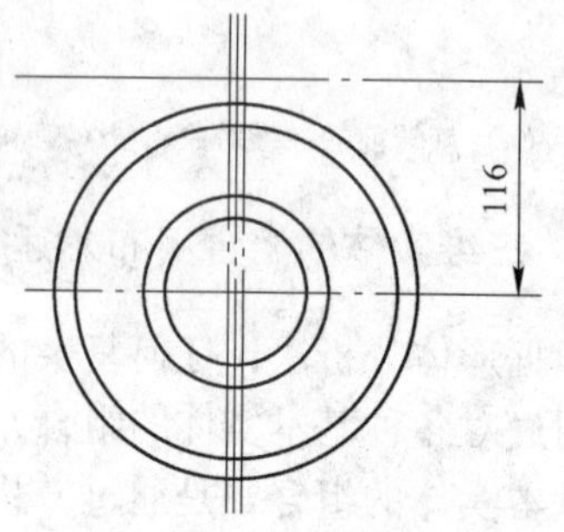

图 9－2－6　偏移辅助线

4）使用“直线”工具，捕捉辅助线之间的交点及辅助线和外圆之间的交点，绘制3条直线，如图9-2-7所示。

5）从“修改”面板中选择“倒角”工具，对左右两侧进行倒角处理，倒角距离设置为“5”和“2.5”，如图9-2-8所示。

6）使用“修剪”工具，对整个图形进行修剪，效果如图9-2-9所示。

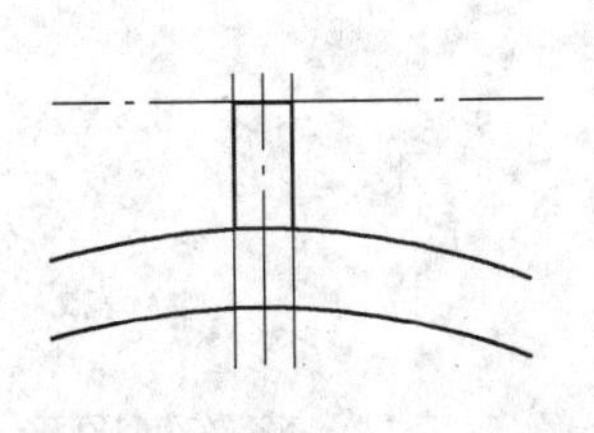

图9-2-7　绘制3条直线

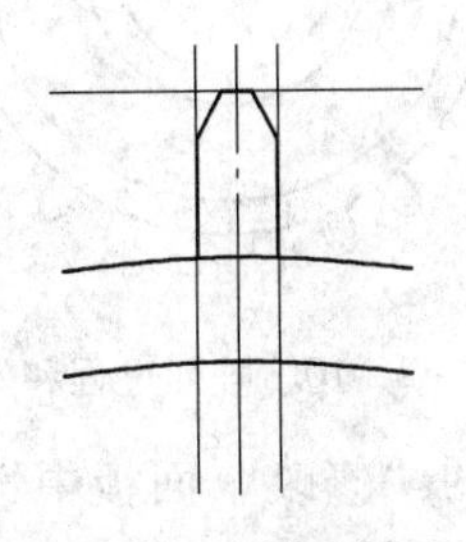

图9-2-8　倒角图形

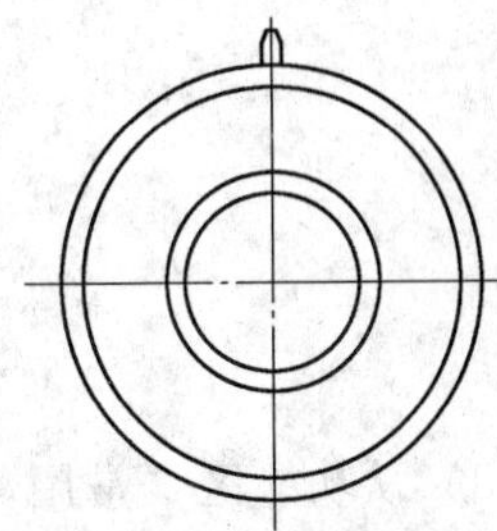

图9-2-9　修剪后的图形

7）从“常用”选项卡“修改”面板中选择“环形阵列”工具，选取外圆上方的5个对象，出现“指定阵列的中心点或［基点（B）/旋转轴（A）］:”的提示后，捕捉圆的圆心作为阵列的中心点；出现“输入项目数或［项目间角度（A）/表达式（E）］<4>:”的提示后，输入数字“25”并按回车键，出现“指定填充角度（+=逆时针、-=顺时针）或［表达式（EX）］<360>:”的提示后，输入“360”并按回车键，再按回车键确认，即可绕外圆一周阵列生成25个相同的图形，如图9-2-10所示。

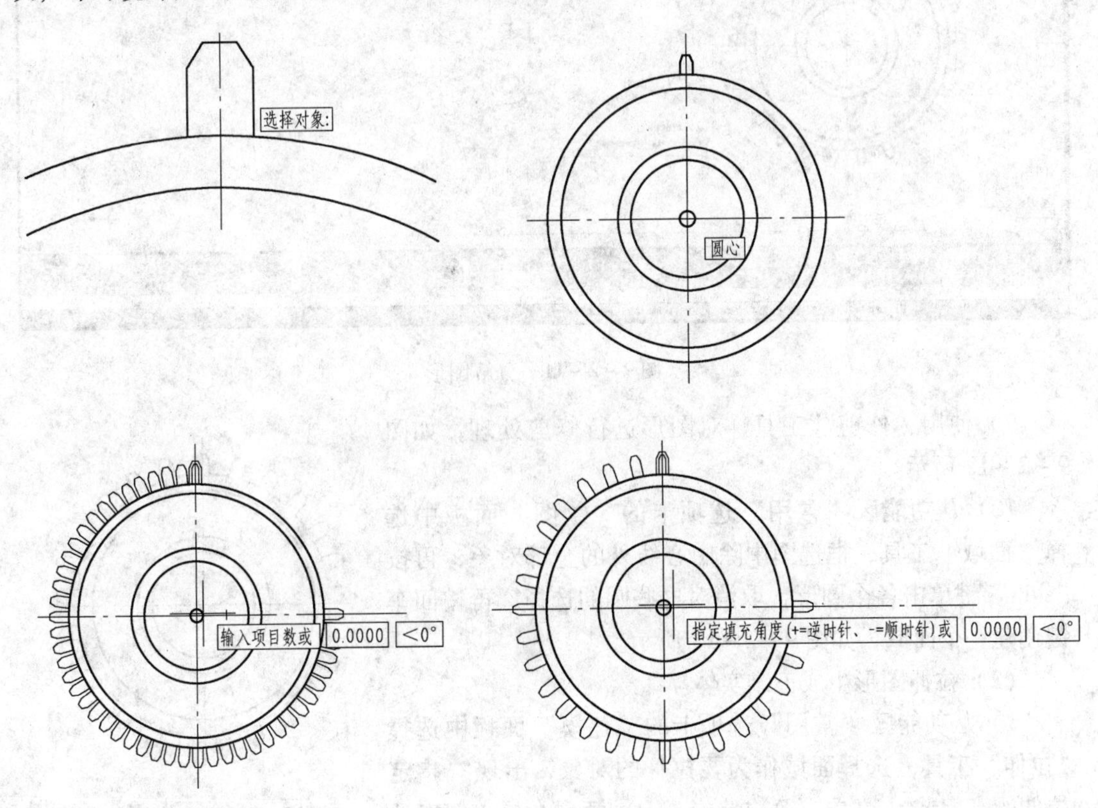

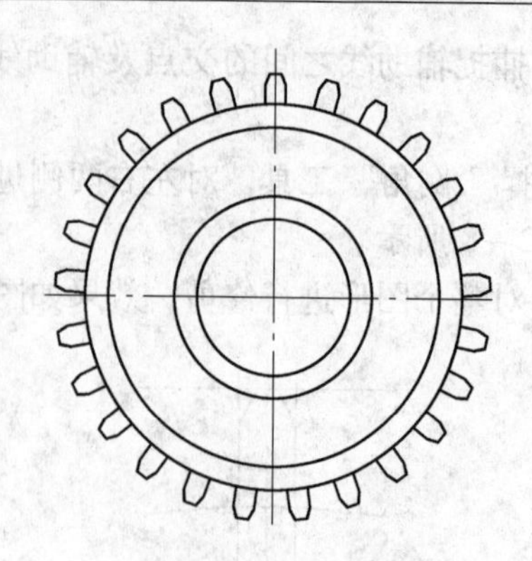

图 9 – 2 – 10　阵列过程和效果

8）从功能区“常用”选项卡的“修改”面板中选择“分解”工具，将阵列图形分解为一系列直线段，如图 9 – 2 – 11 所示。

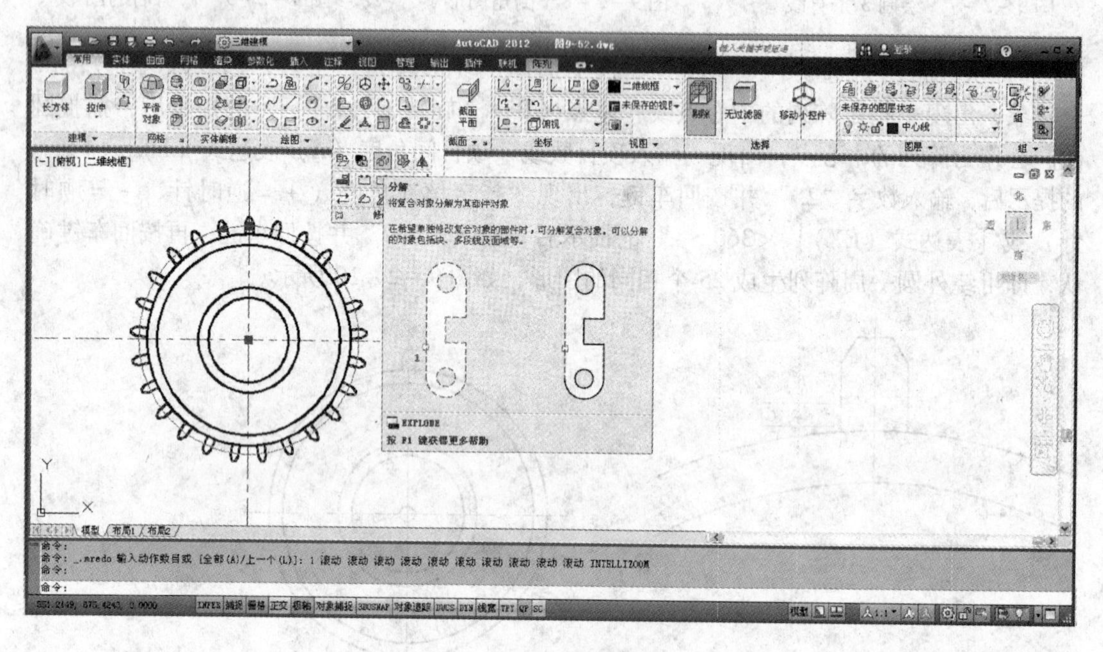

图 9 – 2 – 11　分解图形

9）使用“修剪”工具，对图形进行修剪处理，如图 9 – 2 – 12 所示。

10）从功能区“常用”选项卡的“绘图”面板中选择“面域”工具，框选图中除中心线外的全部对象，再按“shift”键单击各个圆形，取消对这些圆的选择，再按回车键创建一个面域，如图 9 – 2 – 13 所示。

（2）拉伸图形生成三维实体。

1）从功能区“常用”选项卡的“建模”面板中选择“拉伸”工具，选择面域作为要拉伸的对象，出现“指定拉伸的高度或［方向（D）/路径（P）/倾斜角（T）/表达

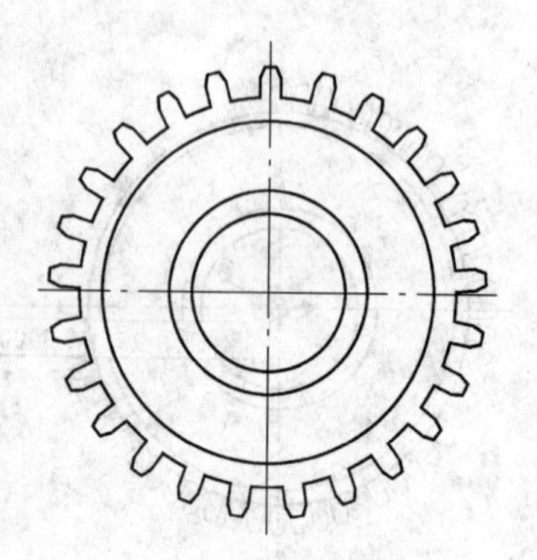

图 9 – 2 – 12　修剪图形

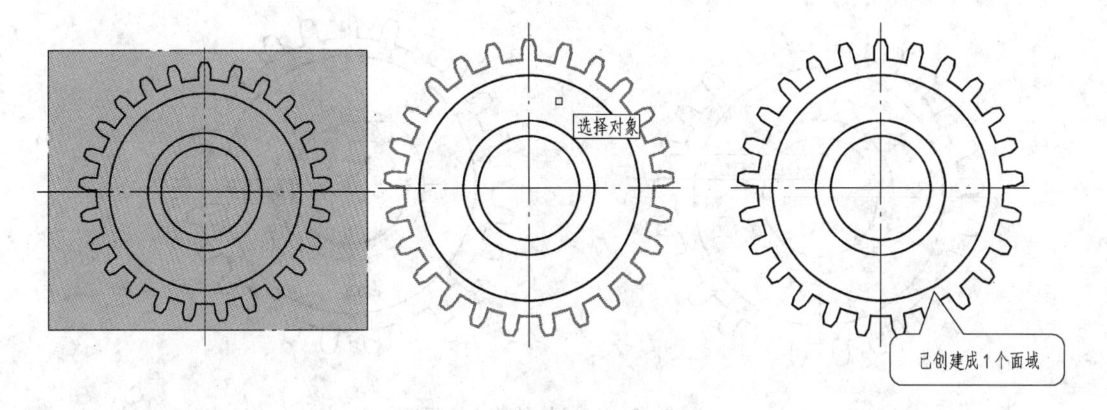

图9－2－13　创建面域

式（E)］:”的提示后，输入数字“20”作为拉伸高度，按回车键，即可拉伸选定的对象，如图9－2－14所示。

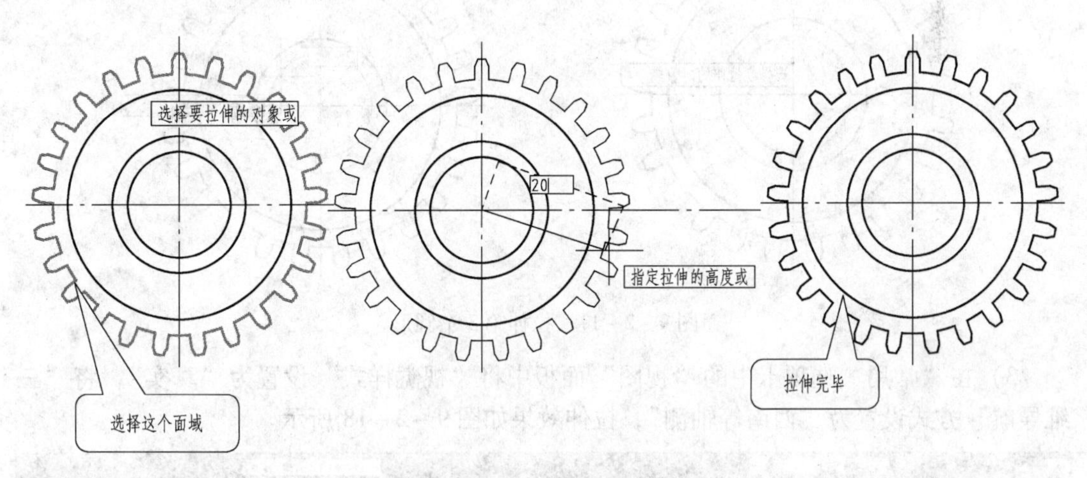

图9－2－14　拉伸面域

2）选择“拉伸”工具，将图9－2－15所示的第1个圆形拉伸40mm；将第2个圆形拉伸16mm，如图9－2－16所示；将第3个圆形拉伸25mm，如图9－2－17所示。

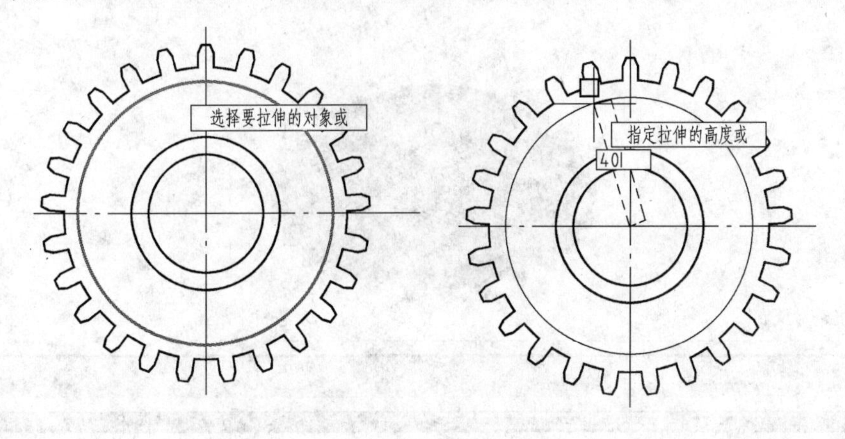

图9－2－15　拉伸圆形

图 9 - 2 - 16　拉伸第 2 个圆形

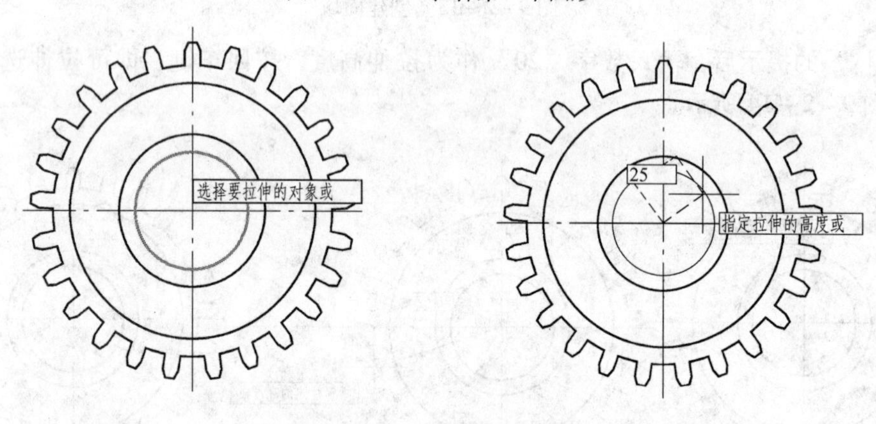

图 9 - 2 - 17　拉伸第 3 个圆形

3）在“常用”选项卡中的“视图”面板中将“视觉样式”设置为“真实”，将“三维导航”方式设置为“西南等轴测”，拉伸效果如图 9 - 2 - 18 所示。

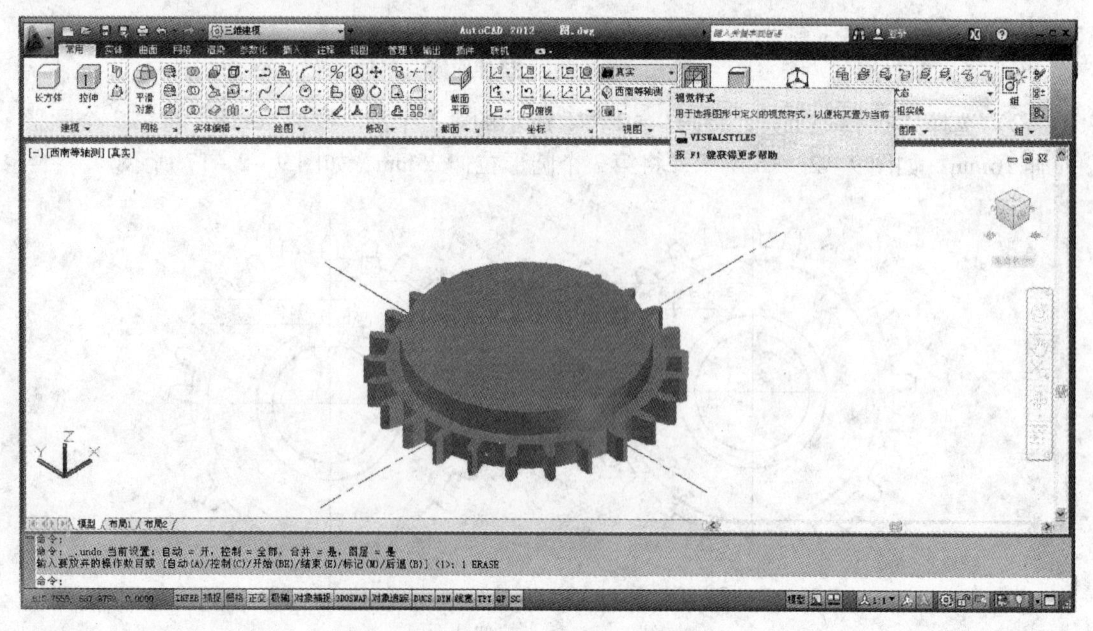

图 9 - 2 - 18　拉伸效果

(3) 进行布尔运算。

1) 在“常用”选项卡中的“视图”面板中将“视觉样式”设置为“二维线框”，将“三维导航”方式设置为“俯视”，从功能区“常用”选项卡的“实体编辑”面板中选择“差集”工具，如图9－2－19所示。

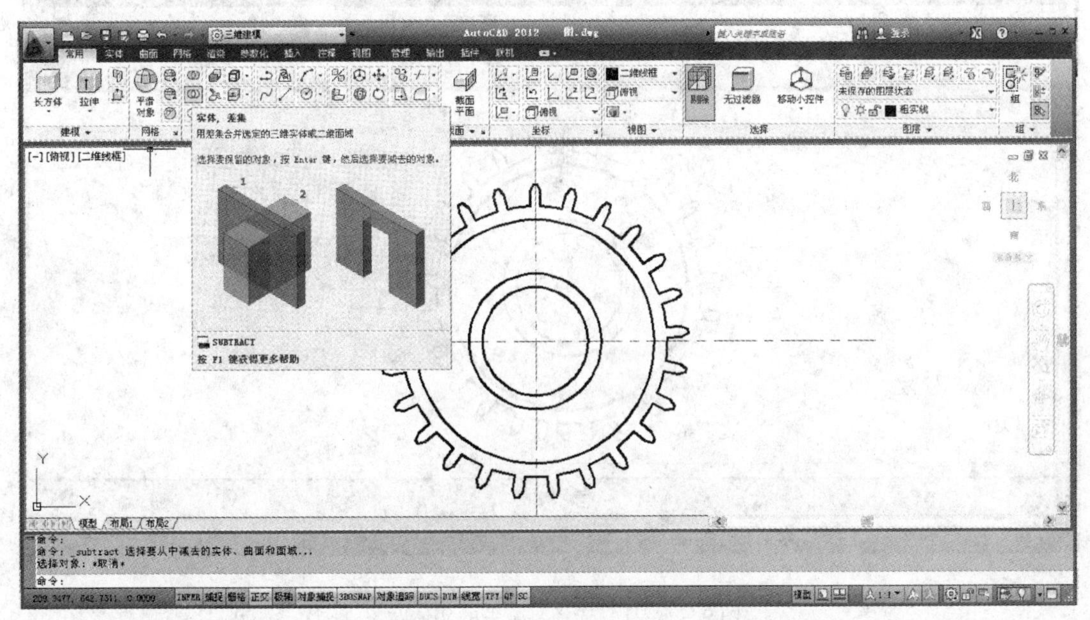

图9－2－19　“二维线框”俯视下进行差集运算

2) 当出现“选择对象”的提示后，选取最外侧的由面域拉伸的对象，如图9－2－20所示。

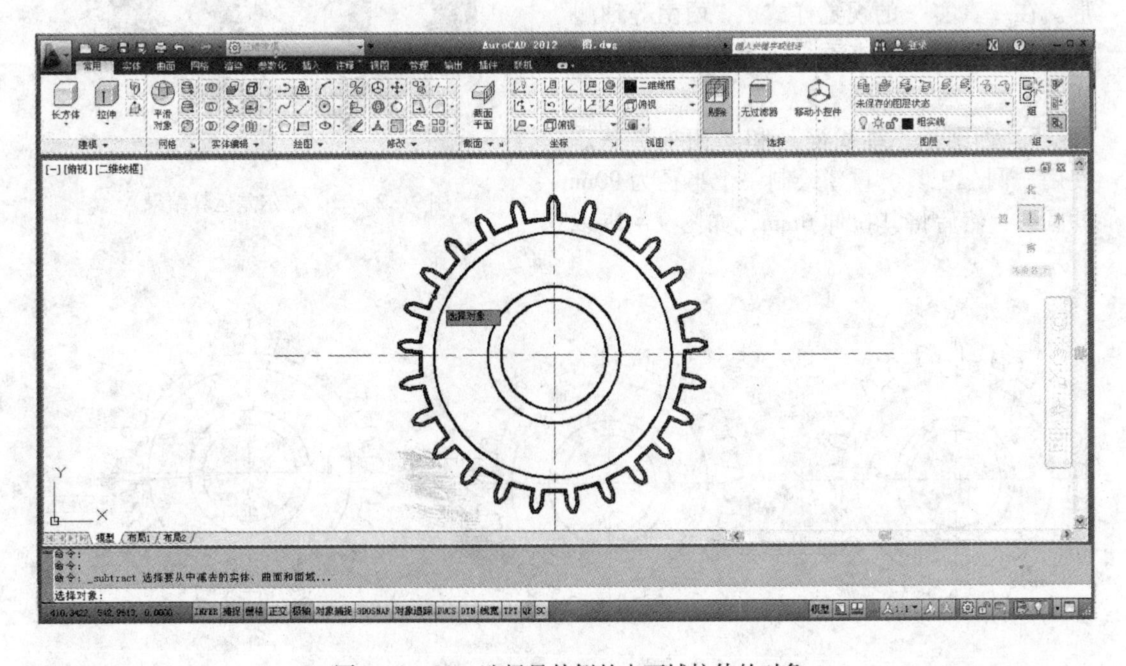

图9－2－20　选择最外侧的由面域拉伸的对象

3）当出现“选择要减去的实体、曲面和面域…”的提示后，选取如图 9－2－21 所示的对象。

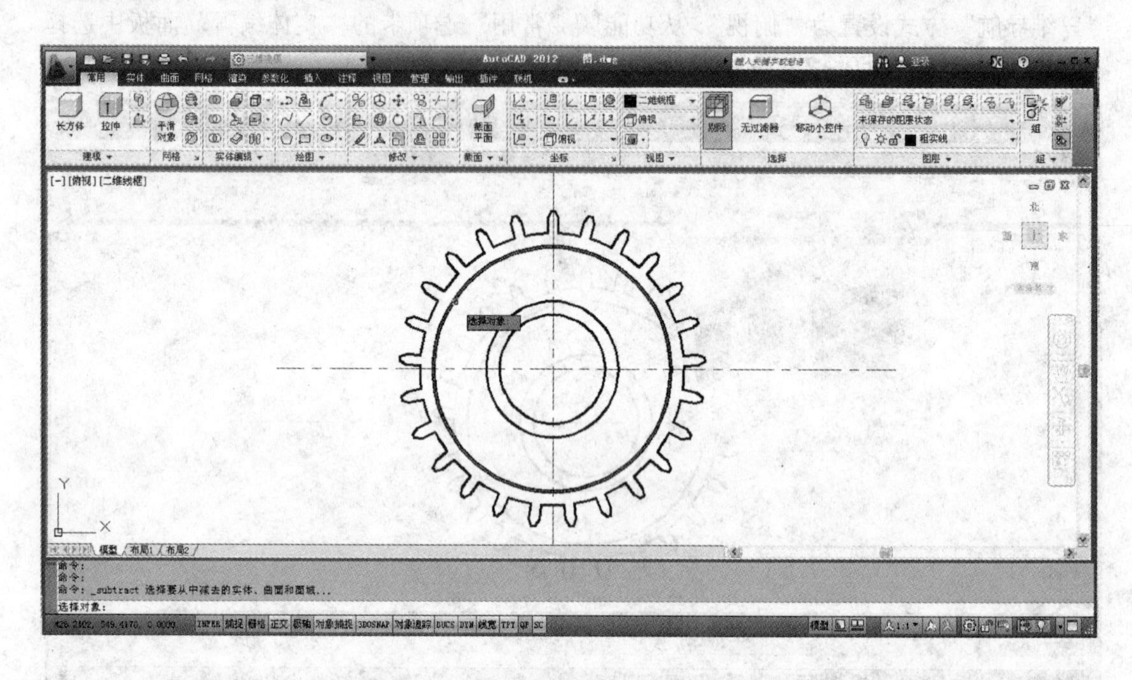

图 9－2－21　选择要减去的实体对象

4）确认选择后，即可从第 1 个对象中减去第 2 个对象。重复同样的操作，再在由第 2 个圆拉伸的图形中减去由第 3 个圆拉伸的图形。在“真实”的视觉样式、“西南等轴测”的三维导航方式下查看，效果如图 9－2－22 所示。

图 9－2－22　布尔差运算结果

5）回到“二维线框”和“俯视”状态，使用“圆”工具，重新绘制一个半径为 90mm 的圆形，然后将其拉伸 6mm，如图 9－2－23 所示。

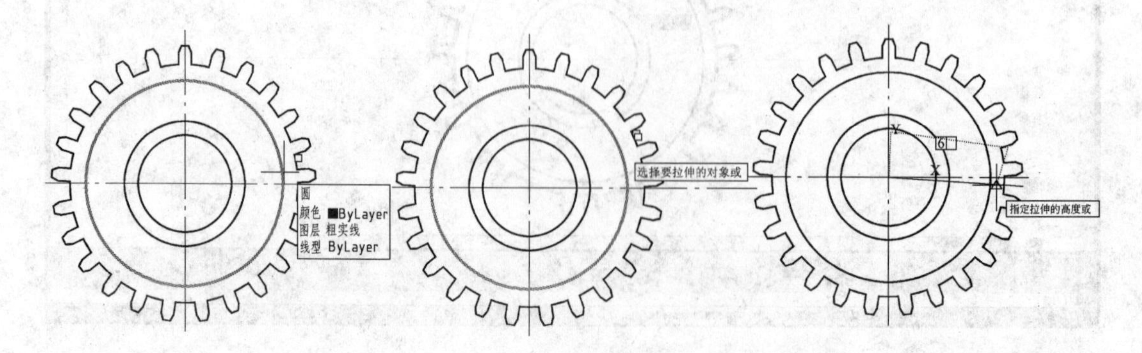

图 9－2－23　绘制圆形并对其进行拉伸

6）在“真实”的视觉样式、“西南等轴测”的三维导航方式下查看，效果如图9-2-24所示。

图9-2-24　布尔运算最终结果

（4）制作开孔。

1）在“常用”选项卡的“视图”面板中将“视觉样式”设置为“二维线框”，将“三维导航”方式设置为“俯视”。使用“圆”工具绘制一个半径为25mm圆形和一个半径为35mm的圆形，如图9-2-25所示。

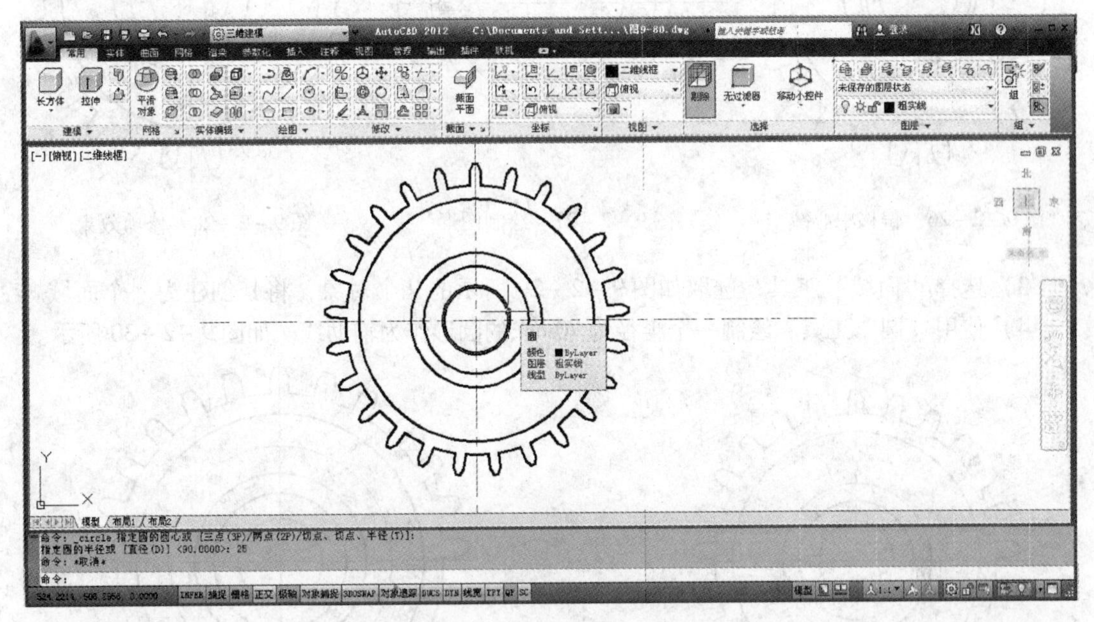

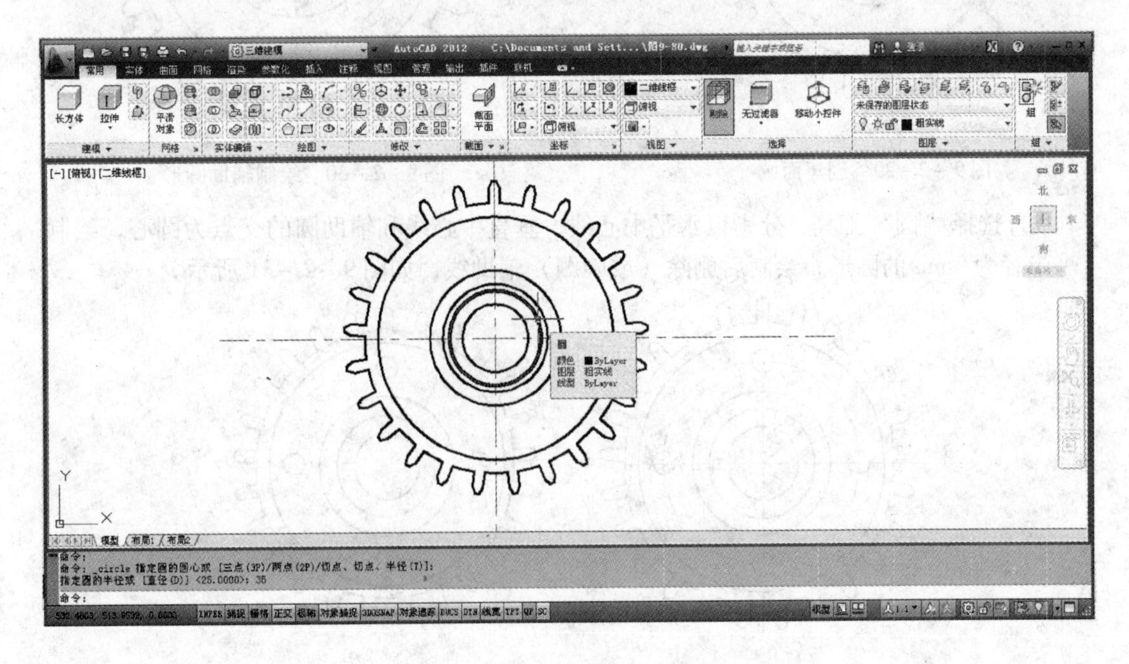

图9-2-25　绘制两个圆形

2）将水平中心线分别向上和向下偏移 3mm，效果如图 9－2－26 所示。选择“直线”工具，捕捉各个交点，绘制如图 9－2－27 所示的图形；使用“修剪”工具对图形进行修剪，修剪后删除辅助线，效果如图 9－2－28 所示。

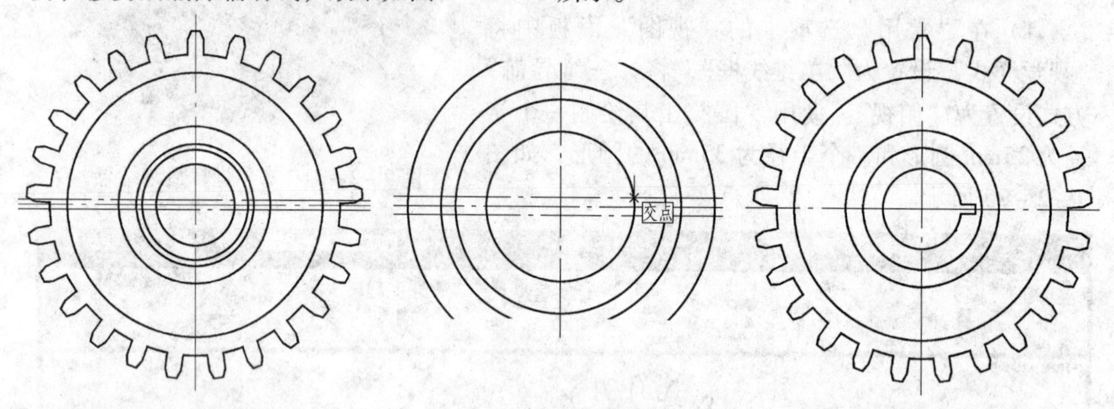

图 9－2－26　偏移中心线　　图 9－2－27　绘制图形　　图 9－2－28　修剪效果

3）选择“面域”工具，选取如图 9－2－29 所示的几个对象，将其创建为一个面域。

4）使用“圆”工具，绘制一个半径为 70mm 的圆形作为辅助线，如图 9－2－30 所示。

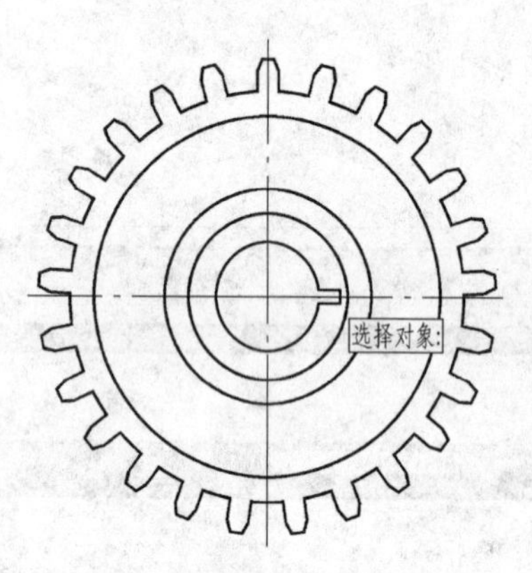

图 9－2－29　创建面域

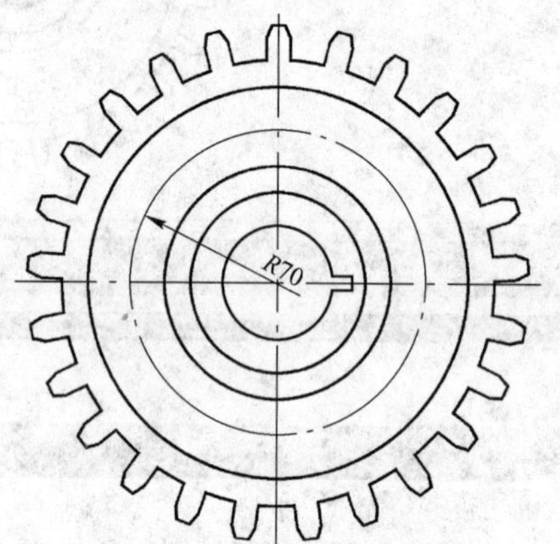

图 9－2－30　绘制辅助圆形

5）选择“圆”工具，分别以水平中心线、垂直中心线和辅助圆的交点为圆心，绘制 4 个半径为 8mm 的圆形，绘制后删除（或隐藏）辅助线，如图 9－2－31 所示。

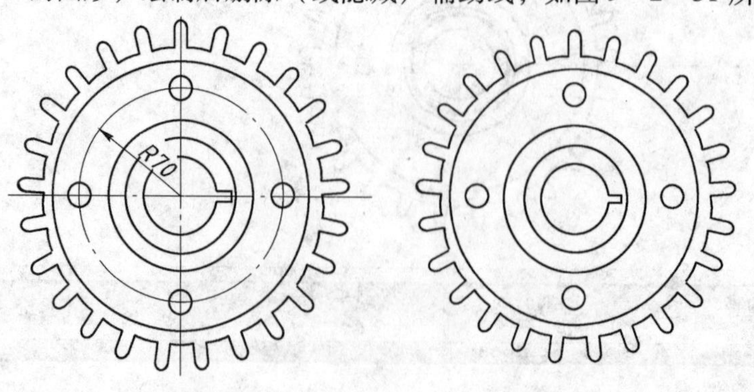

图 9－2－31　绘制四个圆形

6）选择“拉伸”工具，同时选取新创建的面域和4个圆形，将他们都拉伸40mm，如图9-2-32所示。

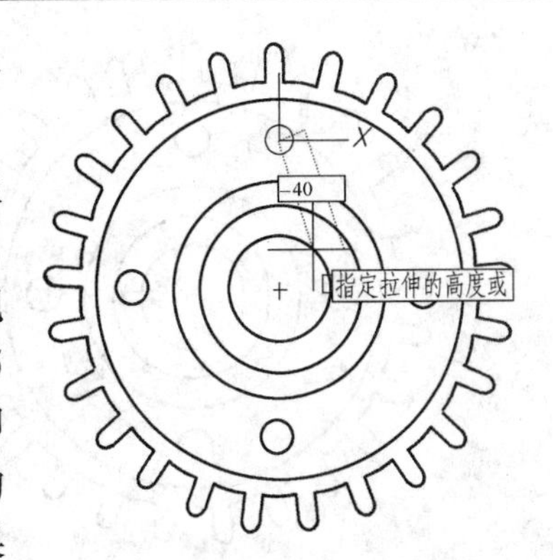

图9-2-32　拉伸对象

7）从功能区“常用”选项卡的“实体编辑”面板中选择“差集”工具，出现“选择对象:”的提示后，选取图形底部的圆柱对象，如图9-2-33所示；出现“选择要减去的实体、曲面和面域…”的提示后，选取5个新拉伸的对象，如图9-2-34所示；确认选择后，即产生差集运算效果，如图9-2-35所示；在“真实”的视觉样式、“西南等轴测”的三维导航方式下查看，效果如图9-2-36所示。

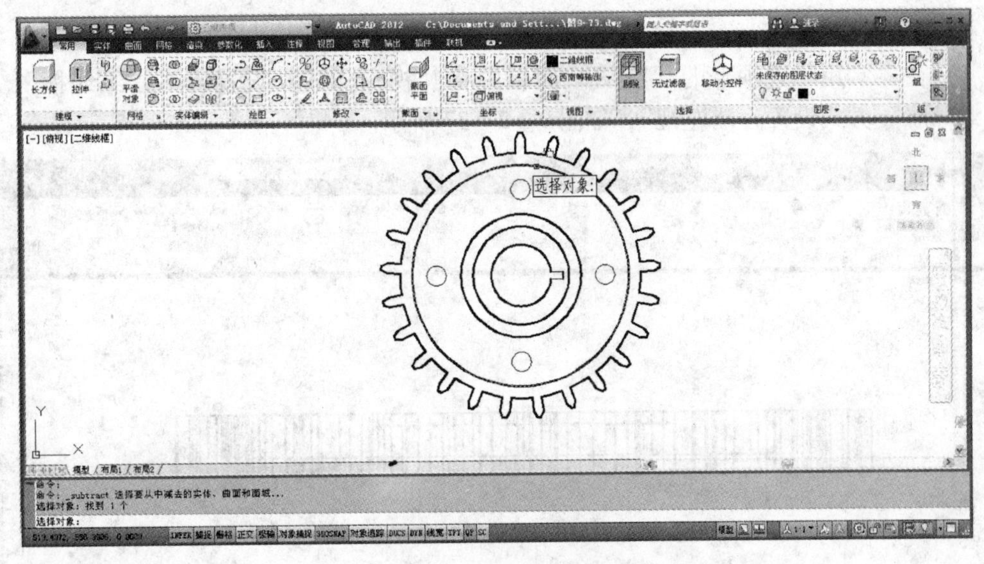

图9-2-33　选择圆形底部的圆柱对象

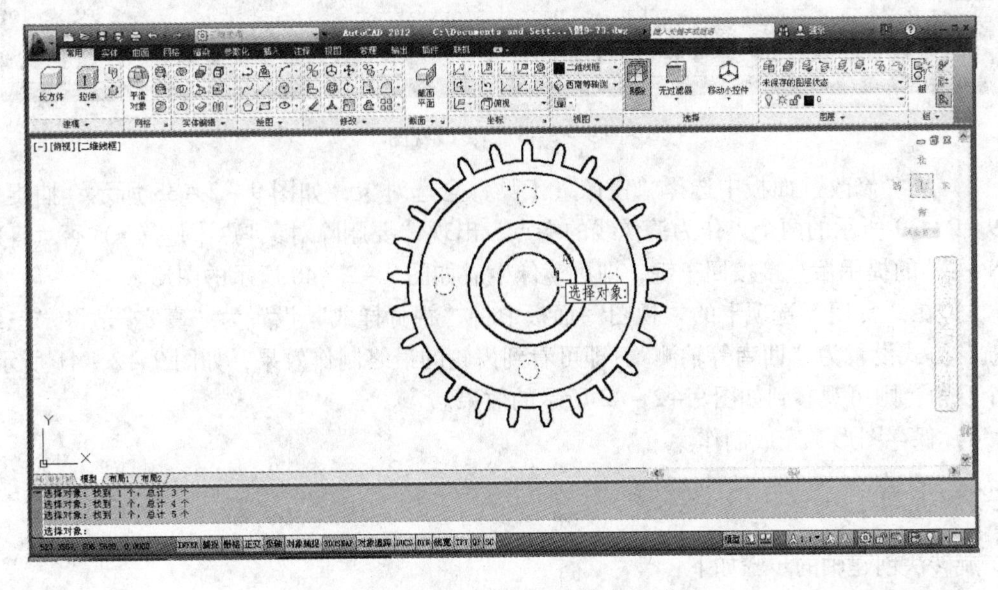

图9-2-34　选择要减去的实体对象

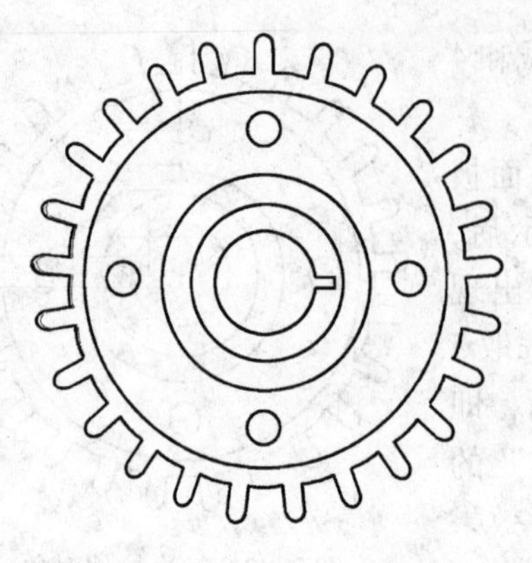

图 9－2－35　差集运算效果

图 9－2－36　开孔效果

（5）镜像。

1）在“常用”选项卡的“视图”面板中将“视觉样式”设置为“二维线框”，将“三维导航”方式设置为“左视”，如图 9－2－37 所示。

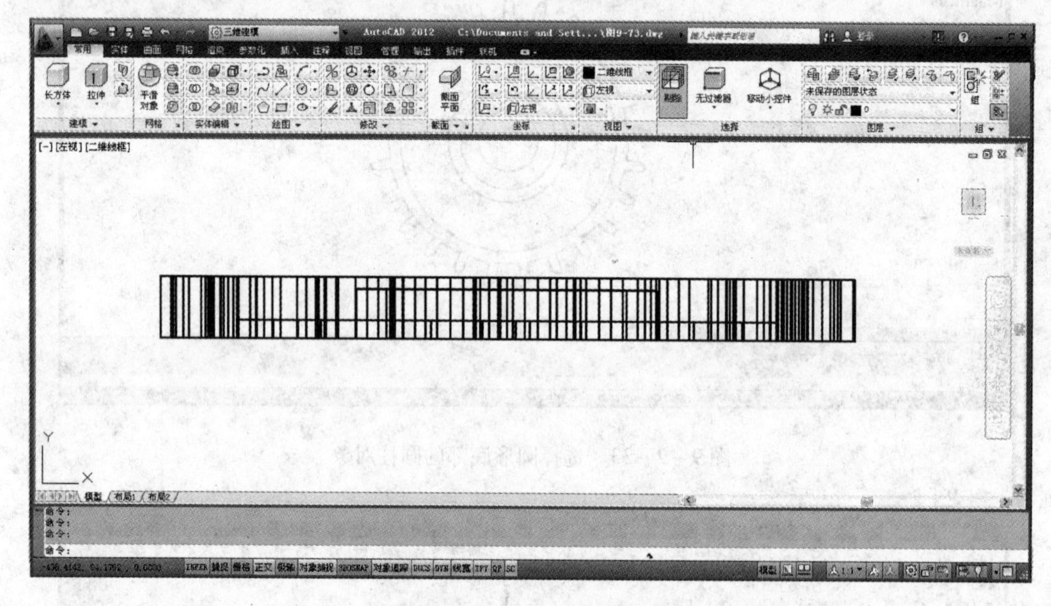

图 9－2－37　更改视图

2）从“修改”面板中选择“镜像”工具，全选对象，如图 9－2－38 所示；捕捉如图 9－2－39 所示的两个点作为镜像线的端点。出现“要删除对象吗？[是（Y）/否（N）] <N>：”的提示后直接按回车键，即可镜像生成如图 9－2－40 所示的图形。

3）在“常用”选项卡的“视图”面板中将“视觉样式”设置为“真实”，将“三维导航”方式设置为“西南等轴测”，即可看到齿轮的最终制作效果，如图 9－2－41 所示。换个视角，则可观察到如图 9－2－42 所示的效果。

4）保存图形，完成制作。

【任务解析 2】

旋转法创建轴的步骤如下：

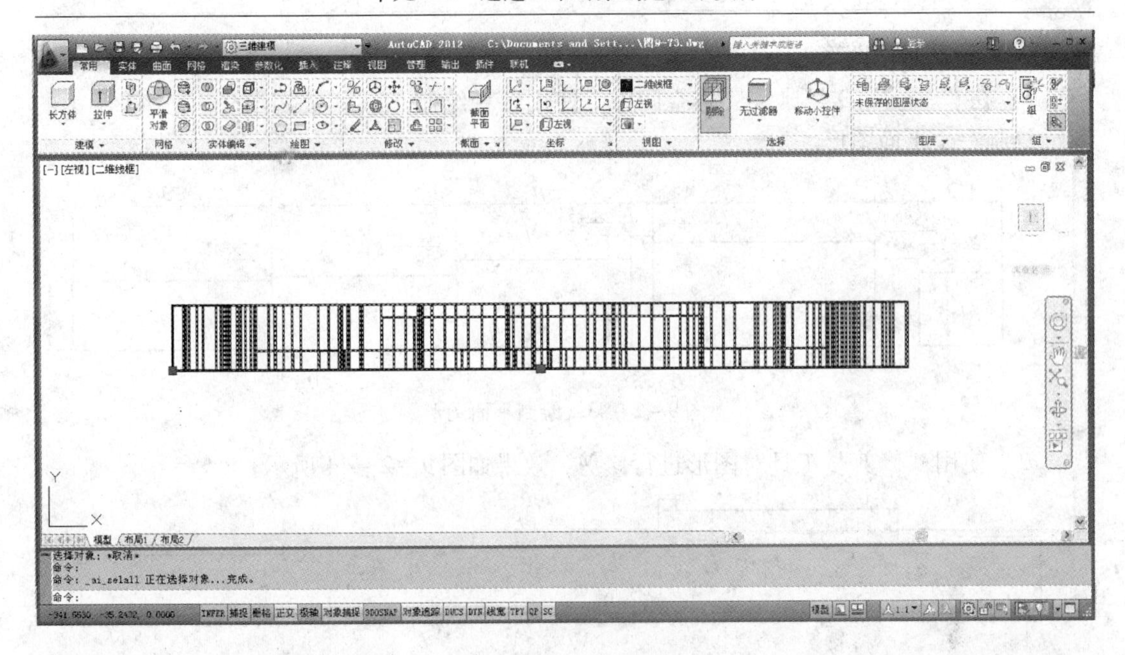

图 9－2－38　全选对象

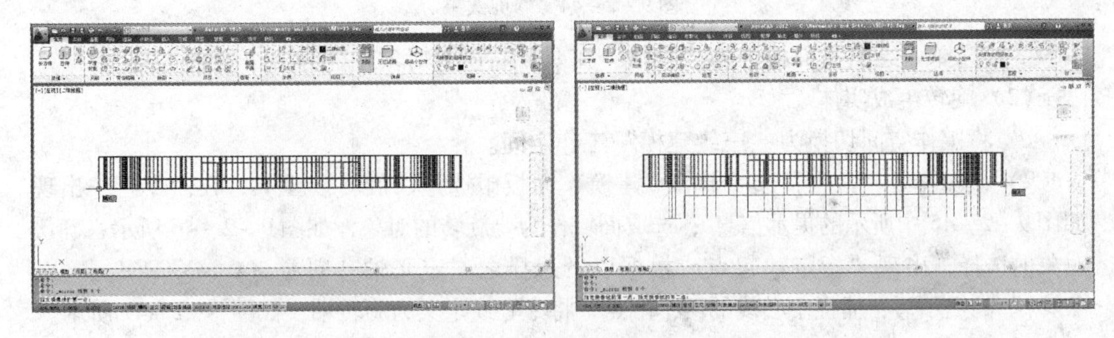

图 9－2－39　捕捉镜像线的两个端点

图 9－2－40　镜像效果

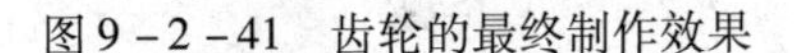

图 9－2－41　齿轮的最终制作效果

图 9－2－42　从其他视角观察齿轮制作效果

（1）绘制平面图形。

1）在“AutoCAD 经典”工作空间中，使用各种绘制工具，按如图 9－2－43 所示的尺寸绘制一个平面图形。

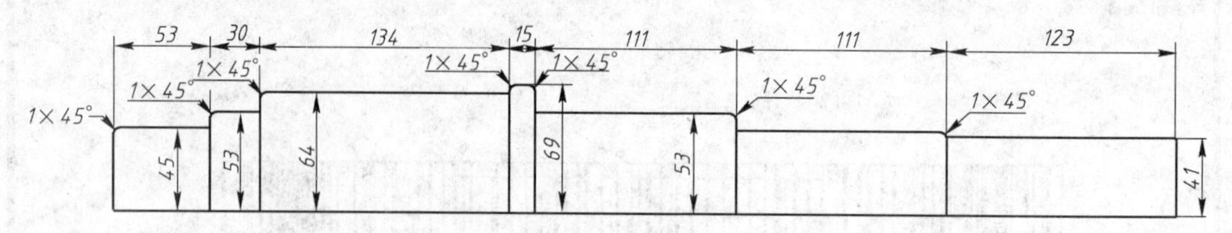

图 9－2－43　绘制平面图形

2）使用“修剪”工具对图形进行修剪，效果如图 9－2－44 所示。

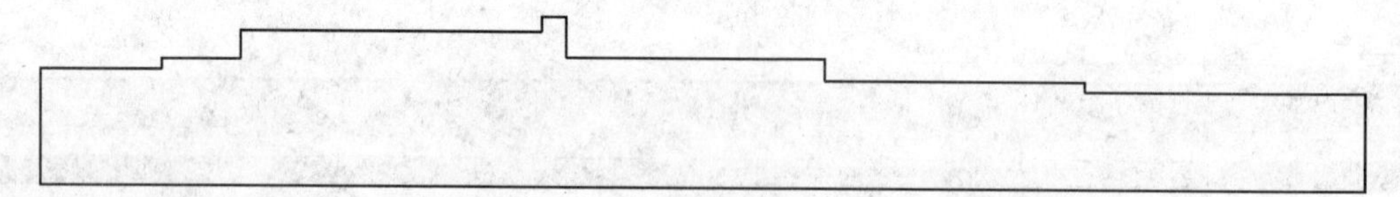

图 9－2－44　修剪效果

3）选择“绘图”面板中的“面域”工具，将所有对象创建为一个面域。

（2）旋转生成实体。

1）将工作空间切换为“三维建模”工作空间。

2）从功能区“常用”选项卡的“建模”面板中选择“旋转”工具，在命令行中出现如图 9－2－45 中所示的提示信息；选取面域作为要旋转的对象，如图 9－2－46 所示；确认对象的选择，出现“指定轴起点或根据以下选择之一定义轴［对象（O）/X/Y/Z］＜对象＞:”的提示后，捕捉中心线的两个端点，将中心线定义为旋转轴，如图 9－2－47 所示。

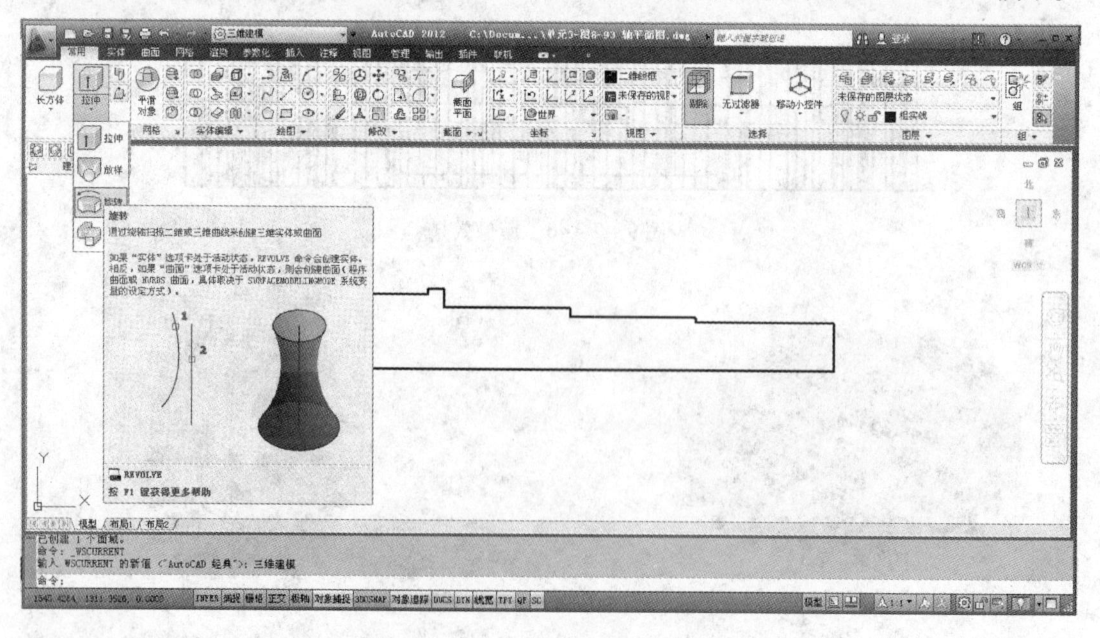

图 9－2－45　选择“旋转”工具

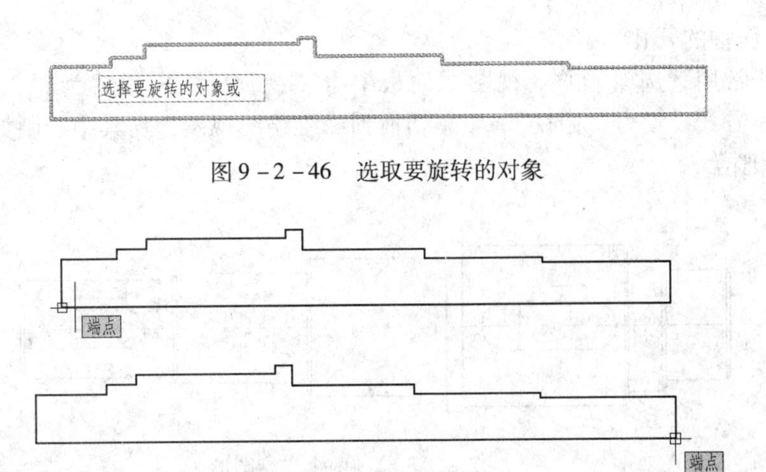

图9-2-46　选取要旋转的对象

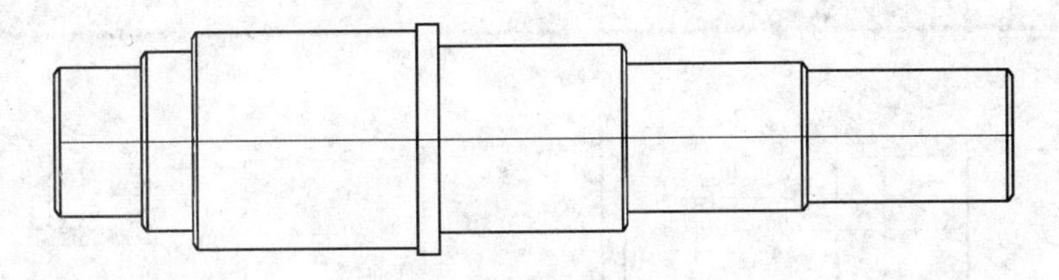

图9-2-47　捕捉旋转轴

3）出现“指定旋转角度或［起始角度（ST）/反转（R）/表达式（EX）］<360>:”的提示，由于系统默认旋转角度为360°，故只需直接按回车键，即可使面域绕中心线旋转360°，效果如图9-2-48所示。

图9-2-48　旋转效果

4）在“常用”选项卡的“视图”面板中将“视觉样式”设置为“真实”，将“三维导航”方式设置为“西南等轴测”，即可查看旋转生成的三维图形的效果，如图9-2-49所示。

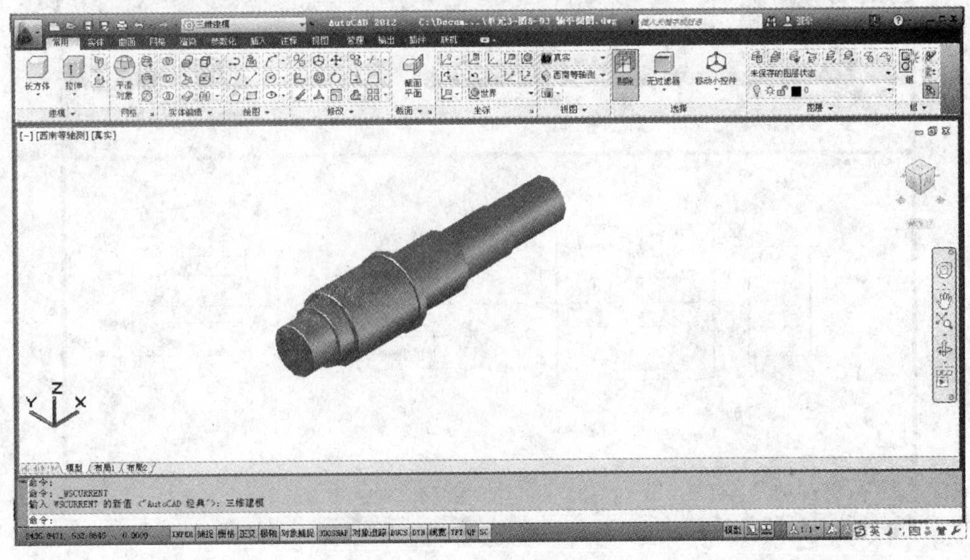

图9-2-49　更改视图的效果

（2）制作轴的开孔。

1）在“常用”选项卡的“视图”面板中将“视觉样式”设置为“二维线框”，将“三维导航”方式设置为“俯视”，重新切换到二维绘图视图，在其中绘制如图 9 - 2 - 50 所示的两个键槽。

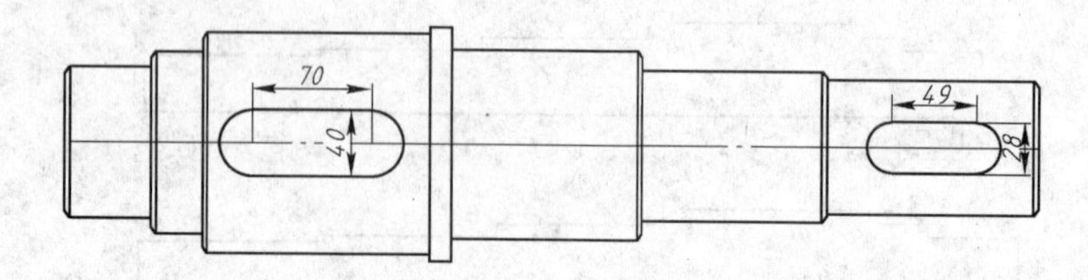

图 9 - 2 - 50　绘制两个二维图形

2）使用“面域”工具，分别将新绘制的两个键槽的所有对象创建为面域。

3）从“建模”面板中选择“拉伸”工具，将两个面域同时拉伸 200mm，如图 9 - 2 - 51 所示。

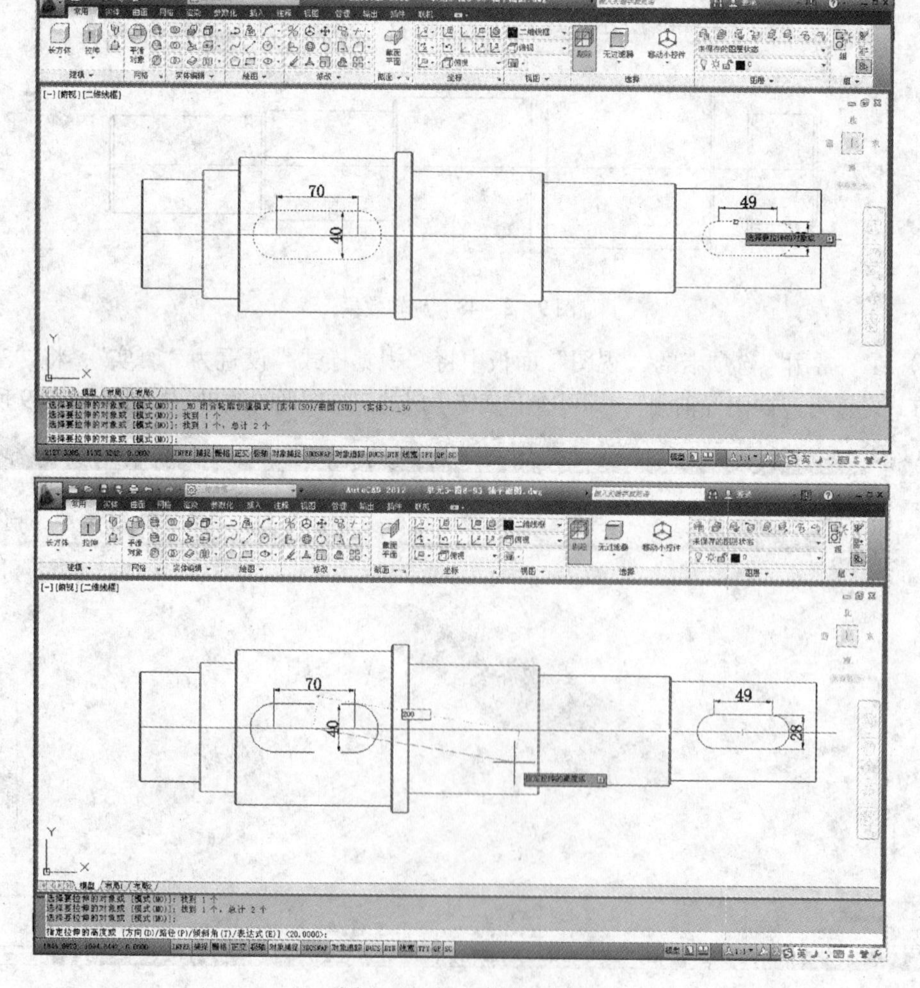

图 9 - 2 - 51　拉伸面域

4）在“常用”选项卡的“视图”面板中将“三维导航”方式设置为“西南等轴测”，“视觉样式”仍设为“二维线框”，效果如图9－2－52所示。

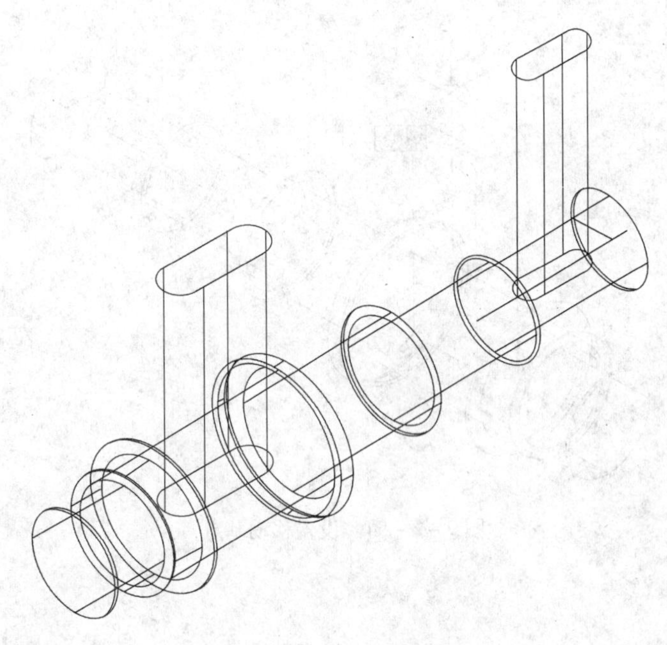

图9－2－52　切换视图

5）选择“移动”工具，选择新拉伸的两个对象，如图9－2－53所示，再选择如图9－2－54所示的端点作为基点；向下拖动鼠标，捕捉柱体的中点，确认后即可将两个对象向下移动，如图9－2－55所示。

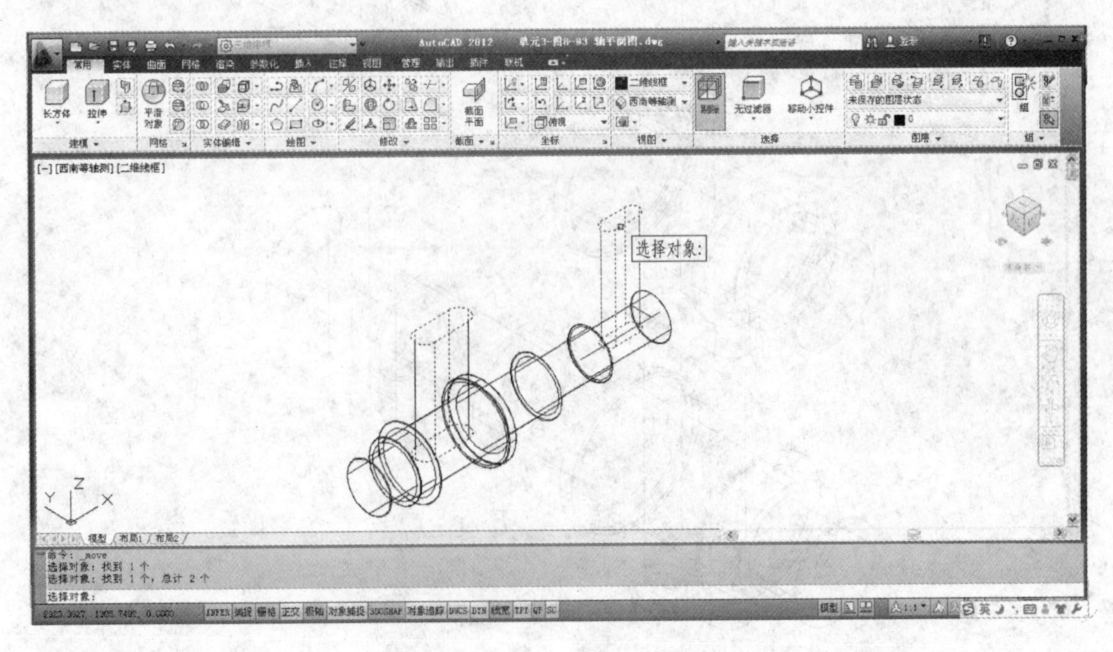

图9－2－53　选择移动对象

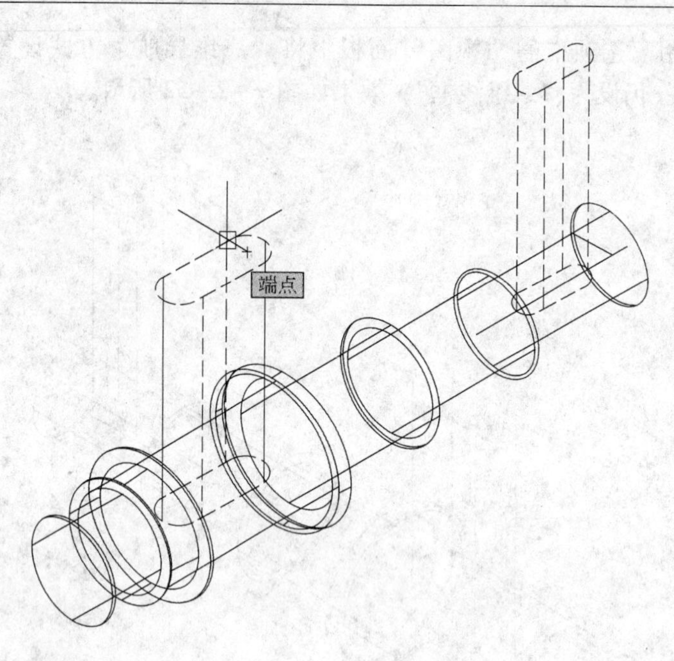

图 9－2－54　设置移动基点

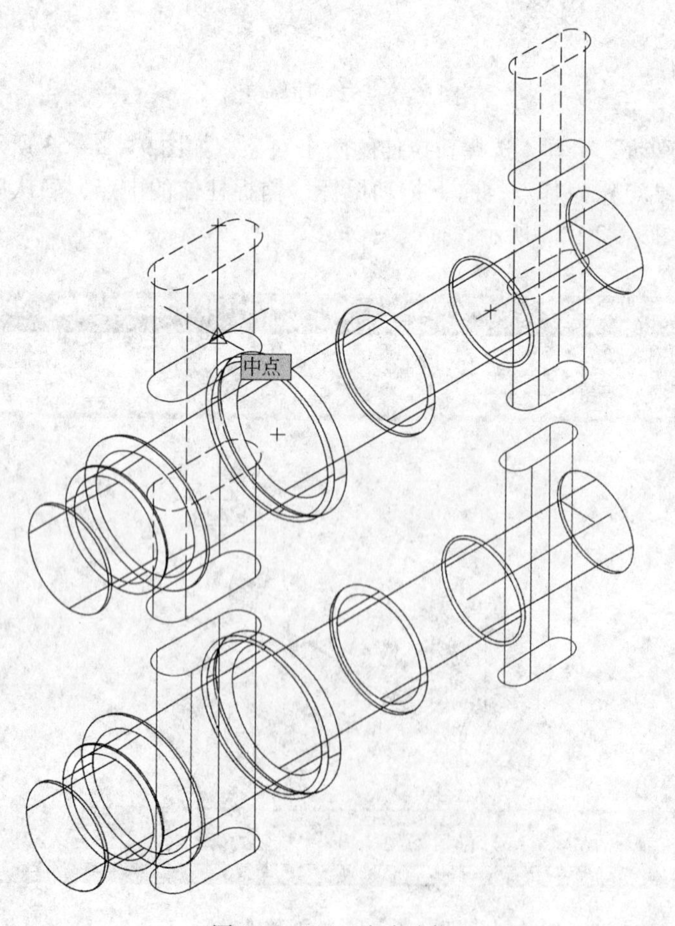

图 9－2－55　移动对象

6）选择“差集”工具，从旋转体中减去新创建的两个柱体，即可在旋转体中开出两个圆角矩形孔，如图9－2－56所示。

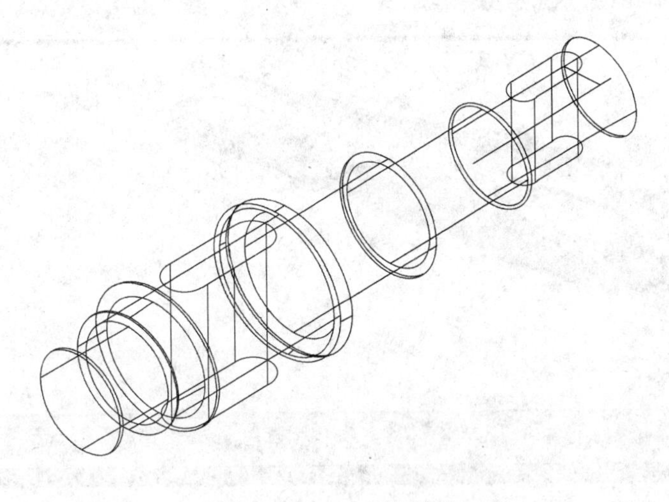

图9－2－56　开孔效果

7）在“常用”选项卡的“视图”面板中将“视图样式”设置为“真实”，将“三维导航”方式设置为“西南等轴测”，即可查看开孔后的三维图形的效果，如图9－2－57所示。

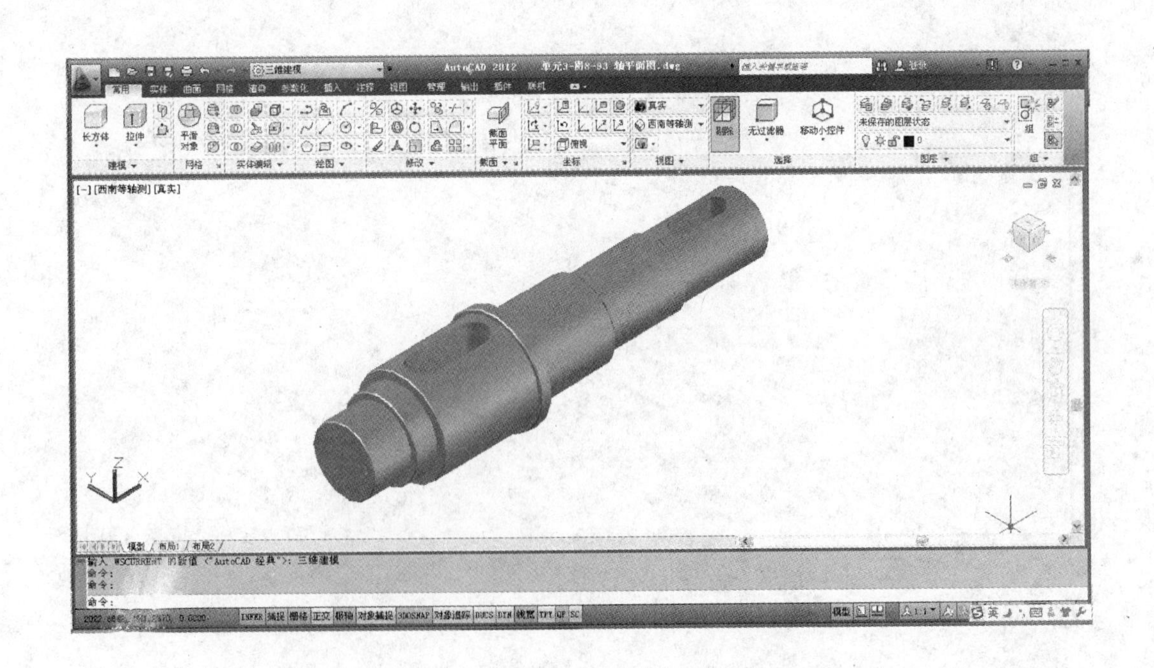

图9－2－57　切换视图后的三维图形效果

8）选择“动态观察”工具，在绘图区中拖动鼠标，即可从另外的视角观察制作完成的实体效果，如图9－2－58所示。

9）保存图形，完成制作。

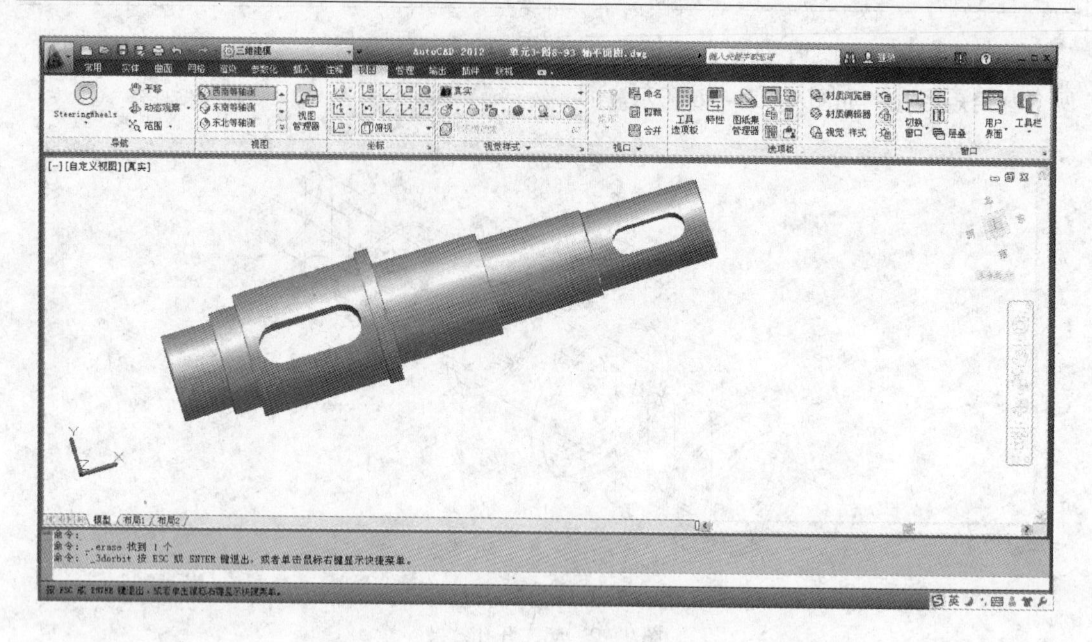

图 9－2－58　从其他视角观察实体效果

附　　录

附表1　普通螺纹（摘自 GB/T 196—2003）　　（mm）

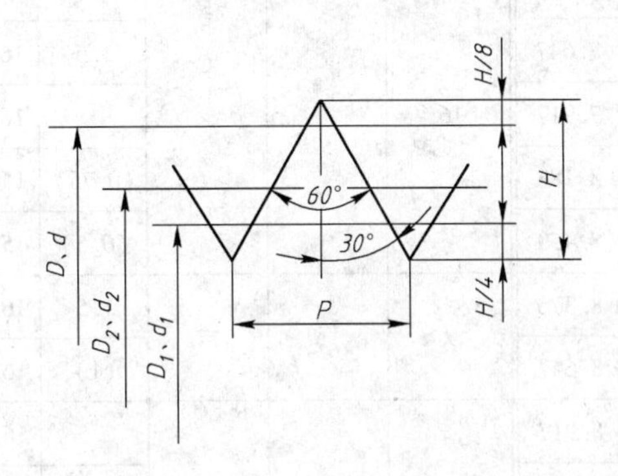

D — 内螺纹大径；
d — 外螺纹大径；
D_2—内螺纹中径；
d_2—外螺纹中径；
D_1—内螺纹小径；
d_1—外螺纹小径；
P — 螺距

标记示例：

M24（右旋粗牙普通螺纹，公称直径 24mm，螺距 3mm）；

M24×1.5-LH（左旋细牙普通螺纹，公称直径 24mm，螺距 1.5mm，公差带代号 7H）

公称直径 D、d			螺距 P	中径 D_2 或 d_2	小径 D_1 或 d_1	公称直径 D、d			螺距 P	中径 D_2 或 d_2	小径 D_1 或 d_1
第一系列	第二系列	第三系列				第一系列	第二系列	第三系列			
1			0.25	0.838	0.729	3			0.5	2.675	2.459
			0.2	0.870	0.783				0.35	2.773	2.621
	1.1		0.25	0.938	0.829		3.5		(0.6)	3.110	2.850
			0.2	0.970	0.883				0.35	3.273	3.121
1.2			0.25	1.038	0.929	4			0.7	3.545	3.242
			0.2	1.070	0.983				0.5	3.675	3.459
	1.4		0.3	1.205	1.075		4.5		(0.75)	4.013	3.688
			0.2	1.270	1.183				0.5	4.176	3.959
1.6			0.35	1.373	1.221	5			0.8	4.280	4.134
			0.2	1.470	1.383				0.5	4.675	4.459
	1.8		0.35	1.573	1.421			5.5	0.5	5.175	4.959
			0.2	1.670	1.583	6			1	5.350	4.917
2			0.4	1.740	1.567				0.75	5.513	5.188
			0.25	1.838	1.729				(0.5)	5.676	5.459
	2.2		0.45	1.908	1.712			7	1	6.350	5.917
			0.25	2.038	1.929				0.75	6.513	6.188
2.5			0.45	2.208	2.013				0.5	6.675	6.459
			0.35	2.273	2.121	8			1.25	7.188	6.647

续附表 1

公称直径 D、d			螺距 P	中径 D_2 或 d_2	小径 D_1 或 d_1
第一系列	第二系列	第三系列			
8			1	7.350	6.917
			0.75	7.513	7.188
			(0.5)	7.675	7.459
		9	(1.25)	8.188	7.647
			1	8.350	7.917
			0.75	8.513	8.188
			0.5	8.675	8.459
10			1.5	9.026	8.376
			1.25	9.188	8.647
			1	9.360	8.917
			0.75	9.513	9.188
			(0.5)	9.675	9.459
		11	(1.5)	10.026	9.376
			1	10.350	9.917
			0.75	10.513	10.188
			0.5	10.675	10.459
12			1.75	10.863	10.106
			1.5	11.026	10.376
			1.25	11.188	10.647
			1	11.350	10.917
			(0.75)	11.513	11.188
			(0.5)	11.675	11.459
	14		2	12.701	11.835
			1.5	13.026	12.376
			(1.25)	13.188	12.647
			1	13.350	12.917
			(0.75)	13.513	13.188
			(0.5)	13.675	13.459
15			1.5	14.026	13.376
			(1)	14.350	13.917
16			2	14.701	13.835
			1.5	16.026	14.376
			1	16.350	14.917
			(0.75)	15.513	15.188
			(0.5)	15.675	15.459
		17	1.5	16.026	15.376
			(1)	16.350	15.917
	18		2.5	16.310	15.294
			2	16.701	15.835
			1.5	17.026	16.376
			1	17.350	16.917
			(0.75)	17.513	11.188
			(0.5)	17.675	17.459
20			2.5	18.376	17.294
			2	18.701	17.835
			1.5	19.020	18.376
			1	19.350	18.917
			(0.75)	19.513	19.188
			(0.5)	19.675	19.459
22			2.5	20.376	19.294
			2	20.701	19.835
			1.5	21.026	20.376
			1	21.350	20.917
			(0.75)	21.513	21.188
			(0.5)	21.675	21.459

注：1. 直径优先选用第一系列，其次第二系列，第三系列尽可能不采用。

2. 第一、二系列中螺距 P 的第一行为粗牙，其余为细牙，第三系列中螺距是细牙。

3. 括号内尺寸尽可能不用。

附表2　梯形螺纹（摘自 GB/T 5796—2005）　（mm）

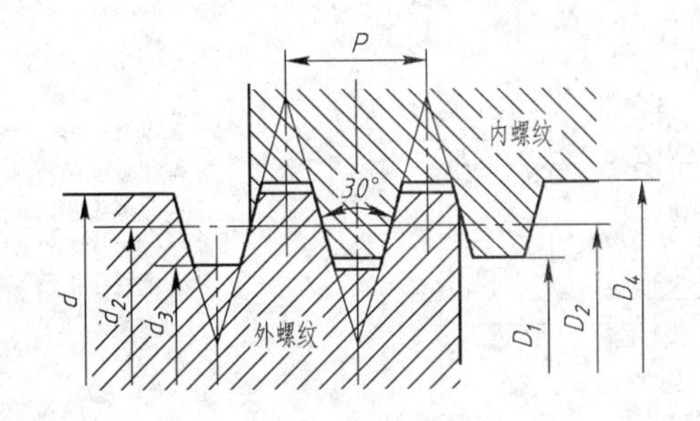

D_1—内螺纹小径；
d_3—外螺纹小径；
D_2—内螺纹中径；
d_2—外螺纹中径；
D_4—内螺纹大径；
d—外螺纹大径；
P—螺距

标记示例：

Tr28×5－7H（单线右旋梯形内螺纹，公称直径28mm，螺距5mm，中径公差带代号7H）；

Tr28×10（P5）LH－8e（双线左旋梯形外螺纹，公称直径28mm，螺距5mm，中径公差带代号8e）

公称直径 d 第一系列	公称直径 d 第二系列	螺距 P	中径 $d_2=D_2$	大径 D_4	小径 d_3	小径 D_1	公称直径 d 第一系列	公称直径 d 第二系列	螺距 P	中径 $d_2=D_2$	大径 D_4	小径 d_3	小径 D_1
8		1.5	7.25	8.30	6.20	6.50		26	3	24.50	26.50	22.50	23.00
	9	1.5	8.25	9.30	7.20	7.50			5	23.50	26.50	20.50	21.00
		2	8.00	9.50	6.50	7.00			8	22.00	27.00	17.00	18.00
10		1.5	9.25	10.30	8.20	8.50	28		3	26.50	28.50	24.50	25.00
		2	9.00	10.50	7.50	8.00			5	25.50	28.50	22.50	23.00
	11	2	10.00	11.50	8.50	9.00			8	24.00	29.00	19.00	20.00
		3	9.50	11.50	7.50	8.00		30	3	28.50	30.50	26.50	29.00
12		2	11.00	12.50	9.50	10.00			6	27.00	31.00	23.00	24.00
		3	10.50	12.50	8.50	9.00			10	25.00	31.00	19.00	20.00
	14	2	13.00	14.50	11.50	12.00	32		3	30.50	32.50	28.50	29.00
		3	12.50	14.50	10.50	11.00			6	29.00	33.00	25.00	26.00
16		2	15.00	16.50	13.50	14.00			10	27.00	33.00	12.00	22.00
		4	14.00	16.50	11.50	12.00		34	3	32.50	34.50	30.50	31.00
	18	2	17.00	18.50	15.50	16.00			6	31.00	35.00	27.00	28.00
		4	16.00	18.50	13.50	14.00			10	29.00	35.00	23.00	24.00
20		2	19.00	20.50	17.50	18.00	36		3	34.50	36.50	32.50	33.00
		4	18.00	20.50	15.50	16.00			6	33.00	37.00	29.00	30.00
	22	3	20.50	22.50	18.50	19.00			10	31.00	37.00	25.00	26.00
		5	19.50	22.50	16.50	17.00		38	3	36.50	38.50	34.50	35.00
		8	18.00	23.00	13.00	14.00			7	34.50	39.00	30.00	31.00
24		3	22.50	24.50	20.50	21.00			10	33.00	39.00	27.00	28.00
		5	21.50	24.50	18.50	19.00	40		3	38.50	40.50	36.50	37.00
		8	20.00	25.00	15.00	16.00			7	36.50	41.00	32.00	33.00
									10	35.00	41.00	29.00	30.00

附表3　55°非密封管螺纹（摘自 GB/T 7307—2001）　　(mm)

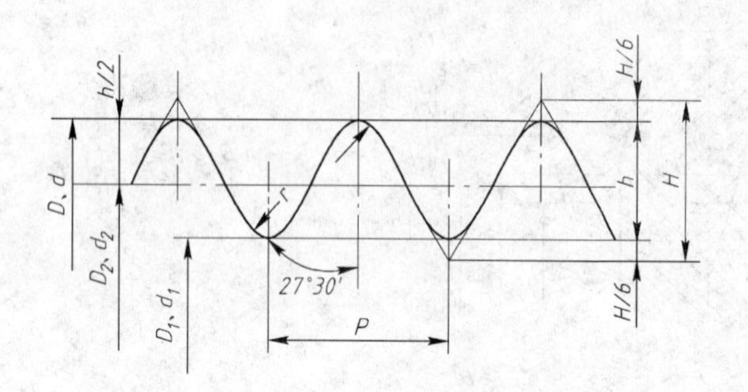

标记示例：

G1/2（尺寸代号1/2，右旋内螺纹）；

G1/2A（尺寸代号1/2，A级右旋外螺纹）；

G1/2B－LH（尺寸代号1/2，B级左旋外螺纹）

尺寸代号	每25.4mm内的牙数 n	螺距 P	牙高 h	圆弧半径 r	基本直径		
					大径 $d=D$	中径 $d_2=D_2$	小径 $d_1=D_1$
1/8	28	0.907	0.581	0.125	9.728	9.147	8.566
1/4	19	1.307	0.856	0.184	13.157	12.301	11.445
3/8	19	1.307	0.856	0.184	16.662	15.806	14.956
1/2	14	1.814	1.162	0.249	20.955	19.793	8.631
5/8	14	1.814	1.162	0.249	22.911	21.749	20.587
3/4	14	1.814	1.162	0.249	26.441	25.279	24.117
7/8	14	1.814	1.162	0.249	30.201	29.039	27.877
1	11	2.309	1.479	0.317	33.249	31.770	30.291
1⅛	11	2.309	1.479	0.317	37.897	36.418	34.939
1¼	11	2.309	1.479	0.317	41.910	40.431	38.952
1½	11	2.309	1.479	0.317	47.803	46.324	44.854
1¾	11	2.309	1.479	0.317	53.746	52.267	50.788
2	11	2.309	1.479	0.317	59.614	58.135	56.656
2¼	11	2.309	1.479	0.317	65.710	64.231	62.752
2½	11	2.309	1.479	0.317	75.184	73.705	72.226

附表 4　六角头螺栓（一）　(mm)

六角头螺栓 - A 和 B 级（摘自 GB/T 5782—2000）

六角头螺栓 - 细牙 - A 和 B 级（摘自 GB/T 5785—2000）

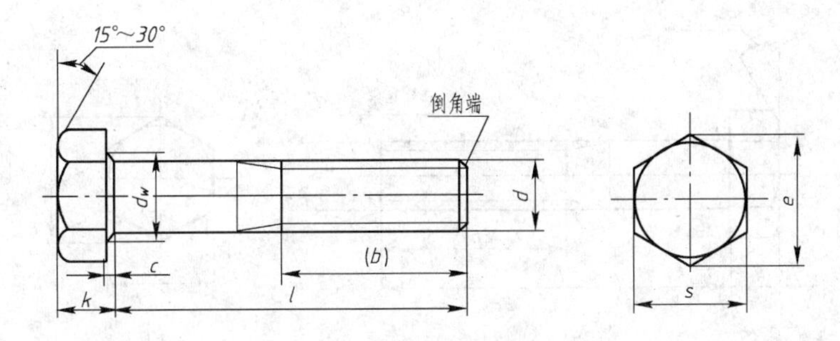

标记示例：

螺栓 GB/T 5782 M12×100（螺纹规格 d = M12、公称长度 l = 100、性能等级为 8.8 级、表面氧化、杆身半螺纹、A 级六角头螺栓）

螺纹规格	d	M4	M5	M6	M8	M10	M12	M16	M20	M24	M30	M36	M42	M48
	P	—	—	—	1	1	1.5	1.5	2	2	2	3	3	3
b 参考	l≤125	14	16	18	22	26	30	38	46	54	66	78	—	—
	125≤l≤200	—	—	—	28	32	36	44	52	60	72	84	96	108
	l>200	—	—	—	—	—	—	57	65	73	85	97	109	121
c_{max}		0.4	0.5		0.6			0.8					1	
$k_{公称}$		2.8	3.5	4	5.3	6.4	7.5	10	12.5	15	18.7	22.5	26	30
d_{smax}		4	5	6	8	10	12	16	20	24	30	36	42	48
s_{max} = 公称		7	8	10	13	16	18	24	30	36	46	55	65	75
e_{max}	A	7.66	8.79	11.05	14.38	17.77	20.03	26.75	33.53	39.98	—	—	—	—
	B	—	8.63	10.89	14.20	17.59	19.85	26.17	32.95	39.55	50.85	60.79	72.02	82.60
d_{Wmax}	A	5.9	6.9	8.9	11.6	14.6	16.6	22.5	28.2	33.6	—	—	—	—
	B	—	6.7	8.7	11.4	16.4	19.85	22	27.7	33.2	42.7	51.1	60.6	69.4
$l_{范围}$	GB/T 5782	25～40	25～50	30～60	35～80	40～100	45～120	55～160	65～200	80～240	90～300	110～360	130～400	140～400
	GB/T 5785											110～300		
$l_{系列}$	GB/T 5782 GB/T 5785	20～65（5 进位）、70～160（10 进位）、180～400（20 进位）												

注：1. P——螺距；末端按 GB/T 2—2000 规定。

2. 螺纹公差：6g；机械性能等级：8.8。

3. 产品等级：A 级用于 d≤24 和 l≤10d 或≤150mm（按较小值）；B 级用于 d>24 和 l>10d 或>150mm（按较小值）。

附表 5　六角头螺栓（二）　　（mm）

六角头螺栓 - C 级（摘自 GB/T 5780—2000）

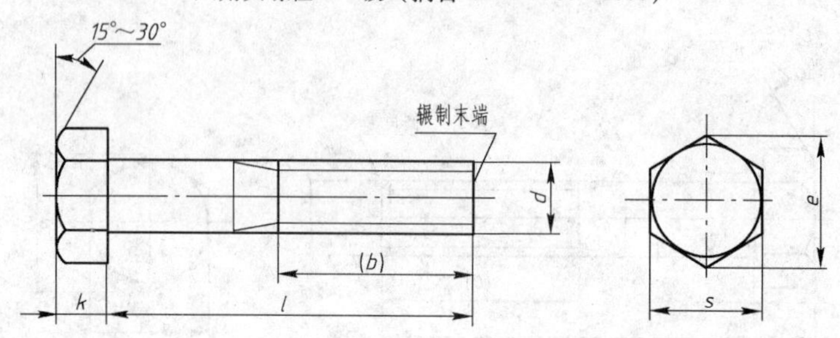

标记示例：

螺栓 GB/T 5780 M12×100（螺纹规格 d = M12、公称长度 l = 100、性能等级为 4.8 级、不经表面处理、杆身半螺纹、C 级六角头螺栓）

螺纹规格 d		M5	M6	M8	M10	M12	M16	M20	M24	M30	M36	M42	M48
b 参考	$l \leqslant 125$	16	18	22	26	30	38	46	54	66	78	—	—
	$125 \leqslant l \leqslant 200$	—	—	28	32	36	44	52	60	72	84	96	108
	$l > 200$	—	—	—	—	—	57	65	73	85	97	109	121
$k_{公称}$		3.5	4	5.3	6.4	7.5	10	12.5	15	18.7	22.5	26	30
s_{max}		8	10	13	16	18	24	30	36	46	55	65	75
e_{max}		8.63	10.9	14.2	17.6	19.9	26.5	33.0	39.6	50.9	60.8	72.0	82.6
d_{smax}		5.48	6.48	8.58	10.6	12.7	16.7	20.8	24.8	30.8	37.0	45.0	49.0
$l_{范围}$		25 ~ 50	30 ~ 60	35 ~ 80	40 ~ 100	45 ~ 120	55 ~ 160	65 ~ 200	80 ~ 240	90 ~ 300	110 ~ 300	160 ~ 420	180 ~ 480
$l_{系列}$		10、12、16、20 ~ 50（5 进位）、（55）、60、（65）、70 ~ 160（10 进位）、180、220 ~ 500（20 进位）											

注：1. 括号内的规格尽可能不用；末端按 GB/T 2—2000 规定。

2. 螺纹公差：8g；机械性能等级：4.6、4.8；产品等级：C。

附表 6　Ⅰ型六角头螺母 （mm）

Ⅰ型六角头螺母－A 和 B 级（摘自 GB/T 6170—2000）

Ⅰ型六角头螺母－细牙－A 和 B 级（摘自 GB/T 6171—2000）

Ⅰ型六角头螺母－C 级（摘自 GB/T 41—2000）

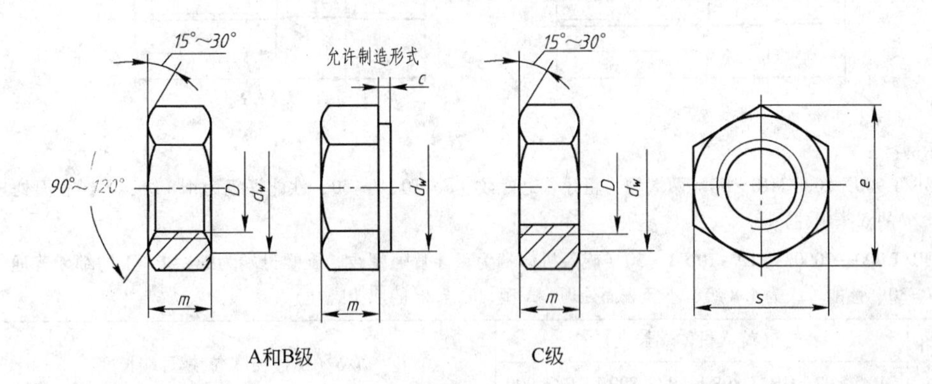

A和B级　　C级

标记示例：

螺母 GB/T 141 M12（螺纹规格 D＝M12、性能等级为 5 级、不经表面处理、C 级的Ⅰ型六角头螺母）；

螺母 GB/T 6171 M24×2（螺纹规格 D＝M24、螺距 P＝2、性能等级为 10 级、不经表面处理、B 级的Ⅰ型细牙六角头螺母）

螺纹规格		M4	M5	M6	M8	M10	M12	M16	M20	M24	M30	M36	M42	M48
螺纹规格	P	—	—	—	1	1	1.5	1.5	2	2	2	3	3	3
c		0.4	0.5		0.6			0.8				1		
s_{max}		7	8	10	13	16	18	24	30	36	46	55	65	75
e_{max}	A、B 级	7.66	8.79	11.05	14.38	17.77	20.03	26.75	32.95	39.95	50.85	60.79	72.02	82.6
	C 级	—	8.63	10.89	14.2	17.59	19.85	26.17						
m_{max}	A、B 级	3.2	4.7	5.2	6.8	8.4	10.8	14.8	18	21.5	25.6	31	34	38
	C 级	—	5.6	6.1	7.9	9.5	12.2	15.9	18.7	22.3	26.4	31.5	34.9	38.9
d_{Wmax}	A、B 级	5.9	6.9	8.9	11.6	14.6	16.6	22.5	27.7	33.2	42.7	51.1	60.6	69.4
	C 级	—	6.9	8.7	11.5	14.5	16.5	22						

注：1. P——螺距。

2. A 级用于 $D \leqslant 16$ 的螺母；B 级用于 $D > 16$ 的螺母；C 级用于 $D \geqslant 5$ 的螺母。

3. 螺纹公差：A、B 级为 6H，C 级为 7H；机械性能等级：A、B 级为 6、8、10 级，C 级为 4、5 级。

附表 7　双头螺柱（摘自 GB/T 897 ~ 900—2000）　　（mm）

$b_m = 1d$（GB/T 897—2000）；$b_m = 1.25d$（GB/T 898—2000）

$b_m = 1.5d$（GB/T 899—2000）；$b_m = 2d$（GB/T 900—2000）

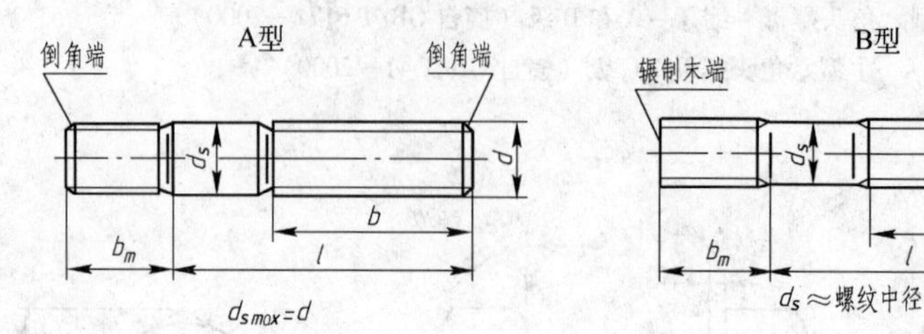

标记示例：

螺柱 GB/T 900—2000 M10 × 50（两端均为粗牙普通螺纹、$d=10$、$l=50$、性能等级为 4.8 级、不经表面处理、B 型、$b_m = 2d$ 的双头螺柱）；

螺柱 GB/T 900—2000 AM10 - 10 × 1 × 50（旋入机体端为粗牙普通螺纹、旋螺母端为螺距 $P=1$ 的细牙普通螺纹、$d=10$、$l=50$、性能等级为 4.8 级、不经表面处理、A 型、$b_m = 2d$ 的双头螺柱）

螺纹规格 d	b_m（旋入机体端长度）				l/b（螺柱长度/旋螺母端长度）
	GB/T 897	GB/T 898	GB/T 899	GB/T 900	
M4	—	—	6	8	$\frac{16\sim22}{8}$　$\frac{25\sim40}{14}$
M5	5	6	8	10	$\frac{16\sim22}{10}$　$\frac{25\sim40}{16}$
M6	6	8	10	12	$\frac{20\sim22}{10}$　$\frac{25\sim30}{14}$　$\frac{32\sim75}{18}$
M8	8	10	12	16	$\frac{20\sim22}{12}$　$\frac{25\sim30}{16}$　$\frac{32\sim90}{22}$
M10	10	12	15	20	$\frac{25\sim28}{14}$　$\frac{30\sim38}{16}$　$\frac{40\sim120}{26}$　$\frac{130}{32}$
M12	12	15	18	24	$\frac{25\sim30}{14}$　$\frac{32\sim40}{16}$　$\frac{45\sim120}{26}$　$\frac{130\sim180}{32}$
M16	16	20	24	32	$\frac{30\sim38}{16}$　$\frac{40\sim55}{20}$　$\frac{60\sim120}{30}$　$\frac{130\sim200}{36}$
M20	20	25	30	40	$\frac{35\sim40}{20}$　$\frac{45\sim65}{30}$　$\frac{70\sim120}{38}$　$\frac{130\sim200}{44}$
（M24）	24	30	36	48	$\frac{45\sim50}{25}$　$\frac{55\sim75}{35}$　$\frac{80\sim120}{46}$　$\frac{130\sim200}{52}$
（M30）	30	38	45	60	$\frac{60\sim65}{40}$　$\frac{70\sim90}{50}$　$\frac{95\sim120}{66}$　$\frac{130\sim200}{72}$　$\frac{210\sim250}{85}$
M36	36	45	54	72	$\frac{65\sim75}{45}$　$\frac{80\sim110}{60}$　$\frac{120}{78}$　$\frac{130\sim200}{84}$　$\frac{210\sim300}{97}$
M42	42	52	63	84	$\frac{70\sim80}{50}$　$\frac{85\sim110}{70}$　$\frac{120}{90}$　$\frac{130\sim200}{96}$　$\frac{210\sim300}{109}$
M48	48	60	72	96	$\frac{80\sim90}{60}$　$\frac{95\sim110}{80}$　$\frac{120}{102}$　$\frac{130\sim200}{108}$　$\frac{210\sim300}{121}$
$l_{系列}$	12、(14)、16、(18)、20、(22)、25、(28)、30、(32)、35、(38)、40、45、50、55、60、(65)、70、75、80、(85)、90、(95)、100 ~ 260（10 进位）、280、300				

注：1. 尽可能不采用括号内的规格；末端按 GB/T 2—2000 规定。

2. $b_m = 1d$，一般用于钢对钢；$b_m =$（1.25 ~ 1.5）d，一般用于钢对铸铁；$b_m = 2d$，一般用于钢对铝合金。

附表 8　螺钉（一）　　（mm）

开槽盘头螺钉（摘自 GB/T 67—2000）　　开槽沉头螺钉（摘自 GB/T 68—2000）　　开槽半沉头螺钉（摘自 GB/T 69—2000）

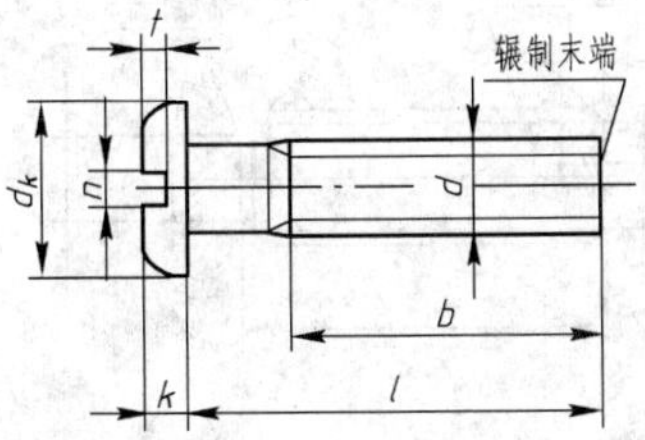

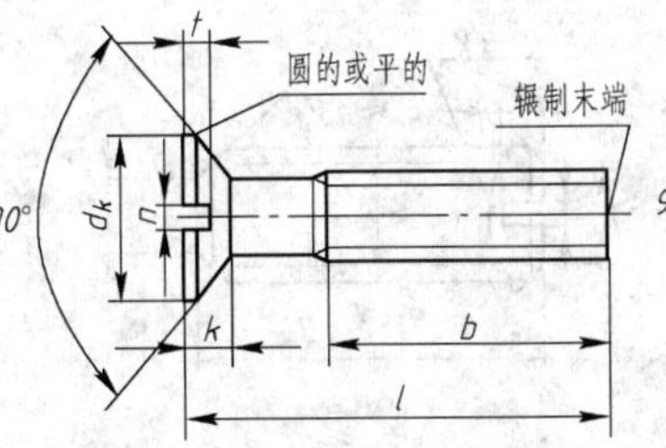

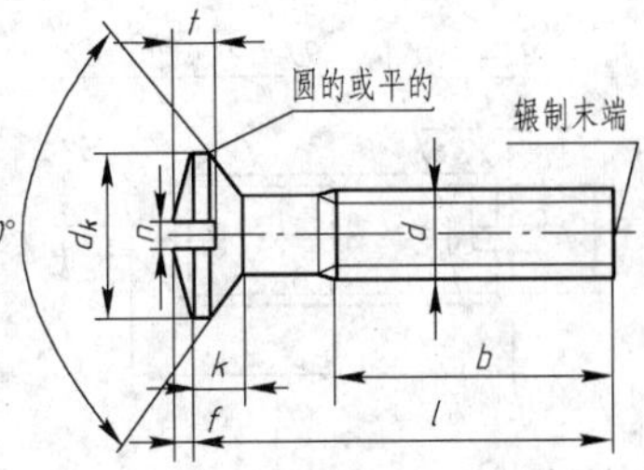

（无螺纹部分杆径≈中径或螺纹大径）

标记示例：

螺钉 GB/T 67 M5×60（螺纹规格 d = M5、l = 60、性能等级为 4.8 级、不经过表面处理的开槽盘头螺钉）

螺纹规格 d		M2	M3	M4	M5	M6	M8	M10
P		0.4	0.5	0.7	0.8	1	1.25	1.5
b_{min}		25		38				
n 公称		0.5	0.8	1.2		1.6	2	2.5
f	GB/T 69	4	6	9.5		12	16.5	19.5
rf	GB/T 69	0.5	0.7	1	1.2	1.4	2	2.3
k_{max}	GB/T 67	1.3	1.8	2.4	3	3.6	4.8	6
	GB/T 68　GB/T 69	1.2	1.65	2.7		3.3	4.65	5
d_{kmax}	GB/T 67	4	5.6	8	9.5	12	16	20
	GB/T 68　GB/T 69	3.8	5.5	8.4	9.3	12	16	20
t_{min}	GB/T 67	0.5	0.7	1	1.2	1.4	1.9	2.4
	GB/T 68	0.4	0.6	1	1.1	1.2	1.8	2
	GB/T 69	0.8	1.2	1.6	2	2.4	3.2	3.8
$l_{范围}$	GB/T 67	2.5~20	4~30	5~40	6~50	8~60	10~80	
	GB/T 68　GB/T 69	3~20	5~30	6~40	8~50	8~60		
全螺纹时最大长度	GB/T 67	30		40				
	GB/T 68　GB/T 69			45				
$l_{系列}$	2、2.5、3、4、5、6、8、10、12、(14)、16、20~50（5 进位）、(55)、60、(65)、70、(75)、80							

注：螺纹公差：6g；机械性能等级：4.8、5.8；产品等级：A。

附表 9　螺钉（二）　　（mm）

开槽锥端紧定螺钉（摘自 GB/T 71—2000）　　开槽平端紧定螺钉（摘自 GB/T 73—2000） 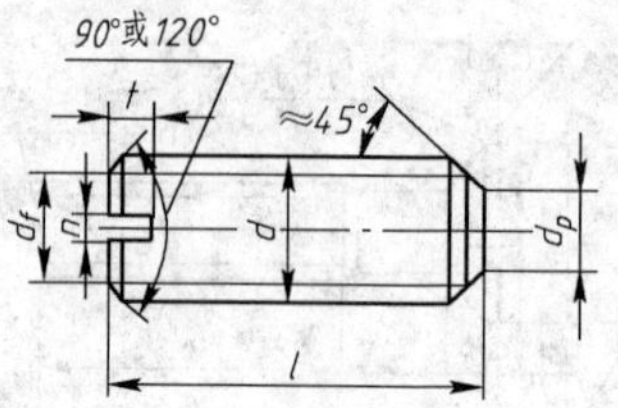　　开槽长圆柱端紧定螺钉（摘自 GB/T 75—2000）

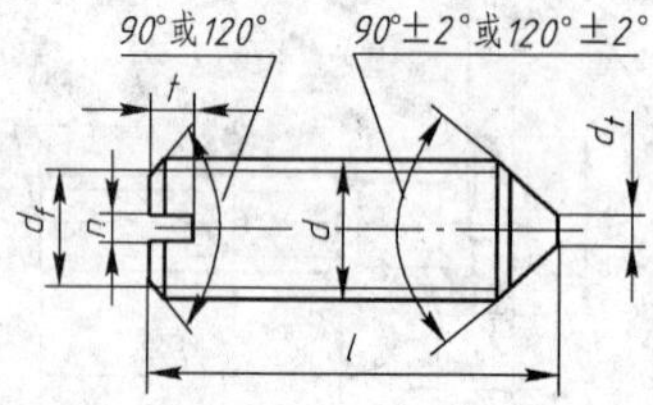

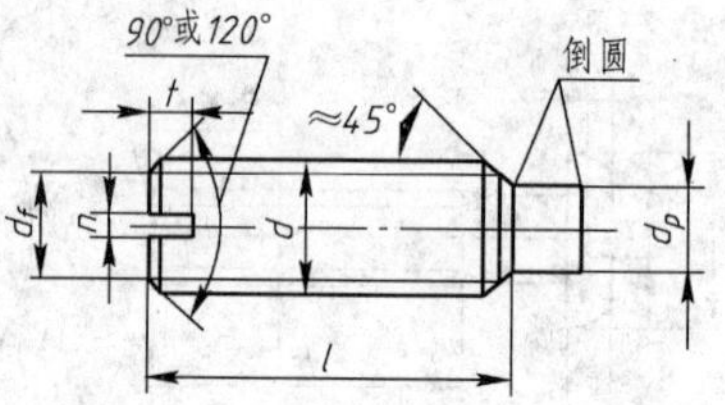

标记示例：

螺钉 GB/T 71 M5 ×20（螺纹规格 d = M5、l = 20、性能等级为 14H、表面氧化的开槽锥端紧定螺钉）

螺纹规格 d		M2	M3	M4	M5	M6	M8	M10	M12
P		0.4	0.5	0.7	0.8	1	1.25	1.5	1.75
d_f		螺纹小径							
d_{tmax}		0.2	0.3	0.4	0.5	1.5	2	2.5	3
d_{pmax}		1	2	2.5	3.5	4	5.5	7	8.5
$n_{公称}$		0.25	0.4	0.6	0.8	1	1.2	1.6	2
t_{min}		0.84	1.05	1.42	1.63	2	2.5	3	3.6
z_{max}		1.25	1.75	2.25	2.75	3.25	4.3	5.3	6.3
$l_{范围}$	GB/T 71	3 ~ 10	4 ~ 16	6 ~ 20	8 ~ 25	8 ~ 30	10 ~ 40	12 ~ 50	14 ~ 60
	GB/T 73	2 ~ 10	3 ~ 16	4 ~ 20	5 ~ 25	6 ~ 30	8 ~ 40	10 ~ 50	12 ~ 60
	GB/T 75	3 ~ 10	5 ~ 16	6 ~ 20	8 ~ 25	8 ~ 30	10 ~ 40	12 ~ 50	14 ~ 60
$l_{系列}$		2、2.5、3、4、5、6、8、10、12、(14)、16、20、25、30、35、40、45、50、(55)、60							

注：螺纹公差：6g；机械性能等级：14H、22H；产品等级：A。

附表 10　内六角圆柱头螺钉（摘自 GB/T 70.1—2000）　（mm）

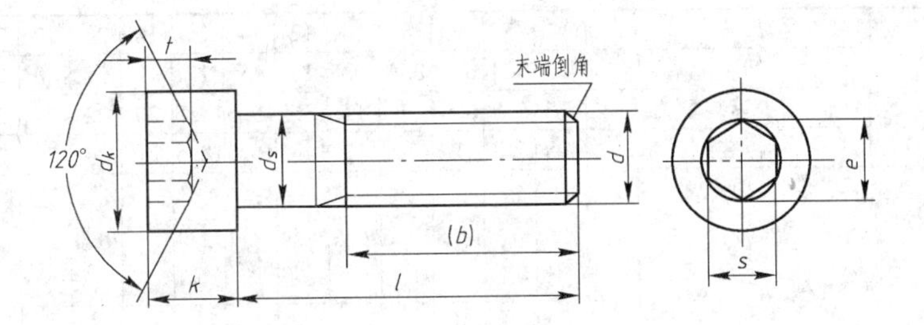

标记示例：

螺钉 GB/T 70.1 M5×20（螺纹规格 d = M5、公称长度 l = 20、性能等级为 8.8 级、表面氧化的内六角圆柱头螺钉）

螺纹规格 d		M4	M5	M6	M8	M10	M12	(M14)	M16	M20	M24	M30	M36
螺距 P		0.7	0.8	1	1.25	1.5	1.75	2	2	2.5	3	3.5	4
$b_{参考}$		20	22	24	28	32	36	40	44	52	60	72	84
d_{kmax}	光滑头部	7	8.5	10	13	16	18	21	24	30	36	45	54
	滚花头部	7.22	8.72	10.22	13.27	16.27	18.27	21.33	24.33	30.33	36.39	45.39	54.46
k_{max}		4	5	6	8	10	12	14	16	20	24	30	36
t_{min}		2	2.5	3	4	5	6	7	8	10	12	15.5	19
$s_{公称}$		3	4	5	6	8	10	12	14	17	19	22	27
e_{min}		3.44	4.58	5.72	6.86	9.15	11.43	13.72	16	19.44	21.73	25.15	30.35
d_{smax}		4	5	6	8	10	12	14	16	20	24	30	36
$l_{范围}$		6～40	8～50	10～60	12～80	16～100	20～120	25～140	25～160	30～200	40～200	45～200	55～200
全螺纹时最大长度		25	25	30	35	40	45	55	55	65	80	90	100
$l_{系列}$		6、8、10、12、(14)、(16)、20～50（5 进位）、(55)、60、(65)、70～160（10 进位）、180、200											

注：1. 括号内的规格尽可能不用；末端按 GB/T 2—2000 规定。

2. 机械性能等级：8.8、12.9。

3. 螺纹公差：机械性能等级 8.8 级时为 6g，12.9 级时为 5g、6g。

4. 产品等级：A。

附表 11　紧固件沉头座尺寸（摘自 GB/T 152.2—88、GB/T 152.3—88、GB/T 152.4—88）

（mm）

螺栓或螺钉直径 d		4	5	6	8	10	12	14	16	18	20	22	24	27	30	36
通孔直径	精装配	4.3	5.3	6.4	8.4	10.5	13	15	17	19	21	23	25	28	31	37
	中等装配	4.5	5.5	6.6	9	11	13.5	15.5	17.5	20	22	24	26	30	33	39
	粗装配	4.8	5.8	7	10	12	14.5	16.5	18.5	21	24	26	28	32	35	42
用于沉头螺钉 GB/T 152.2—88	d_2	9.6	10.6	12.8	17.6	20.3	24.4	28.4	32.4		40.4					
	$t\approx$	2.7	2.7	3.3	4.6	5	6	7	8		10					
	α	$90^{\circ}{}^{-2^{\circ}}_{-4^{\circ}}$														
用于圆柱头内六角螺钉 GB/T 152.3—88	d_2	8	10	11	15	18	20	27	26		33	40	40		48	57
	$t\approx$	4.6	5.7	6.8	9	11	13	15	17.5		21.5		25.5		32	38
	d_3						16	18	20		24		28		36	42
用于开槽圆柱头螺钉 GB/T 152.3—88	d_2	8	10	11	15	18	20	24	26		33					
	t	3.2	4	4.7	6	7	8	9	10.5		12.5					
	d_3						16	18	20		24					
用于六角头螺栓带垫圈螺母 GB/T 152.4—88	d_2	10	11	13	18	22	26	30	33	36	40	43	48	53	61	71
	t	只要能制出与通孔轴线垂直的圆平面即可														
	d_3						16	18	20	22	24	26	28	33	36	42

注：1. 表中的螺栓或螺钉直径 d，即螺纹规格 Md 的公称直径 d。

2. 通孔直径摘自 GB/T 5277—85。

3. GB/T 152.4—88 适用于垫圈 GB/T 848—2000、GB/T 97.2—2002、GB/T 97.1—2003。

附表12 垫圈 (mm)

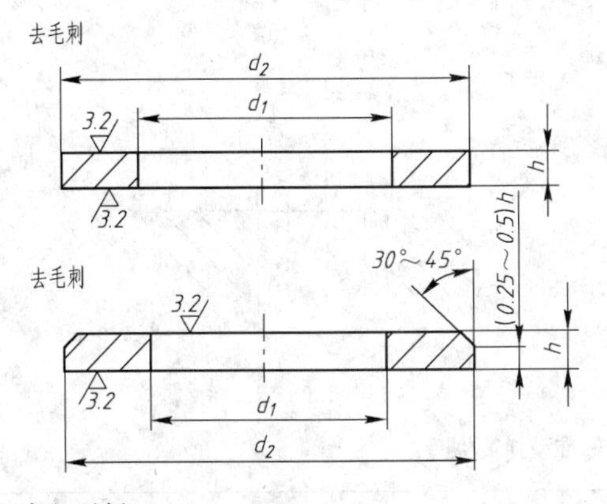

小垫圈－A级（摘自GB/T 848—2002）；
平垫圈－A级（摘自GB/T 97.1—2002）；
平垫圈（倒角型）－A级（摘自GB/T 97.2—2002）；
平垫圈－C级（摘自GB/T 95—2002）；
大垫圈－A和C级（摘自GB/T 96—2002）；
特大垫圈－C级（摘自GB/T 5287—2002）

标记示例：
垫圈 GB/T 95 8（标准系列、公称尺寸 $d=8$、性能等级为100HV级、不经表面处理的平垫圈）；
垫圈 GB/T 97.2 8（标准系列、公称尺寸 $d=8$、性能等级为A140级、倒角型、不经表面处理的平垫圈）

公称尺寸（螺纹规格）d	标准系列									特大系列			大系列			小系列		
	GB/T 95（C级）			GB/T 97.1（A级）			GB/T 97.2（A级）			GB/T 5287（C级）			GB/T 96（A和C级）			GB/T 848（A级）		
	d_{1min}	d_{2max}	h	d_{1min}	d_{2max}	h	d_{1min}	d_{2max}	h	d_{1min}	d_{2max}	h	d_{1min}	d_{2max}	h	d_{1min}	d_{2max}	h
4	—	—	—	4.3	9	0.8	—	—	—	—	—	—	4.3	12	1	4.3	8	0.5
5	5.5	10	1	5.3	10	1	5.3	10	1	5.5	18	2	5.3	15	1.2	5.3	9	1
6	6.6	12	1.6	6.4	12	1.6	6.4	12	1.6	6.6	22		6.4	18	1.6	6.4	11	
8	9	16		8.4	16		8.4	16		9	28	3	8.4	24	2	8.4	15	1.6
10	11	20	2	10.5	20	2	10.5	20	2	11	34		10.5	30	2.5	10.5	18	
12	13.5	24	2.5	13	24	2.5	13	24	2.5	13.5	44	4	13	37		13	20	2
14	15.5	28		15	28		15	28		15.5	50		15	44	3	15	24	2.5
16	17.5	30	3	17	30	3	17	30	3	17.5	56	5	17	50		17	28	
20	22	37		21	37		21	37		22	72		22	60	4	21	34	3
24	26	44	4	25	44	4	25	44	4	26	85	6	26	72	5	25	39	4
30	33	56		31	56		31	56		33	105		33	92	6	31	50	
36	39	66	5	37	66	5	37	66	5	39	125	8	39	110	8	37	60	5
*42	45	78	8	—	—	—	—	—	—	—	—	—	45	125	10	—	—	—
*48	52	92		—	—	—	—	—	—	—	—	—	52	145		—	—	—

注：1. A级适用于精装配系列，C级适用于中等装配系列。
2. C级垫圈没有 $R_a3.2$ 和毛刺的要求。
3. GB/T 848—2002 主要用于圆柱头螺钉，其他用于标准的六角螺柱、螺母和螺钉。
4. 带*的为尚未列入相应产品标准的规格。

附表 13　标准型弹簧垫圈（摘自 GB/T 93—87）　（mm）

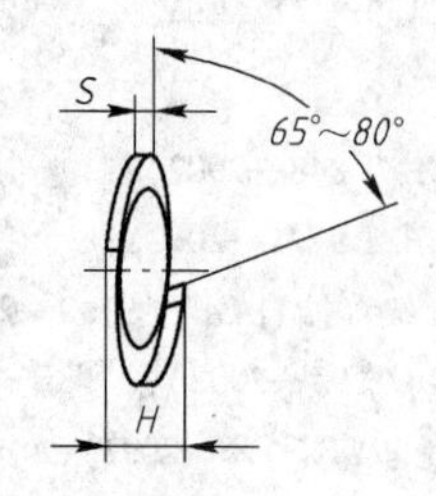

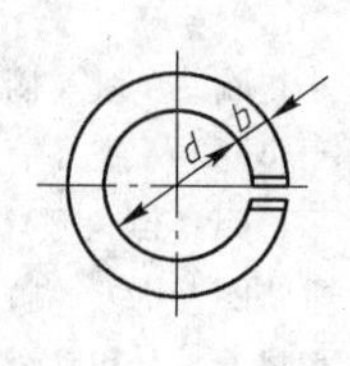

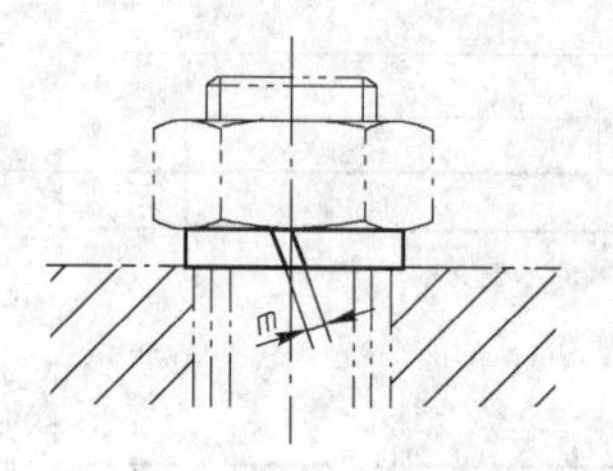

标记示例：

垫圈 GB/T 93 10（规格尺寸 10、材料为 65Mn、表面氧化的标准型弹簧垫圈）

规格（螺纹大径）	4	5	6	8	10	12	16	20	24	30	36	42	48
$d_{1\min}$	4.1	5.1	6.1	8.1	10.2	12.2	16.2	20.2	24.5	30.5	36.5	42.5	48.5
$S=b_{公称}$	1.1	1.3	1.6	2.1	2.6	3.1	4.1	5	6	7.5	9	10.5	12
$m\leqslant$	0.55	0.65	0.8	1.05	1.3	1.55	2.05	2.5	3	3.75	4.5	5.25	6
$H_{\max}$	2.75	3.25	4	5.25	6.5	7.75	10.25	12.5	15	18.75	22.5	26.5	30

注：m 应大于零。

附表 14　圆柱销（不淬硬钢和奥氏体不锈钢）（摘自 GB/T 119.1—2000）

（mm）

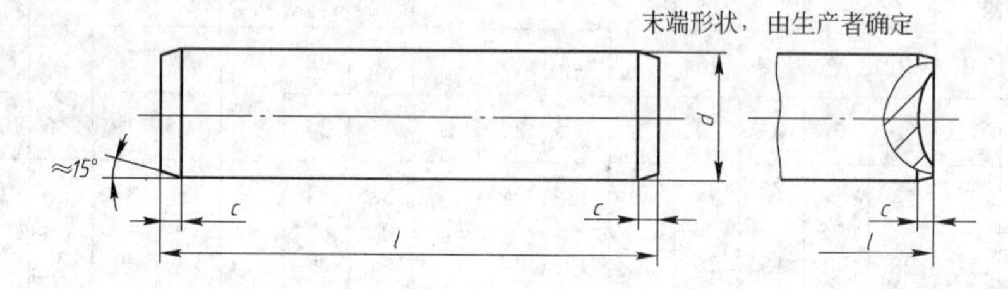

标记示例：

销 GB/T 119.1 6 - m6 ×30（公称直径 d =6、公差为 m6、公称长度 l =30、材料为钢、不经表面处理的圆柱销）；

销 GB/T 119.1 10 - m6 ×90 - Al（公称直径 d =10、公差为 m6、公称长度 l =90、材料为 A1 组奥氏体不锈钢、表面简单处理的圆柱销）

$d_{公称}$ m6/h8	2	3	4	5	6	8	10	12	16	20	25
$c\approx$	0.35	0.5	0.63	0.8	1.2	1.6	2	2.5	3	3.5	4
$l_{范围}$	6 ~ 20	8 ~ 30	8 ~ 40	10 ~ 50	12 ~ 60	14 ~ 80	18 ~ 85	22 ~ 140	26 ~ 180	35 ~ 200	50 ~ 200
$l_{系列}$	2、3、4、5、6 ~ 32（2 进位）、35 ~ 100（5 进位）、120 ~ 200 及以上（20 进位）										

附表15　圆锥销（摘自 GB/T 117—2000）　（mm）

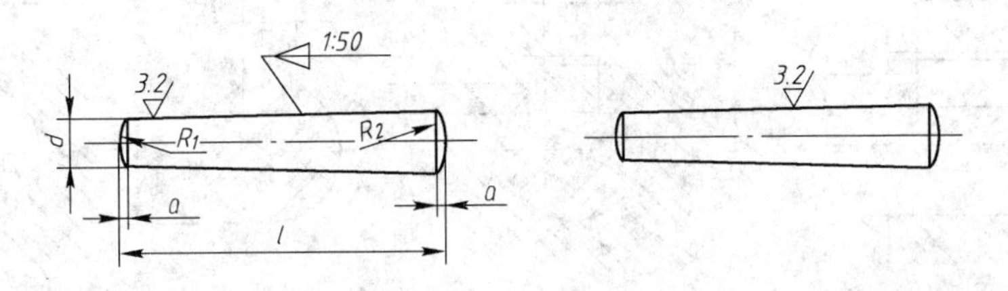

$R_1 \approx d \quad R_2 \approx a/2 + d + (0.021)^2/(8a)$

标记示例：

销 GB/T 117 10×60（公称直径 d=10、长度 l=60、材料为35钢、热处理硬度28～38HRC、表面氧化处理的A型圆锥销）

$d_{公称}$	2	3	4	5	6	8	10	12	16	20	25
$c\approx$	0.25	0.4	0.5	0.63	0.8	1.0	1.2	1.6	2.0	2.5	3.0
$l_{范围}$	10～35	12～45	14～55	18～60	22～90	22～120	26～160	32～180	40～200	45～200	50～200
$l_{系列}$	2、3、4、5、6～32（2进位）、35～100（5进位）、120～200（20进位）										

附表16　开口销（摘自 GB/T 91—2000）　（mm）

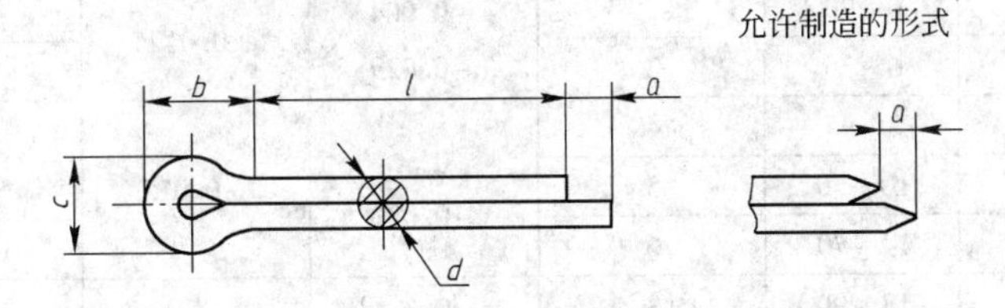

标记示例：

销 GB/T 91 5×50（公称直径 d=5、长度 l=50、材料为低碳钢、不经表面处理的开口销）

d	公称	0.8	1	1.2	1.6	2	2.5	3.2	4	5	6.3	8	10	12
	max	0.7	0.9	1	1.4	1.8	2.3	2.9	3.7	4.6	5.9	7.5	9.5	11.4
	min	0.6	0.8	0.9	1.3	1.7	2.1	2.7	3.5	4.4	5.7	7.3	9.3	11.1
c_{max}		1.4	1.8	2	2.8	3.6	4.6	5.8	7.4	9.2	11.8	15	19	24.8
b		2.4	3	3	3.2	4	5	6.4	8	10	12.6	16	20	26
a_{max}		1.6		2.5				3.2			4		6.3	
$l_{范围}$		5～16	6～20	8～26	8～32	10～40	12～50	14～65	18～80	22～100	30～120	40～160	45～200	70～200
$l_{系列}$		4、5、6～32（2进位）、36、40～100（5进位）、120～200（20进位）												

注：销孔的公称直径等于 $d_{公称}$，d_{min}≤销的直径≤d_{max}。

附表 17 普通型平键及键槽（GB/T 1096—2003） (mm)

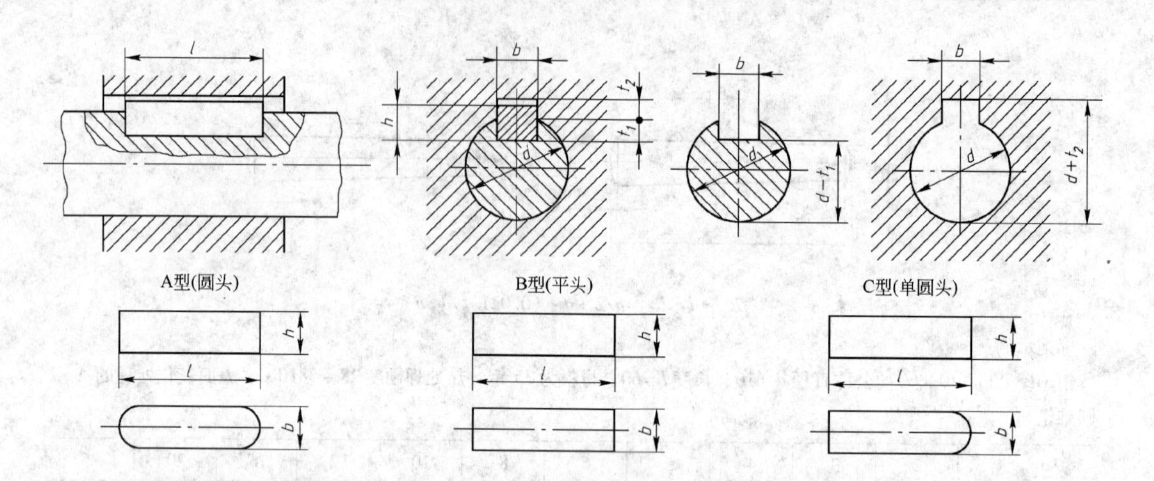

标记示例：

键 16×10×100 GB/T 1096—2003（普通 A 型平键，$b=16$mm，$h=10$mm，$l=100$mm）

轴径	键		键槽				
			宽度 b			深度	
			基本尺寸	正常键联接极限偏差		轴 t_1	毂 t_2
d	$b\times h$	l		轴 n9	毂 JS9		
自 6~8	2×2	6~20	2	−0.004 −0.029	±0.0125	1.2	1
>8~10	3×3	6~36	3			1.8	1.4
>10~12	4×4	8~45	4	0 −0.030	±0.015	2.5	1.8
>12~17	5×5	10~56	5			3.0	2.3
>17~22	6×6	14~70	6			3.5	2.8
>22~30	8×7	18~90	8	0 −0.036	±0.018	4.0	3.3
>30~38	10×8	22~110	10			5.0	3.3
>38~44	12×8	28~140	12	0 −0.043	±0.0215	5.0	3.3
>44~50	14×9	36~160	14			5.5	3.8
>50~58	16×10	45~180	16			6.0	4.3
>58~65	18×11	50~200	18			7.0	4.4
>65~75	20×12	56~220	20	0 −0.052	±0.026	7.5	4.9
>75~85	22×14	63~250	22			9.0	5.4
>85~95	25×14	70~280	25			9.0	5.4
>95~110	28×16	80~320	28			10.0	6.4
>110~130	32×18	90~360	32	0 −0.062	±0.031	11.0	7.4
>130~150	36×20	100~400	36			12.0	8.4
>150~170	40×22	100~400	40			13.0	9.4
>170~200	45×25	110~450	45			15.0	10.4
$l_{系列}$	6，8，10，12，16，18，20，22，25，28，32，36，40，45，50，56，63，70，80，90，100，110，125，140，160，180，200，220，250，280，320，360，400，450						

附表 18　滚动轴承

（mm）

深沟球轴承（摘自 GB/T 276—94）

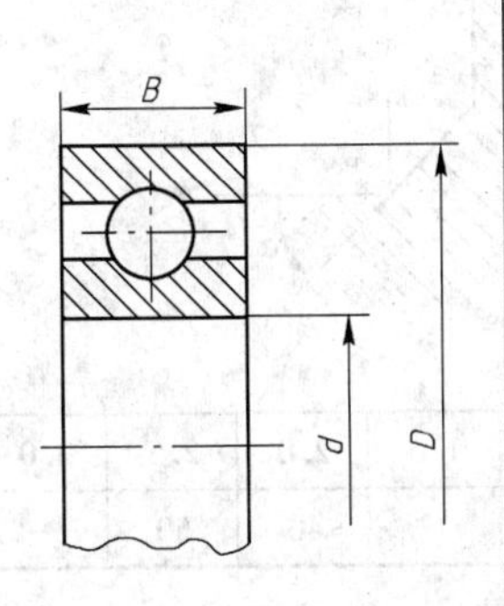

标记示例：

滚动轴承 6310 GB/T 276—94

圆锥滚子轴承（摘自 GB/T 297—94）

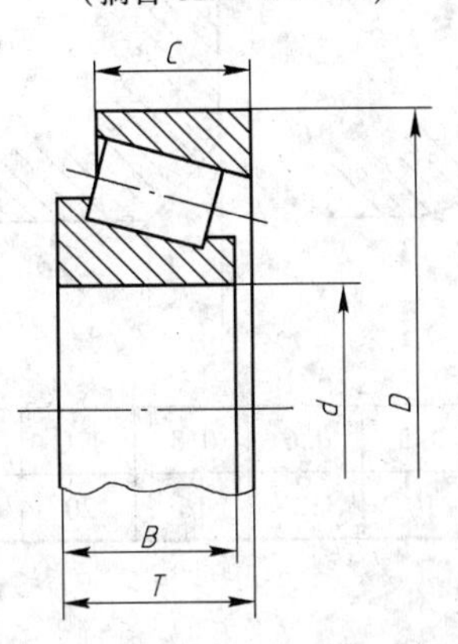

标记示例：

滚动轴承 30212 GB/T 297—94

推力球轴承（摘自 GB/T 301—94）

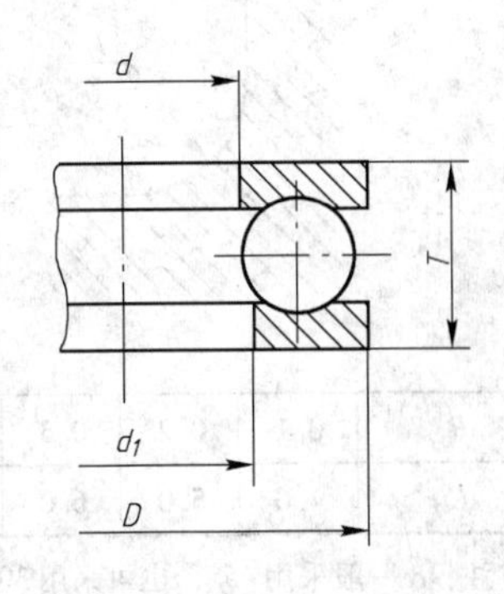

标记示例：

滚动轴承 51305 GB/T 301—94

轴承型号	尺寸			轴承型号	尺寸					轴承型号	尺寸			
	d	*D*	*B*		*d*	*D*	*B*	*C*	*T*		*d*	*D*	*T*	d_1
尺寸系列[（0）2]				尺寸系列[2]						尺寸系列[12]				
6202	15	35	11	30203	17	40	12	11	13.25	51202	15	32	12	17
6203	17	40	12	30204	20	47	14	12	15.25	51203	17	35	12	19
6204	20	47	14	30205	25	52	15	13	16.25	51204	20	40	14	22
6205	25	52	15	30206	30	62	16	14	17.25	51205	25	47	15	27
6206	30	62	16	30207	35	72	17	15	18.25	51206	30	52	16	32
6207	35	72	17	30208	40	80	18	16	19.75	51207	35	62	18	37
6208	40	80	18	30209	45	85	19	16	20.75	51208	40	68	19	42
6209	45	85	19	30210	50	90	20	17	21.75	51209	45	73	20	47
6210	50	90	20	30211	55	100	21	18	22.75	51210	50	78	22	52
6211	55	100	21	30212	60	110	22	19	23.75	51211	55	90	25	57
6212	60	110	22	30213	65	120	23	20	24.75	51212	60	95	26	62
尺寸系列[（0）3]				尺寸系列[03]						尺寸系列[13]				
6302	15	42	13	30302	15	42	13	11	14.25	51304	20	47	18	22
6303	17	47	14	30303	17	47	14	12	15.25	51305	25	52	18	27
6304	20	52	15	30304	20	52	15	13	16.25	51306	30	60	21	32
6305	25	62	17	30305	25	62	17	15	18.25	51307	35	68	24	37
6306	30	72	19	30306	30	72	19	16	20.75	51308	40	78	26	42
6307	35	80	21	30307	35	80	21	18	22.75	51309	45	85	28	47
6308	40	90	23	30308	40	90	23	20	25.25	51310	50	95	31	52
6309	45	100	25	30309	45	100	25	22	27.25	51311	55	105	35	57
6310	50	110	27	30310	50	110	27	23	29.25	51312	60	110	35	62
6311	55	120	29	30311	55	120	29	25	31.50	51313	65	115	36	67
6312	60	130	31	30312	60	130	31	26	33.50	51314	70	125	40	72

注：圆括号中的尺寸系列代号在轴承代号中省略。

附表 19 倒角和倒圆（摘自 GB/T 6403.4—2008） （mm）

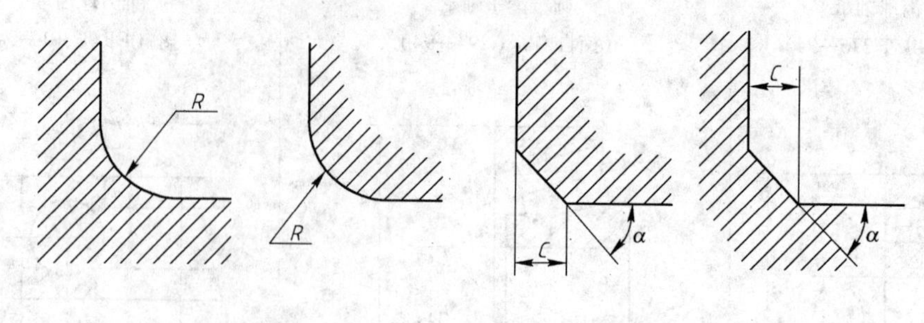

R	0.1	0.2	0.3	0.4	0.5	0.6	0.8	1.0	1.2	1.6	2.0	2.5	3.0
C	4.0	5.0	6.0	8.0	10	12	16	20	25	32	40	50	—

注：α 一般采用 45°，也可采用 30°或 60°。

附表 20 砂轮越程槽（摘自 GB/T 6403.5—2008） （mm）

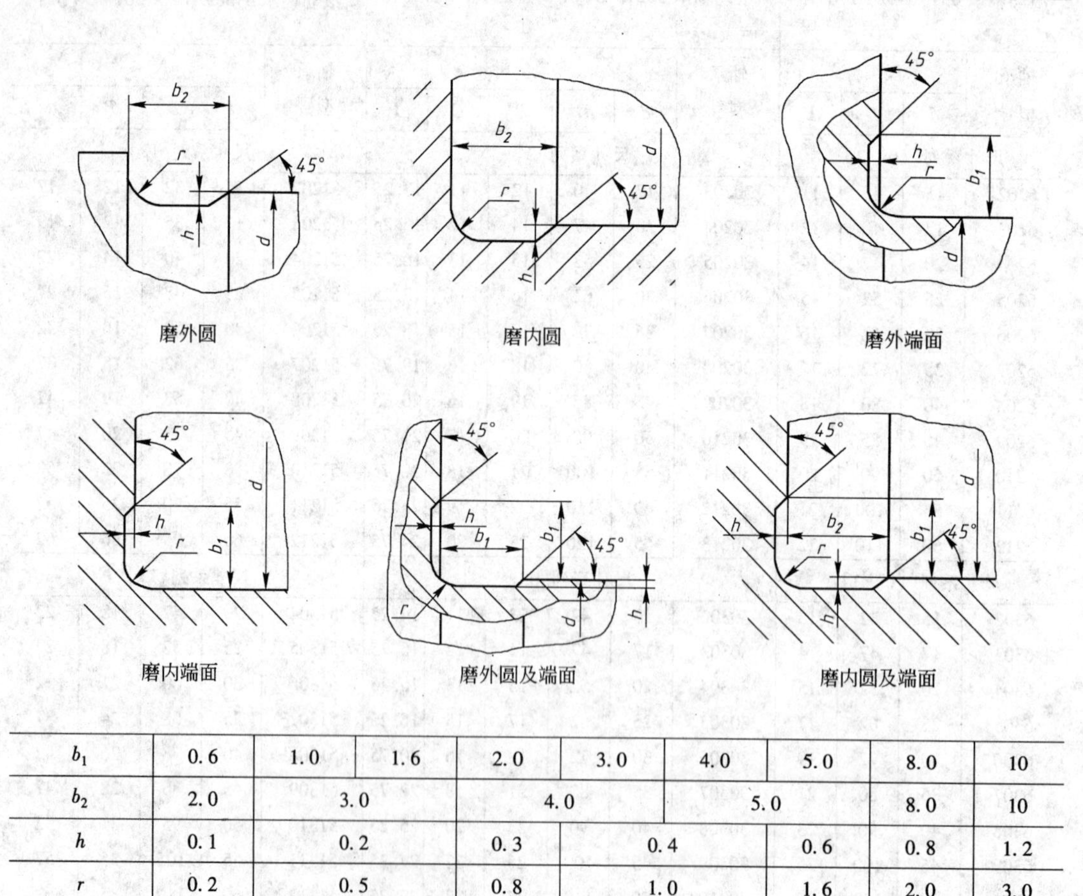

磨外圆　磨内圆　磨外端面

磨内端面　磨外圆及端面　磨内圆及端面

b_1	0.6	1.0	1.6	2.0	3.0	4.0	5.0	8.0	10
b_2	2.0	3.0		4.0		5.0		8.0	10
h	0.1	0.2		0.3	0.4		0.6	0.8	1.2
r	0.2	0.5		0.8	1.0		1.6	2.0	3.0
d	~10			10 ~ 50		50 ~ 100		100	

注：1. 越程槽内与直线相交处，不允许产生尖角。

2. 越程槽深度 h 与圆弧半径 r 要满足 $r \leqslant 3h$。

附表 21　优先配合中轴的极限偏差（摘自 GB/T 1800.4—1999）

基本尺寸/mm		公差带/μm												
		c	d	f	g	h				k	n	p	s	u
大于	至	11	9	7	6	6	7	9	11	6	6	6	6	6
—	3	−60 −120	−20 −45	−6 −16	−2 −8	0 −6	0 −10	0 −25	0 −60	+6 0	+10 +4	+12 +6	+20 +14	+24 +18
3	6	−70 −145	−30 −60	−10 −22	−4 −22	0 −8	0 −12	0 −30	0 −75	+9 +1	+16 +8	+20 +12	+27 +19	+31 +23
6	10	−80 −170	−40 −76	−13 −28	−5 −14	0 −9	0 −15	0 −36	0 −90	+10 +1	+19 +10	+24 +15	+32 +23	+37 +28
10	14	−95 −205	−50 −93	−16 −34	−6 −17	0 −11	0 −18	0 −43	0 −110	+12 +1	+23 +12	+29 +18	+39 +28	+44 +33
14	18													
18	24	−110 −240	−65 −117	−20 −41	−7 −20	0 −13	0 −21	0 −52	0 −130	+15 +2	+28 +15	+35 +22	+48 +35	+54 +41
24	30													+61 +48
30	40	−120 −280	−80 −142	−25 −50	−9 −25	0 −16	0 −25	0 −62	0 −160	+18 +2	+33 +17	+42 +26	+59 +43	+76 +60
40	50	−130 −290												+86 +70
50	65	−140 −330	−100 −174	−30 −60	−10 −29	0 −19	0 −30	0 −74	0 −190	+21 +2	+39 +20	+51 +32	+72 +53	+106 +87
65	80	−150 −340											+78 +59	+121 +102
80	100	−170 −390	−120 −207	−36 −71	−12 −34	0 −22	0 −35	0 −87	0 −220	+25 +3	+45 +23	+59 +37	+93 +71	+146 +124
100	120	−180 −400											+101 +79	+166 +144
120	140	−200 −450	−145 −245	−43 −83	−14 −39	0 −25	0 −40	0 −100	0 −250	+28 +3	+52 +27	+68 +43	+117 +92	+195 +170
140	160	−210 −460											+125 +100	+215 +190
160	180	−230 −480											+133 +108	+235 +210
180	200	−240 −530	−170 −285	−50 −96	−15 −44	0 −29	0 −46	0 −115	0 −290	+33 +4	+60 +31	+79 +50	+151 +122	+265 +236
200	225	−260 −550											+159 +130	+287 +258
225	250	−280 −570											+169 +140	+313 +284
250	280	−300 −620	−190 −320	−56 −108	−17 −49	0 −32	0 −52	0 −130	0 −320	+36 +4	+66 +34	+88 +56	+190 +158	+347 +315
280	315	−330 −650											+202 +170	+382 +350
315	355	−360 −720	−210 −350	−62 −119	−18 −54	0 −36	0 −57	0 −140	0 −360	+40 +4	+73 +37	+98 +62	+226 +190	+426 +390
355	400	−400 −760											+244 +208	+471 +435

附表22　优先配合中孔的极限偏差（摘自GB/T 1800.4—1999）

基本尺寸/mm		公差带/μm												
		C	D	F	G	H				K	N	P	S	U
大于	至	11	9	8	7	7	8	9	11	7	7	7	7	7
—	3	+120 +60	+45 +20	+20 +6	+12 +2	+10 0	+14 0	+25 0	+60 0	0 −10	−4 −14	−6 −16	−14 −24	−18 −28
3	6	+145 +70	+60 +30	+28 +10	+16 +4	+12 0	+18 0	+30 0	+75 0	+3 −9	−4 −16	−8 −20	−15 −27	−19 −31
6	10	+170 +80	+76 +40	+35 +13	+20 +5	+15 0	+22 0	+36 0	+90 0	+5 −10	−4 −19	−9 −24	−17 −32	−22 −37
10 14	14 18	+205 +95	+93 +50	+43 +16	+24 +6	+18 0	+27 0	+43 0	+110 0	+6 −12	−5 −23	−11 −29	−21 −39	−26 −44
18	24	+240 +110	+117 +65	+53 +20	+28 +7	+21 0	+33 0	+52 0	+130 0	+6 −15	−7 −28	−14 −35	−27 −48	−33 −54
24	30													−40 −61
30	40	+280 +120	+142 +80	+64 +25	+35 +9	+25 0	+39 0	+62 0	+160 0	+7 −18	−8 −33	−17 −42	−34 −59	−51 −76
40	50	+290 +130												−61 −86
50	65	+330 +140	+174 +100	+76 +30	+40 +10	+30 0	+46 0	+74 0	+190 0	+9 −21	−9 −39	−21 −51	−42 −72	−76 −106
65	80	+340 +150											−48 −78	−91 −121
80	100	+390 +170	+207 +120	+90 +36	+47 +12	+35 0	+54 0	+87 0	+220 0	+10 −25	−10 −45	−24 −59	−58 −93	−111 −146
100	120	+400 +180											−66 −101	−131 −166
120	140	+450 +200	+245 +145	+106 +43	+54 +14	+40 0	+63 0	+100 0	+250 0	+12 −28	−12 −52	−28 −68	−77 −117	−155 −195
140	160	+460 +210											−85 −125	−175 −215
160	180	+480 +230											−93 −133	−195 −235
180	200	+530 +240	+285 +170	+122 +50	+61 +15	+46 0	+72 0	+115 0	+290 0	+13 −33	−14 −60	−33 −79	−105 −151	−219 −265
200	225	+550 +260											−113 −159	−241 −287
225	250	+570 +280											−123 −169	−267 −313
250	280	+620 +300	+320 +190	+137 +56	+69 +17	+52 0	+81 0	+130 0	+320 0	+16 −36	−14 −66	−36 −88	−138 −190	−295 −347
280	315	+650 +330											−150 −202	−330 −382
315	355	+720 +360	+350 +210	+151 +62	+75 +18	+57 0	+89 0	+140 0	+360 0	+17 −40	−16 −73	−41 −98	−169 −226	−369 −426
355	400	+760 +400											−187 −244	−414 −471

附表 23　标准公差数值（摘自 GB/T 1800.3—1998）

基本尺寸/mm		公差等级																			
		IT01	IT0	IT1	IT2	IT3	IT4	IT5	IT6	IT7	IT8	IT9	IT10	IT11	IT12	IT13	IT14	IT15	IT16	IT17	IT18
大于	至	μm													mm						
—	3	0.3	0.5	0.8	1.2	2	3	4	6	10	14	25	40	60	0.10	0.14	0.25	0.40	0.60	1.0	1.4
3	6	0.4	0.6	1	1.5	2.5	4	5	8	12	18	30	48	75	0.12	0.18	0.30	0.48	0.75	1.2	1.8
6	10	0.4	0.6	1	1.5	2.5	4	6	9	15	22	36	58	90	0.15	0.22	0.36	0.58	0.90	1.5	2.2
10	18	0.5	0.8	1.2	2	3	5	8	11	18	27	43	70	110	0.18	0.27	0.43	0.70	1.10	1.8	2.7
18	30	0.6	1	1.5	2.5	4	6	9	13	21	33	52	84	130	0.21	0.33	0.52	0.84	1.30	2.1	3.3
30	50	0.6	1	1.5	2.5	4	7	11	16	25	39	62	100	160	0.25	0.39	0.62	1.00	1.60	2.5	3.9
50	80	0.8	1.2	2	3	5	8	13	19	30	46	74	120	190	0.30	0.46	0.74	1.20	1.90	3.0	4.6
80	120	1	1.5	2.5	4	6	10	15	22	35	54	87	140	220	0.35	0.54	0.87	1.40	2.20	3.5	5.4
120	180	1.2	2	3.5	5	8	12	18	25	40	63	100	160	250	0.40	0.63	1.00	1.60	2.50	4.0	6.3
180	250	2	3	4.5	7	10	14	20	29	46	72	115	185	290	0.46	0.72	1.15	1.85	2.90	4.6	7.2
250	315	2.5	4	6	8	12	16	23	32	52	81	130	210	320	0.52	0.81	1.30	2.10	3.20	5.2	8.1
315	400	3	5	7	9	13	18	25	36	57	89	140	230	360	0.57	0.89	1.40	2.30	3.60	5.7	8.9
400	500	4	6	8	10	15	20	27	40	63	97	155	250	400	0.63	0.97	1.55	2.50	4.00	6.3	9.7

参考文献

[1] 高玉芬，卜桂玲. 机械制图 [M]. 大连：大连理工大学出版社，2005.
[2] 刘树. 工程制图与 CAD [M]. 北京：冶金工业出版社，2011.
[3] 赵一凡，赵小飞. 工程识图与 CAD [M]. 北京：机械工业出版社，2010.
[4] 刘家平. 机械制图 [M]. 西安：西安电子科技大学出版社，2006.
[5] 李典灿. 机械图样识读与绘制 [M]. 北京：机械工业出版社，2009.
[6] 上官家桂. 机械识图一点通 [M]. 北京：机械工业出版社，2009.
[7] 胡建生. 机械制图 [M]. 北京：机械工业出版社，2009.
[8] 宋巧莲. 机械制图与计算机绘图 [M]. 北京：机械工业出版社，2007.
[9] 刘力. 机械制图 [M]. 北京：高等教育出版社，2008.
[10] 姚民雄，华红芳. 机械制图 [M]. 北京：电子工业出版社，2009.
[11] 金大鹰. 机械制图 [M]. 北京：机械工业出版社，2001.
[12] 佘梅. 机械制图 [M]. 南京：东南大学出版社，2011.
[13] 姜全新. 机械制图 [M]. 武汉：华中科技大学出版社，2005.
[14] 王平. 机械制图 [M]. 广州：华南理工大学出版社，2011.
[15] 朱泽平，王喜仓. 机械制图与 AutoCAD 2000 [M]. 北京：机械工业出版社，2001.
[16] 刘小伟，王萍. AutoCAD 2012 中文版多功能教材 [M]. 北京：电子工业出版社，2011.
[17] 夏素民，温玲娟. AutoCAD 2006 中文版标准教程 [M]. 北京：清华大学出版社，2006.
[18] 杨滔. 新世纪 AutoCAD 2005 中文版应用教程 [M]. 北京：电子工业出版社，2005.
[19] 胡建生，汪正俊，陈清胜. AutoCAD 2004 绘图与应用教程 [M]. 北京：机械工业出版社，2004.
[20] 魏勇. 机械识图与 AutoCAD 技术基础实训教程 [M]. 北京：电子工业出版社，2007.
[21] 曹爱文. AutoCAD 2008 中文版自学手册 [M]. 北京：人民邮电出版社，2008.
[22] 胡建生. 化工制图 [M]. 北京：化学工业出版社，2010.